원예공학

원예공학

Horticultural Engineering

김용현 지음

전북대학교출판문화원

머리말

전북대학교 농업생명과학대학 생물산업기계공학과의 교수로 31년간 재직하면서 원예작물에 대한 공학적 접근으로 연구를 이어오던 저자가 크게 느꼈던 아쉬움은 원예학과 공학을 연결해주는 전공 서적이 없었다는 점이다. 때문에, 공학을 전공하는 학생들이 원예학을 이해하려고 하거나, 반대로 원예학을 전공하는 학생들이 공학적 접근을 시도할 때 참고할만한 서적이 마땅치 않았다. 이에 저자는 원예 분야의 연구 결과 및 강의 자료를 바탕으로 「원예공학」을 집필하게 되었다.

「원예공학」이라는 제목이 다소 낯설게 느껴질지 모르나, 유명 대학교의 'Horticultural Engineering Center' 또는 국제학술대회의 'Horticultural Engineering' 분과를 고려한다면 낯설게만 느낄 일도 아니다. 「원예공학」은 농업공학, 식물과학, 컴퓨터과학 관련 융합적 사고와 지식을 바탕으로 원예작물 생산 및 수확 후 관리 시스템의 효율성을 다룬다.

본서의 앞부분에서 원예 생산과 소비 현황에 이어서 영상 처리, 인공 지능, 데이터 분석과 관련한 공학적 기초 지식이 제공된다. 다음으로 물질대사, 작물 생장정보 및 스트레스 측정 등 원예작물 관련 내용이 소개된다. 이어지는 시설원예, 스마트팜, 식물공장, 우주농업 등은 원예작물 생산 시스템이 변화되어가는 형태로서 이것들의 발전 과정, 운영 및 연구 사례, 향후 기술개발 과제 등이 포함된다. 수확 후 관리에서는 원예산물의 품질 제고를 위한 기준 및 인증, 원예 작업 기계에서는 생산과 관련된 작업 기계 및 장치 등이 제시된다.

노동력의 감소와 고령화가 빠르게 진행되고 있는 국내 농업의 생산 현장은 경험 위주로부터 데이터에 기반을 둔 관리로의 전환에 직면해있다. 이러한 시기에 발간되는 「원예공학」이 원예학과 공학을 연결하는 가교의 역할은 물론 독자들의 융합적 지식 축적과 데이터 분석 능력 제고에 기여하기를 기대한다.

본서를 집필하면서 여러 전문가들로부터 자문을 얻었다. 특히 영상처리 관련 내용을 정리하는 데 큰 도움을 준 전북대학교 생물산업기계공학과 김철수 교수와 식물공장 운영 관련 귀한 자료를 제공해준 농업회사법인 플랜티팜(주) AgT연구소의 이공인 소장께 지면을 빌려 감사드린다. 아울러 「원예공학」이 출판되도록 지원을 아끼지 아니한 전북대학교 출판문화원에 고마운 마음을 전한다.

2023. 8

김용현

목차

머리말 5

제1장
서론

1.1 원예와 원예공학 13
1.2 원예 생산과 소비 현황 13

제2장
공학 기초

2.1 원예작물 생산 시스템 23
2.2 원예작물의 특성과 공학적 이해 25
2.3 물리량과 단위 26
2.4 온도와 열 27
2.5 열전달 29
2.6 태양복사 38
2.7 습공기 46
2.8 인공광원 53
2.9 센서와 신호 처리 60
2.10 영상 처리 62
2.11 무선 통신 72

제3장
인공 지능

3.1 인공 지능의 기본 개념 81
3.2 파이썬 개요와 설치 94
3.3 파이썬을 이용한 학습과 분류 96
3.4 농업 생산에서 합성곱 신경망의 적용 113

제4장
데이터 분석

4.1 데이터 분석의 기초 121
4.2 농업 농촌 데이터 126
4.3 R을 이용한 데이터 분석 127
4.4 데이터 형식과 구조 132
4.5 표본의 분포와 가설 검정 134
4.6 상관과 회귀 분석 143
4.7 분산분석 156

제5장
작물의 생장, 환경 및 물질대사

5.1 생장과 발육 173
5.2 영양생장과 생식생장 174
5.3 장일식물과 단일식물 174
5.4 전조재배와 보광재배 175
5.5 생장과 환경 176
5.6 물질대사 176

제6장
작물의 생장정보와 스트레스 측정

6.1 작물 생장정보 측정 195
6.2 작물 스트레스 측정 202

제7장
시설원예

7.1 시설원예 개요 219
7.2 온실의 설치 현황 220
7.3 온실 형태와 피복재 222
7.4 컴퓨터 시뮬레이션을 이용한 온실 내의 일사 투과율 분석 230
7.5 온실 설계 237

제8장
온실 내 환경 관리

8.1 환경요소 측정용 센서 249
8.2 환경 제어 이론 267
8.3 환경 제어 방법 274

제9장
스마트팜

9.1 스마트팜 정의와 구성 295
9.2 스마트팜 운영 사례 298
9.3 스마트팜 혁신밸리 300
9.4 향후 기술개발 과제 302

제10장
식물공장

10.1 식물공장 정의와 구성 309
10.2 광이용효율 310
10.3 식물공장 내의 열과 수분 평형 312
10.4 식물공장 내의 공기 유동 해석 317
10.5 식물공장 운영 사례 322
10.6 향후 기술개발 개발 과제 324

제11장
우주농업

11.1 생명지원시스템 331
11.2 우주농업 개발을 위한 고려 사항 335
11.3 우주농업 연구개발 사례 339

제12장
원예산물의 수확 후 관리

12.1 원예산물의 수확 후 특성 349
12.2 수확 후 손실 349

12.3 수확 후 생리 351
12.4 수확 후 관리 작업 355
12.5 원예산물의 저장 방식 357
12.6 원예산물의 품질 기준 361
12.7 농산물의 품질 인증 362

제13장
원예 작업기계

13.1 작업 체계 369
13.2 수확 전 작업기계 371
13.3 수확 후 작업기계 379

부표 1. t 분포표 388
부표 2. F 분포표 389
찾아보기 390

제1장
서론

Horticultural Engineering

1.1 원예와 원예공학

원예(horticulture)는 농업의 한 분야로서 채소, 과수, 화훼를 생산하고 품질을 관리하는 기술을 의미한다.

2020년에 국내 채소류, 과실류 및 화훼류를 포함한 원예 산업의 생산액은 16.7조원으로서 전체 농업생산액 50.1조원의 33%를 차지하였다. 이러한 생산 규모는 축산업에 이어서 두 번째에 해당하는 것으로서 농업에서 원예 산업이 차지하는 비중이 큼을 의미한다.

원예 작물의 생산량을 늘리거나, 품질을 향상시키는 데 있어서 재배 기술의 중요성은 아무리 강조해도 지나치지 않는다. 그럼에도 불구하고 재배 기술에만 의존하는 것에는 한계가 있다. 최근 들어 원예작물의 생산 및 관리에 시설과 기계의 사용이 늘어나고 있다. 즉 원예산물의 연중 안정적인 생산과 고품질에 대한 수요 증가에 대응하고자 시설 및 자재가 많이 사용되고 있다. 또한 농업노동력의 급격한 감소 및 고령화에 따라 기계 또는 장치의 활용이 요구되고 있다. 더구나 경험 위주의 재배 방식으로부터 데이터에 기반을 둔 재배 방식으로의 전환이 필요한 현실을 고려할 때 재배현장에서 공학적 원리와 기술이 차지하는 비중은 더욱 커지고 있다.

「원예공학」은 농업공학, 식물과학, 컴퓨터과학 관련 융합적 사고와 지식을 바탕으로 원예작물 생산 및 수확 후 관리 시스템의 효율성을 다룬다. 공학적 원리와 기술을 바탕으로 원예작물의 육묘, 재배, 수확 후 관리 등의 작업에 정보통신기술을 적용하면 원예 작업의 기계화, 자동화 및 정보화가 가능하다. 이로 인해서 노동력의 부족과 고령화에 대응할 뿐만 아니라 원예산물의 생산성과 품질 향상이 기대된다.

1.2 원예 생산과 소비 현황

1.2.1 노지재배와 시설재배

원예작물은 크게 채소, 과수 및 화훼로 구분된다. 원예작물 생산액의 상당 부분을 차지하는 채소는 엽채류(leafy vegetables), 과채류(fruit-bearing vegetables), 근채류(root vegetables) 및 조미채류(seasoned vegetables)로 나누인다. 이러한 채소는 노지 또는 시설 내에서 재배되는데 이들을 각각 노지재배, 시설재배라 부른다. 사과, 배 등의 과실은 대부분 노지에서 재배된다. 한편 포도, 감귤, 복숭아 등은 노지뿐만 아니라 온실 내에서도 재배되고 있다. 화훼는 노지재배와 시설재배가 차지하는 비율이 비슷하다.

1970년대 이후 온실 자재의 보급과 함께 도입된 시설재배는 꾸준하게 증가하여 현재는 채소 재배면적의 25% 정도를 차지하고 있다. 시설 유형에는 온실, 소형 터널(tunnel) 및 비가림 시설 등이 포함된다. 시설원예(protected horticulture)는 시설재배에 의한 원예 작물의 생산을 의미한다. 국내 시설원예 재배면적의 대부분은 채소에 해당하고, 화훼 및 과수가 나머지를 차지하고 있다.

1.2.2 재배농가 현황

1970년과 2020년의 농가호수는 각각 2,483천호, 1,035천호로서 58.3% 줄어들었다. 이 기간에 농가인구는 급격하게 줄어들면서 2020년에 2,314천명 (전체 인구의 4.5%)에 이르렀다. 한편 65세 이상의 농가인구는 꾸준하게 증가하면서 2020년에 980천명이었다. 1970년에 농가인구의 4.95%에 불과하던 65세 이상의 인구는 2020년에 42.4%로 나타났다. 그 만큼 농가인구의 고령화가 빠르게 진행되고 있다.

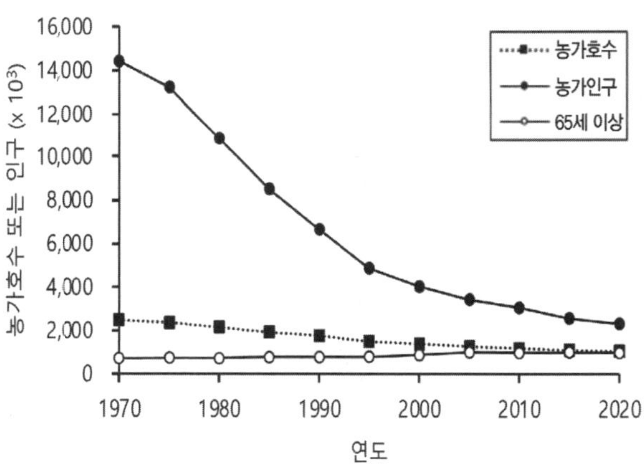

그림 1-1. 농가호수와 농가인구

1.2.3 원예 재배면적과 생산량 현황

1) 채소 재배면적과 생산량

채소 재배면적은 1995년에 403천ha로서 가장 높았으나, 그 후 노지재배 면적이 크게 줄어들면서 2020년에 219천ha에 이르렀다(그림 1-2). 이 가운데 2020년의 노지재배와 시설재배 면적은 각각 167천ha, 53천ha로서 전체 재배면적의 76%, 24%에 해당한다.

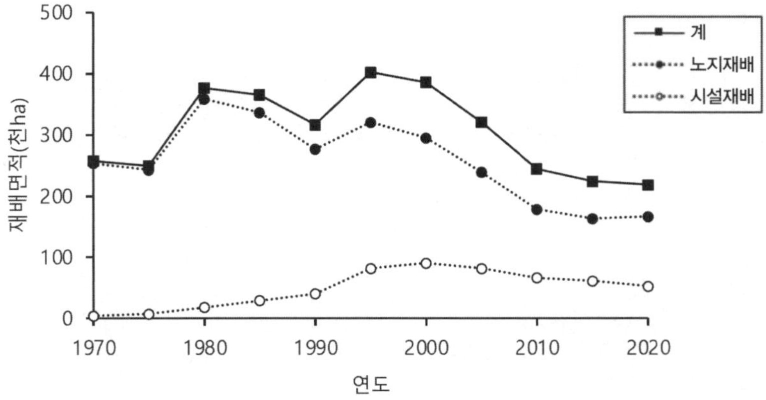

그림 1-2. 채소 노지재배와 시설재배 면적

시설 자재의 보급과 재배 기술의 향상에 힘입어 채소 생산량은 2000년까지 증가하였다(그림 1-3). 그 후 노지재배와 시설재배 생산량이 줄어들었다. 이러한 이유로서 재배면적과 기상 조건의 영향 등을 들 수 있다. 2020년의 전체 생산량은 8,486천톤으로서, 노지재배와 시설재배가 각각 6,174천톤 (72.8%), 2,312천톤 (27.2%)이었다.

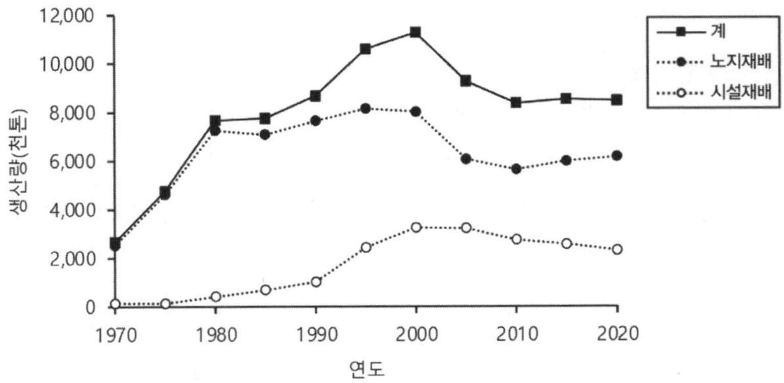

그림 1-3. 채소 노지재배와 시설재배 생산량

채소 중에서 엽채류, 과채류, 기타, 근채류의 순서로 생산량이 높게 나타났다(표 1-1). 기타에는 조미채류 및 양채류 등이 포함된다. 과채류의 경우 시설재배가 차지하는 비중이 크나, 근채류, 엽채류 및 조미채류는 노지에서 많이 생산되고 있다.

표 1-1. 채소류 생산량

(단위:천 톤)

년도	근채류		엽채류		과채류		기타		계	
	노지	시설	노지	시설	노지	시설	노지	시설	노지	시설
1970	770.1	1.5	890.4	37.2	506.5	93.2	346.6	7.5	2513.7	139.5
1975	1390.3	9.2	2335.8	41.3	445.3	85.2	458.5	1.6	4630.0	137.3
1980	2055.0	53.5	3264.0	147.9	795.6	202.6	1148.8	8.2	7263.5	412.3
1985	1669.6	81.5	3073.2	180.6	821.1	389.5	1513.3	28.2	7077.2	679.8
1990	1779.1	74.7	3498.9	217.4	692.5	633.7	1678.2	90.7	7648.8	1016.6
1995	1471.3	147.5	3073.6	447.6	832.1	1618.4	2786.1	208.9	8163.2	2422.3
2000	1673.3	254.6	3261.7	520.5	431.8	2219.4	2667.3	252.8	8034.1	3247.4
2005	1226.8	189.1	2605.4	448.2	418.4	2378.2	2113.3	203.9	6364.0	3219.4
2010	1116.2	43.4	1994.2	416.3	262.9	2105.8	2267.5	174.8	5640.9	2740.5
2015	1348.7	43.0	2373.6	306.8	342.9	2063.0	1925.0	145.3	5990.3	2558.3
2020	1252.9	42.5	2536.0	271.7	320.5	1801.9	2064.5	196.2	6173.9	2312.3

2) 과수 재배면적과 생산량

2000년 이후 과수 재배면적은 다소 줄어들었다. 2000년에 172천ha이었으나, 2020년에 8.7% 감소한 157천ha로 나타났다(그림 1-4). 한편 감귤과 포도를 포함한 시설재배면적은 2016~2019년을 제외하고 꾸준하게 증가하였다(그림 1-5). 2020년의 시설재배면적은 9,539ha로서 전체 재배면적의 6.1%를 차지하였다. 2016~2019년에 시설포도 재배면적의 감소는 한국-칠레 자유무역협정의 발효에 따른 포도 수입량의 증가와 포도원의 폐업에 따른 결과로 판단된다.

2000~2020년의 과실 생산량은 재배면적과 다르게 변화가 크게 나타났다(그림 1-6). 사과, 배, 복숭아, 포도, 감귤, 단감의 6대 과실을 포함한 과수의 대부분은 노지에서 재배되는데 개화기의 냉해 또는 수확기의 태풍 등 기상 여건에 따라 생산량이 영향을 받는다.

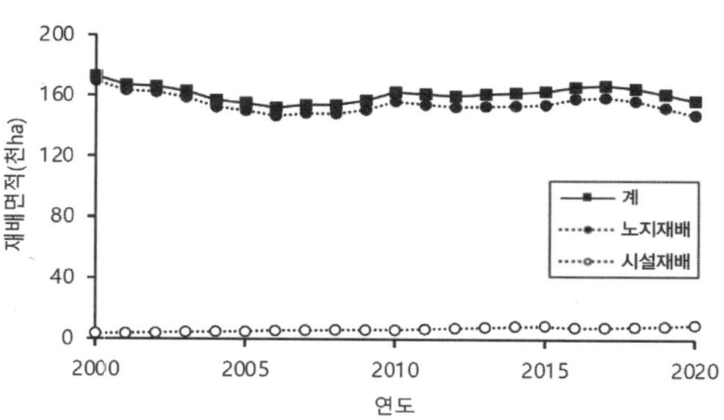

그림 1-4. 과수 노지재배와 시설재배 면적

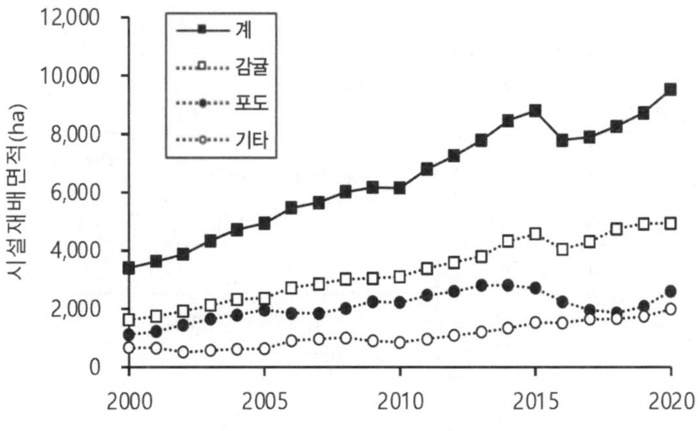

그림 1-5. 과수 품목별 시설재배 면적

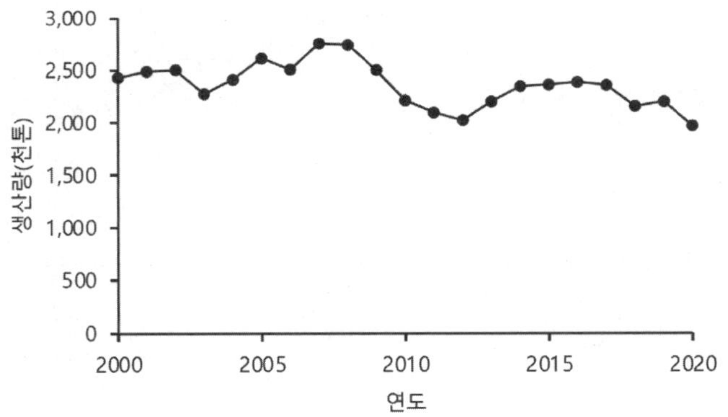

그림 1-6. 과실 생산량

3) 화훼 재배면적과 생산량

화훼 재배면적은 2000~2005년에 증가하였으나, 그 후 지속적으로 감소하면서 2020년에 4,299ha에 이르렀다. 전체 재배면적 중에서 노지재배가 차지하는 비중이 높았으나 최근 들어 노지재배와 시설재배의 비중이 비슷한 수준이다(그림 1-7). 재배면적의 영향을 받는 화훼 생산액은 2005년에 1조원을 넘어섰으나, 이후 줄어들면서 2020년에 5,269억원으로 나타났다(그림 1-8).

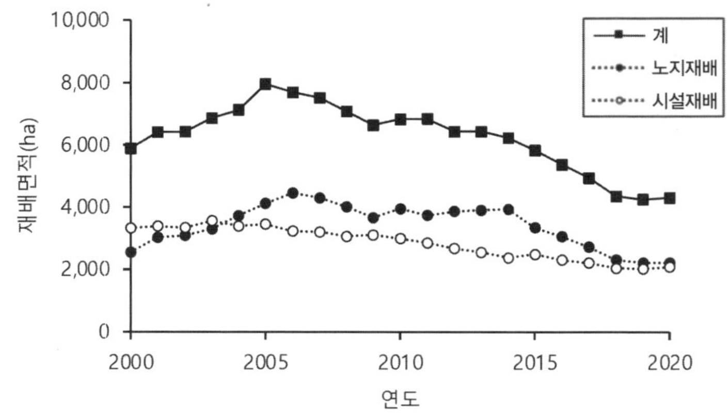

그림 1-7. 화훼 노지재배와 시설재배 면적

그림 1-8. 화훼 생산액

1.2.4 원예산물 소비 현황

2020년의 채소 및 과일 소비량은 2000년에 비해서 10~12% 정도 줄어들었다(표 1-2). 이 기간에 쌀 소비량은 지속적으로 줄어든 가운데 2020년의 1인당 소비량은 57.7kg이었다. 한편 축산물 소비량은 꾸준하게 증가하였다. 2020년의 1인당 육류 소비량은 52.5kg으로서 2000년에 비해서 1.6배 늘어났고, 우유 소비량은 1.4배 늘어났다. 결과적으로 쌀과 원예작물의 소비량이 줄어드는 대신에, 축산물 소비량은 늘어났다.

상기의 소비 패턴을 고려할 때 향후 쌀 소비량은 조금 더 줄어들 것이다. 원예산물 소비량은 품목에 따라 차이가 있겠으나 대체적으로 현재 상태를 유지하거나 다소 줄어들 수 있다. 한편, 축산물 소비량은 꾸준하게 늘어날 것으로 전망된다.

이러한 소비 패턴의 변화와 함께 고품질 농산물에 대한 소비자 수요의 지속적인 증대, 1인 가구의 증가, 수입 농산물의 확대 등이 예상된다. 그러므로 생산자는 농산물의 생산량을 늘리는 방식을 지양하고, 소비자의 수요를 충족시킬 수 있는 방안을 마련하는 데 노력해야 한다. 이러한 방안에는 재배 과정에서의 적정 관리는 물론이고 수확 후 관리 단계에서 품질과 신선도를 유지할 수 있는 기술 개발이 포함되어야 한다. 또한 1인당 소비량의 한계를 깊이 인식해야 한다. 한 분야의 소비량이 늘어나면, 다른 분야의 소비량은 줄어들 수 밖에 없다. 예컨대, 육류 소비량이 증가되면 그 만큼 쌀 또는 원예산물의 소비량이 감소될 것이다. 그러므로 국민들의 고품질 수요 충족, 안정적인 식생활 유지 및 영양의 균형차원에서 쌀, 원예, 축산 분야의 개별적인 접근 대신에 농산물의 품질과 생산량을 관리할 수 있는 종합적인 접근 방안이 조속히 마련되어야 한다.

표 1-2. 쌀, 원예산물, 축산물 및 수산물 1인당 소비량

구분		1인당 소비량(kg/인)					
		2000 (A)	2005	2010	2015	2020 (B)	B/A
쌀		93.6	80.7	72.8	62.9	57.7	0.62
채소		165.9	144.9	147.4	158.1	149.8	0.90
과일		58.4	62.6	62.4	59.8	51.5	0.88
축산물	육류	31.9	32.1	38.8	47.1	54.9	1.72
	-쇠고기	8.5	6.7	6.7	10.9	12.9	1.52
	-돼지고기	16.5	17.8	19.3	22.8	27.1	1.64
	-닭고기	6.9	7.6	7.6	13.4	14.9	2.16
	우유	59.2	62.7	64.9	75.7	85.0	1.44
수산물		36.8	49.5	51.2	57.1	68.4	1.86
합계		445.8	432.5	437.5	460.7	467.3	1.05

참고문헌

농림축산식품통계연보, 농림축산식품부.
시설채소 온실현황 및 채소류 생산실적, 농림축산식품부.
스마트한 축산 통계 30, 농촌진흥청 국립축산과학원.
축산물 가격 및 수급자료, 농협중앙회.
해양수산부 통계시스템, 해양수산부.
화훼 재배 현황, 농림축산식품부.

제2장
공학 기초

Horticultural Engineering

2.1 원예작물 생산 시스템

원예작물의 대부분은 노지에서 생산된다. 그런데 노지재배는 기후의 영향을 크게 받기 때문에 특정 시기에는 재배가 곤란하다. 한편 온실의 보급과 함께 등장한 시설원예는 원예작물의 재배 기간을 늘리면서 계절 변화에 상관없이 작물의 생산을 가능케 하였다. 시설원예는 터널, 플라스틱온실 또는 유리온실 등을 이용한 채소, 화훼 및 과수의 집약적 생산을 의미한다.

원예작물의 생산은 노지를 비롯하여 시설원예, 스마트팜, 식물공장 및 폐쇄생태계 생명지원시스템에 이르기까지 다양한 형태의 생산 시스템에서 이루어진다(그림 2-1). 이러한 생산 시스템은 단위 재배규모는 작으나, 폐쇄도가 높은 방향으로 발전되고 있다(그림 2-2). 작물이 정상적으로 생장하려면 태양에너지, 물 및 CO_2가 절대적으로 필요하다. 여기에서 폐쇄도(closeness)는 시스템의 경계를 통한 에너지 및 물질 출입의 제한 정도로 정의된다.

그림 2-1. 원예작물 생산 시스템
(A) 플라스틱온실, (B) 유리온실, (C) 식물공장, (D) 폐쇄생태계 생명지원시스템

노지는 폐쇄도가 0인 상태, 즉 에너지 및 물질 출입의 제한이 전혀 없기 때문에 작물이 기후 변화에 그대로 노출된다. 때문에 노지에서의 작물은 제어가 거의 불가능한 환경 조건에서 생장한다.

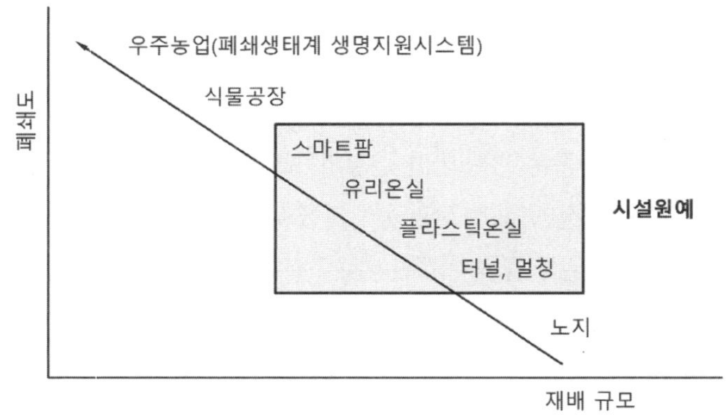

그림 2-2. 원예작물 생산 시스템의 변화

온실은 내부와 외부의 경계, 즉 피복재(coverings)를 통해서 태양에너지를 받아들인다. 한편 온실에서 창문이 개방되어 있지 않다면 물 또는 CO_2 등의 물질은 경계를 통한 출입이 어렵다. 그러므로 온실에서 에너지의 출입은 자유롭게 이루어지나, 물질의 출입은 제한을 받는다.

전기조명에 의한 인공광원을 이용하여 작물을 생산하는 식물공장(plant factory)에서는 경계를 통한 태양에너지 및 물질의 출입이 불가능하다. 이러한 특성 때문에 온실과 식물공장에서 작물을 생산하려면 관수, 난방, 냉방, 환기 또는 CO_2 시비 등을 위한 환경제어장치가 필요하다.

스마트팜(smart farm)은 농업 생산 현장에 센서 네트워크, 빅데이터, 인공지능, 클라우드 등의 스마트 기술이 적용된 농장을 의미한다. 시설원예 재배 기술과 스마트 기술이 결합된 스마트팜에서는 작물의 생장 데이터를 실시간으로 수집하고, 수집된 데이터에 기초하여 환경 및 작물의 생육에 대한 원격 관리가 가능하다. 식물공장에 비해서 다소 늦게 등장한 스마트팜은 시설원예 농가를 대상으로 보급이 확산되고 있다. 스마트 기술이 적용된 온실의 폐쇄도는 유리온실 또는 플라스틱온실의 그것과 동일하다. 최근에는 식물공장에서의 작물 생장 관리에도 스마트 기술이 적용되고 있다.

폐쇄생태계 생명지원시스템(closed ecological life support system, CELSS)은 환경 조건이 지구와 전혀 다른 우주 기지에 폐쇄 공간을 구축한 후 지구로부터 식품 또는 에너지의 재공급이 없는 상태에서 인간의 생명이 유지되도록 환경을 제어하면서 작물의 생산, 물과 공기의 정화 및 재생, 폐기물의 처리 등이 가능한 생명지원시스템을 의미한다. 우주농업 기술에 해당하는 CELSS 내로 인체에 유해한 우주전리방사선(ionizing space radiation)의 출입을 차단하려면 시스템의 폐쇄도는 다른 작물 시스템에 비해서 훨씬 높아야 한다.

2.2 원예작물의 특성과 공학적 이해

원예작물은 파종, 육묘, 정식, 방제 작업 등을 거쳐 수확에 이른다. 또한 수확 후에는 선별, 포장, 저장 등의 작업 단계를 거친다. 수확 전 작업 또는 수확 후 작업의 환경 조건에 따라 원예 작물의 생장 및 품질이 영향을 받는다. 더구나 각각의 작업 단계마다 서로 다른 공학적 원리가 적용된다. 원예작물을 생산하는 작업 단계에서 공학적 기술을 적용하려면 작물의 특성에 대한 이해가 필요하다.

첫째, 작물 생체중의 90% 이상이 수분이다. 체내에 많은 수분을 지니고 있으므로 작물은 충격에 약하다. 때문에 정식기나 수확기를 설계할 때 이러한 점이 고려되어야 한다. 아울러 작업자는 정식 또는 수확 작업 중 작물의 해당 부위가 손상되지 않도록 유의해야 한다. 둘째, 작물은 토양이나 배지에 뿌리를 내리고 자란다. 그러므로 토양이나 배지가 작물의 생장에 적합한 특성을 지녀야 한다. 특히 토양 위에서 정식, 방제, 수확 관련 기계 또는 장치 등이 원활하게 움직이며 작업할 수 있어야 한다. 셋째, 작물의 생장은 환경 요소의 영향을 크게 받는다. 때문에 온도, 습도 , 광 등의 지상부 환경 요소뿐만 아니라 토양 수분, pH, 전기전도도 등 지하부 환경 요소가 적정 수준을 유지해야 한다. 더구나 수확된 원예산물은 환경 조건에 따라 2차 생장을 이어가면서 품질이 떨어질 수 있으므로 이러한 변화를 방지할 수 있는 환경 관리가 요구된다.

원예작물의 생산을 위한 주요 작업에 다양한 형태의 기계 또는 시스템이 사용되고 있다. 경운 및 정지, 정식, 방제 등은 단위 기계 또는 장치가 사용되는 대표적인 농작업에 해당한다. 한편, 육묘장에서 널리 쓰이고 있는 파종 시스템에서는 상토 혼합, 충전, 파종 및 복토 등의 작업이 순차적으로 이루어진다(그림 2-3A). 수경재배에 필요한 배양액 조성 및 공급 시스템은 배양액 탱크, 정량펌프, 공급펌프, EC 및 pH센서, 유량, 조절계 등으로 구성된다(그림 2-3B).

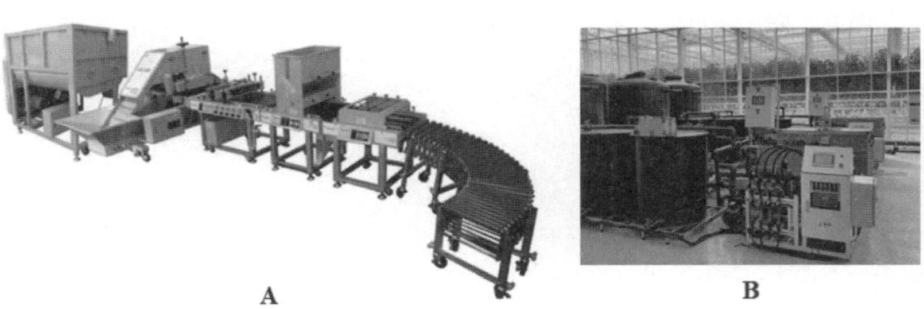

A B

그림 2-3. 원예 작업 시스템 (A) 파종 시스템, (B) 배양액 조성 및 공급 시스템

원예작물의 생산과 관련한 공학적 과제로서 기계화(mechanization), 자동화(automation)

및 정보화(informatization)를 들 수 있다. 농가인구의 감소와 고령화에 직면한 국내 농업 여건에서 농작업의 기계화는 필수 요소이다. 특히 원예작물의 생산 단계에서 많은 노동력이 투입되고 있는 정식 또는 수확 작업의 기계화가 시급한 실정이다.

자동화는 반복적인 작업 또는 순차적인 작업의 편의성 향상에 기여한다. 온실 내에서 측정된 기온에 따른 환기창의 개도 조절, 온실 내로 투과되는 태양에너지의 강도에 따른 차광 스크린의 개폐 등은 대표적인 자동화 사례에 해당한다.

센서, 사물인터넷, 클라우드와 같은 정보통신기술(information and communication technology, ICT)의 발달에 힘입어 농작업의 자동화는 물론 정보화가 가능해졌다. 농·축산 분야에서 데이터를 기반으로 한 ICT의 적용은 세계적인 추세이다. 예를 들면, 온실 내에서 재배되는 작물의 생육 정보, 온실 내·외부의 기상 정보, 병해충 관련 정보들을 수집하여 데이터베이스를 만들고, 이것들에 인공지능을 결합하면 생산 현장에서 나타날 수 있는 돌발적인 상황의 조기 진단 및 대응이 가능할 것이다.

2.3 물리량과 단위

물리량(physical quantity)은 물리 현상의 성질이나 상태를 나타내는 개념으로서 길이, 질량, 시간, 전류, 온도, 물질량, 광도가 이에 해당한다.

단위(units)는 숫자를 이용하여 물리량의 크기를 표시하는 기준이다. 1960년에 개최된 제11회 국제도량형 총회에서 SI 단위계가 국제적인 단위계로 채택되었다. SI 단위계는 기본 단위, 보조 단위, 기본 단위와 보조 단위를 조합한 유도 단위, 접두어 등으로 구성된다.

기본 단위는 m, kg, s, A, K, mol, cd의 7개로서 각각 독립적인 차원을 갖는다(표 2-1). 보조 단위는 기하학적으로 정의되며, 평면각을 표시하는 라디안(radian)과 입체각을 표시하는 스테라디안(steradian)으로 구분된다. 기본 단위와 보조 단위를 조합하면 유도 단위가 만들어지며, 모든 물리량에 대한 단위 표시가 가능하다. 압력의 단위를 예로 들면 다음과 같다.

$$1\ \text{Pa} = 1\ \text{N}\cdot\text{m}^{-2} = 1\ \text{J}\cdot\text{m}^{-3} = 1\ \text{kg}\cdot\text{m}^{-1}\cdot\text{s}^{-2}$$

유도 단위는 여러 개의 기본 단위로 표시되므로 사용할 때 번거롭다. 이러한 번거로움을 해소하고자 유도 단위에 특별한 명칭과 기호가 쓰이고 있다. 압력, 열량, 힘, 전력, 광속, 조도 등은 대표적인 유도 단위를 갖는 물리량으로서 각각 Pa(Pascal), J(Joule), N(Newton), W(Watt), lm(lumen), lx(lux)의 단위를 갖는다.

표 2-1. 물리량과 SI 단위

물리량	길이	질량	시간	전류	열역학적온도	물질량	광도
SI 단위	m	kg	s	A	K	mol	cd

이러한 단위의 접두어로서 10^{24}부터 10^{-24} 범위의 십진배수와 십진분수가 SI 단위와 함께 사용된다(표 2-2). 10^3에 해당하는 접두어의 기호가 소문자 k로 표시됨에 유의할 필요가 있다. 원칙적으로 SI 단위계에서는 단일 물리량에 대하여 하나의 단위가 사용된다. 단, 온도의 단위는 예외로서 K(Kelvin degree)와 ℃(Celsius degree)가 함께 사용된다.

표 2-2. 접두어 기호

접두어	인자	기호	접두어	인자	기호
yotta	10^{24}	Y	deci	10^{-1}	d
zetta	10^{21}	Z	centi	10^{-2}	c
exa	10^{18}	E	milli	10^{-3}	m
peta	10^{15}	P	micro	10^{-6}	μ
tera	10^{12}	T	nano	10^{-9}	n
giga	10^{9}	G	pico	10^{-12}	p
mega	10^{6}	M	femto	10^{-15}	f
kilo	10^{3}	k	atto	10^{-18}	a
hecto	10^{2}	h	zepto	10^{-21}	z
deca	10^{1}	da	yocto	10^{-24}	y

2.4 온도와 열

온도는 열전달 크기의 척도이다. 온도의 측정 단위로서 섭씨(℃), 화씨(°F), 절대온도(K) 등이 사용된다. 이들의 상호 관계는 다음과 같다.

$$F = \frac{9}{5}t + 32 \tag{2.1}$$

$$K = t + 273.15 \tag{2.2}$$

여기서, t: 섭씨온도(℃), F: 화씨온도(°F), K: 절대온도(K)이다.

온실 내·외부의 온도차가 존재하면 고온 측에서 저온 측으로 열의 이동이 생긴다. 이 때 전달된 열은 온도차의 영향을 크게 받는다.

비열(specific heat)은 단위 질량을 갖는 어떤 물질의 온도를 단위 온도만큼 상승시키는 데 필요한 에너지이다. 비열의 단위로서 kJ·kg^{-1}·℃$^{-1}$ 또는 cal·g^{-1}·℃$^{-1}$가 사용된다.

표 2-3. 주요 물질의 비열과 밀도

구분	비열 (kJ·kg^{-1}·℃$^{-1}$)	밀도 (kg·m^{-3})	비고
물	4.2	1,000	25℃
공기	1.0	1.2	정압비열
토양	1.9	1,330	양토
토마토	4.0	470	산물밀도
사과	3.6	450	산물밀도

물질의 상태가 변하지 않고 온도를 변화시키는 데 필요한 열로서 현열(sensible heat)은 다음 식으로 계산된다.

$$q_s = mc\Delta t \tag{2.3}$$

여기서, q_s: 현열(kJ), m: 물질의 질량(kg), c: 비열(kJ·kg^{-1}·℃$^{-1}$), Δt: 온도차(℃)이다.

잠열(latent heat)은 온도가 변화지 않고 상태를 변화시키는 데 소요되는 열을 의미한다.

$$q_l = lE \tag{2.4}$$

여기서, q_l: 잠열(kJ), l: 증발량(kg), E: 물의 기화열(≒ 2256 kJ·kg^{-1})이다. 태양에너지는 온실 내의 기온을 상승시키는 필요한 주요 열원이나, 온실 내로 투과된 에너지의 약 50%가 잠열로 쓰인다.

|예제 2-1| 오이가 재배되고 있는 단동 플라스틱온실 (체적 9,000m^3)에 온풍난방기가 설치되어 있다. 난방기의 작동으로 온실 내의 기온을 10℃만큼 상승시키는 데 필요한 열량을 계산하라. 단, 온풍난방기에 의해서 공급된 열은 전부 현열로 가정하라.

|풀이| 표 2-3에서 공기의 밀도는 1.2 kg·m^{-3}이다.

$Q_s = mc\Delta t = \rho V c\Delta t = (1.2)(9{,}000)(1.0)(10) = 108{,}000\,\text{kJ}$이다.

2.5 열전달

열전달은 전도(conduction), 대류(convection) 및 복사(radiation)에 의해서 이루어진다.

2.5.1 전도 열전달

전도는 물체 내에서 온도구배(temperature gradient)가 존재할 때 이루어진다(그림 2-4). 1차원 전도에 의해서 전달된 열은 Fourier 법칙에 의해서 다음 식으로 표시된다.

$$q_{cond} = -kA\frac{dT}{dx} \tag{2.5}$$

여기서, q_{cond}: 전도 열전달(W), k: 열전도계수(W·m^{-1}·℃$^{-1}$), A: 물체의 단면적(m^2), T: 물체의 온도(℃), x: 열이 전달되는 방향이다.

열전도계수(thermal conductivity)는 물체 내부에서 이루어지는 열전달을 결정하는 값으로서 물체 고유의 특성에 해당한다(표 2-4). 식(3.5)에서 $\frac{dT}{dx}$는 열이 전달되는 방향으로의 온도변화율로서, 음의 값을 갖는다. 이로 인하여 식(2.5)에 의해서 결정된 열전달이 음수로 표시되는 데, 이를 상쇄하고자 우변에 - 기호가 사용되었다.

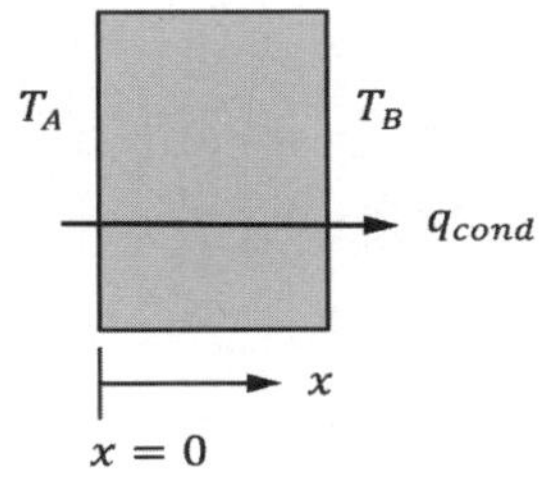

그림 2-4. 전도 열전달

표 2-4. 주요 물질의 열전도계수

물질	열전도계수(W·m^{-1}·℃$^{-1}$)	물질	열전도계수(W·m^{-1}·℃$^{-1}$)
탄소강(C≒1%)	43	폴리염화비닐	0.13
알루미늄	204	필름	0.19
구리	386	아크릴	0.043
콘크리트	0.76	유리섬유	0.026
합판	0.16	공기(20°C)	0.60
유리(두께 3mm)	0.78	물(20°C)	0.23~0.93
폴리에틸렌 필름	0.34	토양(경작지)	

두께가 $\triangle x$인 물체 내에 온도차가 존재할 때 식(2.5)는 다음과 같다.

$$q_{cond} = kA\frac{T_A - T_B}{\triangle x} \tag{2.6}$$

여기서, T_A: 고온측 온도(℃), T_B: 저온측 온도(℃), $\triangle x$: 물체의 두께(m)이다.

|예제 2-2| 두께가 $3\,mm$인 유리의 내부와 외부 표면의 온도차가 1.5℃이다. 유리의 열전도계수가 0.8 $W \cdot m^{-1} \cdot ℃^{-1}$일 때 유리를 통해서 전달된 단위면적당 열전도를 구하라.

|풀이| Fourier 법칙에서 $q_{cond} = kA\frac{T_A - T_B}{\triangle x}$이다.

$$\therefore \frac{q_{cond}}{A} = k\frac{T_A - T_B}{\triangle x} = \frac{(0.8)(1.5)}{3 \times 10^{-3}} = 400\ W \cdot m^{-2}$$

2.5.2 대류 열전달

대류는 기체와 액체를 포함한 유체에 의해서 열이 전달되는 현상이다. 이러한 대류는 유체의 흐름이 송풍기와 같은 유체기계에 의해서 이루어지는 강제대류(forced convection), 온도차에 따른 부력에 의해서 이루어지는 자연대류(natural convection)로 구분된다. 대류 열전달은 열전도계수, 비열, 밀도 등의 유체의 열적 성질이나 점성의 영향을 크게 받는다.

유체의 흐름에 따라 고체 표면에서 이루어지는 대류열전달은 Newton의 냉각 법칙에 의해서 다음 식으로 계산된다.

$$q_{conv} = hA(T_w - T_\infty) \tag{2.7}$$

여기서, q_{conv}: 대류 열전달(W), h: 대류열전달계수($W \cdot m^{-2} \cdot ℃^{-1}$), A: 물체의 표면적(m^2), T_w: 벽면 온도(℃), T_∞: 유체 온도(℃)이다.

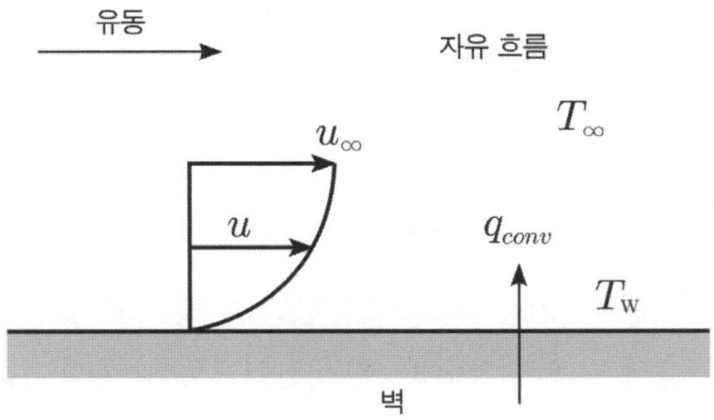

그림 2-5. 대류 열전달

|예제 2-3| 크기가 50×80cm인 평판의 벽면 온도가 150℃, 공기의 온도가 20℃ 일 때 전달된 대류열전달을 구하라. 이 때 평판과 공기 사이의 대류열전달계수를 10 W·m^{-2}·℃$^{-1}$ 로 가정하라.

|풀이| Newton의 냉각 법칙에서 $q_{conv} = hA(T_w - T_\infty)$이다.

$$\therefore\ q_{conv} = hA(T_w - T_\infty) = (10)(50)(80)(10^{-4})(150-20) = 520\,\mathrm{W}$$

열전달에서 대류열전달계수는 무차원화된 수(dimensionless numbers)의 영향을 받는다. 강제대류가 이루어지는 평판에서 대류열전달계수는 다음과 같이 표시된다.

$$h = Nu\frac{k}{L} \tag{2.8}$$

여기서, h: 대류열전달계수(W·m^{-2}·℃$^{-1}$), Nu: Nusselt 수, k: 열전도계수(W·m^{-1}·℃$^{-1}$), L: 특성 길이(m)이다.

Nusselt 수는 물체의 표면에서 이루어지는 대류와 전도열전달의 비율을 나타내는 무차원화된 수로서, 또 다른 무차원화된 수인 Reynolds 수와 Prandtl 수의 영향을 받는다. Nusselt 수가 클수록 대류열전달이 전도열전달에 비해서 효과적으로 이루어진다. 특성 길이는 열전달에 영향을 미치는 물체의 길이로서, 물체의 형상에 따라 결정된다. 벽면 또는 평판에서의 특성 길이는 높이에 해당하며, 원통의 경우는 직경에 해당한다.

Reynolds 수는 유체의 점성 효과에 대한 관성 효과의 상대적인 크기로서 다음과 같이 정의된다.

$$Re = \frac{u_{\infty}L}{\nu} = \frac{\rho u_{\infty}L}{\mu} \tag{2.9}$$

여기서, Re : Reynolds 수, u_{∞}: 유속($m \cdot s^{-1}$), L: 특성 길이(m), ν:유체의 동점성계수($m^2 \cdot s^{-1}$), ρ: 유체의 밀도($kg \cdot m^{-3}$), μ: 유체의 점성계수($kg \cdot m^{-1} \cdot s^{-1}$)이다.

Prandtl 수는 유체에서 운동량 확산과 열 확산의 상대적인 크기를 표시하는 무차원화된 수이다.

$$\Pr = \frac{\nu}{\alpha} = \frac{c_p \mu}{k} \tag{2.10}$$

여기서, Pr : Prandtl 수, ν:유체의 동점성계수($m^2 \cdot s^{-1}$), α: 유체의 열확산계수($m^2 \cdot s^{-1}$), c_p: 비열($kJ \cdot kg^{-1} \cdot ℃^{-1}$), μ: 유체의 점성계수($kg \cdot m^{-1} \cdot s^{-1}$), k: 열전도계수($W \cdot m^{-1} \cdot ℃^{-1}$)이다.

자연대류가 이루어지는 평판에서 Nusselt 수는 Grashof 수와 Prandtl 수의 영향을 받는다. Grashof 수는 열전달에서 점성력에 대한 부력의 상대적인 크기를 나타내는 무차원화된 수이다.

$$Gr = \frac{g\beta(T_w - T_{\infty})L^3}{\nu^2} \tag{2.11}$$

여기서, Gr : Grashof 수, g: 중력가속도($m \cdot s^{-2}$), β: 열팽창계수($=\frac{1}{T}$), T: 온도(℃), T_w: 벽면 온도(℃), T_{∞}: 유체 온도(℃), L: 특성 길이(m), ν:유체의 동점성계수($m^2 \cdot s^{-1}$)이다.

일반적으로 자연대류에서 Nusselt 수는 다음 식으로 계산된다.

$$Nu = c(Gr\Pr)^n \tag{2.12}$$

여기서, Nu: Nusselt 수, Gr : Grashof 수, Pr : Prandtl 수이다. c와 n은 Grashof 수와 Prandtl 수의 크기에 의해서 결정되는 상수이다(표 2-5).

Grashof 수와 Prandtl 수의 곱은 Rayleigh 수로 불린다.

$$Ra = Gr\Pr \tag{2.13}$$

표 2-5. 식(2-12)에 사용되는 상수

형태	$Gr\mathrm{Pr}$	c	n	참고문헌
수직평판	10^4 - 10^9	0.59	1/4	McAdams(1954)
	10^9 - 10^{13}	0.021	2/5	Eckert와 Witt(1951)
	10^9 - 10^{13}	0.10	1/3	Warner와 Arpaci(1968)
수평원통	10^4 - 10^9	0.53	1/4	McAdams(1954)
	10^9 - 10^{12}	0.13	1/3	McAdams(1954)

대기압과 상온에서 여러 표면으로부터 공기로의 대류열전달계수에 대한 단순화된 식이 사용되고 있다(표 2-6). 단순화된 식을 사용하려면 Grashof 수와 Prandtl 수의 곱한 값을 알아야 한다는 것에 유의해야 한다. 유체의 흐름 상태, 즉 층류 또는 난류의 여부는 Grashof 수와 Prandtl 수의 곱에 의해서 결정된다. $Gr\mathrm{Pr}$가 10^4에서 10^8에 해당하면 층류이고, 10^8에서 10^{12}이면 난류에 해당한다. $Gr\mathrm{Pr}$는 유체의 성질로부터 결정된다. 한편, 표준 상태의 공기에 해당하는 $Gr\mathrm{Pr}$는 다음과 같이 근사적으로 계산된다.

$$Gr\mathrm{Pr} = 10^8 L^3 \Delta T \tag{2.14}$$

여기서, L: 특성 길이(m), ΔT: 벽면과 유체의 온도차(℃)이다.

표 2-6. 여러 가지 표면에서 공기로의 자연대류를 나타내는 단순화된 식

표면	층류 $10^4 < Gr\mathrm{Pr} < 10^8$	난류 $Gr\mathrm{Pr} > 10^8$
수직평판 또는 원통	$h = 1.42(\frac{\Delta T}{L})^{1/4}$	$h = 1.31(\Delta T)^{1/3}$
수평원통	$h = 1.32(\frac{\Delta T}{d})^{1/4}$	$h = 1.24(\Delta T)^{1/3}$
수평평판: 위를 향한 가열판 또는 아래를 향한 냉각판	$h = 1.32(\frac{\Delta T}{L})^{1/4}$	$h = 1.52(\Delta T)^{1/3}$
아래를 향한 가열판 또는 위를 향한 냉각판	$h = 0.59(\frac{\Delta T}{L})^{1/4}$	

h: 대류열전도계수(W·m^{-2}·℃$^{-1}$), ΔT: 벽면과 유체의 온도차(℃), L: 수직 또는 수평길이(m), d: 직경(m)

|예제 2-4| 유리온실에 설치된 파이프 내를 통과하는 온수가 대류에 의해서 온실 내로 열을 방출한다. 파이프의 외경 60mm, 표면온도 70℃, 온실내 기온 10℃일 때 파이프 표면에서의 대류열전달계수와 파이프를 통한 대류열전달을 구하라.

|풀이| 상기 예제에서 파이프를 수평원통으로 가정할 수 있다. 파이프 내의 온수 흐름에 대한 층류 또는 난류 여부를 결정하고자 $Gr\,Pr$을 계산한다.

$Gr\,Pr = 10^8 L^3 \Delta T = 10^8(0.06)^3(70-10) = 1{,}296{,}000$이므로 온수의 흐름은 층류에 해당한다. 수평원통의 층류에 해당하는 대류열전달계수를 표 2-6으로부터 구한다.

$$\therefore\ h = 1.32\left(\frac{\Delta T}{d}\right)^{1/4} = 1.32\left(\frac{80-20}{60\times10^{-3}}\right)^{1/4} = 7.4\,\mathrm{W\cdot m^{-2}\cdot ℃^{-1}}$$

파이프의 길이를 L_p로 가정한 경우 대류열전달은 다음과 같이 계산된다.

$$q_{conv} = hA\,(T_w - T_\infty) = (7.4)\pi(60\times10^{-3})L_p(70-10)$$

여기에서 단위길이당 대류열전달을 구하면 다음과 같다.

$$\therefore\ \frac{q_{conv}}{L_p} = (7.4)\pi(60\times10^{-3})(70-10) = 83.7\,\mathrm{W\cdot m^{-1}}$$

2.5.3 복사 열전달

복사는 전자파에 의한 에너지 전달로서 고체 또는 유체와 같이 매개물질(media)이 없는 상태에서도 열전달이 가능하다. 흑체(black body)로 표시되는 이상적인 복사체는 Stefan-Boltzmann 법칙에 따라 물체의 절대온도의 4제곱에 비례해서 에너지를 방출한다.

$$q_b = \sigma A T^4 \tag{2.15}$$

여기서, q_b: 흑체로부터의 복사 열전달(W), σ: Stefan-Boltzmann 상수(≒ 5.669 x10^{-8} $\mathrm{W\cdot m^{-2}\cdot K^{-4}}$), A: 표면적(m^2), T: 물체의 절대온도(K)이다.

한편, 회체(gray body) 표면에서 방출되는 복사 에너지는 동일한 온도의 흑체에 비해서 적다.

$$q_{rad} = \varepsilon \sigma A T^4 \tag{2.16}$$

여기서, q_{rad}: 회체로부터의 복사 열전달(W), ε: 방사율이다.

방사율(emissivity)은 물체 고유의 복사 특성으로서, 흑체 표면에서의 복사에 대한 회체 표면에서의 복사 비율에 해당한다(표 2-7). 흑체의 방사율은 1이다. 한편, 주위에 있는 물체들은 대부분 회체에 해당한다.

표 2-7. 주요 물질의 방사율

물질	온도(°C)	방사율
알루미늄(연마면)	38	0.04
알루미늄(산화면)	38	0.08
강철(연마면)	38	0.07
강철(산화면)	38	0.79
유리(두께 3mm)	22	0.94
콘크리트	20	0.88
목재	70	0.91
물	0~100	0.98~0.99
토양		0.92~0.96
토마토 잎		0.98

2개(T_1, T_2)의 서로 다른 온도를 지니고 있는 물체 사이에 이루어지는 복사 열교환은 다음과 같이 계산된다.

$$q_{rad_{ex}} = \varepsilon\, F_G\, \sigma A\, (T_1^4 - T_2^4) \tag{2.17}$$

여기서, $q_{rad_{ex}}$: 복사 열교환(W), F_G: 형상계수, T_1, T_2: 물체의 절대온도(K)이다.

형상계수(view factor)는 하나의 물체에서 방사된 복사에너지가 다른 물체에 도달된 비율을 의미한다.

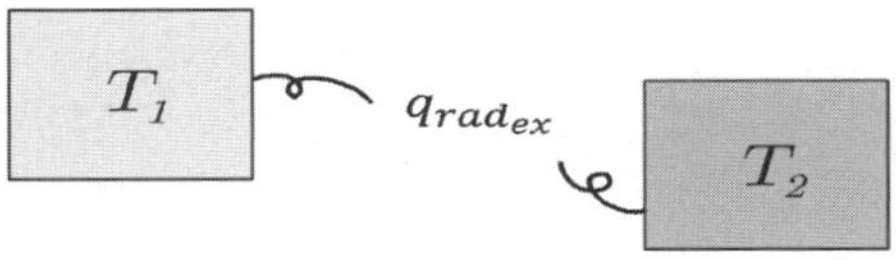

그림 2-6. 복사 열교환

|예제 2-5| 온실 내에 설치된 난방용 파이프의 표면 온도가 70℃를 유지하고 있다. 파이프의 표면에 방사율이 0.45인 알루미늄 페인트가 칠해져 있을 때 표면에서 방사

된 복사 열전달을 구하라. 한편, 알루미늄 페인트 대신에 방사율이 0.95인 라텍스 페인트가 사용될 경우의 복사 열전달과 이에 해당하는 단위면적당 방출된 복사에너지 증가량을 구하라.

|풀이| Stefan-Boltzmann 법칙을 사용하여 주어진 온도에서 단위면적당 방출된 복사에너지를 구할 수 있다. 온도 $T = 70℃$, $\varepsilon = 0.45$ 에서

$$\frac{q_{rad}}{A} = \varepsilon \sigma T^4 = (0.45)(5.669 \times 10^{-8})(70 + 273.15)^4 = 353.7\,\mathrm{W \cdot m^{-2}}$$

$\varepsilon = 0.95$ 에서

$$\frac{q_{rad}}{A} = \varepsilon \sigma T^4 = (0.95)(5.669 \times 10^{-8})(70 + 273.15)^4 = 746.7\,\mathrm{W \cdot m^{-2}}$$

단위면적당 방출된 복사에너지의 증가량,

$$\therefore\ 746.7 - 353.7 = 393.0\,\mathrm{W \cdot m^{-2}}$$

2.5.4 관류 열전달

온실의 피복재로 사용되는 유리 또는 플라스틱필름은 온실 내부와 외부를 구분하는 경계면에 해당한다. 피복재의 내부와 외부 표면에서는 각각 공기의 유동으로 대류열전달이 나타난다. 한편 피복재에서는 전도에 의한 열전달이 이루어진다. 이와 같이 고체 물체를 가운데에 두고 양쪽에서 대류열전달이 이루어지는 현상을 관류 열전달 또는 관류열량이라고 하며, 다음 식으로 표시된다.

$$q_t = \frac{A\,(T_i - T_o)}{\dfrac{1}{h_i} + \dfrac{\Delta x}{k} + \dfrac{1}{h_o}} \tag{2.18}$$

여기서, q_t: 관류 열전달(W), h_i: 피복재와 내부공기 사이의 대류열전달계수($\mathrm{W \cdot m^{-2} \cdot ℃^{-1}}$), h_o: 피복재와 외부공기 사이의 대류열전달계수($\mathrm{W \cdot m^{-2} \cdot ℃^{-1}}$), T_i: 내부기온(℃), T_o: 외부기온(℃), Δx: 피복재 두께(m), k: 피복재의 열전도계수($\mathrm{W \cdot m^{-1} \cdot ℃^{-1}}$)이다.

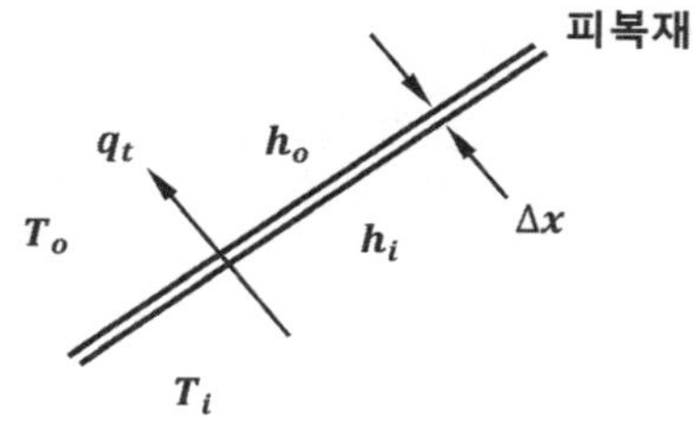

그림 2-7. 온실 표면에서의 열전달

식(2.18)에서 분모에 표시된 항들은 열관류가 이루어질 때의 열저항으로서, 이 값의 역수를 열관류계수(overall heat transfer coefficient)라 한다. 즉,

$$U = \frac{1}{\frac{1}{h_i} + \frac{\Delta x}{k} + \frac{1}{h_o}} \tag{2.19}$$

여기서, U: 열관류계수(W·m^{-2}·℃$^{-1}$)이다.

온실에서 피복재 안쪽 면과 내부공기 사이의 열전달은 주로 자연대류의 영향을 받으며 이로 인한 대류열전달계수는 온실의 내부기온과 피복재의 표면온도차에 의해서 결정된다(표 2-8). 한편, 피복재 바깥 면과 외부공기 사이의 열전달은 강제대류의 영향을 받는 가운데 이로 인한 대류열전달계수는 외부 풍속의 영향을 크게 받는다(표 2-9).

표 2-8. 온실의 피복재 안쪽 면과 내부공기 사이의 대류열전달계수

대류열전달계수 (W·m^{-2}·℃$^{-1}$)	조건	인용문헌
$1.93\,\Delta T^{0.33}$	수직 벽	Tantau(1975)
$1.86\,\Delta T^{0.33}$	대규모 온실	De Halleux(1989)
$2.21\,\Delta T^{0.33}$	폴리에틸렌필름을 피복한 소형 온실	Papadakis 등(1992)
$2.97\,\Delta T^{0.33}$	보온용 스크린이 설치된 온실	Miguel 등(1998)
$4.3\,\Delta T^{0.25}$	터널형 플라스틱온실	Kittas(1986)

ΔT: 피복재 안쪽 면과 내부기온의 온도차(℃)

표 2-9. 온실의 피복재 바깥쪽 면과 외부공기 사이의 대류열전달계수

대류열전달계수 ($W·m^{-2}·℃^{-1}$)	조건	인용문헌
$2.8+3.0u$	태양열집열기 덮개용 유리	Watmuff 등(1977)
$7.2+3.8u$	터널형 플라스틱온실	Garzoli와 Blackwell(1981)
$2.8+1.2u$	벤로형 온실	Bot(1983)

u: 외부 풍속($m.s^{-1}$)

|예제 2-6| 토마토 재배용 유리온실에 사용된 유리의 두께는 3mm, 열전도계수는 $0.78W·m^{-1}·℃^{-1}$ 이다. 온실 내부와 외부 기온이 각각 15℃, -2℃일 때 열관류계수와 단위면적당 관류 열전달을 구하라. 이 때 유리와 내부공기, 유리와 외부공기 사이의 대류열전달계수를 각각 $3.5W·m^{-2}·℃^{-1}$, $16.0W·m^{-2}·℃^{-1}$로 가정하라.

|풀이| 유리에 의한 열관류계수는 식(2.19)에서 결정된다.

$$U=\frac{1}{\frac{1}{h_i}+\frac{\Delta x}{k}+\frac{1}{h_o}}=\frac{1}{\frac{1}{3.5}+\frac{3\times10^{-3}}{0.78}+\frac{1}{16.0}}=2.84\,W·m^{-2}·℃^{-1}$$

유리를 통한 단위면적당 관류 열전달,

$$\frac{q_t}{A}=U(T_i-T_o)=(2.84)(15-(-2))=48.3\,W·m^{-2}$$

2.6 태양복사

2.6.1 태양복사 분광 특성

태양복사(solar radiation)는 태양에서 방출되는 에너지의 총합이다. 작물의 광합성에 절대적으로 필요한 태양에너지는 저온기에 온실 내의 기온을 상승시키는 열원으로 작용한다. 태양복사는 파장이 짧은 X선으로부터 수m에 이르는 전자파까지 포함된다. 태양복사의 대부분은 300~2,500nm의 파장 범위에 해당되므로 단파복사(shortwave radiation) 또는

일사라고도 한다. 태양복사의 43%는 가시광(visible light)이고, 적외선(infrared)과 자외선(ultraviolet)은 각각 50%, 7% 정도이다.

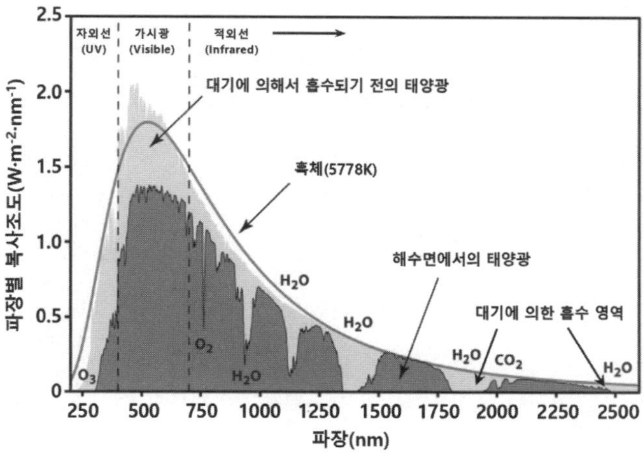

그림 2-8. 태양복사 분광 특성

대기권 바깥에서 입사되는 태양광과 직각을 이루는 면에서의 태양강도는 약 1,365 W·m^{-2} 인데, 이 값을 태양상수(solar constant)라 부른다. 한편 지표면으로 입사되는 일사량의 최대치는 약 1,250 W·m^{-2} (광합성유효광양자속으로는 2,400 μmol·m^{-2}·s^{-1}에 해당)이다. 이러한 결과는 태양광이 대기권을 통과하면서 수증기, CO_2, 오존, 구름 등에 의해서 흡수 또는 반사가 이루어지기 때문이다. 지표면에서 측정된 일사량은 측정 지점의 위도, 계절, 기상 조건 등에 따라 다르다.

일사 가운데 380~760nm의 파장 범위를 가시광이라 한다. 가시광은 인간의 눈으로 물체의 색상을 식별할 수 있는 파장 영역이다. 식물이 광합성을 하는 데 유효한 파장 영역은 가시광의 범위와 유사한 400~700nm으로서, 광합성유효복사(photosynthetically active radiation)로 불린다.

지표면에 도달된 태양복사에 파장 300~400nm의 자외선이 포함되어 있다. 파장 290~330nm의 자외선은 가지 과실의 착색, 살균 또는 생장억제에 관여하며, 플라스틱 필름의 열화를 촉진한다.

식물의 광형태형성(photomorphogenesis) 반응은 파장 600~700nm의 적색광에 의해서 촉진되나, 파장 700~800nm의 원적색광(far-red)하에서는 가역적으로 저해된다. 광형태형성은 광강도가 크지 않은 조건에서 식물의 발생 또는 분화 등의 발육 특성이 조절되는 현상이다. 국화 또는 딸기의 전조재배는 원적색광의 조사에 의해서 장일처리를 유도하는 광형태형성 반응에 해당한다.

온실 내로 투과된 태양복사는 작물 또는 토양 표면으로부터 반사되면서 파장이 3μm 이상인 장파복사(long-wave radiation)로 바뀐다. 장파복사는 단파복사에 비해서 투과율이 낮기 때문에 온실 내로 투과된 태양복사가 전부 외부로 방출되지 않는다. 이로 인해서 온실 내의 기온이 상승되는 데 이것을 온실효과(greenhouse effect)라 한다. 그림 2-9에서 빗금 친 부분은 실내 기온의 목표 값을 25℃로 설정하였을 때 목표 값을 초과하는 시간대에 해당하는 일사량으로서 잉여 태양에너지(surplus solar energy)로 불린다. 이러한 시기에는 작물의 적정 생육온도에 비해서 실내 기온이 높게 나타나므로 환기 또는 차광이 요구된다.

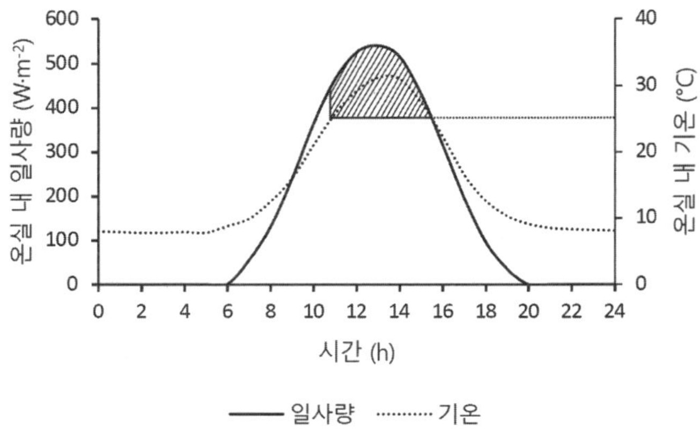

그림 2-9. 온실 내 일사량 및 기온 변화

2.6.2 Wien의 변위 법칙

흑체로부터 방사되는 복사에너지는 특정한 파장에 한정되지 않고 다양한 파장에 걸쳐서 분포된다. 이 가운데 복사에너지 밀도가 최대인 파장과 복사체의 절대온도는 Wien의 변위 법칙(Wien's displacement law)에 의해서 다음 식으로 표시된다.

$$\lambda_{max} \cdot T = 2.898 \times 10^{-3} \text{ m·K} \tag{2.20}$$

여기서, λ_{max}: 복사에너지의 최대 파장(m), T: 복사체의 절대온도(K)이다.

식(2.20)에서 복사체의 절대온도가 높을수록 방출되는 에너지 밀도가 최대에 해당하는 파장이 왼쪽으로 이동한다(그림 2-10). 복사체의 절대온도가 5,500K라고 가정할 때 복사에너지의 최대 파장, 즉

$$\lambda_{max} = \frac{2.898 \times 10^{-3}}{T} = \frac{2.898 \times 10^{-3}}{5,500} = 5.27 \times 10^{-7}\,\text{m} = 527\,\text{nm}\text{이다.}$$

한편, 복사체의 절대온도가 300 K일 때 복사에너지의 최대 파장,

$$\lambda_{max} = \frac{2.898 \times 10^{-3}}{T} = \frac{2.898 \times 10^{-3}}{300} = 9.66 \times 10^{-10}\,\text{m} = 9,660\,\text{nm}\text{이다.}$$

태양과 지구가 흑체 복사체에 해당하는 것으로 가정할 때 태양과 지구의 표면온도는 각각 5,770 K, 300 K로 알려져 있다. 이러한 온도에서 태양은 530 nm의 파장에서 최대 복사에너지를 방출한다. 한편, 지표면에서 방출되는 최대 열복사는 약 10,000 nm, 즉 10 μm에서 이루어진다.

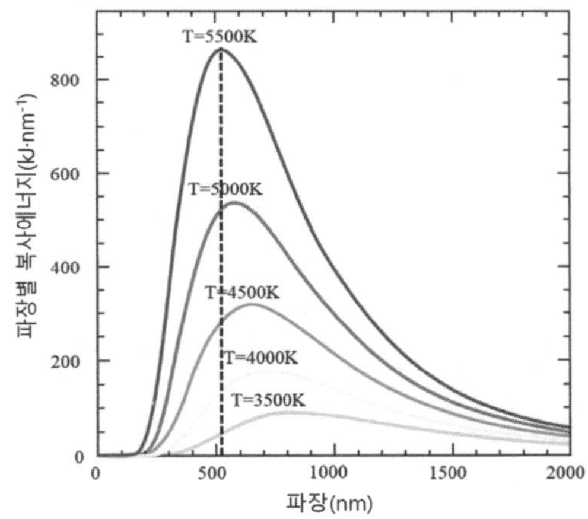

그림 2-10. 흑체로부터 방사된 파장과 복사에너지의 관계

2.6.3 태양 위치

태양의 위치는 태양고도(solar altitude)와 태양방위(solar azimuth)에 의해서 결정된다. 태양고도와 태양방위는 태양시(solar time)를 기준으로 계산되며, 이 가운데 태양고도는 다음 식으로 표시된다.

$$\sin h = \sin\phi \sin\delta + \cos\phi \cos\delta \cos\omega \qquad (2.21)$$

여기서, h: 태양고도, ϕ: 위도(latitude), δ: 태양적위(solar declination), ω: 시간각

(hour angle)이다.

태양적위는 태양의 중심과 지구의 중심을 연결하는 선과 지구 적도면이 이루는 각으로서 연중 변한다.

$$\delta = 23.45 \sin\left[\frac{360(284+n)}{365}\right] \tag{2.22}$$

여기서, n: 연중일수($1 \le n \le 365$)이다.

시간각은 태양 정오를 기준으로 매 시간 간격으로 회전된 각 변위에 해당하는 것으로서, $-180° \le \omega \le 180°$ 또는 $-\pi \le \omega \le \pi$의 값을 갖는다. 태양이 정남에 위치한 남중의 경우 $\omega = 0$이다. 한편, 남중 이전에는 음의 값을 갖고, 이후에는 양의 값을 갖는다.

태양방위는 태양광의 입사 방향을 지표면에 투영시킨 선분과 정북 방향이 이루는 각도로서 다음과 같이 표시된다.

$$\cos\gamma = \frac{\sin h \sin\phi - \sin\delta}{\cos h \cos\phi} \tag{2.23}$$

여기서, γ: 태양방위이다.

2.6.4 일장

일출부터 일몰까지의 시간에 해당하는 일장(daylength)은 다음 식으로 표시된다.

$$DL = \frac{2}{15}\cos^{-1}(-\tan\phi \tan\delta) \tag{2.24}$$

여기서, DL: 일장, ϕ: 위도, δ: 태양적위이다.

위도가 35°49′19″인 전라북도 전주시의 일장 변화는 그림 2-11과 같다. 최대일장과 최소일장은 하지(summer solstice)와 동지(winter solstice)에 나타나며, 각각 14.4 h, 9.6 h이다. 광주기에 민감한 원예작물은 일장 변화를 감지하여 꽃눈분화를 거쳐 개화를 준비한다.

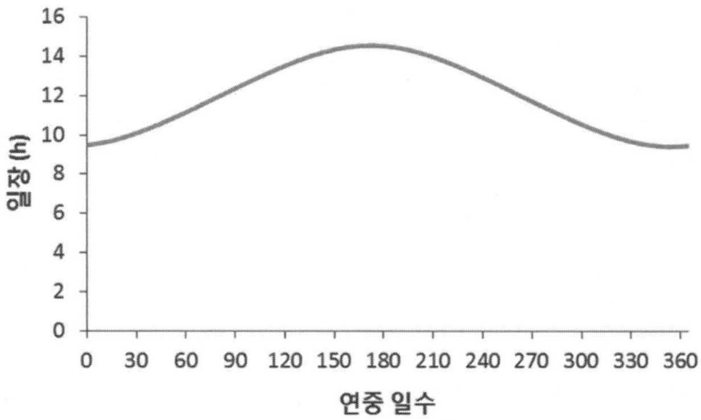

그림 2-11. 전주 지역의 일장 변화

2.6.5 직달일사 및 산란일사

일사가 평행 광선의 형태로 지표면에 도달하는 성분을 직달일사(beam radiation 또는 direct solar radiation)라 한다. 한편 대기 중의 미립자에 의해서 천공 전체에 균등하게 산란된 일사를 산란일사(diffuse solar radiation) 또는 천공일사(sky radiation)라 부른다. 직달일사와 산란일사의 합을 전천일사(global solar radiation 또는 total solar radiation)라고 한다.

지표면에서 법선면에 도달하는 직달일사량은 다음 식으로 표시된다.

$$I_n = (\frac{I_o}{r^2})P^{\text{cosec}\,h} \tag{2.25}$$

여기서, I_n: 지표면에서의 법선면 직달일사량, I_o: 태양상수, r: 지구와 태양 사이의 실제 거리와 평균 거리의 비율, P: 대기투과율, h: 태양고도이다. 대기투과율은 대기권 바깥에서의 법선면일사량에 대한 태양고도가 90°일 때 지표면에서의 법선면일사량의 비율이다. 맑은 날의 대기투과율은 약 0.7~0.8이다.

지표면에서의 법선면 직달일사량과 수평면 직달일사량은 다음과 같은 관계를 갖는다.

$$I_h = I_n \sin h \tag{2.26}$$

여기서, I_h: 지표면에서의 수평면 직달일사량이다.

임의의 경사각과 경사방위를 지닌 면에 도달하는 직달일사량은 다음과 같다.

$$I_{\alpha\theta} = I_n[\sin h \cos\theta + \cos h \sin\theta \cos(\gamma - \alpha)] \quad (2.27)$$

여기서, θ: 경사각, γ: 태양방위, α: 경사방위이다.

맑은 날에 수평면이 받는 산란일사량은 다음 식으로 표시된다.

$$I_s = 1.2 I_h \frac{(1-P)(1-P^{\text{cosec}\,h})}{(1-1.4\ln P)} \quad (2.28)$$

여기서, I_s: 수평면 산란일사량, I_h: 수평면 직달일사량, P: 대기투과율, h: 태양고도이다.

임의의 경사면에 도달하는 산란일사량의 근사값은 다음과 같다.

$$I_{s\alpha} = I_s \frac{(1+\cos\alpha)}{2} \quad (2.29)$$

여기서, α: 경사방위이다.

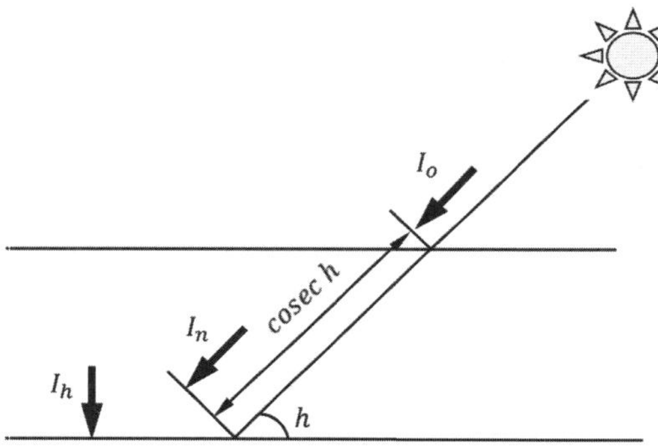

I_o: 태양상수, I_n: 법선면 일사량, I_h: 수평면 일사량, h: 태양고도

그림 2-12. 태양상수와 직달일사량의 관계

2.6.4 분광 반사율

어떤 물체에 입사된 복사는 물체의 성질에 따라 반사, 투과 및 흡수된 정도가 다르다. 입사된 복사의 크기에 따른 흡수, 반사 또는 투과된 정도는 각각 흡수율(absorptivity), 반사율(reflectivity) 및 투과율(transmissivity)로 정의된다.

$$\alpha + \rho + \tau = 1 \quad (2.30)$$

여기서, α: 흡수율, ρ: 반사율, τ: 투과율이다.

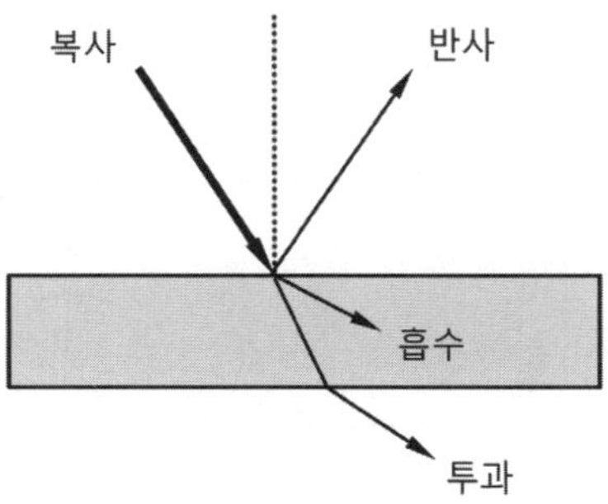

그림 2-13. 복사의 흡수, 반사 및 투과

작물 잎의 반사율은 표면의 특성, 내부 구조, 화학물질의 농도나 분포의 영향을 받게 된다. 그림 2-14는 작물 잎의 전형적인 분광 반사 특성이다. 400~700nm에 해당하는 가시광 영역에서의 반사율은 잎에 분포된 색소 함량의 영향을 받으며, 700~1,100nm의 근적외광 영역에서의 반사율은 잎의 구조 또는 수분에 의한 흡수율에 따라 결정된다. 한편, 1,000~2,500nm의 단파 적외광(shortwave infrared) 영역은 화학물질의 농도와 수분함량의 영향을 받는다. 생물적 또는 무생물적 스트레스를 받은 작물의 반사율은 건강한 식물체의 반사 특성과 비교된다. 때문에 작물의 스트레스 여부를 판단하는데 파장별 반사율이 이용된다.

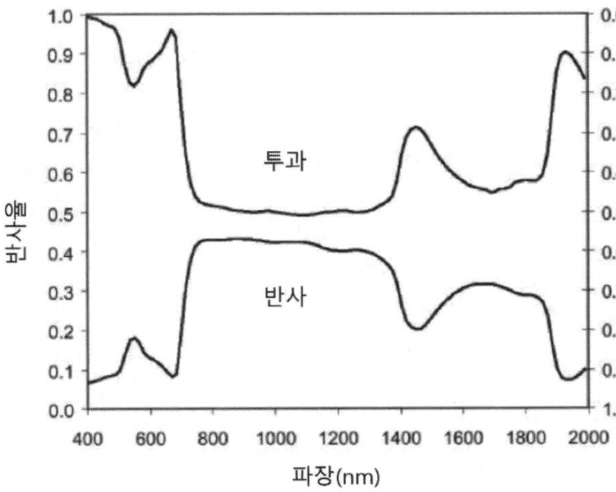

그림 2-14. 작물 잎의 분광 반사와 투과 특성

2.7 습공기

2.7.1 습공기 성질

습공기(moist air)는 건공기(dry air)와 수증기(water vapor)의 혼합물을 일컫는다(그림 2-15). 대기에는 일정 양의 수증기가 포함되어 있다. 일정한 온도에서 대기에 포함되어 있는 수증기의 양은 한계가 있다. 수증기가 들어갈 수 있는 한계에 도달한 상태를 포화(saturation)라 부른다. 기온이 높아질수록 포화되는 수증기의 양은 늘어난다. 그러므로 수증기의 포화 정도에 따라 수증기가 차지하는 압력 또는 건조 상태가 변한다.

대기압(atmospheric pressure)은 건공기가 차지하는 압력과 수증기가 차지하는 압력의 합으로서 다음과 같다.

$$P_{atm} = P_{da} + P_{wv} \tag{2.31}$$

여기서, P_{atm}: 대기압(≒101.3 kPa), P_{da}: 건공기 압력(kPa), P_{wv}: 수증기 압력(kPa)이다.

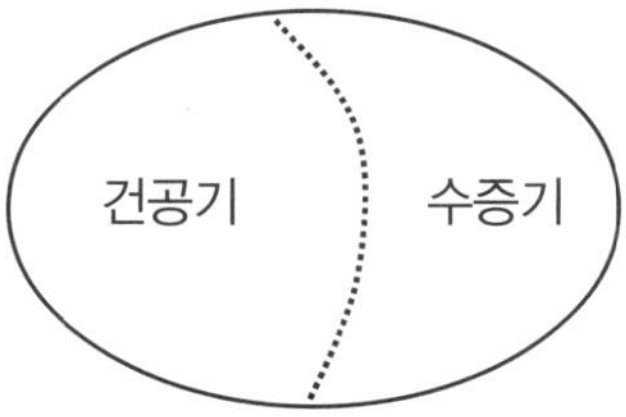

그림 2-15. 습공기

수증기가 차지하는 압력을 증기압(vapor pressure) 또는 수증기분압이라 부른다. 때문에 수증기가 포화된 상태에서의 압력은 포화증기압(saturated vapor pressure)에 해당한다. 대기의 상대습도는 일정한 온도에서의 포화증기압에 대하여 증기압이 차지하는 비율이다. 한편 포화증기압과 증기압의 차이를 포차(vapor pressure deficit)라고 한다. 기온이 높고, 상대습도가 낮을수록 포차는 커진다(표 2-10).

$$RH = \frac{P_{wv}}{P_{swv}} \times 100 \tag{2.32}$$

$$VPD = P_{swv} - P_{wv} \tag{2.33}$$

여기서, RH: 상대습도(%), P_{swv}: 포화증기압(kPa), VPD: 포차(kPa)이다.

표 2-10. 기온과 상대습도에 따른 포차

기온(℃)	상대습도(%)	수증기밀도($g \cdot m^{-3}$)	증기압(kPa)	포차(kPa)
10	100	9.4	1.28	0.00
	60	5.7	0.74	0.54
	20	1.9	0.25	1.03
20	100	17.3	2.34	0.00
	60	10.4	1.40	0.94
	20	3.5	0.47	1.87
30	100	30.4	4.24	0.00
	60	18.2	2.55	1.69
	20	6.1	0.85	3.39

2.7.2 습공기선도

습공기는 상태에 따라 건구온도, 습구온도, 노점온도, 상대습도, 절대습도, 증기압, 엔탈피, 비체적 등의 성질이 서로 연관되어 변한다. 습공기의 성질을 결정할 때 각각의 성질을 계산할 수 있는 프로그램을 이용하거나, 또는 습공기선도를 사용한다.

습공기선도(psychrometric chart)는 습공기의 성질을 도표로 표시한 것으로서, 2개의 성질을 이용하여 습공기의 나머지 성질을 결정할 수 있도록 만든 도표이다(그림 2-16).

습공기선도의 수평축은 건구온도, 수직축은 절대습도 또는 증기압을 나타낸다. 도표 내의 곡선은 상대습도, 사선은 비체적 또는 습구온도, 상대습도가 100%에 해당하는 곡선은 노점온도, 도표 외부의 사선은 엔탈피를 나타낸다(그림 2-17).

예를 들면, 건구온도가 20℃, 상대습도가 50%인 습공기의 습구온도는 13.8℃, 노점온도 9.3℃, 절대습도 0.0073kg·kg′, 엔탈피 38.62kJ·kg′, 비체적 $0.84m^3 \cdot kg'$, 증기압 1.17kPa이다.

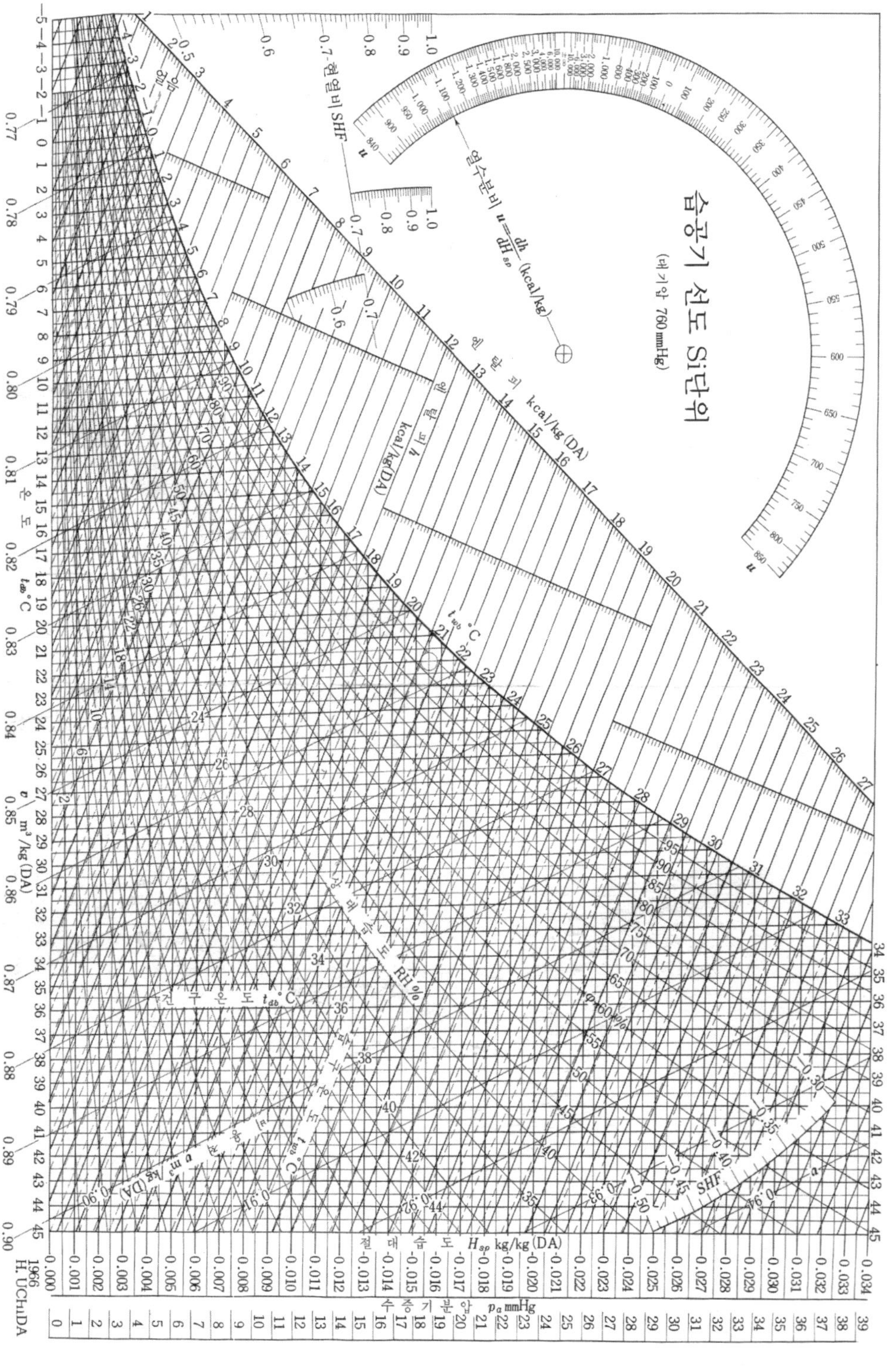
습공기 선도 SI단위
(대기압 760 mmHg)
열수분비 $u = \frac{dh}{dH_{sp}}$ (kcal/kg)
현열비 SHF
엔탈피 kcal/kg(DA)
온도 t_{ab} °C
v m³/kg (DA)
상대습도 RH %
건구온도 t_{db} °C
절대습도 H_{sp} kg/kg (DA)
수증기분압 p_a mmHg
1966 H. UCh.DA

그림 2-16. 습공기선도

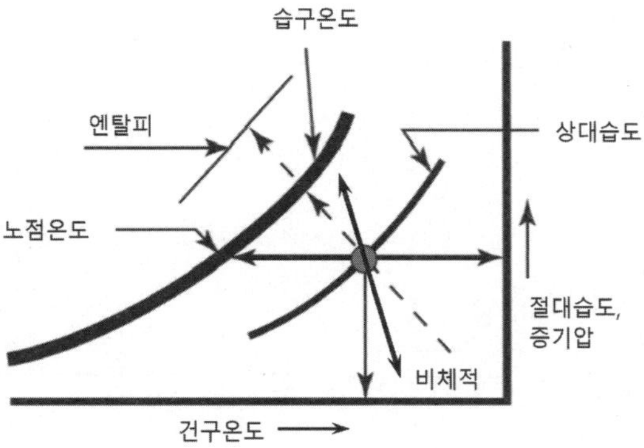

그림 2-17. 습공기선도를 이용한 공기의 성질 결정

습공기의 성질을 계산하는 대표적인 것으로서 미국 냉난방공기조화학회(American Society of Heating, Refrigerating and Air-Conditioning Engineers, ASHRAE)에서 개발한 프로그램이 웹(http://www.daytonashrae.org/psychrometrics/psychrometrics_si.html)에서 지원되고 있다. 이 프로그램을 이용할 때 습공기의 상대습도, 습구온도 또는 노점온도 중에서 한 가지의 성질과 건구온도를 입력하면 나머지 성질이 결정된다.

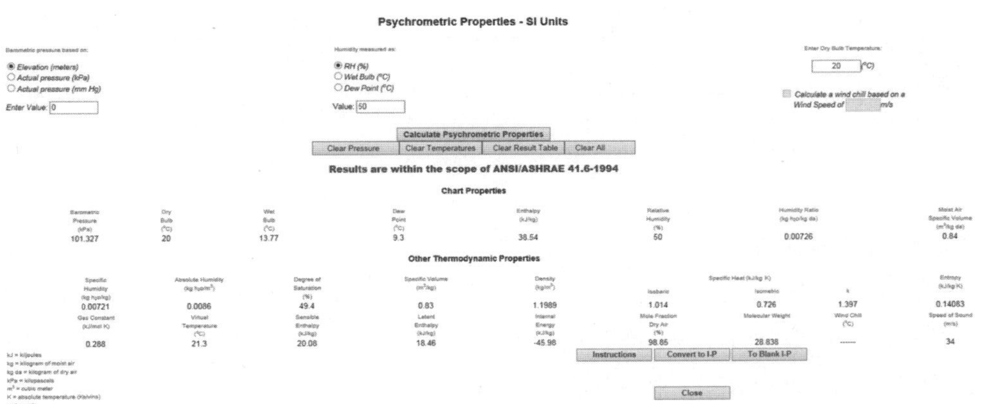

그림 2-18. 미국 냉난방공기조화학회에서 개발한 습공기 성질 계산 프로그램

2.7.3 습공기의 상태 변화

(1) 난방 또는 냉방 과정

공기 중에 포함되어 있는 수증기의 양이 일정한 상태에서 온실 내의 난방 또는 냉방이

이루어지면 건구온도가 변한다(그림 2-19). 건구온도가 상승함에 따라 습공기의 엔탈피가 증가한다. 난방 또는 냉방 과정에서 절대습도와 노점온도는 변하지 않는다.

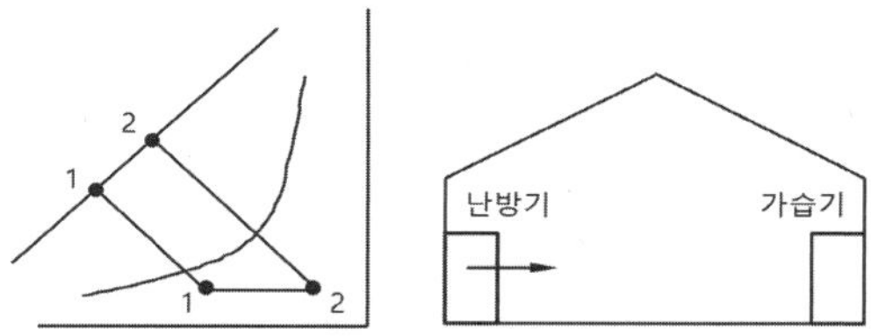

그림 2-19. 난방 과정

(2) 가습 또는 제습 과정

건구온도가 일정한 상태에 있는 온실 내에서 가습이 이루어지면 절대습도 및 상대습도가 상승한다(그림 2-20). 반대로 제습이 이루어지면 절대습도 및 상대습도가 내려간다. 가습 또는 제습 과정에서 엔탈피가 변하나, 건구온도는 일정하다.

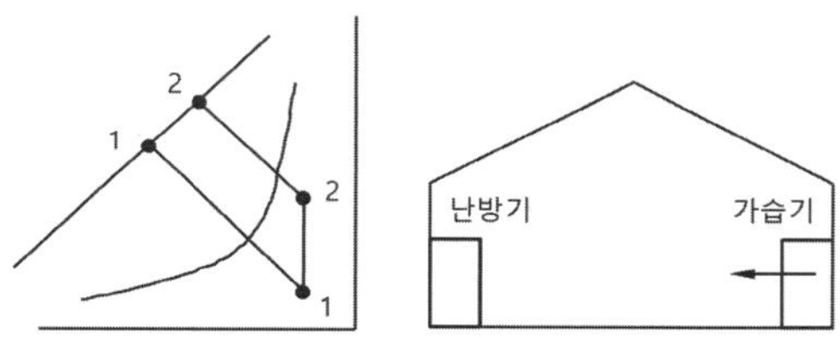

그림 2-20. 가습 과정

(3) 난방 및 가습 과정

온실 내에서 난방이 이루어지면 상대습도가 떨어진다. 때문에 상대습도를 적정 수준으로 유지하려면 가습 과정이 요구된다. 난방 및 가습 과정으로 인해서 건구온도의 상승, 절대습도의 상승 및 엔탈피의 증가가 나타난다.

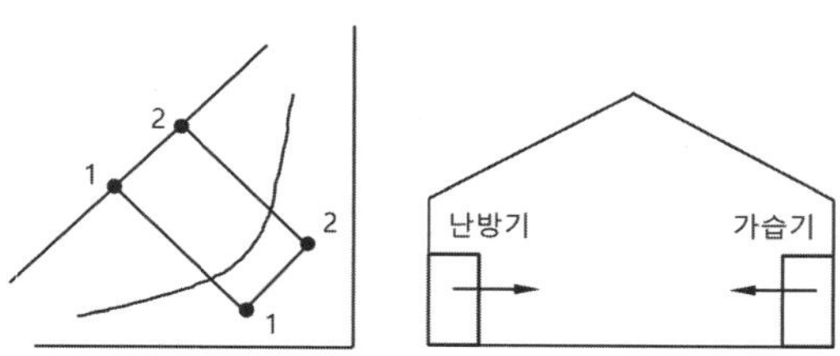

그림 2-21. 난방 및 가습 과정

|예제 2-7| 체적이 3,000m^{3}인 플라스틱온실 내에서 건구온도와 상대습도가 각각 10℃, 45%인 상태에서 건구온도 25℃, 상대습도 60%로 변화하는 데 필요한 전체 열량 및 가습량을 구하라.

|풀이| 습공기선도에서 상태 A(건구온도 10℃, 상대습도 45%)에 해당하는 공기의 성질은 습구온도 5.0℃, 노점온도 -1.2℃, 절대습도 0.0034kg·kg′, 엔탈피 18.65kJ·kg′, 비체적 0.807m^3·kg′, 증기압 0.55kPa이다.

$$\text{플라스틱온실 내의 건공기 질량} = \frac{\text{전체 체적}}{\text{비체적}} = \frac{3{,}000}{0.807} = 3{,}717.5\,\text{kg}'$$

상태 A에서 상태 B(건구온도 25℃, 상대습도 60%)로 변하는 과정은 상태 A에서 상태 C로 변하는 난방 과정과 상태 C에서 상태 B로 변하는 가습 과정의 결과에 해당한다(그림 2-22). 상태 A에서 상태 C로 변하는 과정에서 건구온도가 상승하나, 노점온도와 절대습도는 변하지 않는다. 건구온도 25℃, 노점온도 -1.2℃일 때 습구온도와 엔탈피는 각각 12.0℃, 33.85kJ/kg′이다. 상태 A에서 상태 C로 변하는 데 필요한 열량은 온실 내의 건공기 질량과 엔탈피 증가량의 곱에 의해서 결정된다. 이 과정에서 절대습도가 변하지 않고 건구온도만 상승하였기에 필요한 열량은 현열에 해당한다.

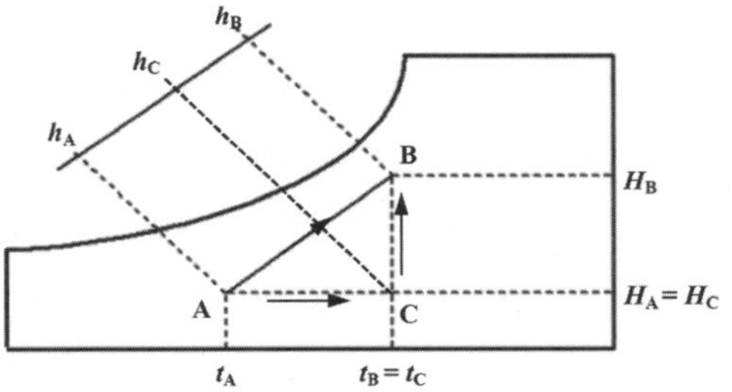

그림 2-22. 난방 및 가습 과정의 기온, 습도 및 엔탈피 변화

$$\therefore\ \text{열량}_{\text{상태A}\rightarrow\text{상태C}} = (\text{건공기 질량})(\text{상태 A와 상태 C의 엔탈피 증가량})$$
$$= (3{,}717.5)(33.85-18.65)$$
$$= 56{,}506\text{kJ}$$

한편, 상태 B에 해당하는 공기의 성질은 습구온도 19.5℃, 노점온도 16.7℃, 절대습도 0.0119kg·kg′, 엔탈피 55.44kJ·kg′, 비체적 0.861m^3·kg′, 증기압 1.91kPa이다.

상태 C에서 상태 B로 변하는 과정에 필요한 열량은 다음과 같이 계산된다.

∴ 열량$_{상태C→상태B}$ = (건공기 질량)(상태 C와 상태 B의 엔탈피 증가량)

= (3,717.5)(55.44-33.85)

= 80,260.8kJ

상기 열량은 건구온도가 일정한 상태에서 습도의 변화에 따른 결과이므로 기화잠열에 해당한다.

그러므로 상태 A에서 상태 B로 변하는 과정에 필요한 전체 열량은 난방에 필요한 현열과 가습에 필요한 잠열의 합과 같다.

∴ 전체 열량 = 현열 + 잠열

= 열량$_{상태A→상태C}$ + 열량$_{상태C→상태B}$

= 56,506 + 80,260.8

= 136,766.8kJ

가습량은 온실 내의 건공기 질량과 절대습도 변화량의 곱으로 결정된다.

∴ 가습량 = (건공기 질량)(상태 C와 상태 B의 절대습도 변화량)

= (3,717.5)(0.0119-0.0034)

= 31.6kg

(4) 증발냉각과정

증발냉각과정(evaporative cooling process)은 여름철에 온실 또는 축사의 냉방에 사용되는 방법이다. 온실 또는 축사 내에 액체 상태의 물을 공급하면 기화가 이루어지면서 증발잠열에 따라 실내의 건구온도가 하강하고, 상대습도는 상승한다. 이러한 변화를 증발냉각 또는 기화냉방이라 한다. 증발냉각과정에서는 습공기의 총열량이 변하지 않는다. 즉 현열과 잠열의 합이 동일한 증발냉각과정은 단열변화로서 등엔탈피선을 따라 이루어진다.

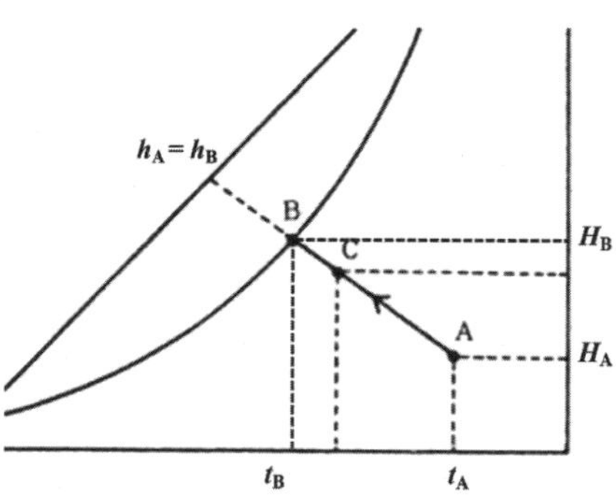

그림 2-23. 증발 냉각 과정

|예제 2-8| 체적이 2,500m^3인 플라스틱온실 내의 건구온도와 상대습도가 각각 32℃, 60%이다. 이 온실에 분무냉각방식을 적용하여 냉방할 경우 가능한 실내온도와 필요한 수분량을 구하라. 단, 냉각효율을 100%(상대습도 100%)로 가정하라.

|풀이| 습공기선도에서 건구온도와 상대습도가 각각 32℃, 60%인 상태 A에 해당하는 공기의 성질은 습구온도 25.5℃, 노점온도 23.3℃, 절대습도 0.0180kg·kg′, 엔탈피 78.34kJ·kg′, 비체적 0.89m^3·kg′, 증기압 2.87kPa이다.

$$\text{플라스틱온실 내의 건공기 질량} = \frac{\text{전체 체적}}{\text{비체적}} = \frac{2{,}500}{0.89} = 2{,}809.0\,\text{kg}'$$

증발냉각과정은 분사된 물이 기화되는 상변화 과정으로서 공기 내의 총열량의 변화가 없다. 때문에 이 과정은 등엔탈피선을 따라 이루어진다. 100%의 냉각효율은 공기의 상대습도가 100%에 도달할 때까지 증발냉각이 지속됨을 의미한다. 따라서 등엔탈피선을 따라 상대습도가 100%에 해당하는 점, 즉 상태 B에서의 공기 성질은 엔탈피 78.34kJ·kg′, 습구온도 25.5℃, 절대습도 0.0207kg·kg′이다.

공기의 상대습도가 100%에 도달할 때까지 증발냉각이 지속되면 이 상태에서 공기의 건구온도와 습구온도는 25.5℃로 동일하다. 결과적으로 증발냉각으로 인해서 실내기온은 25.5℃까지 하강할 수 있다. 한편, 증발냉각에 필요한 수분량은 건공기 질량과 절대습도 변화량의 곱으로 결정된다.

∴ 수분량 = (건공기 질량)(상태 B와 상태 A의 절대습도 변화량)
= (2,809.0)(0.0207-0.0180)
= 7.6kg

실제로 냉각효율은 100%보다 작기 때문에 상대습도가 100%에 도달하지 않는다. 따라서 증발냉각에 의해서 도달 가능한 기온은 상기에서 계산된 값보다 높게 나타날 수 있으므로 이점을 고려하여 증발냉각 효과를 설계해야 한다.

2.8 인공광원

인간, 동물, 식물 및 미생물을 포함한 생명체들로 구성된 지구 생태계는 생명체들의 상호 작용에 의해서 그 자체의 안정성이 유지된다. 식물은 태양에너지, 물 및 CO_2를 흡수하여 생명 유지에 필요한 광합성산물을 만든다. 한편 인간, 동물 및 미생물은 식물이 만들어

낸 산물을 소비하며 살아갈 뿐만 아니라 생명을 유지하고자 CO_2를 배출한다. 때문에 식물은 지구생태계를 구성하는 핵심 요소이다.

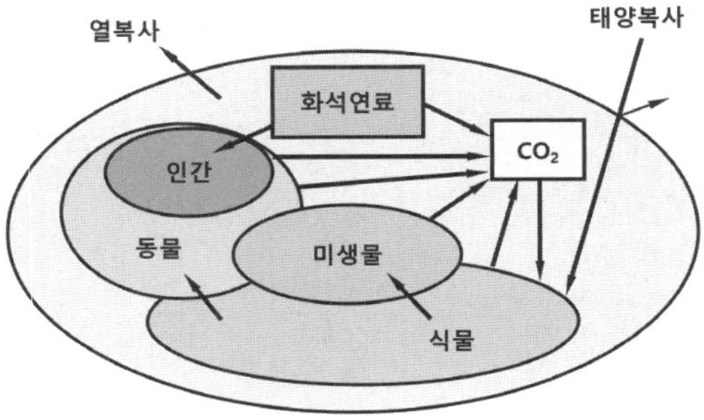

그림 2-24. 지구생태계 구성 및 에너지 흐름

빛(light)은 식물의 생장에 절대적으로 필요하다. 태양광만으로 작물을 키우는데 어려움이 없다면 작물 생산에 인공광(artificial light)이 쓰이지 않았을 것이다. 인공광은 전기를 사용하여 만들어진 빛으로서, 이제까지 여러 종류의 인공광원이 개발되었다(그림 2-25).

인공광은 크게 열복사 또는 발광에 의해서 만들어진다. 열복사는 전류가 저항체를 통과할 때 높은 전기저항으로 인해서 손실된 에너지가 빛과 열의 형태로 방출되는 현상이다. 백열전구, 할로겐전구 등이 이에 해당한다.

발광은 방전, 전계 및 레이저 등에 의해서 특정 파장의 빛이 만들어지는 현상이다. 방전 발광에 해당하는 형광등은 가시광 영역, 즉 400~700nm의 파장을 많이 포함하고 있으므로 엽채류를 생산하는 식물공장의 인공광원으로 사용된다. 3파장 형광등은 녹색광, 적색광 및 청색광이 차지하는 비율이 높다(그림 2-26). 최대광속은 3,000lm, 조명효율은 70~80 $lm \cdot W^{-1}$이다. 조명효율은 광원으로부터 발광된 광속을 소비전력으로 나눈 값으로서, 인공광원의 성능평가에 쓰인다. 형광등의 색온도(color temperature)는 종류에 따라 다르다. 온백색(warm white)은 2,700~3,000K, 냉백색(cool white)은 4,000~5,000K, 주광색(daylight)은 6,500K이다. 청색광이 많이 포함될수록 색온도가 높고, 황색광이 차지하는 비율이 높으면 색온도가 낮아진다.

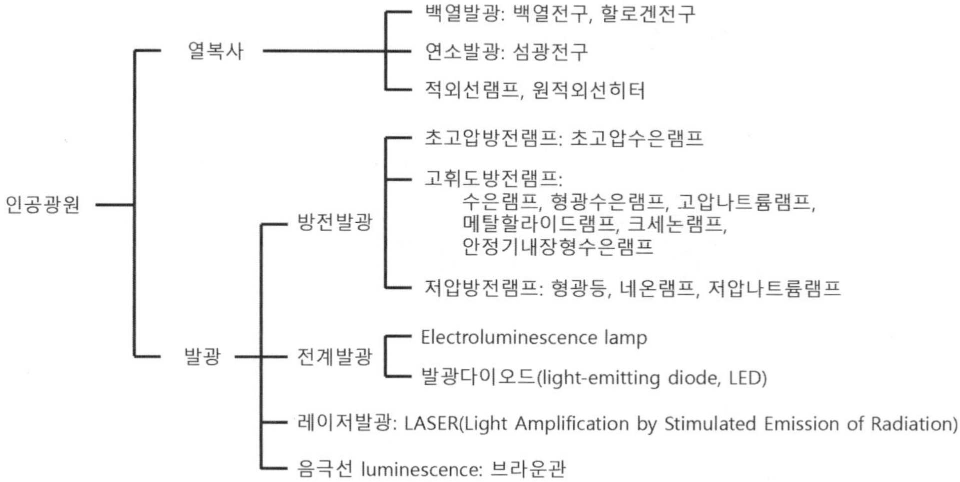

그림 2-25. 인공광원의 발광 원리와 종류

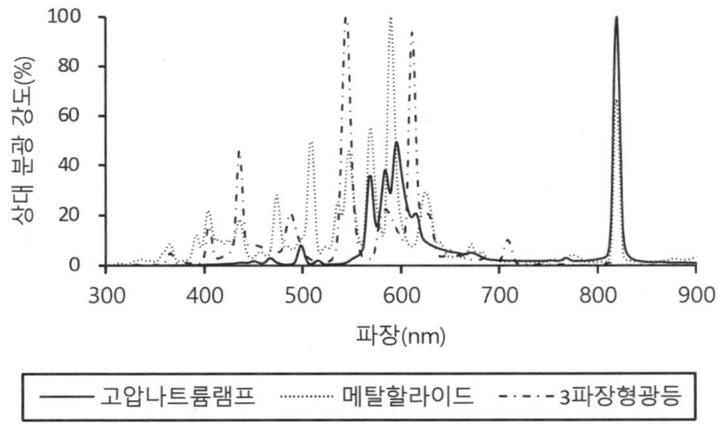

그림 2-26. 고압나트륨램프, 메탈할라이드램프 및 3파장형광등의 분광 특성

고압나트륨램프(high power sodium lamp)는 황색광에서부터 적색광에 이르는 영역과 근적외광을 포함하고 있으나, 청색광은 부족하다. 최대광속은 20,000lm, 조명효율은 140 lm·W^{-1}이다. 색온도는 약 2,100K이다. 메탈할라이드램프(metal halide lamp)는 황색광, 녹색광 및 청색광이 포함된 분광 특성을 지니고 있으나, 적색광은 적게 들어있다. 최대광속은 25,000lm, 조명효율은 100 lm·W^{-1}, 색온도는 4,300~5,000K이다. 고압나트륨램프와 메탈할라이드램프는 광속과 조명효율이 높기 때문에 시설원예의 보광용 광원으로 사용된다.

발광다이오드(light-emitting diode, LED)의 발광 원리는 다음과 같다. P-형 반도체와

N-형 반도체의 접합부에 전압을 걸어주면 P-형 결정에 들어있는 정공(hole)과 N-형 결정에 들어있는 전자가 접합부에서 재결합되는 데, 이 과정에서 발광이 이루어진다.

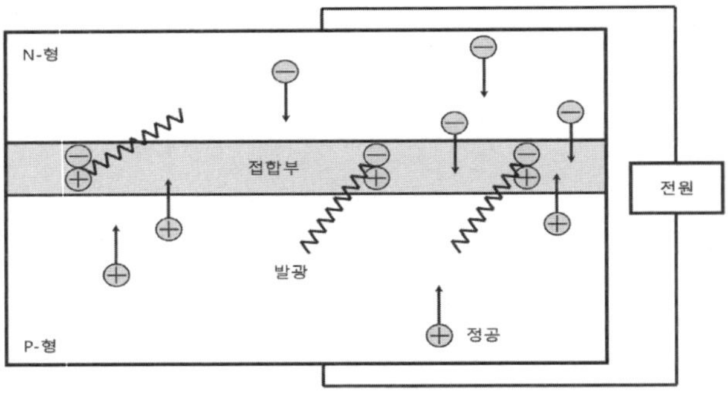

그림 2-27. LED 발광 원리

LED는 전력소모가 적고, 수명이 길고, 펄스(pulse) 구동이 쉬우며, 공급 전류의 크기로서 빛의 세기를 조절할 수 있는 장점을 지니고 있다. 더구나 단색광(monochrome)의 분광 특성을 지닌 LED를 적당한 비율로 조절하여 함께 사용하면 분광 특성이 서로 다른 혼합광을 만들 수 있다(그림 2-28). 때문에 LED가 식물공장 뿐만 아니라 온실에서 작물의 근접조명용 광원으로 사용된다.

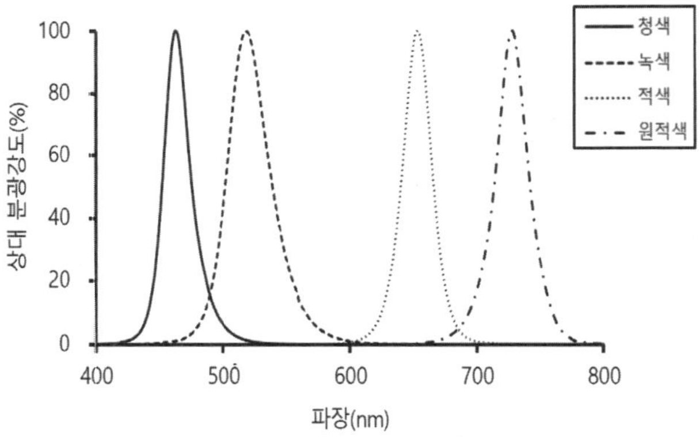

그림 2-28. 발광다이오드의 분광 특성

임의의 주기를 갖는 펄스 파형에서 주기와 주파수의 관계는 다음과 같다.

$$T = \frac{1}{f} \tag{2.34}$$

여기서, T: 주기(s), f: 주파수(Hz)이다.

예를 들면, 펄스의 주파수가 2.5 kHz일 때, $T = \dfrac{1}{2.5\times10^3} = 4\times10^{-4}s = 400\mu s$이다.

펄스폭 변조(pulse width modulation, PWM)는 펄스의 폭을 조절하는 방식으로서 펄스지속기간 변조(pulse-duration modulation, PDM)로도 불린다. PWM은 일반적인 전압 제어 방법으로서 일정한 출력 파형을 유도해내고자 기본 주기에서 펄스폭이나 주파수, 또는 그 두 가지 모두를 변조시킬 수 있다. 이 때 주기의 일정한 비율 동안 ON 상태가 유지되고 나머지는 OFF 상태로 유지되면서 사각파가 출력된다(그림 2-29). 이 때 펄스의 듀티비(duty ratio or duty cycle)는 다음과 같이 정의된다.

$$DR = \frac{T_{ON}}{T_{ON} + T_{OFF}} \times 100 \tag{2.35}$$

여기서, DR: 듀티비(%), T_{ON}: ON 시간, T_{OFF}: OFF 시간이다.

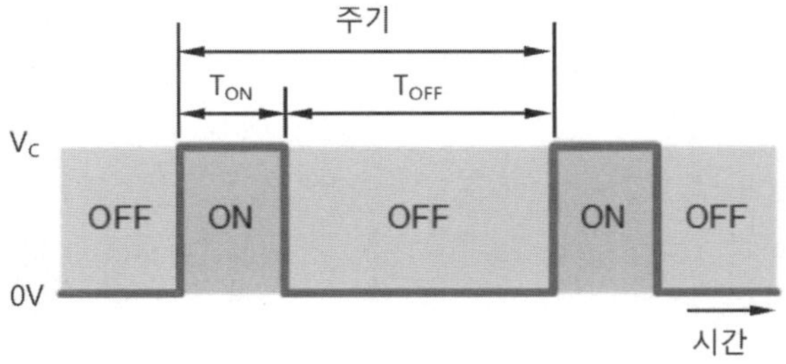

그림 2-29. 펄스폭 변조의 주기와 듀티비

LED 조명은 PWM가 가능하기 때문에 주파수와 듀티비를 다르게 설정하면 점등주기를 임의로 조절할 수 있다. 듀티비는 한 주기에 대해서 펄스가 ON 상태인 시간의 비율을 의미한다. 예를 들면, 펄스의 주파수가 2.5 kHz 일 때 주기 $T = \dfrac{1}{2.5\times10^3} = 4\times10^{-4}s = 400\mu s$이다. 이 때 25%의 듀티비를 적용하면, 점등시간 $T_{ON} = (0.25)(400) = 100\mu s$ 이다.

최근에는 디스플레이와 조명 시장에서 수요가 급증하고 있는 백색광 LED가 작물 생장용 인공광원으로 사용되고 있다. 가격이 저렴한 백색광 LED는 색온도에 따라 분광 특성이 다르다(그림 2-30). 빛의 혼합 또는 형광체(phosphor)의 변환에 의해서 만들어지는 백색광 LED의 구현 방법은 다음과 같다. 첫째, 적색(R), 녹색(G) 및 청색(B) LED 칩을 혼합하여 백색광을 만들며, 주로 디스플레이에 사용된다. 둘째, 청색 LED와 황색형광체를 이용한다. 효율이 우수하나, 적색광은 부족하다. 셋째, 자색(purple) LED와 RGB형광체를 이용한다. 태양광 스펙트럼과 유사하나, 발광효율은 낮다. 이밖에 315~400nm 영역의 UV(ultraviolet) LED가 엽채류의 기능성물질 함량을 높이는데 쓰이고 있다.

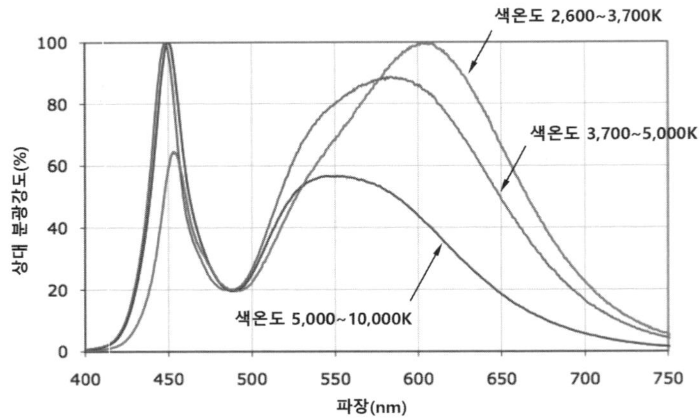

그림 2-30. 백색광 LED의 분광 특성

인공광원을 이용한 작물의 생산 시스템을 설계하려면 광원의 종류별 성능과 특성이 필요하다(표 2-11). 또한 재배되는 작물의 종류에 따라 적정 광강도가 제시되어야 한다.

표 2-11. 광원의 종류별 성능과 특성

구분	백열등	형광등	고압나트륨램프	메탈할라이드램프	적색LED
소비전력(W)	75	40	360	400	0.04
에너지 변환율(%)	93	60	77	84	22
가시광	9	20	30	20	22
자외선	0.1	0.5	0.3	3	0
적외선	84	40	47	61	0
대류 및 전도(%)	7	40	23	16	78
조명효율($lm·W^{-1}$)	17	77	140	100	12
PAR효율($mW·W^{-1}$)	71	151	287	197	224
수명(h)	2,000	8,000	12,000	10,000	50,000

온실 내의 재배 조건에서 태양광이 부족한 경우 이를 보충하고자 보광을 실시한다. 광원의 종류에 따른 광강도의 환산 관계는 표 2-12와 같다. 여기에서 PAR은 광합성유효복사(photosynthetically active radiation)를 의미한다. 즉 400~700nm의 가시광 영역에서 입사된 단위면적당 복사에너지의 크기로서, $W·m^{-2}$의 단위를 갖는다. PPF는 광합성유효광양자속(photosynthetic photon flux)의 약어로서 400~700nm 영역에서 입사된 단위면적당 단

위시간당 광양자 속의 크기를 나타낸다. 단위로서 $\mu mol \cdot m^{-2} \cdot s^{-1}$를 갖는다. 조도는 어떤 면이 받는 빛의 밝기로서 lx의 단위를 갖는다. 1lx는 1lm의 광속이 $1m^2$의 면적에 균일하게 입사될 때의 밝기에 해당한다.

|예제 2-9| 토마토 재배 온실에서 보광용 광원으로 고압나트륨램프가 설치되어 있다. 군락 면에서 30,000lx의 조도가 요구될 때 이에 상당한 광합성유효광양자속을 구하라.

|풀이| 표 2-12에서 $\frac{조도}{PPF}=82$ 이다.

$$\therefore\ PPF = \frac{조도}{82} = \frac{30{,}000}{82} = 365.9\,\mu mol \cdot m^{-2} \cdot s^{-1}$$

표 2-12. 광원의 종류별 광강도의 환산 관계

광원	$\frac{PPF^z}{PAR^y}$	$\frac{조도}{PPF}$	$\frac{PAR}{조도}$	$\frac{가시광}{전체}$ (%)
태양	4.57	54	4.05	43
고압나트륨램프	4.98	82	2.45	30
메탈할라이드램프	4.52	84	2.63	30
형광등(온백색)	4.67	76	2.81	20
형광등(주백색)	4.59	74	2.94	20
형광등(식물생장용)	4.80	33	6.31	
백열등	5.00	50	4.00	

^{z}: 광합성유효광양자속(photosynthetic photon flux, PPF)

^{y}: 광합성유효복사(photosynthetically active radiation, PAR)

작물생장용 인공광원을 선정할 때 다음 사항을 유의해야 한다. 첫째, 인공광원의 광속과 분광 특성을 확인한다. 작물의 생장에 적합한 광강도의 확보 여부와 생장과 형태형성에 적합한 분광 특성을 지니고 있는지 살펴야 한다. 둘째, 광속을 전력소모량으로 나눈 값으로서 조명효율을 검토한다. 셋째, 인공광원으로부터의 발열 정도를 살펴본다. 폐쇄형 식물공장에서 발열이 큰 인공광원을 사용하면 재배 공간 내의 냉방부하가 커질 뿐만 아니라 작물이 열 스트레스를 받게 된다. 이밖에 광강도의 조절 가능성, 수명, 가격 등을 고려한다.

2.9 센서와 신호 처리

광, 온도 등의 환경 요소는 시설재배 작물의 생장에 커다란 영향을 미친다. 특히 수경재배되는 작물의 수량과 품질은 지상부 환경요소 뿐만 아니라 지하부 환경요소의 영향을 크게 받는다. 환경 요소를 적정 수준으로 관리하려면 현재의 상태를 알아야 한다. 이를 위해서 환경 요소마다 여러 종류의 센서(sensor)들이 사용된다.

센서는 어떤 물질의 양이나 상태를 감지하여 전기 신호로 바꾸어주는 도구이다. 전압, 전류 또는 저항 등으로 출력되는 신호들은 대체적으로 크기가 작거나 잡음이 포함될 수 있다. 때문에 증폭(amplification), 여과(filtering), A/D변환(analog to digital conversion) 등의 신호처리 과정을 거쳐 데이터로 저장된다.

증폭은 원래 입력신호의 형태와 동일하나 신호의 크기를 높여주는 것이다(그림 2-31). 여기에서 입력신호에 대한 출력신호 크기의 비를 이득(gain)이라 한다. 온도 측정용 센서로 사용되는 열전대(thermocouple)는 신호의 크기가 mV 수준으로 매우 작기 때문에 이득이 큰 증폭 과정이 필요하다.

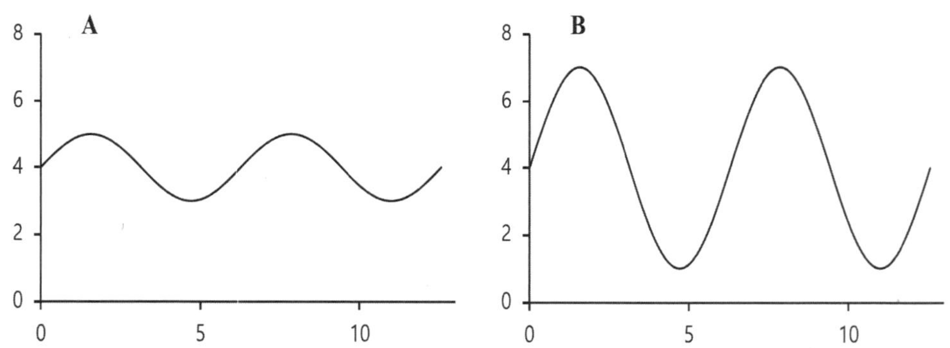

그림 2-31. 증폭 전후의 신호 비교 (A) 증폭 전 신호, (B) 증폭 후 신호

여과는 특정 주파수를 차단하거나 통과시키는 것을 의미한다(그림 2-32). 입력신호를 증폭시키면 신호에 포함된 잡음도 증폭된다. 일반적으로 잡음은 신호에 비해서 주파수가 큰 특징을 지닌다. 그러므로 일정 주파수 이상의 잡음을 제거하면 원하는 출력신호를 얻게 된다. 신호가 통과하는 주파수 대역과 통과하지 못하는 주파수 대역의 경계점을 차단주파수(cutoff frequency)라 한다.

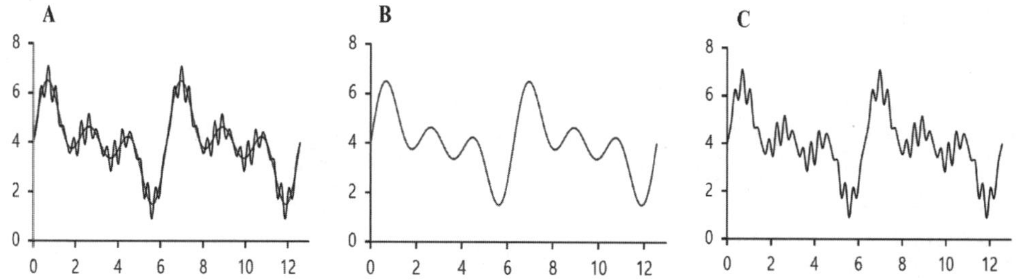

그림 2-32. 여과 전후의 신호 비교 (A) 여과 전 신호, (B) 여과 후 저주파 신호, (C) 여과 후 고주파 신호

A/D변환은 아날로그 신호를 디지털 신호로 바꾸어주는 과정으로서 샘플링(sampling), 양자화(quantization), 부호화(coding)의 단계로 이루어진다(그림 2-33). 샘플링은 아날로그 신호를 일정한 시간 간격으로 나누고 표본을 추출하는 과정이다. 양자화 단계에서는 샘플링된 신호가 디지털 값으로 바뀐다. 부호화는 신호 처리가 용이한 디지털 코드 형태로 변환하는 과정이다.

센서에 의해서 만들어진 연속적인 아날로그신호를 불연속의 디지털신호로 바꾸려면 A/D변환기(A/D converter)가 필요하다. A/D변환기의 성능은 분해능(resolution)에 의해서 결정된다. 여기에서 분해능은 신호의 크기를 구분하기 위한 최소 단위를 의미한다.

$$Q = \frac{FSR}{2^n} \tag{2.36}$$

여기서, Q: 분해능, FSR: 입력 신호 범위, n: 비트 수이다.

A/D변환기의 비트 수는 보통 8, 12 또는 16이다. 예를 들면, 입력 신호 범위가 0~5V인 직류전압을 12비트의 A/D변환기로 변환하면 최소 단위가 $Q = \frac{FSR}{2^n} = \frac{(5)(1000)}{2^{12}} = 1.22$ mV이다. 그러므로 A/D 변환 후 1.22mV 이상의 차이가 있을 때 서로 다른 크기의 신호로 인식된다. 비트 수가 클수록 최소 단위가 작아지므로 정확한 측정이 가능하다.

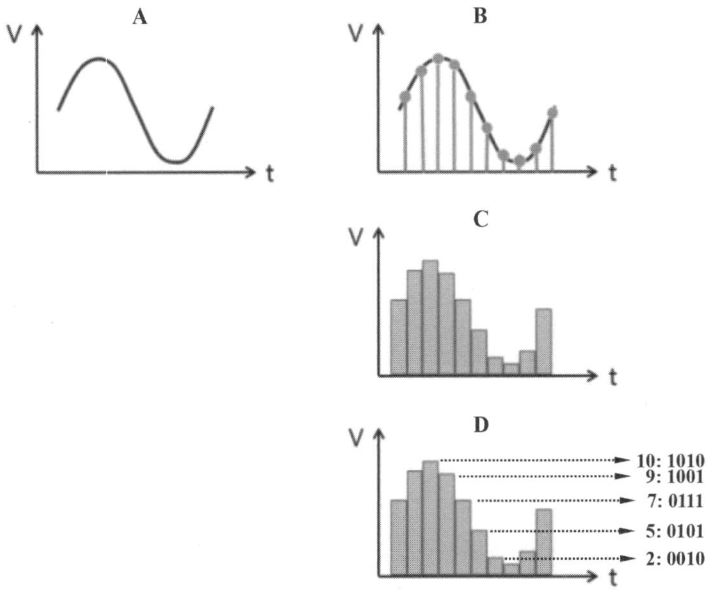

그림 2-33. A/D 변환 과정
(A) 아날로그 신호, (B) 신호 샘플링, (C) 양자화된 신호, (D) 부호화된 신호

2.10 영상 처리

2.10.1 디지털 영상

영상(image)이란 2차원 함수 $f(x,y)$로 정의할 수 있으며, 여기에서 x와 y는 각각 수평 방향과 수직 방향의 좌표이고, 함수 값 f는 그 지점에서의 밝기(intensity)를 나타낸다. 이 중에서 x, y, f의 값이 모두 불연속적이며 유한한 크기의 값을 가지는 영상이 바로 디지털 영상(digital image)이다.

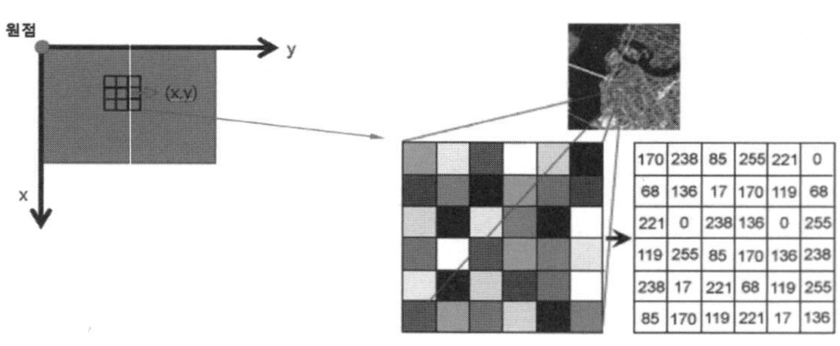

그림 2-34. 디지털 영상에서 화소와 각 화소의 밝기

디지털 영상은 2차원 배열로 나타낼 수 있는데, 아래와 같이 M개의 행과 N개의 열을 갖는 영상 f의 크기는 $M \times N$에 해당한다.

$$f = \begin{bmatrix} f(1,1) & f(1,2) & \cdots & f(1,N) \\ f(2,1) & f(2,2) & \cdots & f(2,N) \\ \vdots & \vdots & & \vdots \\ f(M,1) & f(M,2) & \cdots & f(M,N) \end{bmatrix}$$

배열을 구성하는 개별 요소를 디지털 영상의 최소 단위인 화소(pixel)라고 하며, 개별 화소들의 값을 읽거나 쓰기 위해 접근할 때에는 x좌표와 y좌표를 사용하는 것이 아니라 행 번호와 열 번호를 사용하여야 한다.

영상의 밝기는 회색조(gray level)에 해당하는 [0, 255]의 값으로 이루어진다. 여기에서 0은 검정색, 255는 흰색이며, 중간 값들은 회색 음영을 나타낸다. 영상을 밝게 만들려면 화소 값이 255에 근접해야 하고, 반대로 화소 값이 0에 가까우면 영상이 어두워진다.

영상의 해상도는 단위 길이 당 화소의 수로 표시하기도 하지만 전체 영상을 구성하는 화소의 수로 나타내는 것이 일반적이다. 예를 들면, 50 ppi의 해상도는 1 인치 당 50 개의 화소, 즉 1 화소당 1/50 인치에 해당함을 의미한다.

컴퓨터 디스플레이의 표준에 해당하는 SVGA(Super Video Graphics Array)는 800×600의 해상도를 갖는다. 이는 영상의 크기가 가로 800 화소, 세로 600 화소로서 전체 480,000 개의 화소로 이루어지며, 600 개의 행과 800 개의 열로 이루어진 2차원 배열로 표시된다.

2.10.2 영상 처리의 기초

영상 처리(image processing)는 입력된 영상으로부터 새로운 출력 영상을 생성하고자 수행하는 조작들뿐만 아니라 영상의 특징 값들을 추출하기 위하여 수행하는 모든 조작들까지 포함한다.

최근 들어 농업 분야에서 영상 처리 기술이 많이 사용되고 있다. 이러한 이유는 원예, 축산 등 농업 생산 현장에서 획득된 영상으로부터 유용한 정보가 추출될 수 있기 때문이다. 본래 영상으로부터 관심의 대상이 되는 영역의 특징을 추출하거나, 배경으로부터 객체를 분리하는 것은 영상 처리의 기본 작업이다. 이러한 과정을 통해서 원예산물의 구분 또는 선별이 가능하다.

영상 처리를 위해서는 대상 영상과 영상 처리용 언어 또는 소프트웨어가 필요하다. 영상 처리용 언어 또는 소프트웨어로서 C/C++, 매트랩(MATALB), 포토샵(Photoshop) 등이 사용된다.

영상 처리 기법 중 널리 쓰이는 방법으로는 밝기 변환, 공간 필터링, 영역 분할, 객체 검출, 형태적 처리, 기하학적 변환과 영상 정합 등이 있다.

영상 처리의 응용으로서는 컴퓨터 비전(computer vision), 증강 현실(augmented reality), 원격 탐사(remote sensing), 딥 러닝(deep learning) 등이 있다.

2.10.3 영상의 종류

1) 회색조 영상(gray scale image)

화소 값들이 각 지점의 밝기 정보를 나타내기 때문에 밝기 영상(intensity image)이라고 한다. 각 화소가 unit8 등급에 해당하면 0~255의 정수로, unit16 등급에 해당하면 0~65.535의 정수로 표시된다. 한편 각 화소가 double 등급에 해당하면 0~1의 실수 값을 갖는다. 각 범위에서 큰 값일수록 더 밝은 화소임을 뜻한다.

2) 이진 영상(binary image)

이진 영상은 화소들이 0(false)과 1(true)의 논리 값을 갖도록 구성된 영상으로서, 영상을 배경과 물체로 구분하는데 주로 사용된다. 또한 이진 영상은 화소 당 1비트만 필요하므로 영상을 저장할 때 매우 효과적이다.

3) 색인 영상(indexed image)

색인 영상은 컬러 영상을 두 개의 배열을 이용하여 표현한다. 컬러 맵(color map)은 0~1의 실수 값을 가지는 $m\times3$ 배열로서 각 행은 RGB 색상의 밝기 값을 지니고 있다. 다음으로 $M\times N$ 배열의 화소들은 컬러 맵의 색인을 나타내는 1~m의 정수 값으로 표현된다. 색인 영상은 m가지 색상으로 이루어진 컬러 영상을 표현할 수 있으며, 작은 저장 공간에 저장할 수 있는 장점을 지닌다.

4) RGB 영상(RGB image)

RGB 영상은 R(red), G(green), B(blue) 색상의 밝기 정보를 나타내는 3장의 회색조 영상이 묶여 있는 영상으로서 $M\times N\times3$ 배열로 표현된다.

한 개의 화소는 빛의 3원색인 적색(red, R), 녹색(green, G), 청색(blue, B)을 표현하는 채널(channel)로 이루어진다. 각 화소는 각 채널들이 표현하는 빛의 양과 색의 조합을 통해 다양한 색을 표현한다(그림 2-35). 반대로 각 화소가 지니고 있는 색의 조합을 분리하여 채널별로 표시할 수 있다. 오이 녹반모자이크 바이러스에 감염된 오이 잎의 본래 영상에 대한 RGB 채널별 분리 영상은 그림 2-36과 같다. RGB 영상은 회색조 영상 또는 이진 영상으로 쉽게 변환할 수 있다(그림 2-37).

그림 2-35. 영상의 화소와 채널의 관계

그림 2-36. 녹반모자이크 바이러스에 감염된 오이 잎의 영상
(A) 본래 영상, (B) R 영상, (C) G 영상, (D) B 영상

그림 2-37. 영상의 종류 (A) RGB 영상, (B) 회색조 영상, (C) 이진 영상

2.10.4 디지털 영상 처리

디지털 영상 처리는 컴퓨터를 이용한 영상의 화질 개선, 영상으로부터의 특징 추출, 소실된 정보의 복원, 데이터의 압축, 객체 인식 등과 관련된 영상 정보 처리를 일컫는다. 일반적으로 수행되는 기본적인 영상 처리 과정은 다음과 같다.

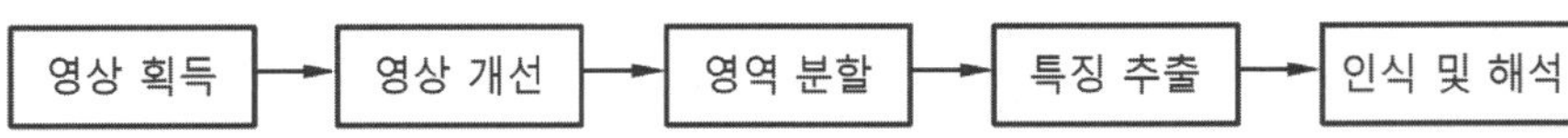

그림 2-38. 디지털 영상 처리 과정

영상 획득은 디지털 영상을 생성하는 과정이다. 이를 위해서 CCD(charge coupled device) 또는 CMOS(complementary metal-oxide semiconductor)와 같은 디지털센서를 이용한 카메라 또는 스캐너가 사용된다.

영상 개선(image enhancement)은 핵심적인 영상처리 작업 전에 이루어지는 단계이다. 이 단계에서는 영상 처리에 따른 효과를 높이고자 영상의 대비를 강조하거나, 잡음을 제거하거나, 영역을 지정하는 등의 처리가 이루어진다. 이를 위해서 히스토그램 변경, 평활화, 잡음 제거, 첨예화 등이 적용된다.

히스토그램은 회색조 영상에서 화소 값의 빈도, 즉 명암도의 분포를 그래프로 표시한 것이다. 그림 2-39는 밝기에 따른 동일한 물체의 영상에 대한 히스토그램 분포이다. 야간에 획득한 영상의 히스토그램은 어두운 왼쪽으로 치우쳐 있고, 주간에 획득한 영상의 히스토그램은 밝은 오른쪽으로 치우쳐 있음을 알 수 있다.

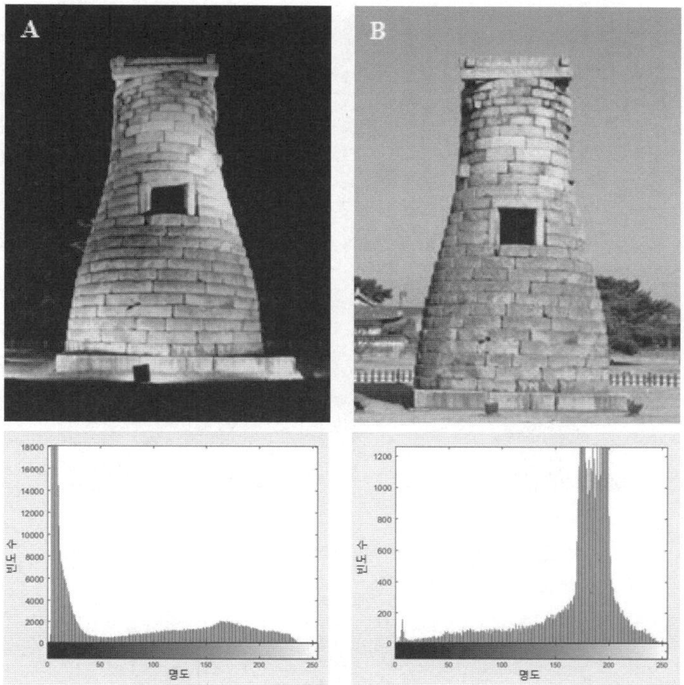

그림 2-39. 밝기에 따른 영상의 히스토그램 분포
(A) 야간 영상, (B) 주간 영상

영상의 밝기와 명암 대비를 개선하고자 매핑(mapping) 함수를 이용하여 왜곡된 히스토그램의 분포를 변경할 수 있는데 대표적인 방법으로서 히스토그램 펼치기(stretching)와 균등화(equalization)가 있다.

히스토그램에서 화소들의 분포가 좁은 명암도 구간으로 집중되면 영상의 명암대비는 낮아진다. 히스토그램 펼치기는 화소들이 넓은 명암도 구간에 분포되도록 화소 값을 재배정하여 명암 대비를 개선하는 방법이다(그림 2-40).

히스토그램 균등화는 각 명암도 구간 마다 가능한 한 같은 수의 화소들이 분포되도록 화소 값을 재배정하여 명암 대비를 개선하는 작업이다.

그림 2-40. 밝기 변환 함수 적용 전후의 영상 비교
(A) 본래 영상, (B) 밝기 변환 함수를 적용한 영상

잡음은 영상을 훼손시키는 불필요한 정보로서, 영상을 획득하는 과정에서 발생된다. 어떤 화소의 값이 잡음인지 아닌지 판단하려면 이웃한 화소들을 함께 살펴보아야 한다. 이 작업을 편리하게 수행하고자 현재 화소를 중심으로 이웃의 범위를 지정하는 별도의 2차원 배열을 준비하는데 이를 필터(filter) 또는 마스크(mask)라 부른다.

필터는 주로 $n \times n$ 크기의 정방행렬이며, $n=3$또는 $n=3$인 경우가 많다. 필터의 각 요소는 용도에 따라 다양한 값을 가지게 되는데 이를 가중치라고 한다. 예를 들어 잡음 제거를 위해서 아래와 같이 다양한 3×3 필터들이 활용될 수 있는데 각 요소들의 가중치는 다르지만 전체의 합은 1인 것을 알 수 있다.

$$\frac{1}{9}\begin{bmatrix}1&1&1\\1&1&1\\1&1&1\end{bmatrix} \qquad \frac{1}{10}\begin{bmatrix}1&1&1\\1&2&1\\1&1&1\end{bmatrix} \qquad \frac{1}{16}\begin{bmatrix}2&1&2\\1&4&1\\2&1&2\end{bmatrix} \qquad \frac{1}{16}\begin{bmatrix}1&2&1\\2&4&2\\1&2&1\end{bmatrix}$$

(A) (B) (C) (D)

그림 2-41. 잡음 제거에 사용되는 3×3 필터

영상 필터링(image filtering)에서 출력 영상의 (x, y) 위치에 있는 화소 값을 계산하려면, 먼저 필터의 중심이 입력 영상의 (x, y) 위치에 오도록 겹쳐 놓고, 서로 대응하는 요소들의 화소 값들을 서로 곱한 후 모두 더하면 된다. 이 계산 과정을 합성곱 또는 컨볼루션

(convolution)이라 한다(그림 2-42). 이 과정을 입력 영상의 좌측 상단에서 출발하여 우측 하단에 도달할 때까지 반복적으로 수행하면 필터링 작업이 완료된다.

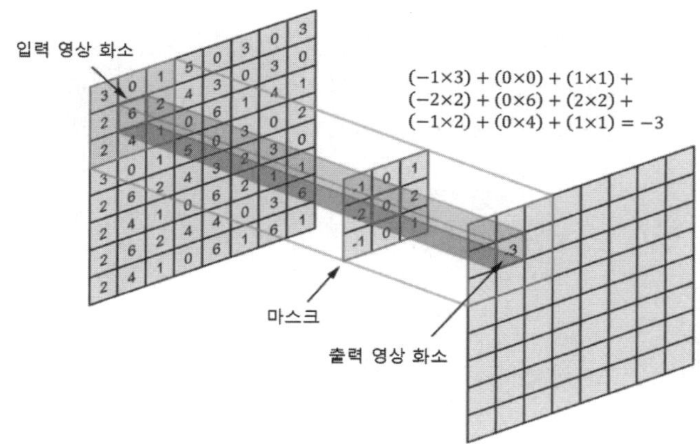

그림 2-42. 합성곱을 이용한 영상 필터링의 연산 과정

영상 필터링에 사용되는 필터의 가중치에 따라 특정 정보가 강조될 수도 있고 사라지기도 한다. 그러므로 마스크의 가중치 선택이 공간 필터의 결과에 영향을 미친다. 위에서 제시한 가중치를 활용하여 평균을 계산함으로써 명암도의 변화를 억제하여 영상을 부드럽게 표현하고 잡음을 제거하는 것을 영상 평활화(image smoothing)라 한다.

영상에서 명암도의 변화가 있는 곳을 강조할 필요가 있다, 이 때 영상 첨예화(image sharpening)를 수행하게 되며, 이를 위해서는 아래와 같은 필터들이 사용된다.

$$\begin{bmatrix} -1 & -1 & -1 \\ -1 & 8 & -1 \\ -1 & -1 & -1 \end{bmatrix} \qquad \begin{bmatrix} 0 & -1 & 0 \\ -1 & 5 & -1 \\ 0 & -1 & 0 \end{bmatrix} \qquad \begin{bmatrix} 1 & -2 & 1 \\ -2 & 5 & -2 \\ 1 & -2 & 1 \end{bmatrix}$$

그림 2-43. 영상 첨예화에 사용되는 3x3 필터

영상에서 물체들의 경계에 해당되는 부분을 에지(edge)라고 한다. 영상에서 밝기가 급격하게 변하는 부분인 에지는 영상 필터링에 의해서 검출할 수 있다. 에지 검출은 에지에 해당하는 화소를 찾는 과정이다. 에지는 화소 값의 불연속 영역이나 화소 미분 값의 불연속점에 존재한다.

에지 검출에 영상의 1차 미분을 수행한 후 기울기가 최대가 되는 점들을 추출하는 방법과 영상의 2차 미분을 수행한 후 2차 기울기가 0이 되는 점들을 추출하는 방법이 사용된

다. 영상의 1차 미분과 2차 미분을 수행하기 위하여 사용되는 대표적인 필터들은 다음과 같다.

$$\begin{bmatrix} -1 & 0 & 1 \\ -1 & 0 & 1 \\ -1 & 0 & 1 \end{bmatrix} \qquad \begin{bmatrix} -1 & 0 & 1 \\ -2 & 0 & 2 \\ -1 & 0 & 1 \end{bmatrix} \qquad \begin{bmatrix} -1 & 0 & 1 \\ -2 & 0 & 2 \\ -1 & 0 & 1 \end{bmatrix}$$

그림 2-44. 에지 검출에 사용되는 1차 미분 필터

$$\begin{bmatrix} 0 & 1 & 0 \\ 1 & -4 & 1 \\ 0 & 1 & 0 \end{bmatrix} \qquad \begin{bmatrix} 1 & 1 & 1 \\ 1 & -8 & 1 \\ 1 & 1 & 1 \end{bmatrix}$$

그림 2-45. 에지 검출에 사용되는 2차 미분 필터

1차 미분을 이용한 컨볼루션 마스크로서 소벨(Sobel), 프리윗(Prewitt), 로버츠(Roberts) 마스크가 있다. 한편 캐니 에지(Canny edge) 검출은 라플라시언(Laplacian) 마스크로서 필터링한 후 기울기의 지역 극대값을 결정하는 방법으로 에지를 찾는다(그림 2-46). 이 때 기울기는 가우스 필터의 미분으로 계산된다.

2차 미분에는 라플라시언 마스크가 사용된다. 라플라시언 마스크는 중심화소가 4의 배수이고, 상하좌우 화소가 중심화소와 반대 부호를 갖는다. 또한, 마스크 원소의 전체 합은 0이 되어야 한다.

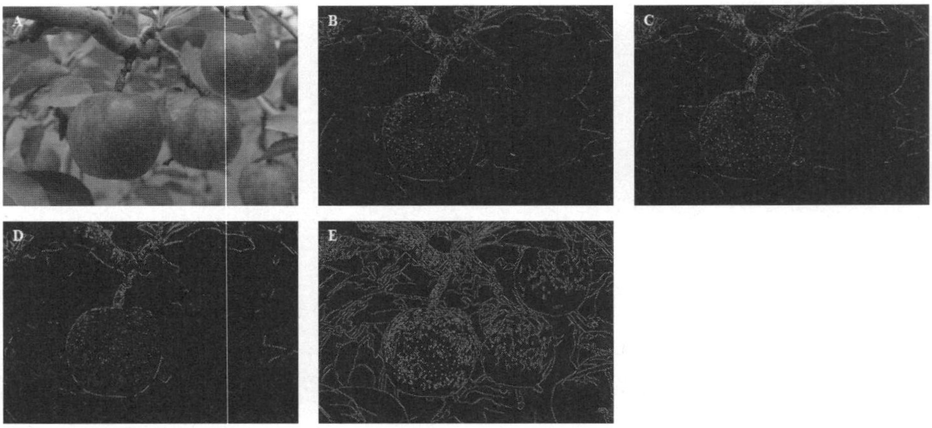

그림 2-46. 에지 검출 결과 (A) 입력 영상, (B) 소벨, (C) 프리윗, (D) 로버츠, (E) 캐니

영상 분할(image segmentation)은 전체 영상을 객체 또는 의미 있는 객체의 일부 영

역의 집합으로 구분하는 과정이다. 분할의 목적은 영상을 해석하기 쉽도록 단순화하거나 변환시키는 데 있다. 영역 분할의 결과는 전체 영상을 포함하는 지역의 집합이거나, 영상으로부터 추출된 윤곽의 집합이다. 지역에서 각각의 화소는 색상(color), 밝기(brightness), 질감(texture) 등의 특징이 유사하다. 영역 분할의 방법으로서 문턱(threshold) 값 처리, 에지 검출, 영역 기반 분할 등이 있다. 그림 2-47은 사과의 컬러 영상을 분할한 후 이진 영상으로 표시한 것이다.

그림 2-47. 영역 분할 (A) 입력 영상, (B) 분할된 이진 영상

문턱 값은 영상의 히스토그램 분포에서 객체들의 구분이 가능한 경계를 뜻한다. 영상에서 적정한 문턱 값을 찾아주는 방법으로 오츠(Otsu) 알고리즘이 있다. 오츠 알고리즘은 화소를 물체와 배경의 2개 부류로 구분하는 경계 값을 임의로 정하고, 각 부류의 명암 분포를 반복해서 구한 후 2개의 명암 분포를 가장 균일하게 하는 경계 값을 선택한다. 이 때 특정 문턱 값을 T를 기준으로 이진화된 화소에서 명암 비율의 차가 가장 작은 값을 최적 문턱 값으로 결정한다. 오츠 알고리즘을 이용한 이진 영상 분할은 간단하나(그림 2-48), 모든 문턱 값에 대해 계산해야 하므로 속도가 느린 편이다.

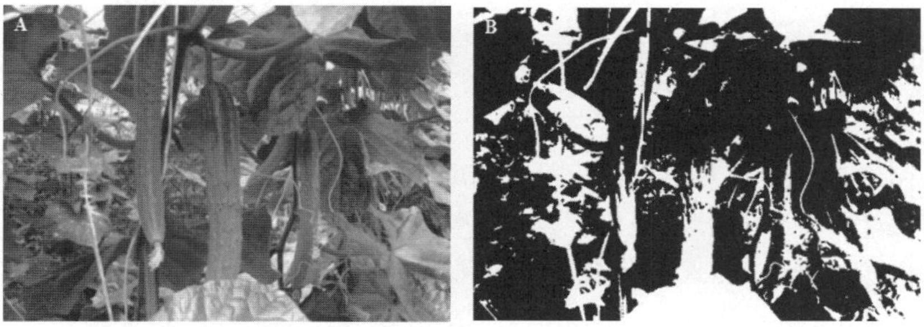

그림 2-48. Otsu 알고리즘을 이용한 영상 이진화 (A) 입력 영상, (B) 이진 영상

영상 특징은 점, 에지, 모서리, 질감, 색상과 같이 다른 부분과 분명하게 구분되는 성질을 의미한다. 이러한 특징은 영상 내에서 물체를 인식하거나, 특정 영상과 다른 영상의 유사성을 판단하는 기준으로 사용될 수 있다.

특징 추출을 위한 알고리즘으로 해리스 모서리(Harris corner), SURF(speeded-up robust features), SIFT(scale invariant feature transform), FAST(features from accelerated segment test) 등이 있다. 특징 추출은 영상 처리는 물론 기계 학습, 패턴 인식 등에도 자주 사용된다.

그림 2-49. 상이한 알고리즘 적용에 의한 특징점 추출 (A) Harris, (B) SURF

인식 및 해석은 추출된 특징에 기초하여 물체를 식별 또는 구분하거나, 영상에 포함된 의미를 부여하는 작업이다. 플러그묘의 평균 초장 또는 균일도 결정, 작물과 잡초의 구분, 수확 가능한 과일의 인식, 수확된 원예산물의 형상과 크기 결정, 과일의 색상 또는 표면 흠집의 검출, 과일의 당도 또는 숙도 결정, 화훼류의 화색 또는 화형 구분 등은 영상 처리에 의한 대표적인 결과이다.

2.11 무선 통신

작물 생산 시스템에 설치된 센서로부터의 신호는 데이터로거(data logger)에 연결되어 일정 시간 간격으로 저장되거나, 제어기에 연결되어 설정된 제어 알고리즘에 따라 원하고자 하는 작업 효과를 얻는다.

센서와 데이터로거, 센서와 제어기의 연결은 유선 또는 무선 통신에 의해서 이루어진다. 통신은 전화, 인터넷, 전자우편과 같은 여러 종류의 매체를 이용하여 사람 또는 기계 사이의 정보 전달을 의미한다. 통신의 기본 요소로서 정보원, 통신매체, 프로토콜이 있다. 통신을 할 때, 정보를 전달하고자 하는 송신자와 정보를 받는 수신자를 포함하여 정보원이라 한다. 통신매체는 송신자와 수신자를 연결해주는 수단이다. 프로토콜(protocol)은 송신자와 수신자가 서로의 정보를 이해할 수 있도록 만들어진 규칙과 형식으로서, 통신규약으로도 불리 운다.

이제까지 원예작물의 생육 환경 요소를 측정할 때 유선 연결 방식이 널리 쓰였다. 그런데 센서가 데이터로거 또는 제어기로부터 멀리 떨어져 있거나, 센서가 여러 개 쓰일 경우 유선으로 연결하는 데 한계가 있다. 때문에 농업 분야에서 무선 통신의 활용 사례가 늘어나고 있다.

무선 통신(wireless communication)은 두 개 또는 그 이상의 지점 사이에 전기 전도체의 연결 없이 정보를 전송하는 방식으로서, 주파수 또는 전자파에 의해서 신호가 전달된다. 근거리 무선 통신 방식으로서 와이파이, 블루투스, 지그비, RFID 등이 있다.

와이파이(WiFi)는 전자기기들을 무선랜(wireless LAN)에 연결하는 기술로서, 주로 2.4GHz와 5GHz의 무선 대역을 사용한다. 무선랜은 무선 네트워크 장비가 있는 곳이라면 무선 네트워크를 사용할 수 있고, 인터넷에 쉽게 접속할 수 있는 장점을 지닌다. 단점은 지원 범위가 100m 이내이며, 통신 간섭에 노출되어 신뢰성과 안정성이 떨어질 수 있다.

블루투스(Bluetooth)는 2.4~2.485GHz의 대역에서 마우스, 키보드를 비롯해 휴대전화, 스피커 등의 디지털 통신 기기를 연결하는 전 세계 공통의 표준 규격이다. 장점은 전력소모가 작고, 연결이 간결하며, 동시에 여러 개의 장치를 연결할 수 있다. 단점은 전송 거리가 10m 내외로 짧다.

지그비(ZigBee)는 소형이면서 전력소모가 작은 근거리 무선통신 표준 기술이다. 장점은 소비전력이 작고, 자격이 저렴하다. 단점은 최대 전송속도가 250kbps로 낮고, 통신 거리가 100m 이내이다.

RFID(Radio frequency identification)는 무선 주파수를 이용하여 객체를 식별하는 기술로서 일명 전자태그(electronic tag)로 불린다. 여기에는 RFID 태그와 RFID 판독기가 필요하다. 장점은 반영구적 사용과 비접촉 인식이 가능하며, 데이터의 신뢰도가 높다. 단점은 가격이 비싸고, 국가별로 사용 가능한 주파수가 다르며, 전파의 적용 범위가 제한된다.

근거리 통신망(local area network, LAN)은 네트워크 매체를 이용하여 집, 사무실, 학교 등에서 컴퓨터 등의 장비를 서로 연결하는 네트워크이다. 네트워크는 컴퓨터들이 통신기술을 이용하여 그물망처럼 연결된 데이터 통신 체계로서, 스타(star)형, 클러스터트리(cluster-tree)형, 메시(meah)형 등으로 구분된다(그림 2-50). 이더넷(ethernet)과 와이파이는 LAN에 쓰이는 대표적인 기술 규격이다.

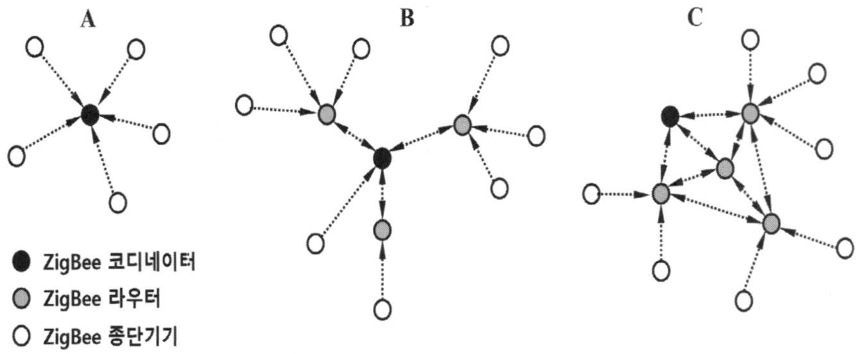

그림 2-50. 네트워크 형태 (A) 스타형, (B) 클러스터트리형, (C) 메시형

유비쿼터스 센서 네트워크(ubiquitous sensor network, USN)는 각종 센서에서 감지한 정보를 무선으로 수집할 수 있도록 구성된 네트워크이다. USN의 무선 전송 방식은 IEEE802.15.4라는 전송 규약을 따르는데, 이 기술을 지그비 기술이라 한다. USN은 센서노드, 싱크노드, 미들웨어로 구성된다. 센서노드(sensor node)는 센서, 통신 모듈, 배터리를 포함하며 환경정보를 감지하고 전달하는 기능을 갖는다. 싱크노드(sink node)는 센서노드에서 감지된 정보를 외부 네트워크에 연결해주는 중계 노드에 해당한다. 미들웨어(middle ware)는 센서로부터의 대량 정보를 필터링한 후 데이터의 추출, 저장, 관리 및 검색 기능을 갖는다. 최근 들어 작물의 재배관리 및 농산물의 이력 추적에 USN이 활용되고 있다.

연습문제

1. 원예작물 생산 시스템의 변화에 대해서 설명하시오.

2. 원예작물의 생산과 관련한 공학적 과제를 설명하시오.

3. 열전달의 원리와 관련 법칙에 대해서 설명하시오.

4. 태양복사 분광 특성을 설명하시오.

5. 습공기선도의 개념과 활용 방법에 대해서 설명하시오.

6. 인공광원의 종류 및 분광 특성에 대해서 설명하시오.

7. 센서의 신호 처리 과정을 설명하시오.

8. 디지털 영상 처리 과정을 설명하시오.

9. 근거리 무선 통신 방식을 설명하시오.

참고문헌

고학균, 김문기, 김용현. 1989. 플라스틱 하우스내의 직달 및 산란일사량 해석. 한국태양에너지학회지 9(3):13-24.

김용현. 1999. 인공광원으로 발광다이오드를 이용한 묘생산 시스템에서 식물생장 및 형태형성 제어 - 발광다이오드의 광강도 및 분광 특성 -. 한국농업기계학회지 24:115-122.

김용현, 이재수. 2016. 상이한 광질 및 광주기 하에서 UV-A LED 부가조사가 상추의 생장, 안토시아닌 및 아스코르빈산 함량에 미치는 영향. 원예과학기술지 34:596-606.

김용현, 이종호. 1998. 식물묘공장의 근접조명용 인공광원으로서 형광등의 광강도 및 분광 특성. 한국농업기계학회지 23:591-598.

김충원, 정현숙, 양희덕. 2016. 디지털 영상처리. 생능출판사.

이재수, 김용현. 2014. 상이한 피크파장의 적색광 및 청색광 발광다이오드 조사에 따른 상추의 생장 및 안토시아닌. 원예과학기술지 32:330-339.

이혜인, 김용현, 김동억. 2010. 식물생장용 고압나트륨램프와 메탈할라이드램프의 분광 광강도 분석. 바이오시스템공학 35:413-419.

Albright, L.D. 1990. *Environment control for animals and plants.* The American Society of Agricultural Engineers.

Birchfield, S. 2017. *Image processing and analysis. 1st ed.* Cengage Learning.

Bot, G.P.A. 1983. *Greenhouse climate: from physical processes to a dynamic model.* Ph.D. Thesis, Agricultural University of Wageningen, The Netherlands.

Chen, C. 2015. *Determining the leaf emissivity of three crops by infrared thermometry.* Sensors 15:11387-11401.

Dargie, W. 2017. *Principles and applications of ubiquitous sensing.* Wiley.

De Halleux, D. 1989. *Dynamic model of heat and mass transfer in greenhouses: theoretical and experimental study.* PhD Thesis, Gembloux, Belgium.

Duffie, J.A. and W.A. Beckman. 1980. *Solar engineering of thermal processes. 4th ed.* Wiley.

Eckert, E.R.G. and T.W. Jackson. 1950. *Analysis of turbulent free convection boundary layer on a flat plate.* NACA TN 2207:1-22.

Garzoli, K. and J. Blackwell. 1981. An *analysis of the nocturnal heat loss from a single skin plastic greenhouse.* J. Agric. Eng. Res. 26:203-214.

Gonzalez, R.C., R.E. Woods, and S.L. Eddins. 2020. *Digital image processing using MATLAB. 3rd ed.* Gatesmark Publishing.

Hazbavi, A.I. 2014. *Maximum height calculation for bulk of apple fruits (var. Golden Delicious).* J. Agroaliment. Proc. Technol. 20:33-38.

Holman, J.P. 2011. *Heat transfer. 10th ed.* McGraw-Hill Inc.

Jahanbakhshi, A., V.R. Sharabiani, K. Heidarbeigi, M. Kaveh, and E. Taghinezhad. 2019. *Evaluation of engineering properties for waste control of tomato during harvesting and postharvesting.* Food Sci. Nutr. 7:1473-1481.

Kittas, C. 1986. *Greenhouse cover conductances.* Bound.-Layer Meteorol. 36:213-225.

McAdams. 1954. *Heat transmission. 3rd ed.* McGraw-Hill Co., New York.

Miguel, A.F., N.J. Van de Braak, A.M. Silva, and G.P.A. Bot. 1998. *Free convection heat transfer in screened greenhouse.* J. Agric. Eng. Res. 69:133-139.

Papadakis, G., A. Frangoudakis, and S. Kyritsis. 1992. *Mixed, forced and free convection heat transfer at the greenhouse cover.* J. Agric. Eng. Res. 51:191-205.

Roy, J.C., T. Boulard, C. Kittas, and S. Wang. 2002. *Convective and ventilation transfers in greenhouses,* Part 1: the Greenhouse considered as a perfectly stirred tank. Biosyst. Eng. 83:1-20.

Tantau, H.J. 1975. *Effects of single and double covering on climate and heat management in greenhouses.* PhD Thesis, Fak.Gartenbau und Landeskultur Tech.Univ., Hannover, Germany.

Warner, C.Y. and V.S. Arpaci. 1968. *An experimental investigation of turbulent natural convection in air at low pressure along a vertical heated flat plate.* Int. J. Heat Mass Transf. 11:397-406.

Watmuff, J., W.W.S. Charters, and D. Proctor. 1977. *Solar and wind induced external coefficients-solar collectors.* Coop. Mediterr. Energ. Sol. 1:56.

三原義秋. 1980. 溫室設計の基礎と實際. 養賢堂.

日本農林氣象學會. 1988. 新訂農業氣象の測器と測定法. 農業技術協會.

제3장

인공 지능

Horticultural Engineering

3.1 인공 지능의 기본 개념

인공 지능(artificial intelligence, AI)은 인간의 학습 능력, 추론 능력, 지각 능력, 자연어의 이해 능력 등을 컴퓨터 프로그램으로 실현한 기술을 일컫는다.

1980년대까지 인공 지능에 규칙 기반의 방법론이 적용되었다. 규칙 기반은 인간이 사용하는 규칙을 수집하고 프로그래밍으로서 인공지능을 만드는 방식이다. 규칙 기반의 대표적인 예는 전문가 시스템(expert system)이다.

1990년대에는 규칙 기반 방법론 대신에 기계 학습(machine learning) 방법론이 인공지능을 구현하는 도구로 사용되었다. 기계 학습은 데이터를 활용하여 학습시키며, 학습된 결과로서 인식 성능을 형상시키는 접근 방법이다.

인공 지능, 기계 학습, 신경망(neural network), 딥러닝(deep learning)의 관계는 그림 3-1과 같다. 현재 기계 학습에 널리 쓰이는 방법은 신경망이다. 이외에도 선형 회귀(linear regression), 서포트벡터머신(support vector machine), 결정트리(decision tree), k-최근접이웃(k-nearest neighborhood) 알고리즘 등이 기계 학습에 적용된다. 과거에는 층의 개수가 적은 얕은 신경망(shallow neural network)이 사용되었고, 현재에는 수십~수백층을 지닌 깊은 신경망(deep neural network)이 쓰인다. 깊은 신경망을 학습하고자 개발된 알고리즘을 딥러닝이라 부른다.

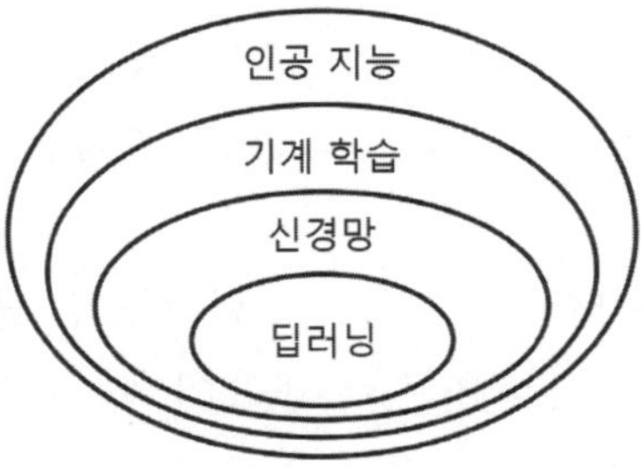

그림 3-1. 인공 지능, 기계 학습, 신경망 및 딥러닝의 관계

컴퓨터로 인간 지능을 모방하는 기술에 많은 관심을 지니고 있는 학자들에 의해서 AI라는 용어가 사용된 이후 퍼셉트론(perceptron)으로 표시된 신경망, 다층 퍼셉트론, 합성곱 신경망, 딥러닝 등의 개념이 등장하면서 음성 인식, 자율 주행, 객체 분류, 자동 번역, 질병 진단을 포함한 AI의 활용 범위가 빠르게 확대되고 있다.

3.1.1 퍼셉트론

입력 층과 출력 층으로 이루어진 퍼셉트론은 다수의 입력으로부터 1개의 출력을 만들어 내는 알고리즘이다. 그림 3-2에서 출력 값 y는 다음 식으로 표시된다.

$$y = \sum_{i=0}^{n} w_i x_i + b \tag{3.1}$$

여기서 x: 입력 값, w: 가중치(weight), b: 편향(bias)이다. 출력 값을 만들어내는 요소는 인공 뉴런으로 불린다.

입력 값에는 각각의 가중치가 존재하는데, 이때 가중치가 크면 클수록 해당 입력 값이 중요함을 의미한다. 각 입력 값이 가중치와 곱해져서 인공 뉴런에 보내지고, 각 입력 값과 그에 해당되는 가중치의 곱의 전체 합이 문턱 값보다 크면 인공 뉴런은 활성화 함수(activation function)에 의해서 출력 값으로 변경된다.

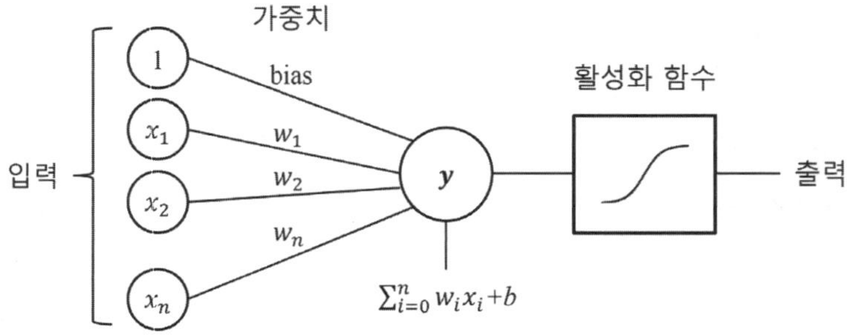

그림 3-2. 다수의 입력으로 구성된 퍼셉트론

활성화 함수는 입력된 데이터의 가중 합을 출력 신호로 변환하는 함수로서, 계단 함수(step function), 시그모이드(sigmoid) 함수, ReLU(rectified linear unit) 함수 등이 사용된다(그림 3-3). 활성화 함수는 각각 고유의 특징을 지니고 있으므로 상황에 맞춰 사용하는 것이 바람직하다. 이 가운데 ReLU 함수가 가장 많이 사용되고 있다.

$$\text{계단 함수: } y = \begin{cases} 1 & x \geq 0 \\ 0 & x \leq 0 \end{cases} \tag{3.2}$$

$$\text{시그모이드 함수: } y = \frac{1}{1+e^{-x}} \tag{3.3}$$

$$\text{ReLU 함수: } y = \begin{cases} x & x \geq 0 \\ 0 & x \leq 0 \end{cases} \tag{3.4}$$

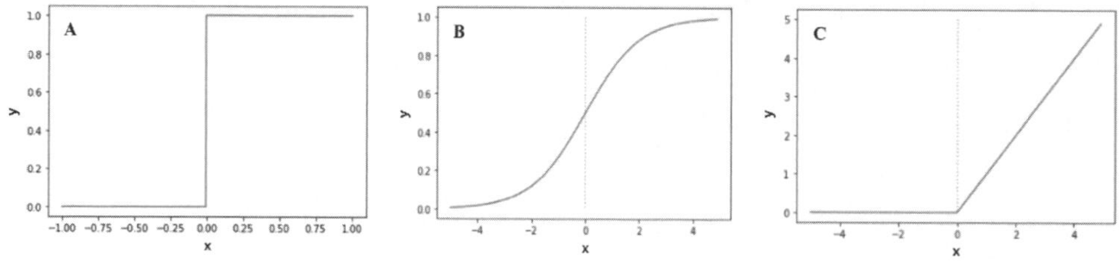

그림 3-3. 여러 형태의 활성화 함수 (A) 계단 함수, (B) 시그모이드 함수, (C) ReLU 함수

다층 퍼셉트론(multilayer perceptron)은 퍼셉트론을 여러 층으로 쌓은 인공 신경망 구조로서, 입력층(input layer), 은닉층(hidden layer) 및 출력층(output layer)으로 구성된다(그림 3-4). 각 층에서는 활성화 함수를 통해 입력 값을 처리한다. 은닉층이 1개만 있는 다층 퍼셉트론은 얕은 신경망, 은닉층이 2개 이상인 경우 깊은 신경망으로 불린다.

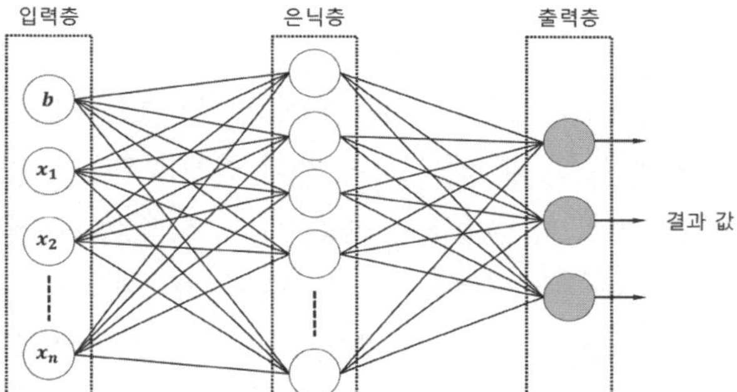

그림 3-4. 다층 퍼셉트론의 구조

다층 퍼셉트론에서 출력 값을 행렬로 표시하면 다음과 같다.

$$Y = WX + b \tag{3.5}$$

여기서, X: 입력 데이터, Y: 출력 데이터, W: 가중치, b: 편향이다.

2개의 노드를 갖는 은닉층 1에서의 입력 데이터 $X = \begin{bmatrix} 2.0 \\ 0.5 \end{bmatrix}$이고, 가중치 $W = \begin{bmatrix} 0.6 & 0.5 \\ 0.3 & 0.9 \end{bmatrix}$일 때 은닉층 2에서의 출력 값을 구하라. 이 때 각 노드에서의 편향은 0이고, 활성화 함수로서 시그모이드 함수가 적용되는 것으로 가정하라.

은닉층 2에 전달된 값 $= WX + b = \begin{bmatrix} 0.6 & 0.5 \\ 0.3 & 0.9 \end{bmatrix} \begin{bmatrix} 2.0 \\ 0.5 \end{bmatrix} + \begin{bmatrix} 0.0 \\ 0.0 \end{bmatrix} = \begin{bmatrix} 1.45 \\ 1.05 \end{bmatrix}$이다.

시그모이드 함수를 활성화 함수로 적용하면, 은닉층 2의 출력 값은 다음과 같다.

출력 값 $= \text{sigmoid}(X) = \begin{bmatrix} 0.810 \\ 0.741 \end{bmatrix}$이다.

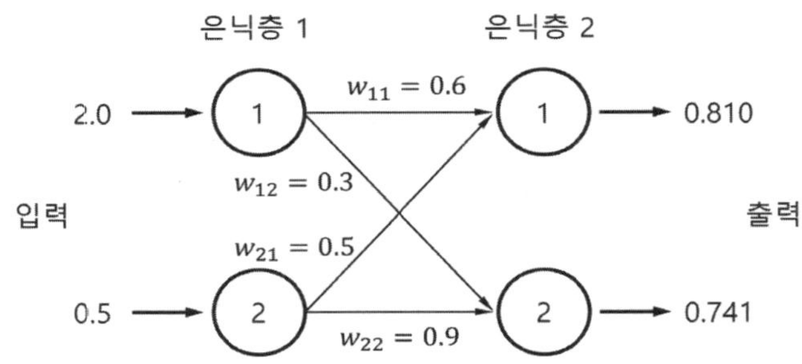

그림 3-5. 다층 퍼셉트론에서의 출력 값 연산

3.1.2 신경망 학습

학습(learning)은 학습 데이터로부터 가중치의 최적 값을 찾아가는 과정을 뜻한다. 가중치의 최적 값은 단번에 결정되지 않는다. 오히려 반복 과정을 통해 조금씩 개선되면서 궁극적으로 최적의 가중치가 결정된다. 신경망의 학습은 이러한 과정을 통해서 예측의 정확도를 높일 수 있는 모델을 만든다. 그러므로 신경망에서의 학습은 예측 모델에 적합한 가중치를 결정하는 과정으로서, 이 과정은 학습 데이터를 이용한 가중치의 최적화에 해당한다.

다층 퍼셉트론에서 입력 층의 값이 은닉 층의 모든 노드로 전달되고, 은닉 층에서의 출력 값이 출력 층의 모든 노드로 전달되는 형식을 순전파(forward propagation)라 한다. 다층 퍼셉트론에서는 입력 층과 출력 층 사이에 은닉 층이 존재하나, 은닉 층의 출력 값에 대한 기준을 정의할 수 없다.

이러한 문제점을 해결하고자 출력 층에서 발생되는 오차에 관여하는 값들의 가중치를 수정하되 오차를 역방향으로 보내면서 오차가 작아지도록 반복적으로 수행되는 방식을 역전파(backpropagation) 또는 오류역전파라 한다. 순전파는 입력 신호를 가중치와 조합하여 앞쪽으로 전달한다. 한편 역전파는 출력 층까지 전달된 신호를 역방향으로 되돌리면서 연결된 노드들의 가중치에 비례해서 계산된 오차를 직전 계층으로 전달한다. 이러한 과정을 통해서 가중치가 개선된다.

예를 들면, 그림 3-6과 같은 신경망의 출력 층에 표시된 오차가 0.6이라고 가정하자. 직전 은닉 층의 노드에서 출력 층에 각각 3, 2라는 값을 전달하였기 때문에 출력 오차에 끼친 영향은 위 노드가 60%, 아래 노드는 40%이다. 그러므로 은닉 층의 노드 1과 노드 2

에 대한 오차는 각각 0.36, 0.24이다.

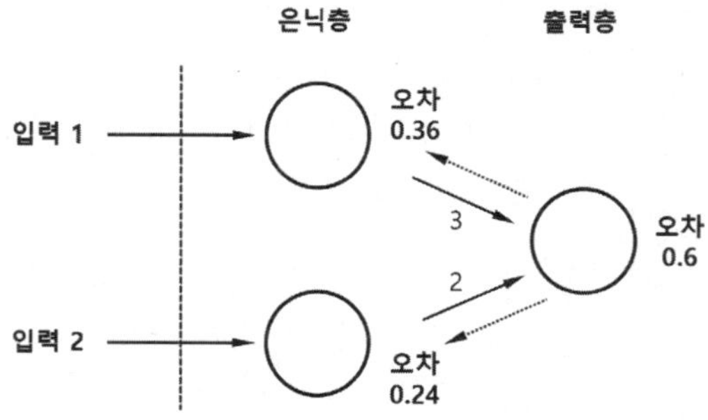

그림 3-6. 역전파에서의 오차 수정

이와 같이 순방향과 역방향으로의 신호 전달에 의해서 학습이 이루어지는 횟수를 에폭(epoch)이라 한다. 만일, 에폭이 100이라면 데이터가 신경망을 100회 통과하면서 학습이 이루어진다는 의미이다. 학습 단계에서 적절한 에폭을 설정해야 과소적합(underfitting) 또는 과대적합(overfitting)을 방지할 수 있다.

순전파에서 입력 데이터 x, y는 함수 $f(x,y)$를 통해 z로 출력된다. 역전파에서 L은 출력에 대한 오차이다. 여기에서 $\frac{\partial L}{\partial x}$, $\frac{\partial L}{\partial y}$는 입력 값 x, y에 대한 오차의 변화량으로서 국소미분(local gradient)에 해당한다. 국소미분은 연쇄법칙(chain rule)에 따라 다음과 같이 표시된다.

$$\frac{\partial L}{\partial x} = \frac{\partial L}{\partial z}\frac{\partial z}{\partial x} \quad (3.6a)$$

$$\frac{\partial L}{\partial y} = \frac{\partial L}{\partial z}\frac{\partial z}{\partial y} \quad (3.6b)$$

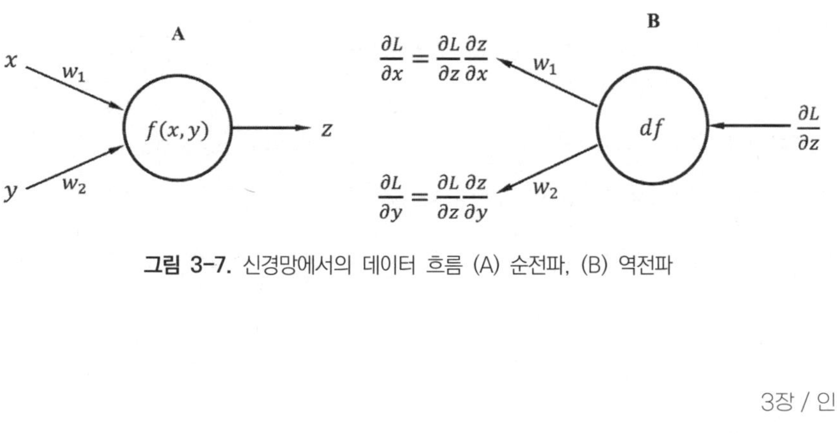

그림 3-7. 신경망에서의 데이터 흐름 (A) 순전파, (B) 역전파

3.1.3 손실 함수

손실 함수(loss function)는 학습 중에 실제 값과 예측 값의 차이를 나타내는 지표이다. 최적화를 위해 손실을 최소화하는 것이 목적이므로 손실 함수는 목적 함수(object function), 비용 함수 (cost function) 또는 오차 함수(error function)로도 불린다. 손실이 작아질수록 학습이 잘 이루어진 것이고, 반대로 손실이 커질수록 학습이 제대로 이루어지지 않음을 의미한다.

손실 함수는 회귀(regression) 또는 분류(classification)에 따라 다른 방식이 적용된다. 회귀에는 평균오차를 계산하는 방식으로서 평균제곱오차(mean square error, MSE), 평균절대오차(mean absolute error, MAE), 평균제곱근오차(mean root square error, $RMSE$) 등이 사용된다.

$$MSE = \frac{1}{n}\sum_{i=1}^{n}(\hat{y_i} - y_i)^2 \tag{3.7}$$

$$MAE = \frac{1}{n}\sum_{i=1}^{n}|\hat{y_i} - y_i| \tag{3.8}$$

$$RMSE = \sqrt{\frac{1}{n}\sum_{i=1}^{n}(\hat{y_i} - y_i)^2} \tag{3.9}$$

여기서, $\hat{y_i}$: 예측 값, y_i: 실제 값, n: 데이터의 개수이다.

분류에는 범주형 교차엔트로피(categorical cross-entropy), 이항 교차엔트로피(binary cross-entropy)를 포함한 교차엔트로피가 사용된다. 엔트로피는 하나의 변수가 갖게 되는 확률 분포의 불확실성을 뜻한다. 그러므로 교차엔트로피는 하나의 변수가 서로 다른 분포를 가질 경우 해당 분포의 차이를 의미한다. 실제 값과 예측 값이 동일하면 교차엔트로피는 0으로 수렴한다. 반대로, 다를 경우 엔트로피가 커진다.

$$H(p,q) = -\sum_{i=1}^{n} q(x_i)\log p(x_i) \tag{3.10}$$

여기서, $p(x)$: 예측 모형으로 결정된 확률 분포, $q(x)$: 학습 데이터의 확률 분포, n: 데이터의 개수이다.

다중 분류에서 훈련 데이터의 레이블이 원-핫 인코딩(one-hot encoding) 형태인 경우 categorical_crossentropy를 사용하고, 정수(integer) 형태인 경우 sparse_categorical_crossentropy가 사용된다.

3.1.4 경사 하강법

오차를 역전파 형태로 연산하는 이유는 신경망을 통해 개선된 가중치를 얻기 위함이다. 단순한 구조의 신경망에서는 오차 계산이 쉽게 이루어진다. 그런데 수십 또는 수백 개의 노드가 연결된 신경망에서는 가중치의 조합이 무수히 많으므로 이들의 계산에 많은 시간이 소요된다. 이러한 가중치들을 효율적으로 결정하고자 경사 하강(gradient descent)이 적용된다.

경사 하강법은 손실 함수의 기울기를 구하되 낮은 쪽으로 계속 이동하면서 극값에 도달할 때까지 반복적인 계산이 이루어지는 방법으로서, 손실 함수의 최소값을 찾아가는 최적화 알고리즘이다.

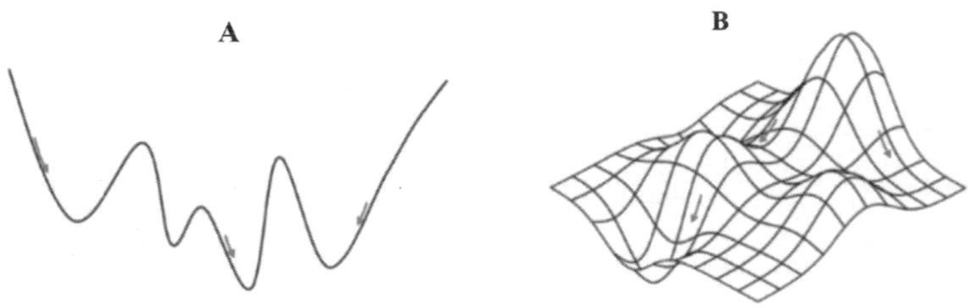

그림 3-8. 손실 함수의 최소값 탐색 (A) 2차원 함수, (B) 3차원 함수

경사 하강법에서 경사 방향을 따라 기울기의 조정이 필요한데, 다음 단계의 기울기가 결정되도록 이동하는 폭을 학습률(learning rate)이라 한다. 학습률이 작으면 최적 값에 수렴하는 시간이 오래 걸린다. 반대로 학습률이 너무 크면 손실 함수가 최적 값에 도달하지 않고 발산할 수 있다. 따라서 적절한 크기의 학습률이 요구된다.

한편, 손실 함수가 지역 최소값(local minima)에 들어갈 수 있다. 이 경우 최적화 과정에서 전체 영역에 해당하는 최소값(global minimum)을 찾지 못하게 된다. 이러한 단점을 개선하고자 확률적 경사 하강(stochastic gradient descent) 또는 모멘텀 경사 하강(momentum gradient descent)이 최적화 알고리즘으로 사용된다.

3.1.5 합성곱 신경망

영상 분석에 주로 사용되는 합성곱 신경망(convolutional neural network, CNN)은 딥러닝(deep learning)에서 가장 많이 사용되고 있는 알고리즘이다. CNN은 영상 인식에 필요한 패턴을 찾는 데 유용하다. CNN에서는 데이터를 이용하여 특징을 스스로 학습하고, 패턴을 사용하여 영상을 분류할 수 있기 때문에 특징 추출을 수동으로 할 필요가 없다.

CNN은 다른 신경망과 마찬가지로 입력층, 출력층 및 여러 개의 은닉층으로 구성된다. 각 층은 해당 데이터들이 지니고 있는 특징을 학습하고자 데이터를 변경하는 계산을 수행한다. 자주 사용되는 층으로서 합성곱(convolution), 활성화/ReLU, 풀링(pooling) 등이 있다. 이러한 작업이 수십 개 또는 수백 개의 층에서 반복되면서 특징을 추출하는 방법을 학습한다.

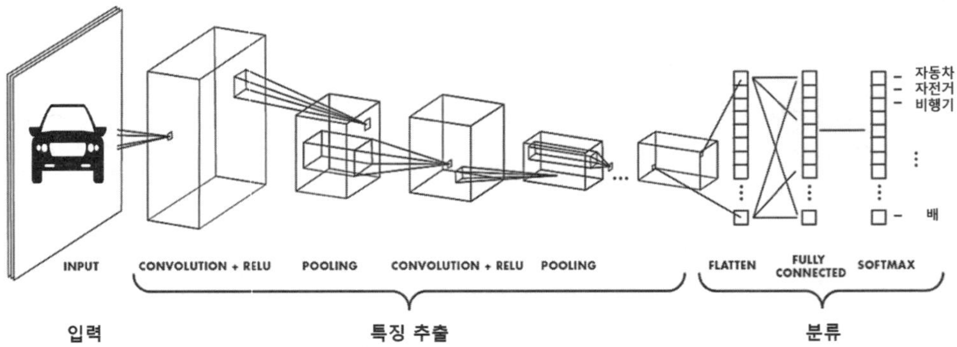

그림 3-9. 합성곱 신경망의 구조

입력 영상과 커널에 대한 합성곱의 연산 결과를 특성 맵(feature map)이라고 한다. 풀링 층에서는 특성 맵을 다운 샘플링(down sampling)하여 특성 맵의 크기를 줄이는 연산이 이루어진다. 예를 들면, 입력 영상이 3×3의 크기를 갖는 행렬로서 3개의 채널로 이루어지고, 각 채널마다 2×2 행렬의 필터가 사용될 때 합성곱 연산에 의한 특성 맵은 다음과 같이 표시된다(그림 3-10). 필터로 사용되는 활성화 함수로서 계단 함수, 시그모이드 함수, ReLU 함수 및 tanh 함수 등이 있다.

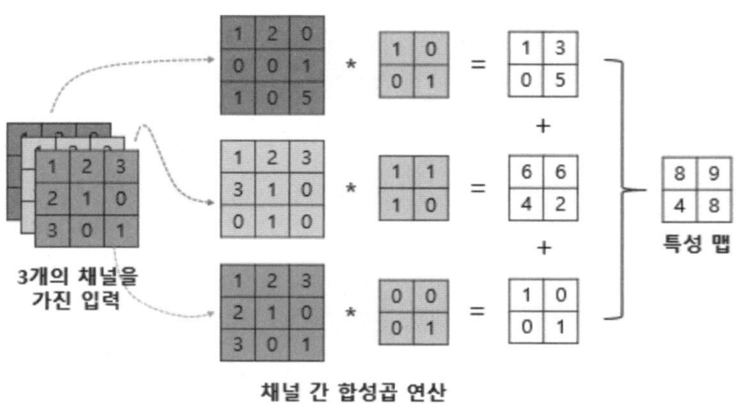

그림 3-10. 합성곱 연산을 이용한 특성 맵의 결정

입력 데이터에 필터를 적용할 때 이동할 간격을 조절하는 것, 즉 필터가 이동하는 간격을 스트라이드(stride)라 한다. 스트라이드는 출력 데이터의 크기를 조절한다.

패딩(padding)은 합성곱을 연산하기 전에 입력 영상의 가장자리에 지정된 개수의 폭만큼 행과 열을 추가한 후 특정 값을 채우는 것이다. 이로 인해서 필터 적용 후 출력 영상의 크기가 입력 영상의 그것과 유사하다. 패딩 처리를 위해서 일반적으로 0이 많이 사용된다.

CNN은 특정 모델에 한정되지 않는다. 오히려 합성곱 층과 풀링 층의 조합으로 만들어진 모델을 모두 CNN 모델이라고 할 수 있다. 즉, 블랙박스에 해당하는 각 층에서 최적의 결과 값이 나올 때까지 연산을 수행한다. 대표적인 CNN 모델로서 LeNet, AlexNet, VGG, GoogleNet, ResNet, GAN 등이 있다.

3.1.6 순환 신경망

순환 신경망(recurrent neural network, RNN)은 은닉층의 노드에서 활성화 함수를 통해 나온 결과를 출력층 방향으로 보낼 뿐만 아니라 은닉층 노드의 다음 계산을 위한 입력으로 보내기도 한다. 이러한 특징으로 인해서 RNN은 유닛간의 연결이 순환적 구조를 갖는다. 순환 뉴런으로 구성된 은닉 층은 그림 3-11과 같이 타임 스텝 마다 모든 뉴런은 입력 벡터 x_t와 이전 타임 스텝의 출력 벡터 y_{t-1}을 입력 받는다.

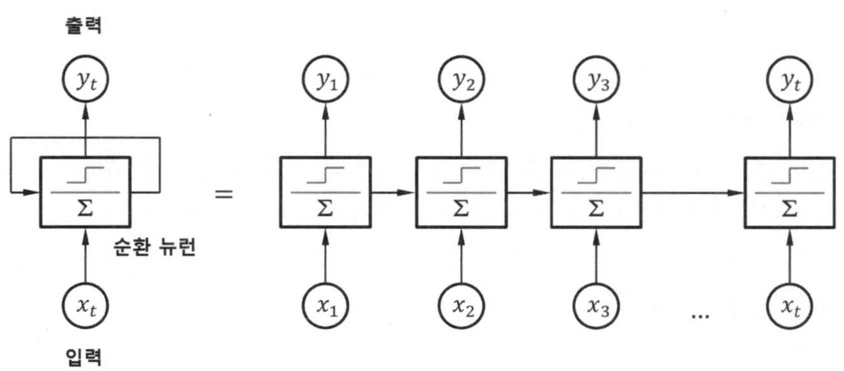

그림 3-11. 순환 신경망의 구조

입력과 출력을 시퀀스(sequence) 단위로 처리하는 모델로서 RNN은 시계열 데이터와 같이 시간의 흐름에 변화하는 데이터를 학습하는 데 사용된다. 자연어 처리에 적합한 RNN의 적용 사례로서 언어 모델링, 텍스트 생성, 기계 번역, 음성 인식, 영상 캡션 생성 등이 있다.

3.1.7 기계 학습 알고리즘

기계 학습은 데이터를 이용하여 컴퓨터를 학습시키는 과정이다. 학습의 결과로서 데이터의 예측 성능을 향상시키려면 데이터에 대한 특징이 추출되어야 한다. 기계학습의 알고리즘으로 지도학습, 비지도학습 및 강화학습이 있다.

지도학습(supervised learning)은 명시적인 정답, 즉 레이블(label)이 있는 데이터를 학습시키는 방법이다. 지도학습은 [데이터, 레이블]의 형태를 컴퓨터에게 제공하여 학습을 진행한다. 이때 사용된 데이터셋(dataset)은 학습을 위해 이용된 것이므로 훈련 데이터셋(training dataset)이라고 부른다. 학습을 마친 뒤 레이블이 없는 테스트 데이터셋(test dataset)을 이용하여 알고리즘의 정확도와 성능을 평가할 수 있다. 지도학습의 대표적인 사례로서 지도학습의 주요 알고리즘에 해당하는 선형 회귀(linear regression), 로지스틱 회귀(logistic regression), k-최근접 이웃(k-nearest neighbors), 서포트벡터머신(support vector machine), 결정트리(decision tree), 신경망(neural networks) 등은 회귀와 분류에 쓰인다.

비지도학습(unsupervised learning)은 지도학습과 다르게 데이터에 대한 레이블이 주어지지 않은 상태에서 컴퓨터가 학습하는 방법이다. 레이블이 있는 데이터를 학습시켜 결과를 예측하는 것 대신에 비슷한 특징을 갖는 데이터들을 묶어주기 때문에 비지도학습은 군집화(clustering), 시각화(visualization) 또는 차원 축소(dimensionality reduction)에 효과적이다. 비지도학습의 주요 알고리즘으로서 k-평균(k-means), 계층 군집 분석(hierarchical cluster analysis), 이상치 탐지(outlier detection), 주성분 분석(principal component analysis) 등이 있다,

강화학습(reinforcement learning)은 행동에 따른 보상(reward)을 학습시켜 최적의 행동이나 정책을 찾아가는 방법이다. 그러므로 강화학습에서는 일정한 환경 하에서 정의된 주체(agent)가 환경과의 상호작용을 통해 최대의 보상을 얻는 행동을 선택하도록 학습이 이루어진다. 강화학습의 예로서 로봇 주행, 게임 알고리즘 등이 있다.

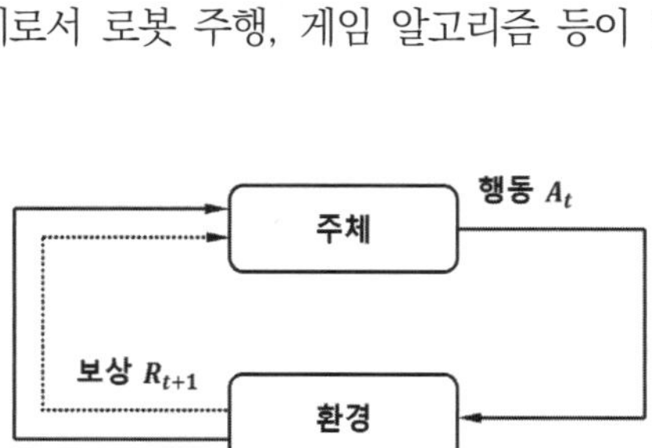

그림 3-12. 강화학습

3.1.8 기계학습을 위한 데이터 구분

신경망의 모델 개발과 테스트를 위해서 적당한 크기의 데이터가 확보되어야 한다. 이러한 데이터는 모델 개발을 위한 훈련 데이터(training data)와 모델의 성능 평가에 필요한 테스트 데이터(test data)로 구분된다. 한편, 데이터가 충분한 경우 훈련 데이터에 검증 데이터(validation data)가 포함될 수 있다.

한 번의 학습으로 완전한 모델을 만들 수 없으므로 다음과 같은 단계로서 훈련, 검증 및 테스트를 실시한다. 첫째, 전체 데이터를 훈련 데이터와 테스트 데이터로 구분한다. 둘째, 훈련 데이터의 일부를 검증용으로 설정한다. 셋째, 훈련 데이터로 모델을 만들고 나서 검증 데이터로 검증한다. 넷째, 테스트 데이터를 사용하여 개발된 모델의 성능을 평가한다.

이때 데이터를 준비하는 단계에서의 유의 사항은 다음과 같다. 첫째, 훈련 데이터가 테스트 데이터에 비해서 많아야 한다. 둘째, 훈련 데이터와 테스트 데이터가 동일한 비율의 클래스 분포를 지녀야 한다. 셋째, 훈련 데이터와 테스트 데이터가 중복되지 않아야 한다.

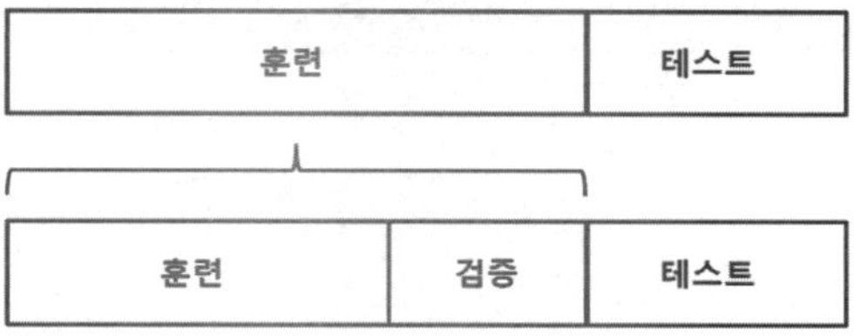

그림 3-13. 기계학습 데이터의 구분

훈련 데이터를 사용하여 만들어진 모델의 성능은 우수하나, 테스트 데이터를 적용하였을 때 성능이 떨어진다면 과대적합에 해당된다. 과대적합은 학습 데이터가 부족하거나, 데이터의 특성에 비해 모델이 너무 복잡한 경우에 생긴다. 이로 인해서 훈련 데이터에서는 오차가 감소하나, 테스트 데이터에서는 오차가 커진 경우이다. 과대적합을 방지하려면 학습 데이터를 충분하게 확보해야 한다.

배치(batch)는 훈련 데이터셋을 작은 그룹으로 나눈 것이다. 이 때 작은 그룹에 속하는 데이터의 수를 배치 크기(batch size)라 한다. 데이터를 작은 그룹으로 나누어 훈련시키면 학습에 소요되는 시간이 줄어든다.

반복(iteration)은 1에폭을 수행하는 데 필요한 배치의 수이다. 각 배치마다 파라미터의 업데이트가 한 번씩 진행되므로 반복은 파라미터의 업데이트 횟수 또는 작은 그룹으로 나누어진 배치의 수이다. 예를 들어, 800개의 데이터를 100개씩 8개의 작은 그룹으로 나눌 때, 1에폭을 위해서 8회의 반복이 필요한바 결과적으로 8번의 파라미터 업데이트가 이루어진다.

한편 학습 데이터가 적을 경우에는 k겹 교차검증(k-fold cross validation)이 쓰인다. k겹 교차검증은 학습에 필요한 훈련용 데이터를 k개로 분할하고, k개의 모델을 만들어 학습하는 방법이다. 예를 들면, k=5인 경우 반복 1의 학습에서는 fold 1~4가 훈련용 데이터, fold 5가 검증용 데이터로 사용되어 모델이 개발된다. 반복 2에서는 fold 4에 해당하는 데이터가 검증용으로 쓰이고, 나머지 데이터가 훈련용으로 쓰인다. 이와 같은 방법으로 5반복의 학습을 마치면 5개의 모델이 만들어진다. 여기에서 각 모델의 성능에 대한 평균값이 전체 모델의 성능에 해당한다.

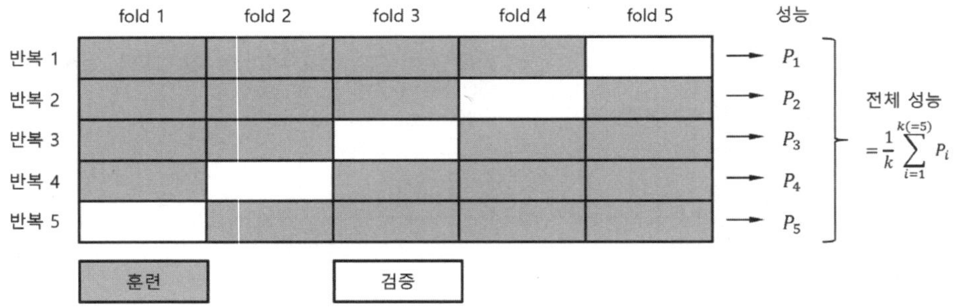

그림 3-14. k겹 교차검증

3.1.9 분류기의 성능 평가

정확도(accuracy)는 전체 데이터 개수에 대해서 옳게 분류된 데이터 개수의 백분율로 정의된다. 테스트 데이터에 대한 정확도가 분류기(classifier)의 정확도로 사용된다. 분류기의 정확도를 높이려면 많은 학습 데이터가 필요하다. 또한 학습 데이터와 테스트 데이터가 겹치지 않도록 유의해야 한다.

혼동행렬(confusion matrix)은 옳은 분류와 틀린 분류의 개수를 기록한 행렬로서, 신경망 모델의 성능 평가에 사용된다. 실제 값의 긍정(Positive)과 부정(Negative), 예측 값의 긍정과 부정에 따라 4가지 조합이 만들어진다. 실제 값의 긍정을 예측 값의 긍정으로 예측하면 참 긍정(True Positive, TP), 긍정을 부정으로 잘못 예측하면 거짓 부정(False Negative, FN), 실제 값의 부정을 예측 값의 긍정으로 잘못 예측하면 거짓 긍정(False Positive), FP, 부정을 부정으로 예측하면 참 부정(True Negative, TN)에 해당된다.

		실제값	
		Positive	Negative
예측값	Positive	True Positive (TP)	False Positive (FP)
	Negative	False Negative (FN)	True Negative (TN)

그림 3-15. 혼동행렬

혼동행렬로부터 모델의 성능을 평가할 수 있는 지표는 다음과 같다. 재현율은 민감도로도 불린다. 정밀도와 재현율은 서로 상반관계에 있다. 즉, 정밀도가 높으면 재현율이 떨어지나, 재현율이 높아지면 정밀도가 떨어지는 경향이 있다.

$$\text{정확도(accuracy)} = \frac{TP + TN}{TP + TN + FP + FN} \tag{3.11}$$

$$\text{정밀도(precision)} = \frac{TP}{TP + FP} \tag{3.12}$$

$$\text{재현율(recall)} = \frac{TP}{TP + FN} \tag{3.13}$$

$$\text{특이도(specificity)} = \frac{TN}{TN + FP} \tag{3.14}$$

예를 들면, 암 환자와 일반 환자를 분류한 결과가 아래와 같이 주어졌을 때 이에 대한 분류기의 성능 지표는 다음과 같다.

$$\text{정확도} = \frac{TP + TN}{TP + TN + FP + FN} = \frac{11 + 59}{11 + 59 + 28 + 2} = 0.7$$

$$\text{정밀도} = \frac{TP}{TP + FP} = \frac{11}{11 + 28} = 0.282$$

$$\text{재현율} = \frac{TP}{TP + FN} = \frac{11}{11 + 2} = 0.846$$

$$\text{특이도} = \frac{TN}{TN + FP} = \frac{59}{59 + 28} = 0.678$$

		실제값	
		암 환자	일반 환자
예측값	암 환자	11 (TP)	28 (FP)
	일반 환자	2 (FN)	59 (TN)

그림 3-16. 혼동행렬 결과

3.2 파이썬 개요와 설치

3.2.1 파이썬 개요

파이썬(Python)은 1991년에 Guido van Rossum에 의해서 발표된 고급 프로그래밍 언어이다. 다양한 플랫폼에서 쓸 수 있는 파이썬은 라이브러리가 풍부한 장점을 지니고 있기 때문에 코딩 분야에서의 활용이 빠르게 늘어나고 있다.

라이브러리(library)는 프로그램 작성에 필요한 변수, 함수 또는 클래스 등을 미리 만들어서 모아 놓은 집합이다. 라이브러리를 이용하면 코딩할 필요 없이 많은 동작을 수행할 수 있다.

프로그래밍 언어는 컴퓨터에게 정의된 명령을 부여하기 위한 문법 규칙의 집합이다. 파이썬 코드는 파이썬 언어의 규칙을 따르는 텍스트이다. 파이썬 코드를 담은 텍스트 파일을 파이썬 스크립트(script)라 일컫는다. 한편 새로운 코드 작성에 편리하게 사용할 수 있도록 사전에 만들어진 스크립트를 패키지(package)라고 한다.

3.2.2 클라우드 방식과 스탠드얼론 방식

인공지능 코딩을 습득하기 위한 프로그래밍 환경은 클라우드(cloud) 방식과 스탠드얼론(stand alone) 방식으로 구분된다.

클라우드 방식은 프로그램이 멀리 떨어져 있는 서버에서 실행된다. 사용자가 로그인으로 서버에 접속하면 거의 모든 프로그래밍 환경이 구축되어 있으므로 바로 프로그래밍을 시작할 수 있다. 프로그래밍을 마치고 저장하면 파일은 클라우드 서버의 저장 장치에 저장된다. 웹 기반으로 작동하기 때문에 인터넷만 연결되어 있으면 어느 곳에서든지 접근해 작업할 수 있다. 구글의 코랩(Colab), 아마존의 세이지메이커(SageMaker), 마이크로스프트의 애저(Azure) 등은 대표적인 클라우드 컴퓨팅 플랫폼이다.

스탠드얼론 방식에서는 개인 컴퓨터에 설치된 소프트웨어와 라이브러리에 의해서 프로그래밍이 이루어진다. 이 경우 프로그래밍 환경을 스스로 구축해야 한다. 프로그래밍을 마치면 파일이 컴퓨터 하드디스크에 저장된다.

3.2.3 파이썬 설치

스탠드얼론 방식으로 윈도우에서 파이썬을 사용하기 위한 두 가지 방법이 있다. 첫째, 파이썬의 공식 사이트(https://www.python.org/)에서 운영체제에 적합한 파이썬을 직접 다운로드 받아 설치한다. 둘째, 아나콘다(Anaconda)를 설치함으로써 파이썬의 이용이 가능하다.

파이썬의 주요 라이브러리로서 넘파이, 사이파이, 텐서플로, 맷플롯립, 사이킷런, 판다스, 파이토치, 케라스, 티아노 등이 있다. 이러한 라이브러리의 주요 기능은 다음과 같다.

- 넘파이(NumPy): 벡터, 행렬 및 다차원 배열의 연산을 지원하는 라이브러리
- 사이파이(SciPy): NumPy를 이용한 수치해석 지원 라이브러리
- 사이킷런(Scikit-learn 또는 sklearn): 분류, 회귀 및 군집화 등의 기계학습 지원 라이브러리
- 텐서플로(Tensorflow): 합성곱 신경망, 순환 신경망 등 딥러닝을 지원하는 라이브러리
- 맷플롯립(Matplotlib): 데이터 및 신경망 학습 과정의 시각화 라이브러리
- 판다스(Pandas): 데이터 처리와 분석을 위한 라이브러리
- 파이토치(PyTorch): 파이썬을 위한 오픈소스 기계학습 지원 라이브러리
- 케라스(Keras): 고수준의 구성 요소를 제공하는 신경망 라이브러리
- 티아노(Theano): 수치 계산에 유용한 딥러닝 라이브러리

아나콘다는 기계학습이나 데이터 분석에 유용한 여러 가지 패키지가 포함되어있는 파이썬 배포판이다. 아나콘다를 설치하면 파이썬 컴파일러 및 주요 라이브러리를 포함하여 스파이더, 주피터 노트북, 넘파이, 사이파이, 텐서플로, R스튜디오 등의 패키지가 한꺼번에 설치된다(그림 3-17).

스파이더(Spyder)는 파이썬 언어의 프로그래밍을 위한 오픈 소스 크로스 플랫폼(open source cross-platform) 형태의 통합 개발 환경(integrated development environment)으로서, 넘파이, 사이파이, 맷플롯립, 판다스 등을 포함한 여러 패키지들과 연동된다. 주피터 노트북은 웹 브라우저에서 파이썬 코드를 작성하고 실행시킬 수 있는 패키지이다. 파이썬에서 저장된 텍스트 소스 파일은 .py의 확장자를 갖는다.

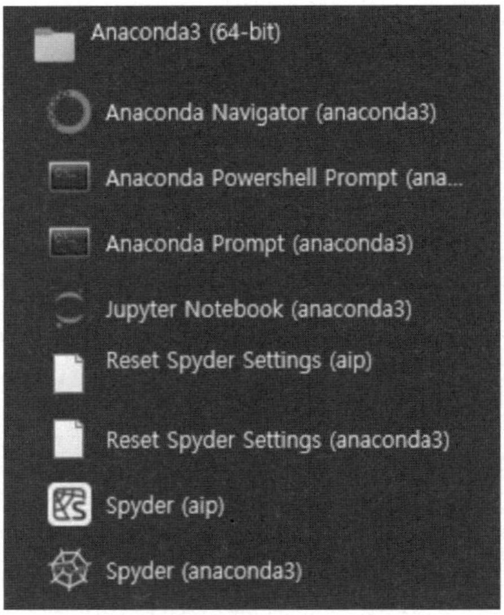

그림 3-17. 윈도우에 설치된 아나콘다

파이썬과 아나콘다의 차이는 패키지의 관리 방법이다. 파이썬은 패키지 관리자로서 pip(package installer for python)를 사용하며, 아나콘다는 conda를 사용한다. 패키지를 설치할 때 현재 환경과 충돌할 경우 conda 프롬프트를 이용하면 쉽게 해결할 수 있으므로 아나콘다를 설치해서 파이썬을 이용하는 경우가 많다. 파이썬의 설치 버전은 명령 프롬프트에서 python -V를 입력하고 엔터키를 치면 확인할 수 있다.

3.3 파이썬을 이용한 학습과 분류

3.3.1 스파이더를 이용한 파이썬 코딩

윈도우 시작 버튼을 누르고 Anaconda3 폴더 아래의 Spyder를 클릭하면 스파이더가 시작된다. 스파이더는 Script 창, Help/Variable explorer/Plots/Files 창, IPython console/History 창으로 이루어진다(그림 3-18).

Script 창에서는 실행할 코드의 작성, 편집, 저장, 실행 및 불러오기가 가능하다. Help/Variable explorer/Plots/Files 창에는 도움말 지원, 코딩에 사용된 변수 확인, 그래프 등이 표시된다. IPython console/History 창은 Script 창에서 작성된 코딩의 실행 결과, 오류 또는 관련 메시지 등을 표시한다. 또한 대화형 명령으로 프로그램을 만들 수도 있다.

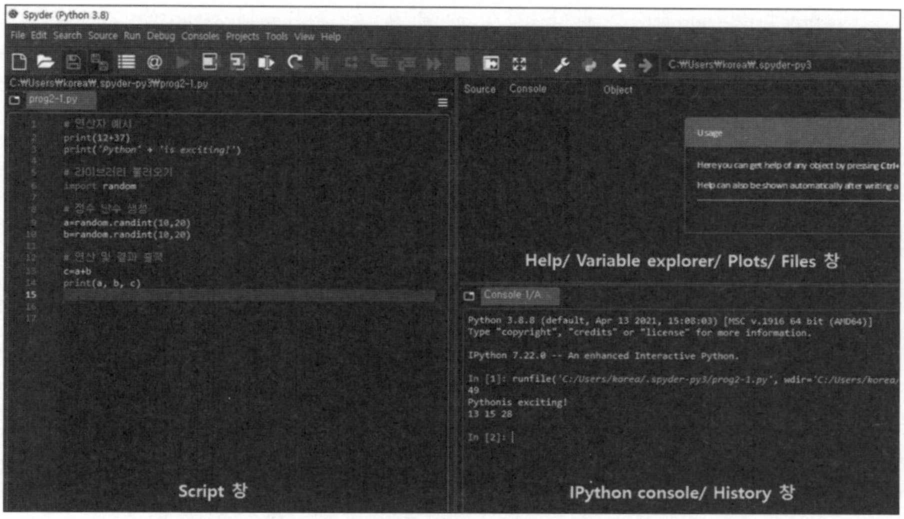

그림 3-18. 스파이더 작업 창

코딩을 편집하면서 스크립트 전체를 실행하거나 일부 영역을 선택한 후 그 부분만 실행할 수 있다. 스파이더에서는 4개의 형태로 코딩의 실행이 가능하다.

첫째, 저장한 코딩 전체를 처음부터 끝까지 실행하려면 메뉴에서 Run을 클릭하거나, F5 키를 누른다. 둘째, 커서가 위치한 셀(cell) 전체를 실행하려면 Run current cell을 클릭하거나, Ctrl+Enter 키를 누른다. 셋째, 커서가 위치한 셀 전체를 실행 후 다음 셀로 커서를 이동하려면 Run current cell and go to the next one을 클릭하거나, Shift+Enter 키를 누른다. 넷째, 커서가 위치한 행 또는 선택한 행 전체를 실행하려면 Run selection or current line을 클릭하거나, F9 키를 누른다.

3.3.2 텐서플로와 케라스를 이용한 신경망 학습

회귀 분석을 위한 간단한 신경망의 구성, 데이터의 훈련 및 예측에 텐서플로와 케라스를 사용하였다. 텐서플로는 구글이 개발한 오픈소스 라이브러리로서, 신경망 학습에 효과적인 프레임워크이다. 때문에 영상 인식, 반복적인 신경망의 구성, 기계 번역, 필기 숫자 판별 등 머신러닝과 딥러닝에 많이 사용되고 있다. 이밖에도 파이토치, 케라스 등의 프레임워크가 신경망 학습에 쓰이고 있다.

텐서플로는 pip 또는 conda 명령어를 다음과 같이 사용하여 설치할 수 있다.

〉 pip install tensorflow

〉 conda install tensorflow

Anaconda 프롬프트를 사용한다면 conda 명령어를 사용한 텐서플로의 설치가 바람직하다. 스파이더에서 다음과 같이 입력한 후 실행시키면 설치된 텐서플로의 버전이 표시된다.

```
import tensorflow as tf
print(tf.__version__)
```

본고에서는 텐서플로 버전 2.3.0을 사용하였다.

케라스(keras)는 딥러닝 모델을 간편하게 만들고 훈련시킬 수 있는 파이썬을 위한 프레임워크로서 사용된다. 본래 티아노(theano)용으로 개발된 케라스가 텐서플로 2.0 이상의 버전에서는 tf.keras의 형태로서 텐서플로에 사용되었다. 그 결과 케라스가 텐서플로의 표준 고급 API(application programming interface)로 채택되어 코딩의 단순화가 가능해졌다. 텐서플로와 티아노를 모두 지원하는 케라스는 구글의 텐서플로, 마이크로소프트의 CNTK, 아마존의 MXNet 등과 같은 여러 가지 딥러닝 엔진에 통합될 수 있다.

케라스를 이용하여 신경망 모델을 만드는 방법으로 순차형(sequential)과 함수형(funtional) API가 있다. 순차형은 차례대로 레이어를 쌓아 올리는 방식으로 설계되는 모델이고, 함수형은 다양한 레이어 구조를 가진 모델을 지원한다.

순차형 모델의 기본 형식은 다음과 같다.

```
import tensorflow as tf
from tensorflow import keras
model = keras.Sequential()
model.add(layers.Dense(units=1, input_dim=1, activation='linear'))
```

Sequential()로 model을 선언하고 model.add()를 추가하면 새로운 레이어가 만들어진다. 코드에 model.add()가 1개이면, 단일 레이어의 모델이 구성된다. 한편, model.add( )로 시작되는 줄이 여러 개 있으면 여러 개의 레이어를 지닌 모델이 만들어진다. 맨 마지막 레이어는 결과를 출력하는 '출력층'이며, 나머지는 모두 '은닉층'에 해당한다. 은닉층을 삽입하려면 add(layers.Dense())를 모델에 추가한다. 이 때 필요한 수만큼 add()를 독립적으로 추가하거나, 또는 Sequtial() 내부에 레이어를 추가할 수 있다. 레이어가 늘어날수록 성능은 향상되나, 학습에 더 많은 시간이 소요되므로 성능 개선과 효율 사이의 타협이 필요하다.

케라스의 Dense 클래스는 뉴런의 입력과 출력을 연결한다. 예를 들면, 입력 뉴런이 3개, 출력 뉴런이 2개라면 총 연결선은 3 x 2 = 6개이다. 각 연결선은 가중치를 포함하고 있는데 뉴런의 시냅스처럼 입력 값에 대한 연결 강도를 지닌다.

Dense 클래스의 주요 인자들은 아래와 같다.

- units: 출력 뉴런의 수를 설정한다.
- input_dim: 입력 뉴런의 수를 설정한다.
- activation: 활성화 함수를 설정한다.
  - linear: 디폴트 값으로서 입력값과 가중치로 계산된 결과가 출력된다.
  - relu: rectified linear unit 함수로서 은닉층에 쓰인다.
  - sigmoid: 시그모이드 함수로서 이진 분류의 출력층에 쓰인다.
  - softmax: 소프트맥스 함수로서 다중클래스 분류의 출력층에 쓰인다.

순차형 모델을 정의한 후 .compile()를 사용하여 학습에 필요한 내용을 설정한다. compile()의 기본적인 형태와 설정에 필요한 3개의 인자는 다음과 같다.

```
model.compile(loss='mse', optimizer='sgd', metrics=['accuracy'])
```

- loss: 손실 함수를 설정해주는 부분으로서, 'categorical_crossentropy', 'mse' 등의 문자열을 사용한다.
- optimizer: 최적화 함수를 설정하는 부분으로서, 'sgd', 'adam', 'adagrad', 'rmsprop' 등의 문자열을 사용한다.
- metrics: 모델의 성능을 판정하는 지표이다. 분류에는 'accuracy', 회귀에서는 'mse', 'rmse' 등이 사용된다.

compile() 단계에서 지정한 방식으로 학습을 진행하는데 필요한 .ft()의 기본적인 형태는 다음과 같다. 학습을 목적으로 .fit()에 학습할 데이터를 넣어주고, 에폭과 배치 크기를 설정한다.

```
model.fit(x, y, epochs=100, batch_size=10, verbose=1, validation_split=0.2)
```

- x: 입력 데이터
- y: 학습 데이터의 레이블
- epochs: 학습 데이터의 반복 횟수
- batch_size: 한 번의 학습에 필요한 데이터의 수
- verbose: 학습의 진행 상황을 설정한다. 0으로 지정되면 학습 진행 과정이 표시되지 않는다. 디폴트 값인 1로 지정되면 epoch별로 학습 진행 과정과 손실 함수가 표시된다. 2로 지정되면 loss, metrics 값이 표시된다.
- validation_split: 전체 데이터셋 가운데 테스트 데이터셋이 차지하는 비율

테스트 데이터셋으로 모델에 대한 평가, 즉 정확도와 손실 함수를 결정하고자 .evaluate()를 사용한다.

model.evaluate(x_test, y_test, batch_size=10, verbose=1)

- x_test: 테스트 데이터
- y_test: 테스트 데이터의 레이블

학습이 완료된 모델에 검증용 데이터를 입력하여 예측 값을 얻고자 .predict()를 사용한다.

model.predict(x)

- x: 예측하려는 데이터

3.3.3 텐서플로와 케라스를 이용한 회귀 분석

회귀 분석은 지도학습의 주요 알고리즘에 해당한다. 본고에서는 텐서플로 및 케라스를 이용하여 회귀 분석 관련 학습 및 예측을 설명한다. 상추의 생체중과 건물중 데이터를 사용하였기에 선형 회귀 학습에 필요한 퍼셉트론은 입력과 출력 요소를 각각 1개씩 갖는다. 신경망 모델의 구성, 데이터의 입력, 모델 컴파일 및 훈련, 선형 회귀 시각화 관련 코딩은 그림 3-19와 같다.

```
import tensorflow as tf
import numpy as np
import matplotlib.pyplot as plt
from tensorflow import keras
# 신경망 모델 구성
model = keras.Sequential()
model.add(layers.Dense(units=1, input_dim=1, activation='linear'))
# 훈련 데이터 입력
X = np.array([2.41, 2.67, 3.24, 3.54, 3.83, 4.26, 4.82, 5.26], dtype=float)
Y = np.array([0.12, 0.15, 0.18, 0.19, 0.22, 0.23, 0.26, 0.28], dtype=float)
# 모델 요약
model.summary()
# 모델 컴파일
model.compile(loss='mse', optimizer='sgd')
# 모델 훈련
model.fit(X, Y, epochs=100)
# 선형회귀 시각화
plt.plot(X, model.predict(X), 'k', X, Y, 'r.')
plt.xlim(2.5,5.5)
plt.ylim(0.1, 0.35)
plt.xlabel("fresh weight (g/plant)")
plt.ylabel("dry weight (g/plant)")
# 모델 예측
pred = model.predict([5.5])
print(pred)
```

그림 3-19. 선형 회귀 분석 관련 코딩

코딩을 실행시키면 Sequential 모델의 Dense 층에서 각각 1로 설정된 입력과 출력 요소를 model.summary()로서 확인할 수 있다. 컴파일 단계의 손실 함수와 최적화 함수로서 각각 'mse', 'sgd'를 사용하고, 에폭을 100으로 설정한 경우의 학습 결과가 표시된다. 이때 학습의 progress bar, 연산속도 및 손실 함수의 값이 표시되며(그림 3-20), 학습이 완료된 선형 회귀 분석의 시각화 결과는 Plots 창에 표시된다(그림 3-21). 회귀 분석 결과, 상추의 생체중이 5.5g일 경우 건물중은 0.2893g으로 예측되었다.

```
...
1/1 [==============================] - 0s 0s/step - loss: 7.2442e-05
Epoch 96/100
1/1 [==============================] - 0s 0s/step - loss: 7.2378e-05
Epoch 97/100
1/1 [==============================] - 0s 997us/step - loss: 7.2314e-05
Epoch 98/100
1/1 [==============================] - 0s 0s/step - loss: 7.2250e-05
Epoch 99/100
1/1 [==============================] - 0s 0s/step - loss: 7.2186e-05
Epoch 100/100
1/1 [==============================] - 0s 997us/step - loss: 7.2122e-05
[[0.28934672]]
```

그림 3-20. 선형 회귀 분석의 학습과 예측 결과

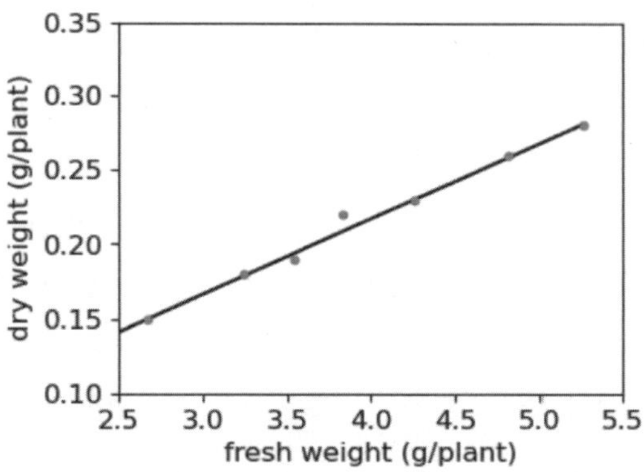

그림 3-21. 선형 회귀 분석 결과

3.3.4 텐서플로와 케라스를 이용한 필기체 숫자 인식

필기체 숫자 인식을 위한 신경망의 학습을 MNIST(Modified National Institute of Standards and Technology) 데이터베이스를 예로 들어 설명한다. MNIST 데이터베이스는 필기체로 작성된 회색조의 숫자 영상과 레이블을 포함한 60,000개의 훈련 데이터와

10,000개의 테스트 데이터로 이루어진다. MNIST 데이터베이스에서 각 숫자 영상은 28×28 크기의 화소로 구성되므로 이를 펼치면 28×28 = 784개의 벡터가 만들어진다. 때문에 훈련 데이터는 [60000, 784]의 형태를 지닌 텐서(tensor)가 된다. 텐서에서 첫 번째 차원은 영상에 해당하며, 두 번째 차원은 각 영상의 화소를 표시한다.

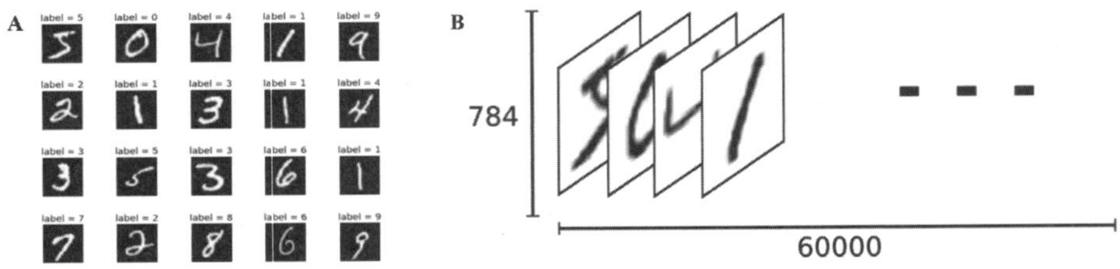

그림 3-22. MNIST 데이터셋 (A) 데이터베이스, (B) 훈련 데이터

신경망의 학습 관련 코딩은 텐서플로가 제공하는 케라스 모듈의 MNIST 데이터셋 불러오기로부터 시작된다(그림 3-23). 60,000개의 훈련 영상이 x_train에 담겨 있으며, 각각의 영상에 대한 0~9의 레이블은 y_train에 들어있다. x_test와 y_test는 각각 10,000개의 테스트 영상과 레이블에 해당한다.

다음으로 학습 데이터가 0~1 범위의 정규화를 이루도록 전처리 작업을 수행한다. 데이터의 시각화 과정에서 MNIST 데이터셋에 들어있는 영상의 일부가 5×3의 형태로 표시된다.

필기체 숫자 인식을 위한 신경망 모델은 전부 3개의 레이어로 구성된다. 첫 번째 레이어는 크기가 28×28인 입력 영상을 1차원 텐서로 만들고, 두 번째 레이어는 첫 번째 레이어에서 제공된 영상을 ReLU 함수에 입력하여 128개를 출력한다. 세 번째 레이어는 128개의 영상을 이용하여 10개의 값을 출력한다. 이 때 소프트맥스(softmax)가 활성화 함수로서 사용된다. 마지막 레이어의 결과는 소프트맥스를 이용하여 다중 분류를 위한 확률 값으로 표시된다. 10개의 값을 출력하는 이유는 입력 영상으로부터 0~9에 해당하는 숫자의 확률을 얻기 위함이다. 이렇게 정의된 모델은 훈련에 선행하여 컴파일 과정을 거친다.

모델의 컴파일 단계에서 가중치의 최적화를 위한 경사 하강법으로 Adam을 적용하고, 손실 함수로서 'sparse_categorical_crossentropy'를 사용한다. 또한 모델 평가를 위한 평가 지표로서 'accuracy'를 설정하였다. 모델 훈련에서 validation_split는 훈련에 사용된 데이터 중에서 검정용 데이터가 차지하는 비율을 의미한다. validation_split 값이 0.25이므로 60,000×0.25 = 15,000개의 데이터가 검정에 쓰인다. 이 때 데이터의 학습 반복으로서 10회를 설정했다. 학습이 완료되면 데이터의 학습 반복에 따른 정확도와 손실의 시각화가 표시된다(그림 3-24).

```
import tensorflow as tf
import matplotlib.pyplot as plt
from tensorflow import keras
from tensorflow.keras import layers
# MNIST 데이터셋 불러오기
mnist = keras.datasets.mnist
(x_train, y_train), (x_test, y_test) = mnist.load_data()
# 데이터 전처리
x_train, x_test = x_train/255.0, x_test/255.0
# 데이터 시각화
plt.figure(figsize=(10, 10))
c = 0
for x in range(5):
    for y in range(3):
        plt.subplot(5,3,c+1)
        plt.imshow(x_train[c], cmap='gray')
        c+=1
plt.show()
print(y_train[:15])
# 모델 구성
model = keras.Sequential([
  layers.Flatten(input_shape=(28, 28), name='flatten'),
  layers.Dense(units=128, name='dense_layer_2', activation='relu'),
  layers.Dense(units=10, name='dense_layer_3', activation='softmax')])
# 모델 요약
model.summary()
# 모델 컴파일
model.compile(optimizer='adam',
              loss='sparse_categorical_crossentropy',
              metrics=['accuracy'])
# 모델 훈련
hist = model.fit(x_train, y_train, validation_split=0.25, epochs=10, verbose=1)
print(hist.history)
# Accuracy 시각화
plt.plot(hist.history['accuracy'], linestyle='solid')
plt.plot(hist.history['val_accuracy'], linestyle='dashed')
plt.title('Model accuracy')
plt.xlabel('Epoch')
plt.ylabel('Accuracy')
plt.legend(['Train', 'Test'], loc='upper left')
plt.show()
# Loss 시각화
plt.plot(hist.history['loss'], linestyle='solid')
plt.plot(hist.history['val_loss'], linestyle='dashed')
plt.title('Model loss')
plt.xlabel('Epoch')
plt.ylabel('Loss')
plt.legend(['Train', 'Test'], loc='upper left')
plt.show()
```

그림 3-23. 필기체 숫자 인식을 위한 학습과 시각화 관련 코딩

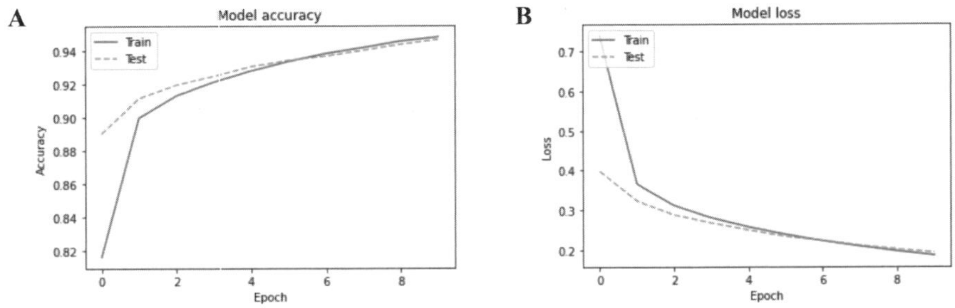

그림 3-24. 신경망 모델의 학습 결과 (A) 정확도, (B) 손실

3.3.5 사이킷런을 이용한 기계 학습과 분류

사이킷런은 분류, 회귀, 군집화, 차원 축소 등에 대한 다양한 알고리즘을 지원한다. 사이킷런 파이썬 프레임워크로서 붓꽃(iris) 데이터셋을 사용한 기계 학습 및 임의의 데이터에 대한 분류 관련 코딩은 다음과 같다.

```
from sklearn.datasets import load_iris
from sklearn.model_selection import train_test_split
# iris 데이터셋 불러오기
iris = load_iris()
iris.keys()
iris.target_names
iris.feature_names
print(iris.DESCR)
# 훈련 및 테스트 데이터 구분
X_train, X_test, y_train, y_test = train_test_split(iris['data'], iris['target'], random_state=0)
import pandas as pd
import mglearn
# 데이터 시각화 및 산점도 작성
iris_dataframe = pd.DataFrame(X_train, columns=iris.feature_names)
from pandas.plotting import scatter_matrix
scatter_matrix(iris_dataframe, c=y_train, figsize=(15, 15), marker='o', hist_kwds={'bins':20}, s=60,
alpha=.8, cmap=mglearn.cm3)
# k-최근접 이웃 분류 알고리즘 적용
from sklearn.neighbors import KNeighborsClassifier
knn = KNeighborsClassifier(n_neighbors=1)
# 모델 훈련
knn.fit(X_train,y_train)
KNeighborsClassifier(algorithm='auto', leaf_size=30, metric='minkowski', metric_params=None,
n_jobs=1, n_neighbors=1, p=2, weights='uniform')
import numpy as np
# new data 입력 및 품종 예측
X_new = np.array([[6.4, 2.5, 4.8, 1.3]])
prediction = knn.predict(X_new)
print("예측한 품종명: {}".format(iris['target_names'][prediction]))
# 모델 평가
y_pred = knn.predict(X_test)
print("정확도 : {:.3f}".format(knn.score(X_test, y_test)))
```

그림 3-25. 붓꽃(iris) 데이터셋을 사용한 학습과 분류 관련 코딩

사이킷런에 내장된 iris 데이터셋의 키(key)는 data, target, target_name, feature_names, DESCR로 구성되어 있다. 여기에서 키는 데이터를 찾거나 정렬할 때 필요한 속성(attribute)에 해당한다(그림 3-26).

- data: feature에 해당하는 데이터셋
- target: 분류에 필요한 레이블
- target_names: 개별 레이블의 이름
- feature_names: feature의 이름
- DESCR: 데이터셋과 각 feature에 대한 설명

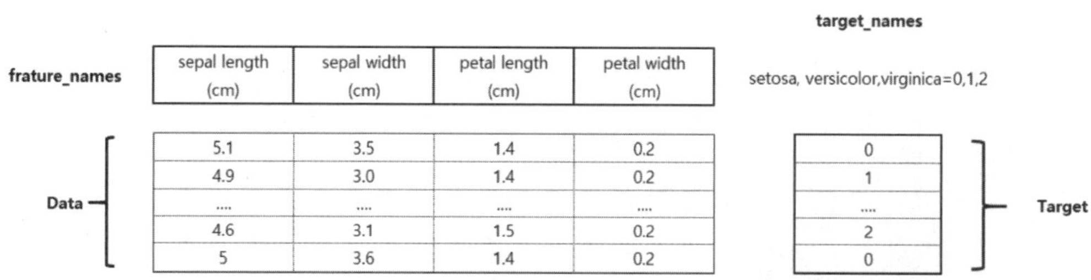

그림 3-26. 내장된 iris 데이터셋의 속성

사이킷런의 train_test_split 함수는 150개의 데이터로 구성된 iris 데이터셋에서 훈련과 테스트 데이터를 각각 75%, 25%의 비율로 구분한다. 한편, 사이킷런에서 2차원 배열을 나타내는 데이터는 대문자 X로 표시되고, 레이블은 1차원 벡터를 의미하는 y로 표시된다.

기계 학습 모델을 만들기 전에 비정상적이거나 특이한 값들을 찾기 위한 데이터 탐색이 바람직하다. 이를 위해서 데이터의 시각화가 필요한데, 산점도(scatter plot)가 이에 해당한다. 산점도는 직교 좌표계를 이용하여 데이터의 한 특성을 x축에 표시하고, 다른 특성을 y축에 표시하여 두 개 특성 사이의 관계를 나타내는 도표이다. 파이썬에서는 numpy 배열을 pandas의 데이터프레임으로 변경해야 한다. 한편 pandas는 산점도 행렬을 그려주는 scatter_matrix함수를 제공한다. 붓꽃 데이터(꽃잎의 길이와 폭, 꽃받침의 길이와 폭)의 특성에 따른 관계는 그림 3-27과 같다.

붓꽃의 형태적 특징에 따른 분류를 위해서 k-최근접 이웃(k-nearest neighbor, k-NN) 알고리즘이 적용되었다. k-NN은 데이터로부터 가까운 k개의 다른 데이터의 레이블을 참조하여 분류 또는 회귀에 적용되는 알고리즘이다(그림 3-28). k-NN에서 데이터 사이의 거리는 유클리디언 거리(Euclidean distance)로서 계산된다. 공간에서 두개의 점 A, B가 각각 A:(x_1, y_1, z_1), B:(x_2, y_2, z_2)의 좌표를 지닐 때 두 점 사이의 유클리드언 거리 d는 다음

과 같이 표시된다.

$$d = \sqrt{(x_2 - x_1)^2 + (y_2 - y_1)^2 + (z_2 - z_1)^2} \tag{3.15}$$

k-NN 알고리즘으로 학습된 모델에 꽃받침의 길이와 폭이 각각 6.4cm, 2.5cm, 꽃잎의 길이와 폭이 각각 4.8cm, 1.3cm인 새로운 붓꽃 데이터를 입력하면 이에 해당하는 품종은 'versicolor'로 분류된다. 이 때 학습된 분류 모델의 정확도는 0.974로 나타났다.

지도학습 알고리즘으로서 비교적 간단한 특징을 지니고 있는 k-NN은 영상 처리, 글자 또는 얼굴 인식 등에 많이 사용된다.

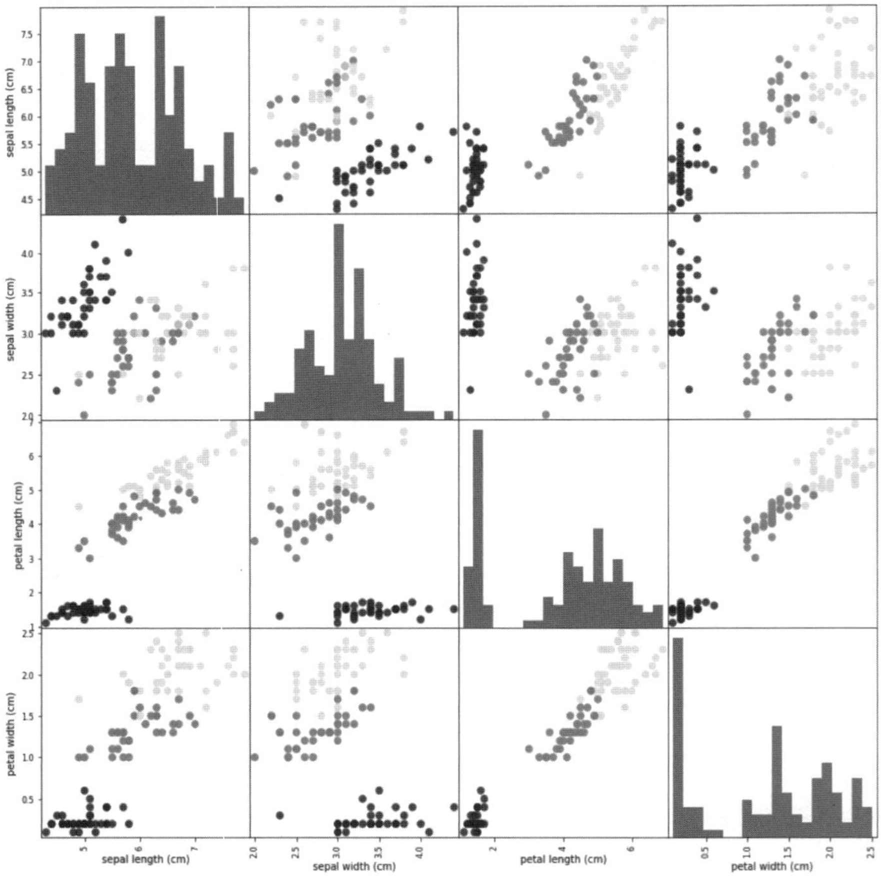

그림 3-27. 붓꽃 데이터의 특성에 따른 산점도

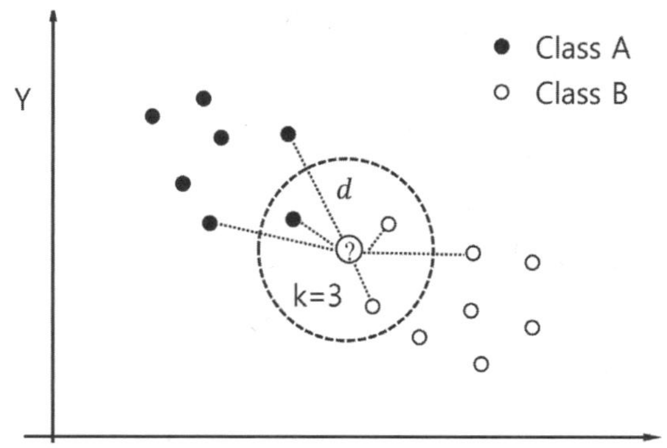

그림 3-28. k-최근접 이웃 알고리즘을 이용한 분류

3.3.6 텐서플로와 케라스를 이용한 합성곱 신경망의 학습

합성곱 신경망은 딥러닝에서 가장 많이 사용되고 있는 알고리즘이다. 때문에 영상 분류는 물론 텍스트, 비디오 및 음성 인식 등에 널리 쓰인다.

합성곱 신경망은 합성곱 층과 풀링 층이 반복되면서 입력된 영상의 특징을 추출하는 부분, 모든 노드가 연결된 층을 구성하고 마지막 출력 층에 소프트맥스를 적용한 분류 부분으로 나뉜다(그림 3-29). 이전 층의 모든 노드가 다음 층의 모든 노드에 연결된 것을 전결합 층(fully connected layer) 또는 덴스 층(dense layer)이라고 한다. 합성곱 연산은 특징 추출에 필요한 필터를 자동으로 생성한다.

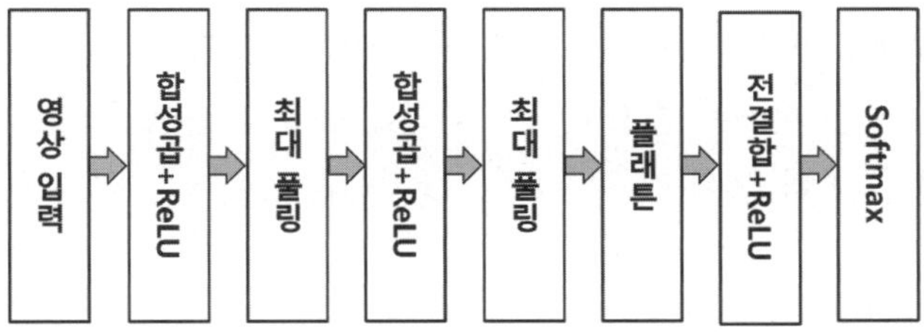

그림 3-29. 합성곱 신경망의 특징 추출과 분류 과정

합성곱 층은 특정한 필터(또는 커널)를 사용하여 입력 영상의 특징을 추출하고, 추출한 특징들을 특성 맵으로 생성하는 층이다. 2차원 영상을 다루는 합성곱 층을 생성하는 코드는 다음과 같다.

Conv2D(32, (3,3), padding = 'valid', input_shape = (32,32,3), activation = 'relu')

- 첫 번째 인자: 컨볼루션 필터의 수를 설정한다.
- 두 번째 인자: 컨볼루션 커널의 행 및 열의 수를 설정한다.
- padding: 경계 처리 방법을 정의한다.
  - valid: 유효한 영역만 출력되며, 입력 영상에 비해서 출력 영상의 크기가 작다.
  - same: 출력 영상과 입력 영상의 크기가 동일하다.
- input_shape : 샘플 수를 제외한 입력 형태를 정의한다. 첫 레이어에서만 정의하면 된다.
  - 입력 형태는 (행, 열, 채널수)를 표시한다. 채널수가 흑백 영상에서는 '1', RGB 영상에서는 '3'으로 설정된다.
- activation: 활성화 함수를 설정한다.
  - linear: 디폴트 값으로서 입력값과 가중치로 계산된 결과 값이 그대로 출력된다.
  - sigmoid: 시그모이드 함수로서 이진 분류를 위한 출력층에 쓰인다.
  - softmax: 소프트맥스 함수로서 다중 클래스 분류를 위한 출력층에 쓰인다.
  - relu: rectified linear unit 함수로서 은닉층에 주로 쓰인다.

풀링 층은 영상 처리에 필요한 가중치와 연산 축소에 사용된다. 풀링에는 최대 풀링, 평균 풀링이 있다. 최대 풀링 층을 생성하는 코드는 다음과 같다.

MaxPooling2D(pool_size=(2,2), strides=(2,2))

- pool_size: 영상이 수직 및 수평으로 축소되는 인자를 표시한다. (2,2)인 경우 출력 영상의 크기는 입력 영상의 그것에 비해서 절반으로 줄어든다.
- strides: 합성곱 연산에 사용되는 스트라이드를 나타낸다.

플래튼(flatten) 층은 추출된 주요 특징을 전결합 층에 전달하고자 영상의 특성맵을 1차원의 데이터로 변환시킨다.

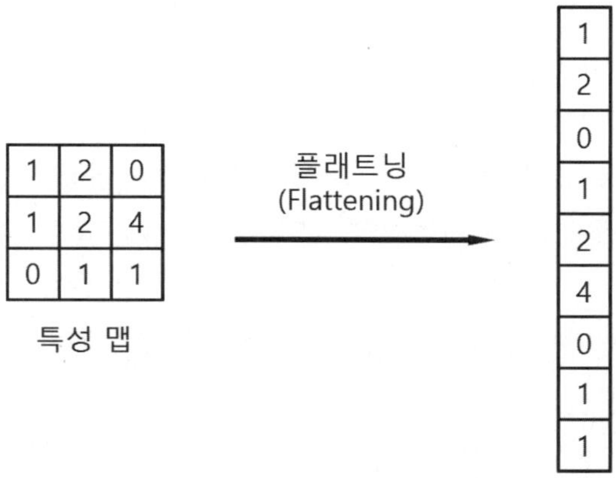

그림 3-30. 플래트닝에 의한 데이터 변환

입력 노드와 출력 노드가 모두 연결된 밀집 구조를 지니는 덴스 층은 다른 층과 결합하여 딥러닝 모델을 구성한다. 예를 들어, 영상 분류의 경우 플래튼 층에서 영상을 1차원 벡터로 변환한 후 덴스 층을 추가하여 출력 클래스에 대한 확률 값을 계산한다. 덴스 층은 입력 벡터와 가중치 행렬의 곱셈에 편향을 더하여, 활성화 함수를 거친 출력 값을 계산한다. 활성화 함수로서 ReLU, sigmoid, tanh 등이 사용된다. 케라스에서 덴스 층을 생성하는 코드는 다음과 같다.

Dense(units=8, input_dim = 4, kernel_initializer = 'uniform', activation = 'relu')

- 첫 번째 인자(units): 출력 뉴런의 수를 설정한다.
- input_dim: 입력 뉴런의 수를 설정한다.
- kernel_initializer : 가중치를 초기화하는 방법을 설정한다.
  - uniform: 균일 분포
  - normal: 가우시안 분포
- activation: 활성화 함수를 설정한다.

드롭아웃(drop-out) 층은 학습 단계에서의 과적합을 방지하고자 뉴런을 제거한다. 즉, 뉴런이 모두 연결된 구조에서 임의의 뉴런 제거에 필요한 확률을 설정한다. 드롭아웃을 생성하는 코드는 다음과 같다.

Dropout(rate=0.3)

- rate: 뉴런이 제거될 확률을 나타낸다. 만일 rate=0.3인 경우, 0.3 이하의 확률을 갖는 뉴런이 제거된다.

CIFAR10 데이터셋을 이용한 합성곱 신경망의 학습 및 모델 평가 관련 코딩은 그림 3-31과 같다. CIFAR10 데이터셋은 32x32 픽셀의 RGB 채널에 해당하는 10개의 클래스(airplane, automobile, bird 등) 분류 데이터 60,000개로 이루어진다(그림 3-32). 여기에는 훈련 데이터 50,000개, 테스트 데이터 10,000개가 포함된다. 데이터셋의 진위 여부를 확인하고자 훈련 데이터셋의 처음 25개 영상을 불러들인 후 각 영상의 아래에 클래스 이름을 표시하였다.

다음으로 Conv2D와 MaxPooling2D 층을 쌓는 형태로 이루어진 합성곱 층을 만든다. 합성곱 신경망에서 입력 영상은 (높이 픽셀, 폭 픽셀, 컬러 채널 수)의 텐서로 표시된다. 그러므로 코딩에서는 CIFAR 영상이 (32, 32, 3)의 형태로 입력되도록 합성곱 신경망을 구성한다. Conv2D 층에서 출력 채널의 수는 첫 번째 매개변수에 의해서 결정된다.

모델을 완성하기 위해서 합성곱 층에 덴스 층을 추가한다. 덴스 층의 입력은 1차원의 벡터로 이루어지는 데 현재까지의 출력은 3차원의 텐서이다. 이를 위해서 3차원의 텐서를 1차원의 벡터로 펼친다. 다음으로 덴스 층을 그 위에 추가한다. CIFAR10 데이터셋은 10개의 클래스가 있으므로 마지막에 덴스 층에 10개의 출력과 활성화 함수로서 소프트맥스를 사용한다. 덴스 층을 추가한 합성곱 신경망 모델의 요약 결과는 그림 3-33과 같다.

모델의 컴파일 단계에서 가중치의 최적화를 위한 경사 하강법으로 Adam을 적용하고, 손실 함수로서 'sparse_categorical_crossentropy'를 사용한다. 또한 모델 평가를 위한 평가 지표로서 'accuracy'를 설정하였다. 학습이 완료됨에 따라 데이터의 학습 반복에 따른 정확도가 표시된다(그림 3-34).

```
# 텐서플로 불러오기
import tensorflow as tf
from tensorflow.keras import datasets, layers, models
import matplotlib.pyplot as plt
# CIFAR10 데이터셋 불러오기
(train_images, train_labels), (test_images, test_labels) = datasets.cifar10.load_data()
# 데이터 정규화
train_images, test_images = train_images / 255.0, test_images / 255.0
class_names = ['airplane', 'automobile', 'bird', 'cat', 'deer', 'dog', 'frog', 'horse', 'ship', 'truck']
# 데이터 확인
plt.figure(figsize=(10,10))
for i in range(25):
    plt.subplot(5,5,i+1)
    plt.xticks([])
    plt.yticks([])
    plt.grid(False)
    plt.imshow(train_images[i])
    plt.xlabel(class_names[train_labels[i][0]])
plt.show()
# 합성곱 층 만들기
model = models.Sequential()
model.add(layers.Conv2D(32, (3, 3), activation='relu', input_shape=(32, 32, 3)))
model.add(layers.MaxPooling2D((2, 2)))
model.add(layers.Conv2D(64, (3, 3), activation='relu'))
model.add(layers.MaxPooling2D((2, 2)))
model.add(layers.Conv2D(64, (3, 3), activation='relu'))
# Dense 층 추가
model.add(layers.Flatten())
model.add(layers.Dense(64, activation='relu'))
model.add(layers.Dense(10, activation='softmax'))
model.summary()
# 모델 컴파일 및 훈련
model.compile(optimizer='adam',
            loss=tf.keras.losses.SparseCategoricalCrossentropy(from_logits=True), metrics=['accuracy'])
history = model.fit(train_images, train_labels, epochs=10, validation_data=(test_images, test_labels))
# 모델 평가
plt.plot(history.history['accuracy'], linestyle='solid', label='accuracy')
plt.plot(history.history['val_accuracy'], linestyle='dashed', label = 'val_accuracy')
plt.xlabel('Epoch')
plt.ylabel('Accuracy')
plt.ylim([0.5, 1])
plt.legend(loc='upper right')
test_loss, test_acc = model.evaluate(test_images,  test_labels, verbose=2)
print(test_acc)
```

그림 3-31. CIFAR10 데이터 셋을 이용한 합성곱 신경망 학습과 모델 평가 관련 코딩

그림 3-32. CIFAR10 데이터셋

```
Model: "sequential"
_________________________________________________________________
Layer (type)                 Output Shape              Param #
=================================================================
conv2d (Conv2D)              (None, 30, 30, 32)        896
_________________________________________________________________
max_pooling2d (MaxPooling2D) (None, 15, 15, 32)        0
_________________________________________________________________
conv2d_1 (Conv2D)            (None, 13, 13, 64)        18496
_________________________________________________________________
max_pooling2d_1 (MaxPooling2 (None, 6, 6, 64)          0
_________________________________________________________________
conv2d_2 (Conv2D)            (None, 4, 4, 64)          36928
_________________________________________________________________
flatten_15 (Flatten)         (None, 1024)              0
_________________________________________________________________
dense_18 (Dense)             (None, 64)                65600
_________________________________________________________________
dense_19 (Dense)             (None, 10)                650
=================================================================
Total params: 122,570
Trainable params: 122,570
Non-trainable params: 0
_________________________________________________________________
```

그림 3-33. 덴스 층을 추가한 합성곱 신경망 모델의 요약 결과

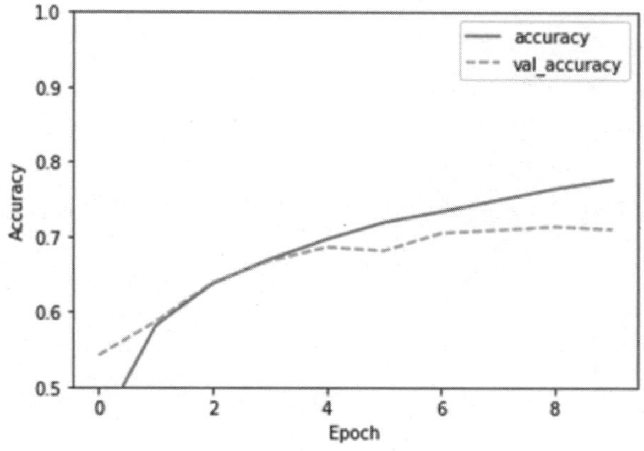

그림 3-34. 합성곱 신경망 모델의 정확도

위에서 언급한 코드들은 간단하나 AlexNet, VGG, GoogleNet, DenseNet 등 거의 모든 주요 CNN에서 사용된다.

3.4 농업 생산에서 합성곱 신경망의 적용

경험 위주로부터 데이터에 기반을 둔 관리로의 전환에 직면한 국내 농업 생산에서 의사결정(decision making)이 차지하는 비중은 매우 크다. 작물의 생육 상태 판단, 병충해의 조기 진단, 농산물의 적기 수확 등은 정확한 의사결정이 요구되는 분야이다. 합성곱 신경망은 상기 분야를 비롯하여 농작물의 수량 예측, 생육 환경 모니터링 및 제어, 식품의 안전성 관리 등에 적용되고 있다.

이(2021)는 토마토 재배 온실에서 실시간으로 적용 가능한 클라우드 기반 병충해 진단 서비스를 구현하고자 딥러닝 알고리즘을 이용한 토마토 병충해 진단 모델을 개발하였다. 토마토 병충해 진단 모델은 병충해 영상 데이터셋, 병충해 분류를 위한 심층 신경망 모델 구축, 모델의 성능 평가로 구성된다.

병충해의 특징 추출, 학습 및 분류를 위해서 Faster R-CNN(Region based Convolutional Neural Networks)을 기반으로 VGG-16 네트워크가 병행으로 사용되었다.

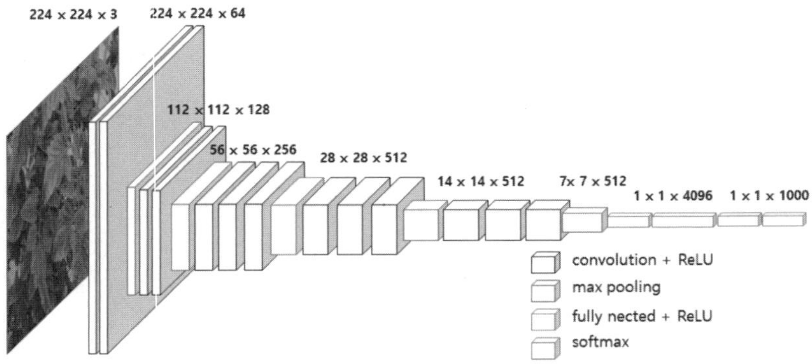

그림 3-35. VGG-16 네트워크의 구조

토마토의 잎곰팡이병, 잿빛곰팡이병, 궤양병, 역병, 잎굴파리, 가루이, 흰가루병 등 7가지 병충해와 냉해, 영양과다의 2가지 생리장해를 포함한 2,823장의 컬러 영상에 데이터 증강 기법을 적용하여 총 43,398개의 데이터셋을 만들었다.

학습용, 테스트용 및 검증용 데이터를 각각 8:1:1로 구분하여 적용한 분류 결과는 표 3-1과 같다. 병충해 분류의 정밀도는 0.6556~0.906으로서, 병충해의 종류에 따라 정밀도의 차이가 나타났다. 이러한 차이는 병충해 관련 영상을 취득할 때 태양광에 의한 간섭, 이로 인한 분류 클래스의 오류 등에 기인한 것으로 판단된다. 향후 병충해 및 생리장해 관련 충분한 영상 데이터의 수집과 데이터 증강 기법에 의한 영상 개선이 이루어질 경우 토마토 병충해 진단의 정확도가 향상될 것이다.

표 3-1. 토마토의 병충해 및 생리장해 분류 결과

구분		정밀도
병충해	잎곰팡이병 잿빛곰팡이병 궤양병 역병 잎굴파리 가루이 흰가루병	0.9060 0.7968 0.8569 0.8762 0.8046 0.8301 0.6556 0.7824
생리장해	냉해 영양과다	0.8971 0.9005

합성곱 신경망을 포함한 인공 지능 기술을 농업 생산, 가공 및 유통 현장에 적용하려면 신뢰성을 갖춘 충분한 데이터의 축적이 우선적으로 필요하다. 다음으로 확보된 데이터에 대한 적절한 학습과 검증이 이루어져야 한다. 더구나 병충해 진단 및 방제, 작물의 생육 상황 및 환경 관리 등의 농업 현장에서 인공 지능 기술의 실시간 적용이 가능하려면 사용자가 손쉽게 사용할 수 있는 클라우드 기반 의사결정 지원 시스템이 구축되어야 한다.

연습문제

1. 기계학습, 신경망 및 딥러닝을 비교 설명하시오.

2. 활성화 함수의 개념, 종류 및 특징에 대해서 설명하시오.

3. 손실함수를 설명하시오.

4. 합성곱 신경망을 설명하시오.

5. 지도학습과 비지도학습을 비교 설명하시오.

6. 기계학습을 위한 데이터의 구분에 대해서 설명하시오.

7. k겹 교차검증을 설명하시오.

8. 혼동행렬을 설명하시오.

9. 파이썬의 주요 라이브러리를 설명하시오.

10. 케라스를 이용하여 신경망 모델을 만드는 방법에 대해서 설명하시오.

참고문헌

박혜정, 석경하, 심주용, 황창하. 2019. 텐서플로로 배우는 딥러닝. 한빛아카데미.

오일석, 이진선. 2021. 파이썬으로 만드는 인공지능. 한빛아카데미.

이재수. 2021. 토마토 병충해 진단 및 생육 환경관리를 위한 클라우드 기반 의사결정 지원 서비스 구현. 전북대학교 박사학위논문.

Chollet, F. 2020. *Deep learning with python. 2nd ed.* Manning publications.

Geron, A. 2019. *Hands-on machine learning with scikit-learn, keras, and tensorflow: Concepts, tools, and techniques to build intelligent systems. 2nd ed.* O'Reilly Media.

Gulli, A., A. Kapoor, and S. Pal. 2019. *Deep learning with tensorflow 2 and keras. 2nd ed.* Packt Publishing Ltd.

Massimo, D.P. 2013. *Annotated algorithms in Python :with applications in physics, biology, and finance.* Expert4solutions.

Pattanayak, S. 2017. *Pro deep learning with tensorflow: A mathematical approach to advanced artificial intelligence in python.* Apress.

Richert, W. and L.P. Coelho. 2013. *Building machine learning systems with Python.* Packt Publishing Ltd.

Zaccone, G., M.R. Karim, M.R, and A. Menshawy. 2017. *Deep learning with tensorflow.* Packt Publishing Ltd.

https://www.anaconda.com/

https://www.python.org/

제4장
데이터 분석

Horticultural Engineering

4.1 데이터 분석의 기초

4.1.1 데이터의 의미

데이터는 숫자, 문자, 영상, 소리, 단어 등의 형태로 이루어진 의미 단위를 뜻한다. 이런 데이터들은 연구나 조사 등의 과정을 거쳐서 수집된다. 수집된 데이터를 의미 있게 정리하면 결과 예측이나 결론 도출에 필요한 정보가 된다. 이와 같이 데이터는 수집(또는 획득), 처리, 분석, 의미부여, 시각화 등의 단계를 거치면서 유용한 정보로 활용된다.

데이터가 지니고 있는 의미를 제대로 분석하려면 충분한 양의 데이터가 확보되어야 한다. 예를 들면 2016-2020년의 국민 1인당 쌀 소비량을 살펴보면 소비량의 감소가 그다지 커 보이지 않는다(그림 4-1). 그런데 1980-2020년의 소비량으로 확대해보면 쌀 소비량의 급격한 감소가 분명할 뿐만 아니라 2020년 이후에도 감소 추세가 지속될 것으로 예상된다.

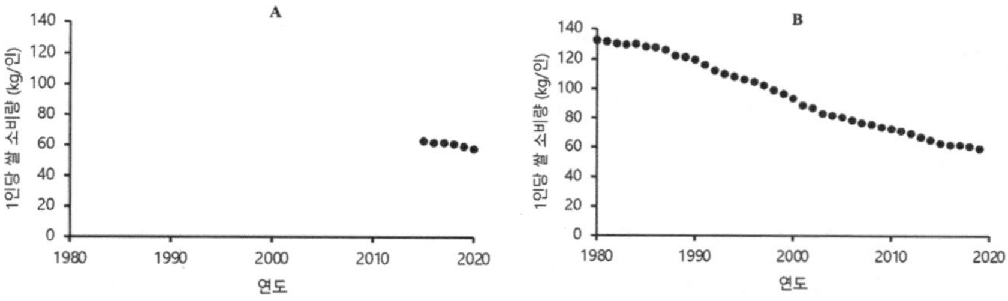

그림 4-1. 1인당 쌀 소비량의 변화 (A) 1995-2000년, (B) 1980-2020년

4.1.2 평균과 표준편차

1) 평균

평균과 표준편차는 데이터의 속성으로서 중심과 퍼진 정도를 나타낸다. 이 가운데 평균은 데이터의 중심을 나타내는 척도이다. 평균에는 산술 평균, 기하 평균, 조화 평균, 평방 평균 등이 있다. 일반적으로 통계학에서의 평균은 산술 평균을 의미한다.

산술 평균(arithmetic mean, A_m)은 데이터의 전체 합을 데이터의 수로 나눈 값이다. n개의 데이터 $a_1, a_2, ..., a_n$에 대한 산술 평균은 다음과 같이 정의된다.

$$A_m = \frac{1}{n}(a_1 + a_2 + ... + a_n) \tag{4.1}$$

기하 평균(geometric mean, G_m)은 데이터를 모두 곱한 후 제곱근으로 계산된 값이다.

$$G_m = (a_1 \cdot a_2 \cdot \cdot \cdot a_n)^{1/n} = \sqrt[n]{a_1 \cdot a_2 \cdot \cdot \cdot a_n} \tag{4.2}$$

조화 평균(harmonic mean, H_m)은 주어진 데이터들의 역수의 산술 평균의 역수를 말한다.

$$H_m = \frac{n}{(\frac{1}{a_1} + \frac{1}{a_2} + ... + \frac{1}{a_n})} \tag{4.3}$$

평방 평균(quadratic mean, Q_m)은 데이터 제곱의 평균을 구한 후 제곱근으로 계산된 값이다. 평방 평균은 제곱평균제곱근(root mean square)으로도 불린다.

$$Q_m = \sqrt{\frac{a_1^2 + a_2^2 + ... + a_n^2}{n}} \tag{4.4}$$

2) 표준편차

데이터의 평균이 동일하여도 분포 상태가 다를 수 있다. 분산(variance)은 데이터가 평균을 기준으로 흩어져 있는 정도를 나타내는 지표이다. 분산의 표시 방법으로 표준편차와 변이계수가 있다. 표준편차(standard deviation)는 데이터의 산포도를 나타내는 값으로서, 분산의 음이 아닌 제곱근에 해당한다. n개의 데이터 $X_1, X_2, ..., X_n$에 대한 분산과 표준편차는 다음과 같이 정의된다.

$$s^2 = \frac{(X_1 - \overline{X})^2 + (X_2 - \overline{X})^2 + ... + (X_n - \overline{X})^2}{n-1} \tag{4.5}$$

$$s = \sqrt{\frac{(X_1 - \overline{X})^2 + (X_2 - \overline{X})^2 + ... + (X_n - \overline{X})^2}{n-1}} \tag{4.6}$$

여기서, s^2: 분산, s: 표준편차, $\overline{X}$: 평균이다.

변이계수(coefficient of variance, CV)는 표준편차를 평균으로 나눈 값으로서, 보통 백분율로 표시된다. 변이계수는 표준편차로 분산을 비교하기 곤란한 경우에 사용된다.

$$CV(\%) = \frac{s}{\overline{X}} \times 100 \tag{4.7}$$

측정오차는 측정값과 참값의 차이로서 정의된다. 측정오차의 크기는 측정값들의 표준편차를 통해서 알 수 있다.

4.1.3 모집단과 표본

그림 4-2는 서로 다른 육묘장에서 생산된 고추 플러그묘로서 이식 작업 직전의 고추 묘에 해당한다. 고추 묘의 초장, 엽수, 엽색 등의 생육 상태가 다른데, 이러한 결과는 육묘 과정에서의 환경 및 양분 관리에 따라 나타날 수 있다.

그림 4-2. 상이한 환경 및 양분 조건에서 육묘된 고추 플러그묘

고추 묘의 생육 조사를 위해서 표본으로 추출된 15주(5주/반복 x 3반복)의 초장 평균과 표준편차가 그림 4-3과 같이 주어졌다고 가정하면 표본에 따른 차이가 있다고 표현할 수 있을까? 만일 차이가 있다면 이러한 차이는 어디에서 기인할 것일까? 전체를 대표할 수 있는 표본을 어떻게 추출해야 하나? 이러한 질문들은 생육 데이터 분석 과정에서 흔히 생길 수 있다.

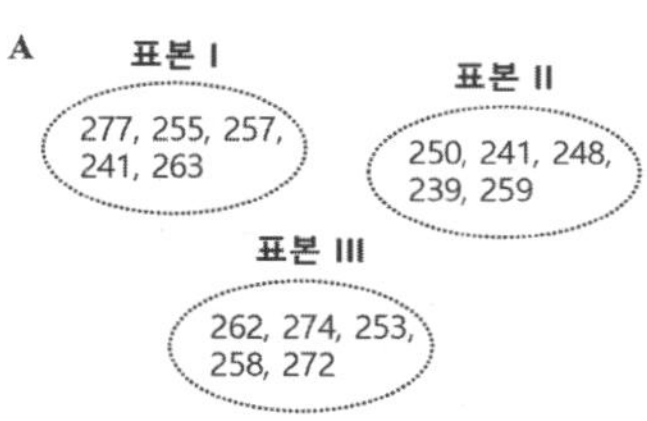

B

표본	평균(mm)	표준편차(mm)
I	258.6	13.1
II	247.4	8.0
III	263.8	9.0
전체	256.6	11.8

그림 4-3. 고추 플러그묘의 표본과 초장 데이터 (A) 표본 추출, (B) 초장 평균과 표준편차

데이터를 수집하려면 직접적인 측정이나 설문 조사가 필요하다. 또한 통계 자료가 사용되기도 한다. 한편 데이터의 수집, 입력 및 저장에 많은 노력과 시간이 요구된다. 때문에 모집단에 대한 전수 조사 대신에 표본을 추출하여 조사하는 경우가 많다.

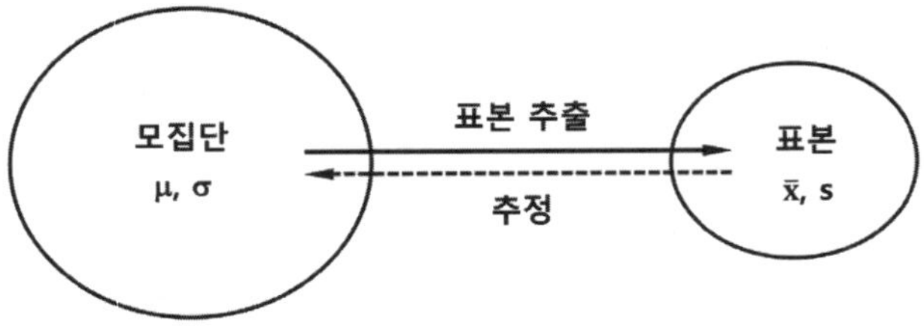

그림 4-4. 모집단과 표본

모집단의 평균과 분포 상태를 모수(parameter)라 하며, 표본에서 얻은 평균과 분포 상태는 통계량(statistic)이라 한다. 모집단의 평균과 표준편차는 각각 μ와 σ로 표시된다. 한편, 표본의 평균과 표준편차는 각각 $\overline{X}$와 s로 표시된다. 모수와 통계량의 차이가 있을 때 이러한 차이를 표본오차(sampling error)라 한다.

통계적 추정은 표본에서 얻은 통계량으로 모집단의 특성을 추측하는 것이다. 추론에는 불확실성이 존재한다. 통계적 추정에서의 문제점은 결과를 얼마나 신뢰할 수 있는가? 또한 가설에 근거한 오차가 우연일 가능성은 어느 정도인가? 등이다.

표본은 어느 한 쪽으로 치우치지 않고 모집단을 골고루 대표할 수 있어야 한다. 표본의 치우침으로 나타나는 편향(bias)은 시스템 오차를 만든다. 때문에 표본의 편향을 방지하고자 임의 추출(random sampling) 방법이 적용된다.

수집된 데이터가 모두 분석에 사용되는 것은 아니다. 데이터의 수집 단계에서 측정 오류 또는 잡음이 포함될 수 있다. 특히 센서를 사용하여 데이터를 수집할 경우 신호에 잡음이 섞일 수 있다. 이 경우 신호에 포함된 잡음을 제거하기 위한 데이터 전처리가 필요하다. 또한 입력 과정의 실수로 인해서 틀린 데이터가 저장될 수 있으므로 입력된 데이터를 본래 데이터와 비교하는 확인 작업이 필요하다.

4.1.4 데이터 분석과 확률

이제까지 전통적인 농업은 관리자의 경험에 의존하여 이루어졌다. 즉 생육 관리, 병충해 관리 등이 데이터에 기반을 두고 이루어지기보다 경험 중심으로 이루어진 측면이 강하다. 최근 들어 농업 현장에서 데이터에 기반을 둔 환경 관리, 병충해 진단 또는 생산량 예측 등이 주목받고 있다. 데이터에 기반을 둔 관리, 진단 또는 예측은 농업이 더 이상 경험의 산물이 아니라 과학적 대상임을 의미하는 것이다.

농업 관련 데이터의 분석에 통계적 방법(statistical method)이 많이 적용된다. 통계는 실험 또는 관찰에 의해서 얻게 되는 데이터로부터 데이터의 성질이나 규칙성을 찾아내는 작업이다. 통계 분석은 확률 이론에 기반을 둔다. 확률(probability)은 어떤 사건이 일어날 수 있는 가능성의 정도를 의미한다.

예를 들면, 가지 플러그묘의 생장에 미치는 CO_2 농도의 처리 효과를 분석한 결과 CO_2 농도가 950μmol·mol^{-1}로 조절된 처리구에서의 순광합성속도가 무처리구에 비해서 유의성(significance)이 인정될 정도로 높게 나타났다고 가정하자. 여기에서 유의성은 실험에 따른 결과가 확률적으로 우연히 생긴 것이 아님을 의미한다. 즉 CO_2 농도 처리의 영향으로 인해서 가지 플러그묘의 순광합성속도가 증가하는 본질적인 차이가 나타난 것이다.

4.1.5 통계적 가설

모수를 추정하려면 통계적 가설이 필요하다. 통계적 가설은 귀무가설과 대립가설로 구분된다. 귀무가설(null hypothesis)은 차이가 우연히 생긴 것으로서, "모수가 특정한 값이다" 또는 "두 모수의 값이 같다" 등과 같이 간단하고 구체적인 경우에 적용되는 가설이다. 귀무가설은 대립가설에 상반되는 가설로서 H_0로 표시된다. 예를 들면, $H_0 : p = 0.7$ 또는 $H_0 : \mu_1 = \mu_2$와 같이 표현된다.

대립가설(alternative hypothesis)은 차이가 본질적인 것으로서, "모수가 특정한 값이 아니다", "한 모수의 값이 다른 모수의 값보다 크다" 또는 "두 모수의 값이 다르다" 등과 같이 귀무가설과 다르게 새롭게 입증하고자 하는 경우에 적용된다. 대립가설은 H_1로 표시된다. 예를 들면, $H_1 : p > 0.7$ 또는 $H_1 : \mu_1 \neq \mu_2$와 같이 표현된다.

가설을 검정할 때 두 가지 오류가 나타날 수 있다. 즉, 제1종 오류(type I error)와 제2종 오류(type II error)가 있다. 제1종 오류는 사실인 귀무가설을 사실이 아니라고 판정할 때 생기는 오류로서 α로 표시된다. 제2종 오류는 사실이 아닌 귀무가설을 사실로 판정하는 과정에서 생기는 오류로서 β로 표시된다.

표 4-1. 가설 검정 결과에 따라 발생하는 오류

가설검정 결과 / 정확한 사실	H_0가 사실이라고 판정	H_0가 사실이 아니라고 판정
H_0가 사실임	옳은 결정	제1종 오류(α)
H_0가 사실이 아님	제2종 오류(β)	옳은 결정

4.1.6 유의성 검정

유의성 검정(test of significance)은 추정에서 본질적인 차이가 존재하는지 여부를 살

펴보는 것이다. 여기에는 유의의(有意義, significant)와 무의의(無意義, insignificant)의 개념이 포함된다. 유의의는 추정에서 표본오차의 범위를 넘은 본질적인 차이가 존재한다는 의미이고, 무의의는 모수와 통계량의 차이가 단순히 표본오차에 기인한 경우이다.

검정 과정에서 "정확하다"라는 뜻은 "틀릴 확률이 적다" 또는 "신뢰도가 높다"는 의미로 바꾸어 표현할 수 있다. 여기에서 틀릴 확률을 유의수준(significance level)이라고 하며, 보통 α로 표시된다. 유의수준 α는 보통 0.05(= 5%) 또는 0.01(= 1%)의 값을 갖는다. 한편, 신뢰도(reliability)는 $(1-\alpha)\times 100$로 정의되며, 백분율로 표시된다. 만일, 유의수준 α가 0.05 또는 0.01일 때 이에 해당하는 신뢰도는 각각 95%, 99%이다.

유의성 검정의 의미를 다르게 표현하면 가설 검정의 수락과 기각 여부를 판단하는 것이다. 종종 귀무가설이 사실임에도 귀무가설 대신에 대립가설을 받아들일 수 있다. 이것은 유의성 검정에서 나타날 수 있는 오류로서 제1종 오류에 해당한다. 한편, 귀무가설이 사실이 아님에도 사실이라고 판정할 수 있다. 이러한 오류를 제2종 오류라 한다.

귀무가설을 기각할 수 있는 최소한의 확률을 유의확률(significance probability)이라 하며, 보통 p값으로 표시된다. 유의확률이 작을수록 귀무가설을 지지하는 정도가 약해지므로 귀무가설을 기각한다. 예를 들면, 유의확률 $p=0.009$라고 가정하자. 이 경우 귀무가설을 기각할지라도 그것이 틀릴 확률은 0.9%이다. 통계 분석에서는 계산된 확률 p와 유의수준 α를 비교하여 유의성 여부를 결정한다. 비교 결과, $p \leq \alpha$ 이면 귀무가설을 기각하고 대립가설을 받아들인다. 만일, $0.01 \leq p \leq 0.05$이면 '유의하다(significant)', $p \leq 0.01$이면 '고도로 유의하다(highly significant)'로 해석된다. 경우에 따라서 $0.01 \leq p \leq 0.05$이면 '유의하다'라는 의미로서 유의확률 다음에 별표(*) 1개를 붙이고, $p \leq 0.01$이면 '고도로 유의하다'라는 의미로서 별표 2개를 표시한다.

4.2 농업 농촌 데이터

농업 농촌 데이터는 작물 생산과 관련된 데이터를 비롯하여 농촌 공간과 관련되어 생성된 모든 데이터를 의미한다. 각종 농가인구, 농산물의 재배면적과 생산량, 농업기계 보유 및 농업시설 보급 현황, 토양 정보, 환경의 영향 등은 대표적인 농업 농촌 데이터에 해당된다. 또한 농산물의 유통, 소비 패턴 등도 중요한 농업 농촌 데이터이다. 이러한 데이터는 통계 자료, 실험 데이터, 빅데이터, 공간정보 등의 형태로 활용된다.

농업 농촌 데이터는 통계청, 농림축산식품부 및 농촌진흥청 등에서 국가 통계 형태로 생성된다. 국가 통계는 국가기관이 정책 수립과 평가, 경제·사회 현상의 연구와 분석을 목적으로 산업, 물가, 인구, 주택 등에 관하여 작성하는 수량 정보로서 정부나 사회의 의사결정에 기초 자료로 사용된다. 이러한 통계는 사회 공공재에 해당하므로 데이터의 신뢰성 확보가 중요하다. 표 4-2는 국가 승인 통계와 관련된 생성 기관 및 조사 내용에 해당한다.

표 4-2. 국가 승인 통계

기관명	조사 내용
통계청	농가경제, 농업면적, 농작물생산, 귀농어·귀촌인통계, 농가판매 및 구입가격, 농림어업, 농축산물생산비, 어가경제, 어류양식동향, 어업생산동향 등
농림축산식품부	농기계보유현황, 농림업생산지수, 시설채소온실현황 및 생산실적, 화훼류재배현황, 배합사료생산실적 및 원료사용실적, 우유 및 유제품생산소비상황, 특용작물생산실적, 말산업실태, 과실류가공현황, 식품산업원료소비실태 등
농촌진흥청	농산물소득, 농업기계이용실태, 농어업인복지실태 등
산림청	국가산림자원, 목재수급통계, 목재이용실태, 산림기본통계, 산불통계, 임가경제, 임산물생산비, 임산물생산 등
농어촌공사	농업생산기반정비통계
축산물품질관리원	축산물등급판정통계
농림수산식품교육문화정보원	농업법인정보화수준 및 활용도

공간정보는 지상과 지하를 포함한 공간상에 존재하는 자연적 또는 인공적인 객체에 대한 위치정보 및 이와 관련된 공간적 인지 및 의사결정에 필요한 정보를 의미다. 정부가 뒷받침하여 생산되는 국가공간정보는 기관별 다수의 시스템 또는 플랫폼에서 관리 및 공유되고 있다.

농업 및 농촌과 관련된 대표적인 공간정보로서 농지 공간 포털 지도 서비스 (https://njy.mafra.go.kr/map/mapMain.do), 토양환경정보시스템(http://soil.rda.go.kr/soil/index.jsp),농촌 용수 종합 정보 시스템 (https://rawris.ekr.or.kr/main.do), 농경지 전자지도(farm map) 등이 있다.

4.3 R을 이용한 데이터 분석

4.3.1 R 소개

R은 데이터 분석과 그래픽을 위한 프로그래밍 언어로서 통계 분석에 특화되어 있다. 1993년에 Robert Gentleman과 Ross Ihaka에 의해서 설계된 R의 장점은 오픈 소스 기반으로 이루어져 누구나 쉽게 사용할 수 있다는 것이다. 구글, 페이스북, 아마존 등에서 데

이터 분석의 플랫폼으로 사용되는 R은 윈도우, 맥 또는 리눅스 운영 체제에서도 이용이 가능하다.

R을 사용하려면 공식 웹사이트(https://www.r-project.org/)의 CRAN(The Comprehensive R Archive Network)에서 설치 파일을 내려 받아야 한다. 한편 R 스튜디오(studio)는 R을 편리하게 사용할 수 있도록 개발된 통합개발환경(integrated development environment, IDE)으로서 공식 웹사이트 (https://www.rstudio.com)에서 내려 받는다.

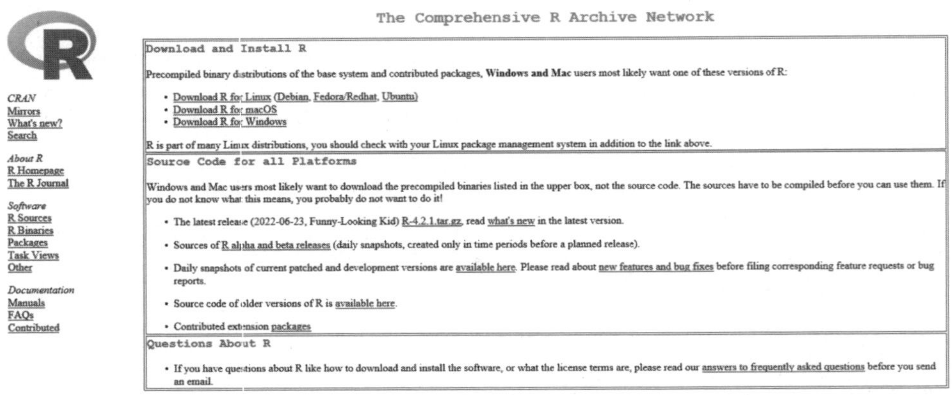

그림 4-5. R의 설치 파일을 내려 받기 위한 CRAN 화면

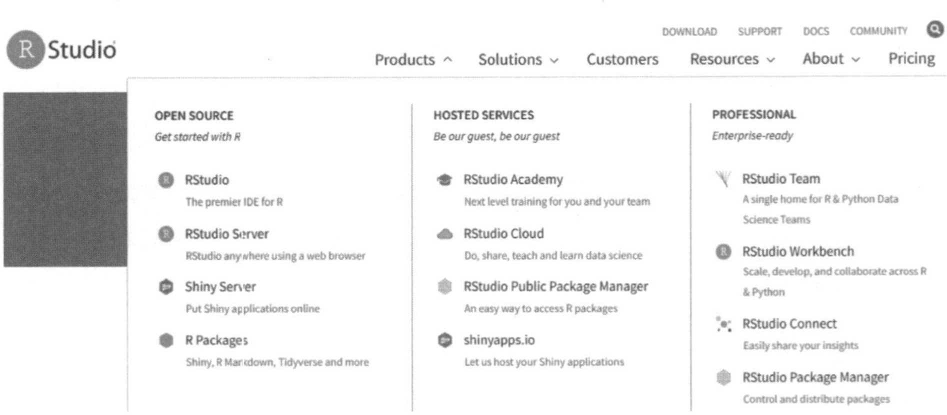

그림 4-6. R 스튜디오 설치 화면

4.3.2 R의 작업 창

윈도우 시작 메뉴에서 R 스튜디오를 실행하면 그림 4-7과 같은 4개의 작업 창이 열린다. R 스튜디오는 Script 창, Console/Terminal/Jobs 창, Environment/History/Connections 창, Files/Plots/Packages/Help/Viewer 창으로 이루어진다.

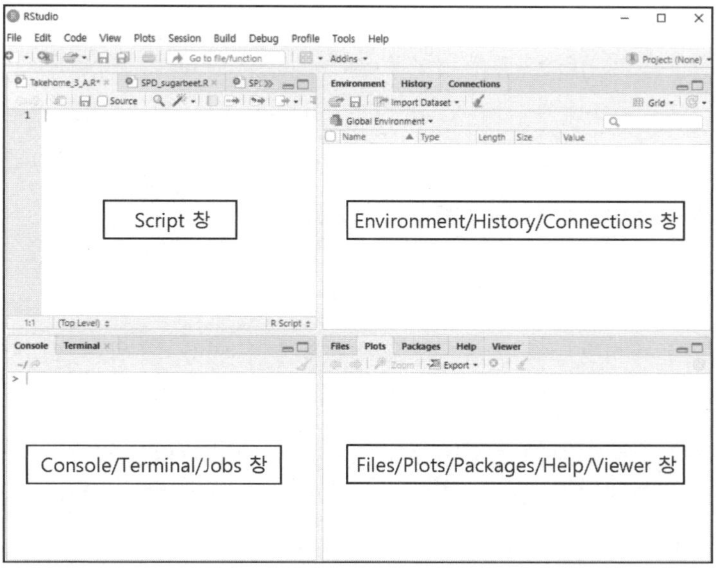

그림 4-7. R 스튜디오 작업 창

Script 창에서는 실행할 코드의 작성, 편집, 저장, 실행 및 불러오기가 가능하다. Console 창은 Script 창에서 작성된 코드의 실행 결과, 오류 또는 관련 메시지 등을 표시한다. Environment 창은 분석에 사용된 데이터 세트를 표시한다. History 창에서는 R 스튜디오에서 실행한 코드, 결과, 패키지 설치 또는 오류 등의 확인이 가능하다. Files 창은 윈도우의 파일 탐색기와 유사하다. Plots 창에서는 R 코드로 작성된 그래프 확인, Zoom 기능, 그래프를 이미지나 PDF 파일로 export 할 수 있다. Packages 창은 설치된 패키지의 목록을 표시하거나, 새로운 패키지의 설치 또는 업데이트에 필요하다. Help 창은 R을 사용하는 도중에 도움말을 지원하며, View 창에서는 R 코드를 웹 브라우저로 출력했을 때 결과 확인이 가능하다.

패키지는 유사한 기능을 갖는 함수 관리용 꾸러미로서, 특정 함수를 사용하려면 해당 패키지가 설치되어야 한다. 패키지는 Script 창에서 install.packages() 함수를 사용하거나, Packages 창에서 해당 패키지를 입력하여 설치할 수 있다. 한편 패키지를 로드할 때 library() 함수가 필요하다.

4.3.3 R을 이용한 데이터 분석 기초

1) R 데이터 파일 생성과 불러오기

데이터 분석에 필요한 파일은 두 가지 방법에 의해서 만들어진다. 즉, R Script 창에서 데이터를 직접 입력하여 만드는 방법과 외부에서 작성된 데이터 파일을 불러오는 방법이 있다.

외부에서 작성된 데이터 파일은 텍스트 파일, CSV(comma separated value) 파일 또는 Excel 파일의 형태를 갖는다. 탭으로 구분된 텍스트 파일을 불러올 경우에는 read.table() 함수가 사용된다. 한편 CSV 파일의 불러오기에는 read.csv() 함수가, Excel 파일의 경우 read_excel() 함수가 사용된다.

2) R 코드의 실행

Script 창에서 작성된 코드는 한 줄씩 실행하거나, 여러 줄 또는 모든 줄을 동시에 실행할 수 있다. 작성된 코드를 한 줄씩 실행하려면 Script 창의 Run 키를 클릭하거나, Ctrl 키와 Enter 키를 동시에 누른다. 여러 줄 또는 모든 줄을 동시에 실행하려면 해당 줄을 모두 드래그해서 블록으로 지정하여 선택한 후 Run 키를 클릭하거나, Ctrl 키와 Enter 키를 동시에 누른다.

3) R 파일 저장하기

R에서 생성되거나 가공된 데이터는 R 전용 파일(확장자로서 rda가 붙음), CSV 파일 또는 텍스트 파일로 저장된다. 저장에 save() 함수가 사용된다. 한편 R 전용 파일을 불러오려면 load() 함수가 필요하다. CSV 파일의 저장에는 write.csv() 함수가 사용되며, 텍스트 파일의 저장에 write.table() 함수가 필요하다.

표 4-3. R 데이터 입력과 출력 관련 함수

함수명	기능
list.files()	해당 폴더의 파일명 모두 반환
scan	벡터형으로 값을 직접 입력할 수 있고, file을 읽어올 수도 있음
readline	한 줄 단위로 데이터를 입력받음, 입력값은 character형만 가능
readLines	파일에서 데이터를 행 단위로 읽어서 벡터 형태로 만들어줌
read.table()	텍스트 파일을 데이터프레임 형태로 읽기
read.csv()	CSV 파일을 데이터프레임 형태로 읽기, header=T(default)
read.delim()	클립보드를 사용해서 데이터프레임 형태로 불러오기
print()	출력 함수
save()	R 전용 파일의 저장
load()	R 전용 파일의 불러오기
write.table()	텍스트 파일 저장
write.csv()	CSV 파일 저장

4) R 내장 데이터셋

R에서는 기본 내장 데이터셋을 포함해서 각 패키지마다 내장된 데이터셋이 제공된다. 이러한 데이터셋은 데이터 분석 기법이나 시각화 기법을 학습하는 데 유용하다. 내장 데이터셋은 data() 함수를 통해 불러오며, View()함수로서 데이터 내용을 확인할 수 있다. Console 창에 data() 함수를 입력한 후 Enter 키를 치면 Script 창에 내장된 데이터셋의 목록이 표시된다.

```
>data()

Data sets in package 'datasets':

AirPassengers        Monthly Airline Passenger Numbers 1949-1960
BJsales              Sales Data with Leading Indicator
BOD                  Biochemical Oxygen Demand
CO2                  Carbon Dioxide Uptake in Grass Plants
...                  ...

infert               Infertility after Spontaneous and Induced Abortion
iris                 Edgar Anderson's Iris Data
iris3                Edgar Anderson's Iris Data
...                  ...
```

그림 4-8. data() 함수로서 R 내장 데이터셋 불러오기

R에 내장된 iris 데이터셋은 붓꽃의 3가지 품종(Setosa, Versicolor, Virginica)에 대해 꽃받침(sepal)과 꽃잎(petal)의 길이와 폭을 정리한 데이터이다. 각 품종별로 50개씩의 데이터로 이루어진 iris 데이터셋은 기계 학습에서 관심 있는 분야 중 하나인 분류에 적합하여 많이 사용되고 있다. Console 창에 View(iris)를 입력한 후 Enter 키를 치면 Script 창에 iris 데이터셋이 표시된다(그림 4-10).

그림 4-9. 붓꽃의 품종별 꽃받침과 꽃잎 형태

```
>View(iris)
```

Filter

	Sepal.Length	Sepal.Width	Petal.Length	Petal.Width	Species
1	5.1	3.5	1.4	0.2	setosa
2	4.9	3.0	1.4	0.2	setosa
3	4.7	3.2	1.3	0.2	setosa
4	4.6	3.1	1.5	0.2	setosa
5	5.0	3.6	1.4	0.2	setosa
6	5.4	3.9	1.7	0.4	setosa
7	4.6	3.4	1.4	0.3	setosa
8	5.0	3.4	1.5	0.2	setosa
9	4.4	2.9	1.4	0.2	setosa
10	4.9	3.1	1.5	0.1	setosa

Showing 1 to 11 of 150 entries, 5 total columns

그림 4-10. R에 내장된 iris 데이터셋

4.4 데이터 형식과 구조

4.4.1 데이터 형식

데이터는 숫자형, 문자형, 논리형 및 특수형으로 구분된다(표 4-4). 숫자 벡터는 숫자들로 구성되지만 특별한 숫자들을 표현하기 위해 "Inf" 또는 "NaN"와 같은 특수형이 문자열로 포함될 수 있다. "Inf"는 무한대(infinite)를 의미하고, "NaN"은 "not a number"의 약자로서 수학적으로 정의되지 않는 수식으로 인해 숫자로 표현될 수 없는 값이 발생할 때 사용된다. R을 이용한 데이터 분석에서 특정 변수의 데이터 형식은 mode() 함수로서 식별이 가능하다.

표 4-4. 데이터의 형식과 예시

데이터 형식	세부 형식	예시
숫자형(numeric)	정수 실수	20 42.5
문자형(character)	문자 또는 문자열	"A", "남대문"
논리형(logical)	참 또는 거짓	True 또는 T False 또는 F
특수형	결측치(not available, missing data) 무한대(infinite) 비숫자(not a number)	NA Inf 또는 -Inf NaN

4.4.2 데이터 구조

데이터를 효율적으로 관리하고 구조화시키려면 데이터의 구조에 대한 이해가 필요하다. 데이터의 구조로서 스칼라, 벡터, 행렬, 배열, 데이터프레임, 리스트 및 요인 등의 형태가 있다.

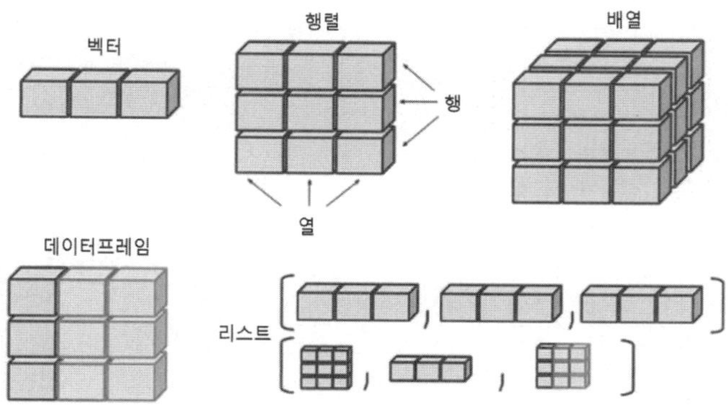

그림 4-11. 데이터의 구조

스칼라(scalar)는 구성 인자가 1개인 벡터이다. 벡터(vector)는 동일한 데이터 형식의 1차원 데이터 구조로 이루어진다. 단, 숫자형 벡터에 문자가 들어있으면 전체가 문자형으로 바뀐다.

행렬(matrix)은 동일한 데이터 형식의 2차원 구조를 이룬다. 벡터형 변수는 matrix() 함수를 이용하여 2차원 행렬로의 변경이 가능하다. 여러 개의 벡터형 변수들을 합쳐서 행렬형 변수를 구성하려면 cbind() 또는 rbind() 함수가 필요하다. 이 때 cbind()는 열(column)을 결합하는 함수, rbind() 함수는 행(row)을 결합하는 함수이다.

배열(array)은 2차원 이상의 데이터 구조로서, array() 함수를 이용하여 생성한다.

데이터프레임(data frame)은 행렬과 같은 2차원의 구조이나, 모든 데이터가 동일한 형식을 갖지 않는다. R을 이용한 통계 및 데이터 분석에 많이 사용되는 데이터프레임은 data.frame() 함수로서 만들어진다.

리스트(list)는 순서가 있으나, 서로 다른 유형으로 구성된 데이터 구조이다. 즉 벡터, 행렬, 배열, 데이터프레임, 리스트 등을 하나의 이름으로 모아 놓은 형태로서, list() 함수에 의해서 생성된다.

요인(factor)은 변수가 명목 척도일 때 사용되는 데이터의 구조이다. 명목 척도의 예로서 남녀 구분, 결혼 유무, 좋아하는 색상 등 이산형 자료 또는 범주형 데이터에 해당하는 척도를 들 수 있다. 요인은 factor() 함수에 의해서 생성된다. 데이터의 형식 및 구조와 관련된 주요 R 함수는 다음과 같다.

표 4-5. 데이터의 형식과 구조와 관련된 주요 R 함수

함수	기능	함수	기능
length()	데이터 항목의 개수	as.character()	논리형 데이터로 변환
str()	데이터 구조 보기	as.vector()	문자형 데이터로 변환
class()	데이터 형태 보기	as.factor()	요인 형식으로 변환
names()	데이터 객체들의 이름	as.matrix()	행렬 형식으로 변환
c()	벡터 생성	as.data.frame()	데이터프레임 형식으로 변환
seq()	숫자형 벡터 생성	as.date()	날짜 형식으로 변환
rep()	특정 값을 반복하여 벡터 생성	append()	벡터에 항목 추가
cbind()	열로 데이터 결합	stack()	여러 벡터를 1개의 벡터로 변환
rbind()	행으로 데이터 결합	nrow()	데이터프레임 행의 개수
ls()	현재의 데이터 목록 출력	ncol()	데이터프레임 열의 개수
rm()	데이터 삭제	rownames()	데이터프레임 행의 이름
mode()	데이터 형식 출력	colnames()	데이터프레임 열의 이름
is.numerical()	데이터의 숫자형 여부 판별	dim()	데이터프레임 행과 열의 개수
is.character()	데이터의 문자형 여부 판별	head()	자료 앞부분 6개 출력
is.logical()	데이터의 논리값 여부 판별	tail()	자료 뒷부분 6개 출력
as.numerical()	숫자형 데이터로 변환	format()	데이터 표시 형식 지정

4.5 표본의 분포와 가설 검정

4.5.1 t 분포와 검정

t 분포는 모집단의 표준편차를 알 수 없을 때 정규분포 대신에 이용하는 확률분포이다. 그러므로 확률 변수를 계산할 때 모집단의 표준편차 대신에 표본의 표준편차가 쓰인다.

t 분포는 정규분포와 유사한 특징을 갖는다. 즉, t 분포가 $-\infty$에서 $+\infty$까지 펼쳐지고, 좌우 대칭이며, 자유도(degree of freedom)에 따라 형태가 다르다. 자유도가 높은 곡선은 중앙부가 높이 올라가고 꼬리가 얇다. 자유도는 표본의 크기와 관련이 있다. 표본의 크기가 커질수록 t 분포는 정규분포의 형태를 따른다. 표준 정규분포와 마찬가지로 t 분포의 평균은 0이다(그림 4-12). 부표 1에 t 분포표가 실려 있다.

t 분포는 정규 모집단에서 표본의 크기가 작을 때 유용하게 쓰이는 분포로서, 스튜던트 t 분포(Student's t-distribution)로도 불린다. t 분포에 기초하여 이루어지는 검정을 t 검정(t-test)이라고 한다.

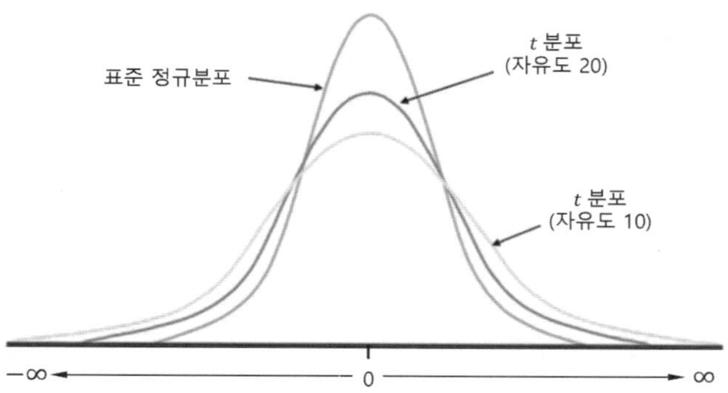

그림 4-12. t 분포와 표준 정규분포의 비교

t 검정에 이용되는 검정통계량으로서 t 값은 다음과 같이 정의된다.

$$t = \frac{\overline{X} - \mu}{s/\sqrt{n}} \tag{4.8}$$

여기서, μ: 모집단의 평균, $\overline{X}$: 표본의 평균, s: 표본의 표준편차, n: 표본의 수이다.

1) 단일 표본평균의 비교

단일 표본평균의 비교는 모수와 표본평균 간의 차이 여부를 검정하는 것이다. 가설검정은 대립가설의 형태에 따라 양측 검정과 단측 검정으로 나누어진다.

양측 검정(two tailed test, two-sided test)은 모수와 표본평균의 차이 유무만 검정하는 방법이다. 이 경우 귀무가설은 모수와 표본평균의 차이가 없다는 것이므로 H_0: $\mu = \mu_0$가 된다. 이에 대한 대립가설은 H_1: $\mu \neq \mu_0$이다. 모수와 표본평균이 "같지 않다($\neq$)"라는 것은 두 숫자 중 하나가 크거나 작다는 뜻이다. 즉, $\mu > \mu_0$ 또는 $\mu < \mu_0$로서 크거나 작은 경우를 모두 고려해야 한다. 그런데 정규분포가 평균을 중심으로 좌우 대칭이므로 유의수준을 절반으로 나눈다. 검정통계량이 기각치 이하이거나 이상이면 귀무가설이 기각된다.

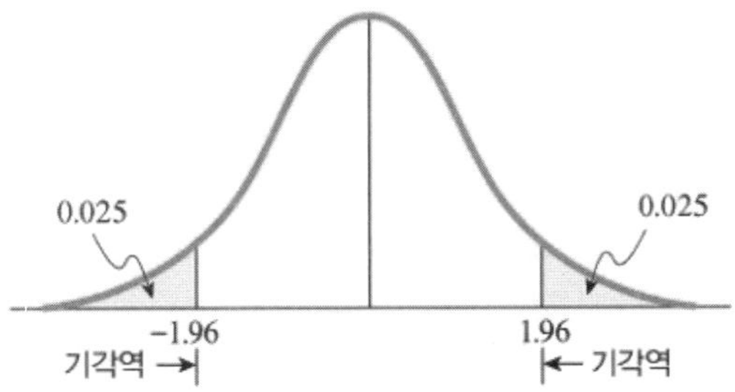

그림 4-13. 양측 검정시의 가설 기각구역(유의수준 $\alpha = 0.05$)

단측 검정(one tailed test, one-sided test)은 표본 분포의 한쪽에만 관심을 갖고 시행하는 검정 방법이다. 모수에 비해서 표본평균이 작거나 또는 큰 경우에 적용되므로 한쪽 측면을 검정 기준으로 기각 영역이 설정된다(그림 4-14). 이 때 귀무가설은 $H_0 : \mu = \mu_0$이며, 대립가설은 $H_1 : \mu < \mu_0$ 또는 $H_1 : \mu > \mu_0$이다.

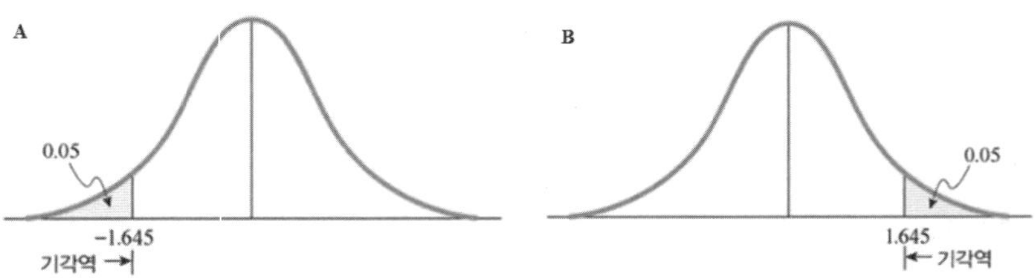

그림 4-14. 단측 검정시의 가설 기각구역
(A) 왼쪽 단측 검정($H_1 : \mu < \mu_0$), (B) 오른쪽 단측 검정($H_1 : \mu > \mu_0$)

귀무가설을 받아들이는 것은 표본에 귀무가설이 틀리다고 할 만한 충분한 근거가 없다는 뜻이다. 반대로 귀무가설을 기각하는 것은 대립가설이 옳다는 뜻이다.

① t 검정

t 검정의 일반적인 순서는 다음과 같다.

i) 가설의 선택

- 양측 검정의 경우 $H_0 : \mu = \mu_0$, $H_1 : \mu \neq \mu_0$
- 단측 검정의 경우 $H_0 : \mu = \mu_0$, $H_1 : \mu < \mu_0$ 또는 $H_1 : \mu > \mu_0$

ii) 검정통계량의 계산

$$z = \frac{\overline{X} - \mu}{s/\sqrt{n}}$$

iii) 기각역의 결정

표본의 수가 n일 때 기각역은 다음과 같다.

- 양측 검정의 경우 $|z| \geq t_{(\alpha/2,\, n-1)}$
- 단측 검정의 경우 $z \leq -t_{(\alpha, n-1)}$ 또는 $z \geq t_{(\alpha, n-1)}$

iv) 유의수준에 따른 검정

5%의 유의수준($\alpha = 0.05$)에서 유의차가 인정되면 1%($\alpha = 0.01$)의 유의수준에서도 유의차가 있는지 확인한다.

② R을 이용한 t 검정

R을 이용한 t 검정의 기본 형식은 다음과 같다.

t.test(x, y, mu=0, option)

여기서, x: 집단 A 벡터, y: 집단 B 벡터, mu: 평균이다. option으로는 alternative, paired 및 var.equal 등이 있다. alternative에서는 양측 검정("two.sided", 디폴트) 또는 단측 검정("less" 또는 "greater")을 설정한다. paired에서 대응 표본인 경우 TRUE, 독립 표본인 경우 FALSE로 설정한다. 한편 var.equal에서 두 집단의 분산이 같으면 TRUE, 다르면 FALSE로 설정한다.

|예제 4-1| 설계 목표가 50g인 분동을 제조하는 공정에서 추출된 분동 10개의 질량 은 각각 50.07g, 50.41g, 50.38g, 49.92g, 50.53g, 50.36g, 50.26g, 49.75g, 50.66g, 50.39g이었다. 추출된 분동의 질량이 설계 목표와 차이가 있는지 여부를 5%의 유의수준에서 검정하라.

|풀이 1| 설계 목표의 달성 여부를 확인하는 것이므로 양측 검정을 실시한다. 이를 위한 가설은 $H_0 : \mu = 50$, $H_1 : \mu \neq 50$이다.

추출된 분동의 평균 $\overline{X} = 50.273\,g$, 표준편차 $s = 0.280\,g$

검정통계량 $z = \dfrac{\overline{X} - \mu}{s/\sqrt{n}} = \dfrac{50.273 - 50}{0.28/\sqrt{10}} = 3.080$

t 분포표의 유의수준 $\alpha = 0.05$에 해당하는 $t_{(\alpha/2,\, n-1)} = 2.262$

$z = 3.080 > t_{(\alpha/2,\, n-1)} = 2.262$ 이므로 귀무가설을 기각하고, 대립가설을 받아들인다.

즉 5%의 유의수준에서 제조된 분동의 질량이 설계 목표와 차이가 있다고 결론을 내린다.

|풀이 2| R을 이용한 t 검정

추출된 분동 10개의 질량 벡터를 설정한 후 가설 $H_0: \mu = 50$, $H_1: \mu \neq 50$에 대한 양측 검정을 실시하였다(그림 4-15).

t 검정 결과, p-value가 0.01313로 나타났다. p-값은 귀무가설을 기각하려는 결정을 내릴 때 그 결정이 틀릴 수 있는 확률로서 표본 데이터로부터 계산된다. p-값이 작을수록 틀릴 확률이 줄어든다. p-값은 0.01313로서 유의확률 $\alpha = 0.05$보다 작기 때문에 5%의 유의수준에서 귀무가설을 기각한다. 즉 제조된 분동의 질량이 설계 목표와 차이가 있다고 결론을 내린다.

```
> # 검정용 데이터
> weight <- c(50.07,50.41,50.38,49.92,50.53,50.36,50.26,49.75,50.66,50.39)
> # t-검정
> t.test(weight, mu=50, alternative="two.sided")

        One Sample t-test

data:  weight
t = 3.0806, df = 9, p-value = 0.01313
alternative hypothesis: true mean is not equal to 50
95 percent confidence interval:
 50.07253 50.47347
sample estimates:
mean of x
   50.273
```

그림 4-15. R을 이용한 t 검정 결과

|예제 4-2| 감귤의 당도가 10°Bx 이상이면 상품에 해당된다. A농장에서 반사필름을 이용해서 재배된 감귤 20개의 평균 당도와 표준편차는 각각 10.2°Bx, 0.37°Bx이었다. 수확된 감귤의 당도가 상품 기준을 충족하는지 여부를 검정하라.

|풀이| 감귤의 당도가 상품 기준을 충족하는 여부를 살펴보는 것이므로 단측 검정을 실시한다. 이를 위한 가설은 $H_0: \mu = 10$, $H_1: \mu > 10$이다.

$$\text{검정통계량 } z = \frac{\overline{X} - \mu}{s/\sqrt{n}} = \frac{10.2 - 10}{0.37/\sqrt{20}} = 2.417$$

t 분포표에서 $t_{(0.05,\,19)} = 1.729$, $\alpha = 0.01$ 에서 $t_{(0.01,\,19)} = 2.539$

$t_{(0.05,\,19)} = 1.729 < z < t_{(0.01,\,19)} = 2.539$이므로 5%의 유의수준에서 귀무가설을 기각한다. 결과적으로 수확된 감귤이 5%의 유의수준에서는 상품 기준을 충족하였으나, 1%의 유의수준에서는 상품 기준을 충족하지 못하였다.

2) 두 표본평균의 비교

2개의 표본평균 사이에 차이가 있는지 여부를 판단하려면 t 분포표를 이용한 t 검정을 실시한다. t 검정은 서로 처리가 다른 집단의 평균을 비교하거나, 대조구와 처리가 다른 집단의 효과를 비교하는 경우에 쓰인다.

2개의 모집단에서 추출된 두 평균간의 비교를 위한 t 검정은 기본적으로 표본을 추출한 두 집단이 정규분포를 하고, 두 모집단의 모분산이 같다는 가정이 필요하다.

독립적인 두 정규 모집단에서 확률 표본이 각각 n_1, n_2개일 때 두 모평균이 동일한지 여부를 살펴보는 t 검정의 순서는 다음과 같다.

① 가설의 선택

- 양측 검정의 경우 $H_0 : \mu_1 = \mu_2$, $H_1 : \mu_1 \neq \mu_2$
- 단측 검정의 경우 $H_0 : \mu_1 = \mu_2$, $H_1 : \mu_1 < \mu_2$ 또는 $H_1 : \mu_1 > \mu_2$

② 검정통계량의 계산

이 경우 검정통계량은 자유도가 $(n_1 + n_2 - 2)$인 t 분포를 따른다.

$$z = \frac{\overline{X_1} - \overline{X_2}}{s_p \sqrt{\dfrac{1}{n_1} + \dfrac{1}{n_2}}} \tag{4.9}$$

$$s_p = \frac{(n_1 - 1)s_1^2 + (n_2 - 1)s_2^2}{n_1 + n_2 - 2} \tag{4.10}$$

여기서 $\overline{X_1}$: 표본 1의 평균, $\overline{X_2}$: 표본 2의 평균, s_p: 통합 분산, s_1: 표본 1의 분산, s_2: 표본 2의 분산이다.

③ 유의수준에 따른 기각역의 결정

두 개의 확률 표본이 각각 n_1, n_2개일 때 기각역은 다음과 같다.

- 양측 검정인 경우 $|z| \geq t_{(\alpha/2, n_1+n_2-1)}$
- 단측 검정인 경우 $z \leq t_{(\alpha, n_1+n_2-1)}$ 또는 $z \geq t_{(\alpha, n_1+n_2-1)}$

|예제 4-3| 수박 재배 농가가 칼슘제 화합물의 엽면살포 처리 회수에 따라 수박의 당도 차이가 있는가를 알아보고자 서로 다른 온실에서 재배된 수박을 각각 38개, 44개를 임의로 추출하여 당도를 측정한 결과가 표 4-6와 같다. 엽면살포 처리 회수에 따라 수박의 당도 차이가 있는지 여부를 검정하라.

표 4-6. 엽면살포 처리 회수에 따른 수박의 당도 측정 결과

항목	처리 내용	
	엽면살포 2회	엽면살포 3회
표본 수	38	44
당도 평균(°Bx)	13.0	14.1
당도 분산(°Bx)	1.4	1.2

|풀이| 엽면살포 처리 회수에 따라 수박의 당도 차이가 있는지 여부를 살펴보는 것이므로 양측 검정을 실시한다. 이를 위한 귀무가설은 $H_0 : \mu_1 = \mu_2$, 대립가설은 $H_1 : \mu_1 \neq \mu_2$이다.

자유도는 $(n_1 + n_2 - 2) = 38 + 44 - 2 = 80$이다.

통합 분산 s_p와 검정통계량 z를 계산한다.

$$s_p = \frac{(n_1 - 1)s_1^2 + (n_2 - 1)s_2^2}{n_1 + n_2 - 2} = \frac{(38-1)(1.4)^2 + (44-1)(1.2)^2}{80} = 1.68$$

$$z = \frac{\overline{X_1} - \overline{X_2}}{s_p\sqrt{\frac{1}{n_1} + \frac{1}{n_2}}} = \frac{(13.0 - 14.1)}{(1.68)\sqrt{\frac{1}{38} + \frac{1}{44}}} = -2.956$$

t 분포표에서 $t_{(0.025, 80)} = 1.990$, $\alpha = 0.01$에서 $t_{(0.005, 80)} = 2.639$

$|z| = 2.956 \geq t_{(0.005, 80)} = 2.639$이므로 귀무가설을 기각한다. 결과적으로 1% 유의수준에서 칼슘제 화합물의 엽면살포 처리 회수에 따른 수박 당도의 차이가 있었다.

4.5.2 F 분포와 검정

2개의 확률변수(V_1, V_2)가 d_1과 d_2의 자유도를 갖고 서로 독립인 카이제곱 분포(chi-squared distribution)를 따른다고 할 때, 다음과 같이 정의되는 확률변수 F는 자유도가 (d_1, d_2)인 F분포를 따른다.

$$F = \frac{V_1/d_1}{V_2/d_2} \sim F(d_1, d_2) \tag{4.11}$$

F분포(F-distribution)의 특징은 항상 양의 값을 가지며, 오른쪽으로 꼬리가 긴 비대칭적인 분포를 갖는다. F분포에서는 모수에 해당되는 분자의 자유도와 분모의 자유도에 따라 분포의 형태가 변하는데, 분자의 자유도와 분모의 자유도가 커질수록 정규분포의 형태에 가까워진다(그림 4-16). 부표 2에 F분포표가 실려 있다.

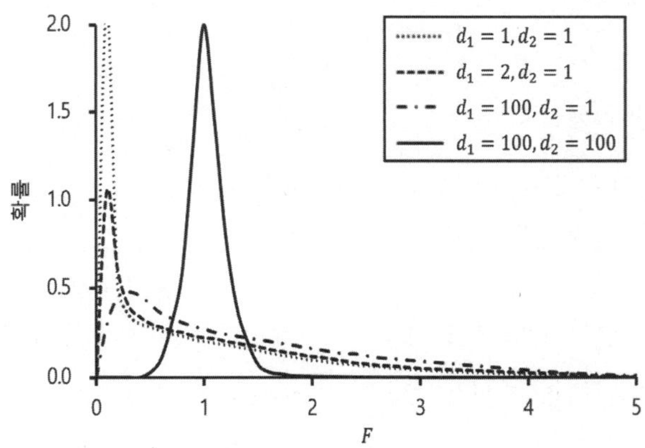

그림 4-16. 자유도에 따른 F 분포

F분포는 정규 모집단에서 추출된 표본들의 분산 비율을 나타낸 분포로서 F검정과 분산분석에 사용된다. 분산분석은 2개 이상의 표본 평균들이 동일한 모평균을 가진 집단에서 추출되었는지 여부를 검정하거나, 평균들이 서로 다른 모집단에서 추출된 것인가의 여부를 판단하는데 사용된다.

F검정은 두 표본의 분산에 대한 차이가 통계적으로 유의한지 여부를 판별하는 검정 기법이다. 때문에 F검정은 var test로도 불린다.

F검정의 순서는 다음과 같다.

① 가설의 선택

- 양측 검정의 경우 $H_0 : \sigma_1 = \sigma_2$, $H_1 : \sigma_1 \neq \sigma_2$

- 단측 검정의 경우 $H_0: \sigma_1 = \sigma_2$, $H_1: \sigma_1 < \sigma_2$ 또는 $H_1: \sigma_1 > \sigma_2$

② 유의수준에 따른 가설의 기각 또는 채택

계산된 p-값이 유의수준 α보다 크면 귀무가설을 받아들인다. 반대로 p-값이 유의수준 α보다 작으면 귀무가설을 기각하고, 대립가설을 받아들인다.

R을 이용한 F 검정에 다음과 같은 형식의 var.test()함수를 사용한다.

var.test(x, y, alternative="two.sided")

여기서, x: 집단 A 벡터, y: 집단 B 벡터이다. alternative는 option으로서 양측 검정("two.sided", 디폴트) 또는 단측 검정("less" 또는 "greater")을 설정한다.

|예제 4-4| 2개의 서로 다른 모집단으로부터 다음과 같이 표본이 임의로 추출되었다. 2개의 모집단이 동일한 분산을 갖고 있는지 여부를 검정하라.

A	16, 17, 25, 26, 32, 34, 38, 40, 42
B	600, 590, 590, 630, 610, 630

|풀이| 2개의 모집단이 동일한 분산을 갖고 있는지 여부를 확인하고자 $H_0: \sigma_1 = \sigma_2$, $H_1: \sigma_1 \neq \sigma_2$에 대한 검정을 실시하였다(그림 4-17). F 검정 결과, p-값은 0.1012로서 유의확률 $\alpha = 0.05$보다 크기 때문에 5% 유의수준에서 귀무가설을 받아들인다. 즉 2개의 모집단에 대한 분산의 차이가 없다고 결론을 내린다.

```
> # 2개의 임의 표본 데이터
> A <- c(16,17,25,26,32,34,38,40,42)
> B <- c(600,590,590,630,610,630)
> # var test
> var.test(A, B, alternative = "two.sided")

        F test to compare two variances

data:  A and B
F = 0.27252, num df = 8, denom df = 5, p-value = 0.1012
alternative hypothesis: true ratio of variances is not equal to 1
95 percent confidence interval:
 0.04033118 1.31282683
sample estimates:
ratio of variances
         0.2725248
```

그림 4-17. R을 이용한 F 검정 결과

4.6 상관과 회귀 분석

4.6.1 상관 분석

상관(correlation)은 2개 변량(또는 변수) 사이의 일정한 관계를 뜻한다. 예를 들면, 작물의 수량과 질소 시비량은 일정한 관계를 지니고 있으므로 수량과 질소 시비량 사이에 상관관계가 존재한다. 이밖에 채소 플러그묘의 초장과 건물중, 생체중과 건물중도 두 변량 사이에 일정한 관계가 존재한다.

상관 분석은 두 변량간의 선형적 관계 여부를 살펴보는 것이다. 상관관계의 정도를 파악하는 상관계수(correlation coefficient)는 두 변량간의 연관된 정도를 나타낼 뿐 인과관계를 설명하는 것은 아니다. 모집단의 상관계수는 ρ, 표본의 상관계수 는 r로 표시된다. 두 변량간의 인과관계는 회귀 분석(regression analysis)을 통해서 확인할 수 있다.

상관 분석 방법으로는 단순상관분석, 다중상관분석, 편상관계분석 등이 있다. 단순상관분석(simple correlation analysis)은 변량이 2개일 때, 중상관분석(multiple correlation analysis)은 변량이 3개 이상일 때 적용되는 상관 분석 방법이다. 편상관분석(partial correlation analysis)은 다중상관분석에서 다른 변수들과의 관계를 고정하고 2개 변수만의 상관관계를 분석할 때 적용된다.

상관계수의 종류로서 피어슨(Pearson) 상관계수, 스피어만(Spearman) 상관계수, 켄달(Kendall) 순위 상관계수가 있다. 여기에서는 상관 분석에 널리 쓰이는 피어슨 상관계수에 대해서 설명하고자 한다. 피어슨 상관계수는 2개의 변량 X와 Y간의 선형 상관관계를 계량화한 값으로서 다음 식으로 표시된다.

$$r = \frac{\sum(X_i - \overline{X})(Y_i - \overline{Y})}{\sqrt{\sum(X_i - \overline{X})^2}\sqrt{\sum(Y_i - \overline{Y})^2}} \tag{4.12}$$

여기서 X_i: 변량 X의 측정값, $\overline{X}$: 변량 X의 평균, Y_i: 변량 Y의 측정값, $\overline{Y}$: 변량 Y의 평균이다.

이 때 $x = X_i - \overline{X}$, $y = Y_i - \overline{Y}$로 표시하면 식(4.12)는 다음과 같다.

$$r = \frac{\sum xy}{\sqrt{\sum x^2}\sqrt{\sum y^2}} \tag{4.13}$$

표본의 상관계수 r은 -1 부터 +1 사이의 값을 갖는다(그림 4-18). $r = \pm 1$인 경우 완전 상관(perfect correlation), $r=0$일 때 상관관계가 존재하지 않는다.

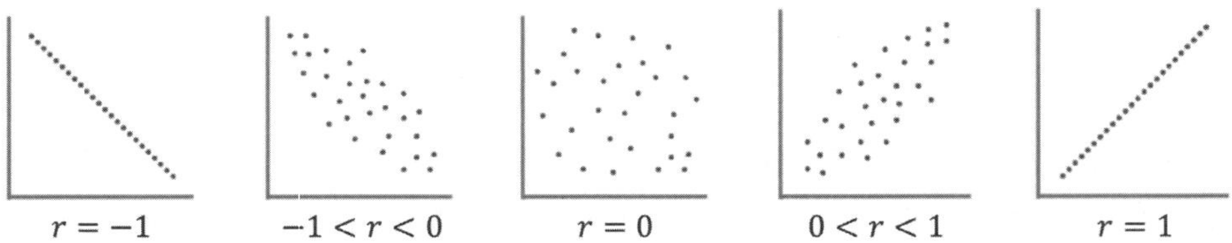

그림 4-18. 상관계수의 크기에 따른 변량 분포

|**예제 4-5**| 표 4-7은 질소 사용량(kg/10a, X)에 따른 벼의 수량(kg/10a, Y)을 조사한 성적이다. 두 변량에 대한 상관계수를 구하라.

표 4-7. 질소 사용량에 따른 벼 수량의 성적

구분	질소 사용량(kg/10a, X)				합	평균
	0	5	10	15	30	7.5
수량 (kg/10a, Y)	426	558	612	748	2,344	586

|**풀이**|

1) 식(4.13)을 이용한 상관계수 계산

$$\sum x^2 = (0-7.5)^2 + (5-7.5)^2 + (10-7.5)^2 + (15-7.5)^2 = 125$$

$$\sum y^2 = (426-586)^2 + (558-586)^2 + (612-586)^2 + (748-586)^2 = 53{,}304$$

$$\sum xy = (0-7.5)(426-586) + (5-7.5)(558-586) + (10-7.5)(612-586) + (15-7.5)(748-586) = 2{,}550$$

$$\therefore\ r = \frac{\sum xy}{\sqrt{\sum x^2}\sqrt{\sum y^2}} = \frac{2{,}550}{\sqrt{125}\sqrt{53{,}304}} = 0.9878$$

질소 사용량(kg/10a)과 벼의 수량(kg/10a) 사이의 상관계수는 0.9878로 나타났다.

2) R을 이용한 상관계수 결정

상관계수를 결정하기 위한 R 코드 형식은 다음과 같다.

cor(x, y, use, method)

여기에서, x: 독립변수(또는 설명변수, independent variable), y: 종속변수(또는 반응변수, dependent variable), use: 결측치 처리 방식(옵션), method: 상관계수의 종류로서 “pearson”(디폴트), “spearman”, “kendall”의 선택이 가능하다. 독립변수와 종속변수의 데이터 구조는 벡터, 행렬 및 데이터프레임이 모두 가능하다.

표 4-6에서 질소 사용량과 수량을 벡터 형태로 표시하여 상관계수를 구하면 다음과 같다(그림 4-19). 피어슨 상관계수 $r = 0.9878825$가 결정되었다.

```
> x <- c(0, 5, 10, 15)
> y <- c(426, 558, 612, 748)
> # 상관계수 계산
> cor(x, y, method="pearson")
[1] 0.9878825
```

그림 4-19. 벡터 데이터로 결정된 상관계수

질소 사용량과 수량을 행렬 형태로 표시하여 상관계수를 구한 결과는 그림 4-20과 같다. 결정된 상관계수 $r = 0.9878825$로서 벡터 형태의 경우와 동일하였다. 2개의 변량에 대한 상관계수가 행렬 형태로 표시됨에 유의하자.

```
> x <- c(0, 5, 10, 15)
> y <- c(426, 558, 612, 748)
> nitrogen <- cbind(x, y)
> # 상관계수 계산
> cor(nitrogen, method="pearson")
          x         y
x 1.0000000 0.9878825
y 0.9878825 1.0000000
```

그림 4-20. 행렬 데이터로 결정된 상관계수

채소 플러그묘의 품질(quality)은 육묘 단계에서의 시비, 환경, 수분 조건 등의 영향을 크게 받는다. 또한 작형, 접목 유무 또는 정식 작업의 기계화 가능성 등에 따라 묘의 품질 요구도가 다를 수 있다. 품질이 균일한 플러그묘를 생산하려면 묘 생산자와 수요자가 공감할 수 있는 우량묘의 평가 기준이 마련되어야 한다.

고추 플러그묘의 초장, 엽수, 생체중, 건물중, 엽면적, 엽록소함량, 줄기 직경, 엽색 등은 고추묘의 품질과 관련된 생장 특성이다. 5개의 육묘장에서 표본 추출된 고추 플러그묘의 생장 특성에 대한 상관계수는 엽면적과 지상부 생체중, 생체중과 건물중에서 높게 나타났다.

표 4-8. 고추 플러그묘의 생장 특성에 대한 상관계수

변량	X1	X2	X3	X4	X5	X6	X7	X8	X9	X10	X11	X12	X13	X14	X15	X16
X1	1.00	0.43	0.61	−0.61	0.57	−0.03	0.72	0.42	0.69	0.25	−0.21	−0.29	0.63	−0.19	−0.15	0.30
X2		1.00	0.66	−0.03	0.51	0.03	0.58	0.72	0.73	0.66	0.12	−0.07	0.13	0.49	−0.00	0.16
X3			1.00	−0.05	0.66	−0.00	0.78	0.76	0.84	0.67	−0.08	−0.13	0.30	0.46	−0.09	0.09
X4				1.00	0.16	0.07	−0.11	0.12	-0.08	0.20	0.02	0.13	−0.37	0.58	0.45	−0.68
X5					1.00	0.23	0.95	0.56	0.79	0.36	−0.54	−0.37	0.60	0.42	0.37	−0.24
X6						1.00	0.17	0.00	0.06	−0.01	−0.30	−0.05	0.05	0.11	0.32	−0.21
X7							1.00	0.65	0.88	0.45	−0.47	−0.36	0.60	0.38	0.22	−0.09
X8								1.00	0.82	0.90	0.14	−0.15	−0.09	0.64	−0.11	0.06
X9									1.00	0.73	−0.01	−0.09	0.40	0.57	−0.02	0.08
X10										1.00	0.40	0.28	−0.31	0.72	−0.20	0.08
X11											1.00	0.62	−0.53	0.21	−0.58	0.39
X12												1.00	−0.45	0.20	−0.26	0.11
X13													1.00	−0.18	0.21	−0.03
X14														1.00	0.15	−0.26
X15															1.00	0.79
X16																1.00

X1: 초장(mm), X2: 줄기 직경(mm), X3: 엽수, X4: 엽록소함량, X5: 엽면적(cm^2/plant), X6: 뿌리 길이(mm),
X7: 지상부 생체중(mg/plant), X8: 지하부 생체중(mg/plant), X9: 지상부 건물중(mg/plant),
X10: 지하부 건물중(mg/plant), X11: 지상부 건물율(%), X12: 지하부 건물율(%), X13: TR율(%),
X14: 건물중/초장(mg/mm), X15: 잎의 색상(hue), X16: 잎의 채도(saturation)

4.6.2 회귀 분석

회귀 분석(regression analysis)은 2개 이상의 변수간의 관련성을 예측하는 통계적 방법이다. 여기에서 변수는 독립변수(또는 설명변수, independent variable)와 종속변수(또는 반응변수, dependent variable)로 구분된다. 독립변수와 종속변수의 관계가 수학에서는 함수에 해당하나, 통계학에서는 독립변수에 대한 종속변수의 회귀 관계로 표현된다.

회귀 모형은 크게 선형 회귀와 비선형 회귀로 구분된다. 선형 회귀(linear regression)는 회귀계수를 선형 결합으로 표시할 수 있는 모형이다. 선형 회귀에는 단순 회귀(simple regression), 다항 회귀(polynomial regression) 및 중회귀(multiple regression)가 포함된다.

단순 회귀 모형

$$Y = \beta_0 + \beta_1 X + \varepsilon \qquad (4.14)$$

다항 회귀 모형

$$Y = \beta_0 + \beta_1 X + \beta_2 X^2 + ... + \beta_p X^p + \varepsilon \tag{4.15}$$

중회귀 모형

$$Y = \beta_0 + \beta_1 X_1 + \beta_2 X_2 + ... + \beta_p X_p + \varepsilon \tag{4.16}$$

비선형 회귀(nonlinear regression)는 회귀 분석에서 추정할 대상인 모수가 선형 결합으로 표현되지 않는 모형이다.

$$Y = \beta_0 (1 - e^{-\beta_1 X}) + \varepsilon \tag{4.17}$$

여기서, X: 독립변수, Y: 종속변수, $\beta_0, \beta_1, ..., \beta_p$: 모수, ε: 잔차(residual)이다. 측정된 데이터로부터 결정되는 각 회귀 모형의 모수에서 β_0는 절편(intercept)이고, $\beta_1, ..., \beta_p$는 각 독립변수의 계수에 해당한다.

1) 단순 회귀모형

표 4-5에 제시된 데이터를 그림 4-21과 같이 도표로 작성하였다. 도표에서 직선은 수량의 잔차(= 예측값 – 실측값)를 제곱하여 더한 값을 최소로 하는 선으로서, 회귀식으로 불린다.

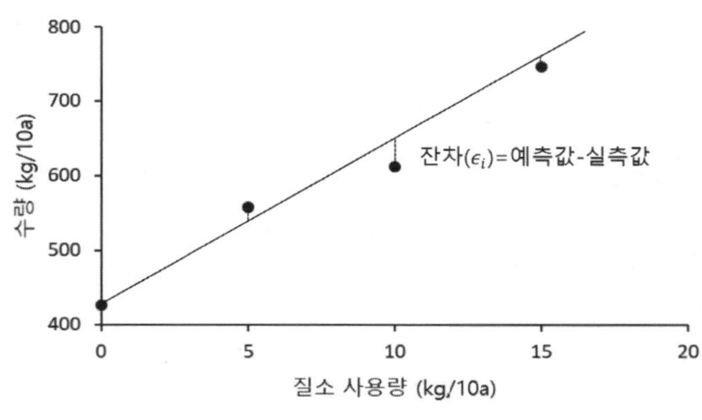

그림 4-21. 질소 사용량과 벼 수량의 관계

단순 회귀모형을 결정하는 과정은 다음과 같다. 식(5.14)에서 잔차의 제곱의 합을 S로 표시하면 다음과 같다.

$$S = \sum \varepsilon^2 = \sum (Y - \beta_0 - \beta_1 X)^2 \tag{4.18}$$

여기서 S 값을 최소로 하는 모수 β_0와 β_1를 구하려면 식(4.18)을 β_0와 β_1에 대해서 각각 실시한 편미분 값이 0이어야 한다. 즉,

$$\frac{\partial S}{\partial \beta_0} = -2\sum(Y - \beta_0 - \beta_1 X) = 0 \tag{4.19}$$

$$\frac{\partial S}{\partial \beta_1} = -2\sum X(Y - \beta_0 - \beta_1 X) = 0 \tag{4.20}$$

식(5.19)와 식(5.20)을 정리하면 다음과 같다.

$$\sum Y - n\beta_0 - \beta_1 \sum X = 0 \tag{4.21}$$

$$\sum XY - \beta_0 \sum X - \beta_1 \sum X^2 = 0 \tag{4.22}$$

또는

$$\beta_0 n + \beta_1 \sum X = \sum Y \tag{4.23}$$

$$\beta_0 \sum X + \beta_1 \sum X^2 = \sum XY \tag{4.24}$$

식(5.23)과 식(5.24)는 단순 회귀모형의 모수를 결정하는 과정에서 얻어진 것으로서, 정규방정식(normal equation)이라 한다.

정규방정식을 연립해서 β_1을 구하면 다음과 같다.

$$\beta_1 = \frac{\sum XY - \frac{(\sum X)(\sum Y)}{n}}{\sum X^2 - \frac{(\sum X)^2}{n}} = \frac{\sum (X - \overline{X})(Y - \overline{Y})}{\sum (X - \overline{X})^2} \tag{4.25}$$

한편 β_0는 식(5.23)으로부터 결정된다.

$$\beta_0 = \frac{\sum Y - \beta_1 \sum X}{n} = \overline{Y} - \beta_1 \overline{X} \tag{4.26}$$

식(4.14)는 모집단에 대한 회귀식이다. 이 때 모수 β_0와 β_1은 미지수이므로, 표본으로부

터 추정된 b_0와 b_1에 의해서 대용된다. 그러므로 표본에서 추정된 회귀식은 다음과 같다.

$$\hat{Y} = b_0 + b_1 X \tag{4.27}$$

식(4.27)에서 $\hat{Y}$는 회귀 모형에 의한 추정값으로서 Y hat라고 읽는다. 단순 회귀 모형의 기울기인 b_1는 회귀계수로 불리며, b_0는 절편이다.

표 4-4의 데이터를 이용하여 질소 사용량(kg/10a, X)에 따른 벼의 수량(kg/10a, Y)에 대한 단순 회귀 분석 결과는 다음과 같다.

$$\overline{X} = 7.5,\ \ \overline{Y} = 586$$

$$\sum(X-\overline{X})^2 = (0-7.5)^2 + (5-7.5)^2 + (10-7.5)^2 + (15-7.5)^2 = 125$$

$$\begin{aligned}\sum(X-\overline{X})(Y-\overline{Y}) &= (0-7.5)(426-586) + (5-7.5)(558-586) \\ &\quad + (10-7.5)(612-586) + (15-7.5)(748-586) \\ &= 2{,}550\end{aligned}$$

$$\beta_1 = \frac{\sum(X-\overline{X})(Y-\overline{Y})}{\sum(X-\overline{X})^2} = \frac{2{,}550}{125} = 20.4$$

$$\beta_0 = \overline{Y} - \beta_1 \overline{X} = 586 - (20.4)(7.5) = 433$$

$$\therefore\ \hat{Y} = b_0 + b_1 X = 433 + 20.4X$$

그림 4-22는 질소 사용량과 벼 수량의 단순 회귀관계를 나타낸 것이다.

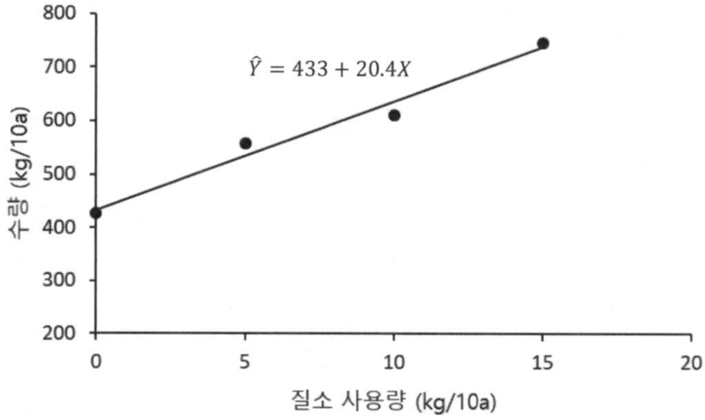

그림 4-22. 질소 사용량과 벼 수량의 단순 회귀 관계

모집단의 잔차 ε를 표본의 잔차 e로 대용하면,

$$e = Y - \hat{Y} = (Y - \overline{Y}) - b_1(X - \overline{X})$$
$$\sum e = \sum(Y - \hat{Y}) = \sum(Y - \overline{Y}) - b_1\sum(X - \overline{X}) = 0$$

실제로 벼 수량의 측정값과 예측값을 이용하여 구한 잔차는 표 4-9와 같다. 잔차의 합은 0이다.

표 4-9. 벼 수량의 잔차 계산

표본	측정값(Y)	예측값($\hat{Y}$)	잔차($Y - \hat{Y}$)
1	426	433	-7
2	558	535	23
3	612	637	-25
4	748	739	9
합계	2,344	2,344	0

2) 결정계수

결정계수(coefficient of determination)는 추정된 선형 모형의 적합도를 표시하는 척도로서, 종속변수의 변동 중에서 적용된 모형으로 설명 가능한 부분의 비율을 의미한다.

회귀 분석에서 전체 편차는 회귀 모형에 의해서 설명되는 편차와 설명되지 않는 편차의 합이다(그림 4-23). 이것을 기호로 표시하면 다음과 같다.

$$Y - \overline{Y} = (Y - \hat{Y}) + (\hat{Y} - \overline{Y}) \tag{4.28}$$

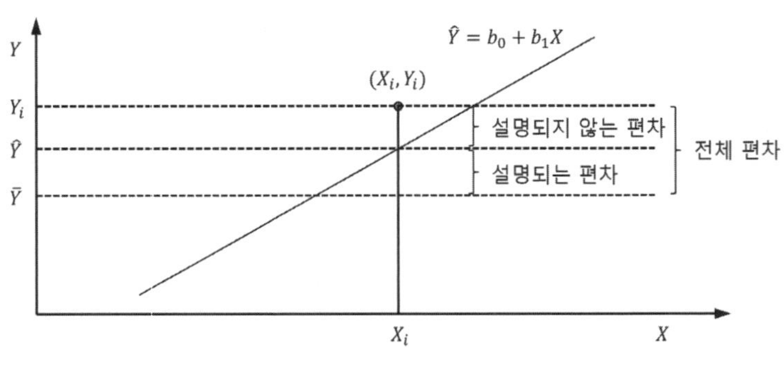

그림 4-23. 회귀 모형으로 설명되는 편차와 설명되지 않는 편차

식(4.28)의 양변을 제곱하여 정리하고 합하면 다음과 같다.

$$\sum(Y-\overline{Y})^2=\sum(\hat{Y}-\overline{Y})^2+\sum(Y-\hat{Y})^2 \tag{4.29}$$

식(4.29)는 다음과 같은 의미를 지닌다.

$$\text{전체 제곱합} = \text{회귀 제곱합} + \text{잔차 제곱합} \tag{4.30}$$

또는

$$\begin{aligned}\text{전체 변동} &= \text{회귀식으로 설명되는 변동}\\ &\quad + \text{회귀식으로 설명되지 않는 변동}\end{aligned} \tag{4.31}$$

이 때 결정계수(R^2)는 다음과 같다.

$$\begin{aligned}R^2 &= \frac{\text{회귀식으로설명되는변동}}{\text{전체변동}}\\ &= 1-\frac{\text{회귀식으로설명되지않는변동}}{\text{전체변동}}\end{aligned} \tag{4.32}$$

결정계수는 $0 \le R^2 \le 1$의 값을 지닌다. 데이터의 분포 정도를 나타내는 전체 변동 중에서 회귀식으로 설명되는 변동이 차지하는 비율이 클수록 회귀모형이 관측 결과를 잘 설명해준다.

한편, 선형 회귀에서 결정계수와 상관계수(r)의 관계는 다음과 같다.

$$R = \pm r \tag{4.33}$$

표 4-6에서, $\sum X = 30$, $\sum X^2 = 350$, $\sum Y = 2{,}344$, $\sum Y^2 = 1{,}426{,}888$, $\sum XY = 20{,}130$, $b_1 = 20.4$, $\sum(X-\overline{X}) = 125$이므로

$$\begin{aligned}\text{전체 변동} &= \sum(Y-\overline{Y})^2\\ &= \sum Y^2 - \frac{(\sum Y)^2}{n}\\ &= (426^2+558^2+612^2+748^2) - \frac{(2{,}344)^2}{4}\\ &= 53{,}304\end{aligned}$$

$$\begin{aligned}\text{회귀식으로 설명되는 변동} &= \sum(\hat{Y}-\overline{Y})^2\\ &= \sum b_1^2(X-\overline{X})^2\\ &= (20.4)^2(125)\\ &= 52{,}020\end{aligned}$$

$$\therefore\ R^2 = \frac{52{,}020}{53{,}304} = 0.9759$$

즉, 회귀직선이 전체 데이터의 분포 중 97.6%를 설명해주는 것으로서, 단순 선형 회귀 모형이 관측 결과를 잘 설명해주고 있다.

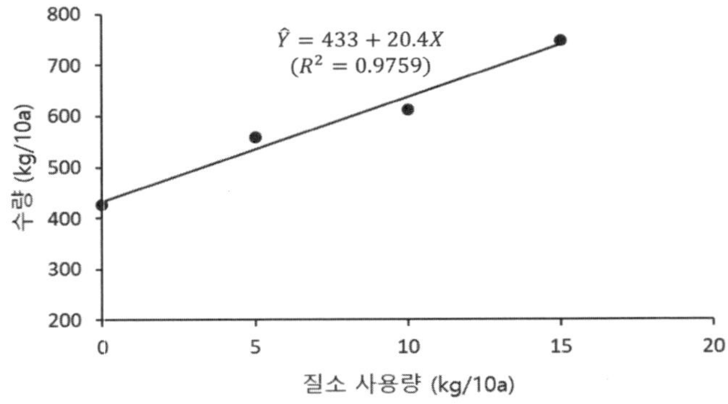

그림 4-24. 질소 사용량과 벼 수량의 단순 회귀모형 및 결정계수

3) R을 이용한 회귀 분석

R을 이용한 회귀 분석의 기본 형식은 다음과 같다.

lm(formula, data)

여기에서, formula: 회귀 분석을 위한 표현식, data: 분석에 사용된 데이터이다. 회귀 분석을 위한 표현식에는 "~", "+", ".", "-", ":", "*" 등의 기호가 사용된다.

표 4-10. 회귀 분석의 표현식에 사용되는 기호와 의미

기호	의미
~	종속변수와 독립변수를 구분 짓는 기호 예) 종속변수 ~ 독립변수
+	독립변수가 여러 개인 경우 + 기호로 연결 예) 종속변수 ~ 독립변수1 + 독립변수2 + 독립변수3 …
.	모든 독립변수를 포함
-	선택된 독립변수 중 제외하고 싶은 독립변수를 "-" 기호를 입력하여 삭제
:	상호작용 예) 종속변수 ~ 독립변수A:독립변수B
*	독립변수 및 상호작용을 모두 표현 예) 종속변수 ~ 독립변수A*독립변수B 종속변수 ~ 독립변수A + 독립변수B + 독립변수A:독립변수B
I()	독립변수에 특정 수식을 적용할 때 사용 예) 종속변수 ~ I(독립변수A*2)+독립변수B

① 단순 회귀 모형

R을 이용하여 표 4-6의 데이터에 대한 단순 회귀 분석을 실시하면 다음과 같다.

```
> x <- c(0, 5, 10, 15)
> y <- c(426, 558, 612, 748)
> # 회귀분석 수행
> reg_result <- lm(y ~ x)
> # 회귀분석 결과
> summary(reg_result)

Call:
lm(formula = y ~ x)

Residuals:
  1   2   3   4
 -7  23 -25   9

Coefficients:
            Estimate Std. Error t value Pr(>|t|)
(Intercept)  433.000     21.199  20.425  0.00239 **
x             20.400      2.266   9.002  0.01212 *
---
Signif. codes:  0 ‘***’ 0.001 ‘**’ 0.01 ‘*’ 0.05 ‘.’ 0.1 ‘ ’ 1

Residual standard error: 25.34 on 2 degrees of freedom
Multiple R-squared:  0.9759,	Adjusted R-squared:  0.9639
F-statistic: 81.03 on 1 and 2 DF,  p-value: 0.01212
```

그림 4-25. R을 이용한 회귀 분석 결과

회귀 분석 결과에 $\hat{Y} = 433 + 20.4X$의 선형 회귀모형과 $R^2 = 0.9759$의 결정계수가 표시되었다.

② 중회귀 모형

식(4.16)에 제시된 중회귀 모형은 다음과 같다.

$$Y = \beta_0 + \beta_1 X_1 + \beta_2 X_2 + ... + \beta_p X_p + \varepsilon$$

R에 내장된 mtcars 데이터셋을 이용하여 중회귀 분석을 실시해보자. mtcars 데이터셋은 1974년에 Motor Trend US Magazine에서 추출되었으며, 1973년과 1974년 모델의 자동차 디자인과 성능을 비교한 것이다.

우선 help 명령어로 데이터의 포맷을 살펴보자. 연비(miles/gallon), 실린더 수, 배기량, 총 마력, 무게 등 자동차의 모델별 특성이 실려 있다.

```
>help(mtcars)
```

Usage

mtcars

Format

A data frame with 32 observations on 11 (numeric) variables.

[, 1] mpg	Miles/(US) gallon
[, 2] cyl	Number of cylinders
[, 3] disp	Displacement (cu.in.)
[, 4] hp	Gross horsepower
[, 5] drat	Rear axle ratio
[, 6] wt	Weight (1000 lbs)
[, 7] qsec	1/4 mile time
[, 8] vs	Engine (0 = V-shaped, 1 = straight)
[, 9] am	Transmission (0 = automatic, 1 = manual)
[,10] gear	Number of forward gears
[,11] carb	Number of carburetors

11개의 변수 중에서 연비(mpg), 배기량(disp), 무게(wt) 변수 사이의 관계를 도표로 표시하면 그림 4-26과 같다.

```
>plot(mtcars[,c("mpg","disp","wt")])
```

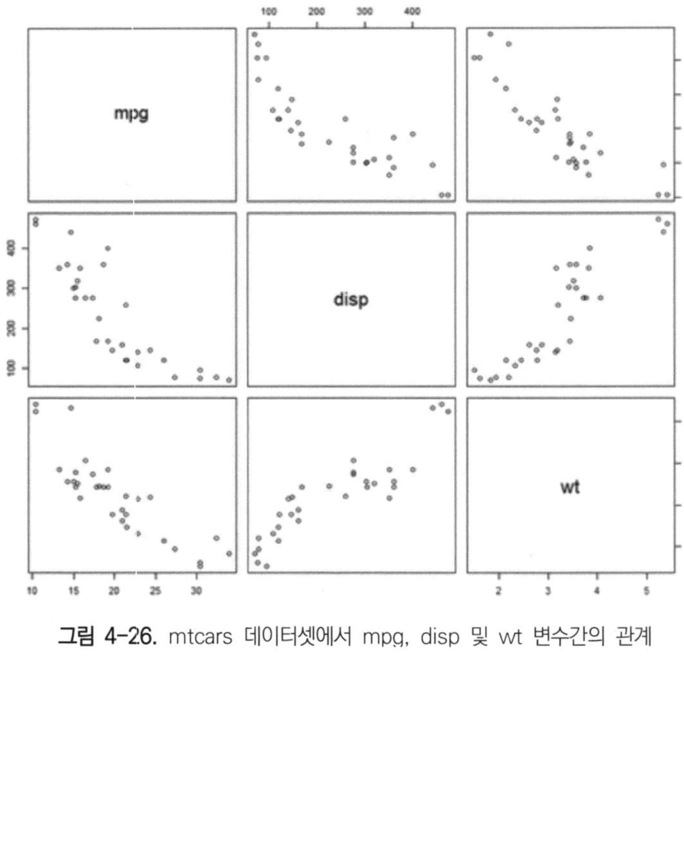

그림 4-26. mtcars 데이터셋에서 mpg, disp 및 wt 변수간의 관계

disp와 wt를 독립변수, mpg를 종속변수로 설정하고 2변수 선형 모형으로 회귀 분석을 실시하면 결과가 다음과 같다. 독립변수가 2개이므로 회귀 모형에서 독립변수가 + 기호로 연결되어 있다.

회귀 분석 결과 $\hat{Y} = 34.96055 - 3.35082\,\mathrm{wt} - 0.01773\,\mathrm{disp}$의 회귀모형과 $R^2 = 0.7809$의 결정계수가 표시되었다(그림 4-27). 2개(disp, wt)의 독립변수를 사용한 회귀 모형은 연비 데이터의 분포 중 78.09%를 설명해주고 있다.

```
> fit <- lm(mpg ~ wt + disp, mtcars)
> summary(fit)

Call:
lm(formula = mpg ~ wt + disp, data = mtcars)

Residuals:
    Min      1Q  Median      3Q     Max 
-3.4087 -2.3243 -0.7683  1.7721  6.3484 

Coefficients:
            Estimate Std. Error t value Pr(>|t|)    
(Intercept) 34.96055    2.16454  16.151 4.91e-16 ***
wt          -3.35082    1.16413  -2.878  0.00743 ** 
disp        -0.01773    0.00919  -1.929  0.06362 .  
---
Signif. codes:  0 '***' 0.001 '**' 0.01 '*' 0.05 '.' 0.1 ' ' 1

Residual standard error: 2.917 on 29 degrees of freedom
Multiple R-squared:  0.7809,	Adjusted R-squared:  0.7658 
F-statistic: 51.69 on 2 and 29 DF,  p-value: 2.744e-10
```

그림 4-27. mtcars 데이터셋에 대한 2변수 모형의 회귀 분석

③ 최상의 회귀 모형 선택

파장별 분광 특성을 표시하는 분광 데이터셋에는 많은 독립변수가 들어있다. 이 경우 종속변수와 관계없는 독립변수가 포함될 수 있다. 독립변수가 많으면 중회귀 모형의 해석이 복잡하며, 다중공선성(multicollinearity)이 나타날 수 있다. 다중공선성은 독립변수들 사이에 상관관계가 있는 현상이다.

중회귀 모형에서 독립변수가 많으면 결정계수가 커지나, 해석이 어려워지므로 적절한 변수 선택이 필요하다. 더구나 가능한 한 간단한 회귀 모형을 만들기 위해서라도 독립변수의 선택은 바람직하다.

변수 선택의 방법으로 전진 선택(forward selection), 후진 제거(backward elimination) 및 단계 선택(stepwise method)이 있다. 전진 선택은 독립변수 중 종속변수에 가장 큰

영향을 주는 변수부터 선택하여 회귀 모형에 포함시키면서 F값을 가장 크게 하는 변수를 찾아가는 방법이다.

후진 제거는 독립변수를 모두 포함시킨 모형에서 출발하되 가장 작게 영향을 미치는 변수부터 하나씩 제거하면서 더 이상 제거되는 변수가 없을 때의 모형을 선택하는 방법이다.

단계 선택은 변수 증가에 의하여 변수를 추가하되 새롭게 추가된 변수로 말미암아 기존에 선택된 변수의 중요도가 약화되면 해당 변수를 제거하는 등 매 단계별로 추가 또는 제거되는 변수의 여부를 검토하되 더 이상 추가 또는 제거되는 변수가 없을 때 변수 선택을 중단하는 방법이다.

R에서는 중회귀 모형의 변수 선택 또는 제거를 위해서 step() 함수를 사용한다. 이 때 step() 함수의 direction에 "forward", "backward", 또는 "both"(stepwise)를 입력한다. 예를 들면, 단계 선택 방법으로 변수를 선택하고자 다음과 같은 내용으로 실행시키면 변수를 추가하거나 또는 제거하면서 최상의 회귀 모형을 선택한다. lm() 함수에 사용된 .은 모든 독립변수를 포함한 회귀 분석을 의미한다.

```
>model <- lm(종속변수 ~ ., data)
>model_stepwise <- step(model, direction="both")
```

다음으로 summary() 함수를 사용하면 분석된 회귀 결과가 표시된다.

4.7 분산분석

4.7.1 평균과 분산

평균은 데이터의 중심을 표시하며, 분산이나 표준편차는 데이터의 퍼짐 정도를 나타낸다. 평균은 총 평균과 집단의 평균으로 구분된다. 집단의 평균은 각 집단을 구성하는 데이터의 중심으로서 데이터에 따라 다르다.

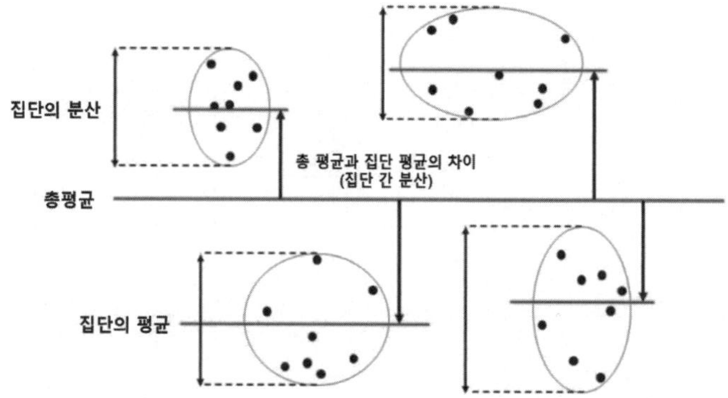

그림 4-28. 평균과 분산

집단의 분산은 각 집단에서 데이터가 퍼져있는 정도로서, 데이터에 의해서 결정된다. 이때 총 평균과 각 집단 평균의 차이가 존재하는 데 이 값을 집단 간 분산이라 한다.

분산분석(analysis of variance, ANOVA)은 2개 이상의 집단을 비교하고자 할 때 집단 내의 분산과 집단 간 분산(= 총 평균과 각 집단의 평균 차이에 의해 생긴 분산)의 비교를 통해 가설을 검정하는 방법이다.

집단 내 분산에 대한 집단 간 분산의 크기가 F값으로 정의된다. F값은 집단별로 분산의 차이가 있는지 여부를 판단하는 지표이다. F값이 클수록 비교 집단 간의 분산의 차이가 존재한다. 두 집단 간의 모평균 비교에는 t 분포를 이용하고, 세 집단 이상의 모평균 비교에는 F 분포를 이용한다.

분산분석을 실시할 때의 가설은 다음과 같다.

귀무가설(H_0): 각 집단의 평균이 동일하다.

$$H_0: \mu_1 = \mu_2 = \cdots = \mu_k \tag{4.34}$$

대립가설(H_1) : 각 집단의 평균이 적어도 1개 이상 다르다.

$$H_1: \mu_i \neq \mu_j \tag{4.35}$$

분산분석 결과 처리간의 차이에 유의차가 나타나면 귀무가설을 기각하고, 반대로 유의차가 존재하지 않으면 대립가설을 받아들인다.

4.7.2 모형 방정식

처리의 수가 t개이고, 각 처리마다 n개의 표본을 조사한 일원배치의 데이터는 표 4-11과 같다. 여기에서 처리는 군(group)으로도 표시되고, 표본은 반복에 해당된다.

표 4-11. 일원 배치 모형의 데이터

구분		처리						합계
		1	2	…	i	…	t	
표본	1	X_{11}	X_{21}	…	X_{i1}	…	X_{t1}	$X_{.1}$
	2	X_{12}	X_{22}	…	X_{i2}	…	X_{t2}	$X_{.2}$
	…	…	…	…	…	…	…	…
	j	X_{1j}	X_{2j}	…	X_{ij}	…	X_{tj}	$X_{.j}$
	…	…	…	…	…	…	…	…
	n	X_{1n}	X_{2n}	…	$X_{\in}$	…	X_{tn}	$X_{.n}$
합계		$X_{1.}$	$X_{2.}$	…	$X_{i.}$	…	$X_{t.}$	$X_{..}$
평균		$\overline{X_1}$	$\overline{X_2}$	…	$\overline{X_i}$	…	$\overline{X_t}$	$\overline{X_{..}}$

이 경우 측정된 데이터는 총 평균과 표본평균의 편차와 표본 내의 편차를 합한 것으로서 기호로 표시하면 다음과 같다.

$$X_{ij} = \overline{X_{..}} + (\overline{X_{i.}} - \overline{X_{..}}) + (X_{ij} - \overline{X_{i.}}) \tag{4.36}$$

여기서, X_{ij}: i번째 처리에서 측정된 j번째 표본 데이터($i = 1, 2, ..., t,\ \ j = 1, 2, ..., n$), $\overline{X_{..}}$: 총 평균, $\overline{X_{i.}}$: i번째 처리의 평균이다.

식(4.36)을 정리하면 다음과 같다.

$$X_{ij} - \overline{X_{..}} = (\overline{X_{i.}} - \overline{X_{..}}) + (X_{ij} - \overline{X_{i.}}) \tag{4.37}$$

식(4.37)의 양변을 제곱하고 더하면 다음과 같다.

$$\begin{aligned}
\sum_i \sum_j (X_{ij} - \overline{X_{..}})^2 &= \sum_i \sum_j ((\overline{X_{i.}} - \overline{X_{..}}) + (X_{ij} - \overline{X_{i.}}))^2 \\
&= \sum_i \sum_j [(\overline{X_{i.}} - \overline{X_{..}})^2 + 2(\overline{X_{i.}} - \overline{X_{..}})(X_{ij} - \overline{X_{i.}}) + (X_{ij} - \overline{X_{i.}})^2] \\
&= \sum_i [\sum_j (\overline{X_{i.}} - \overline{X_{..}})^2 + \sum_j (X_{ij} - \overline{X_{i.}})^2 + 2(\overline{X_{i.}} - \overline{X_{..}}) \sum_j (X_{ij} - \overline{X_{i.}})] \\
&= \sum_i [n(\overline{X_{i.}} - \overline{X_{..}})^2 + \sum_j (X_{ij} - \overline{X_{i.}})^2] \\
&= n \sum_i (\overline{X_{i.}} - \overline{X_{..}})^2 + \sum_i \sum_j (X_{ij} - \overline{X_{i.}})^2
\end{aligned} \tag{4.38}$$

식 (4.38)에서 왼쪽 항 $\sum_i \sum_j (X_{ij} - \overline{X_{..}})^2$는 전체 제곱합(total sum of square,

SS_T)이다. 한편 오른쪽의 첫 번째 항 $n\sum_i(\overline{X_{i.}} - \overline{X_{..}})^2$는 처리간 제곱합(treatment sum of squares, SS_{Tr})이며, 두번째 항 $\sum_i\sum_j(X_{ij} - \overline{X_{i.}})^2$는 오차 제곱합(error sum of squares, SS_E)이다. 결과적으로 전체 제곱합은 처리간 제곱합과 오차 제곱합을 합한 것으로서 기호로 표시하면 다음과 같다.

$$SS_T = SS_{Tr} + SS_E \tag{4.39}$$

처리의 수가 t이고, 각 처리마다 표본의 수가 n일 때 전체의 자유도는 $tn-1$, 처리의 자유도는 $t-1$, 오차의 자유도 = 전체의 자유도 - 처리의 자유도 = $(tn-1)-(t-1) = t(n-1)$이다.

평균 제곱합(mean square, MS)은 각 요인의 제곱합을 요인의 자유도로 나눈 값으로 정의된다. 검정통계량은 처리의 평균 제곱합을 오차의 평균 제곱합으로 나눈 값으로서 다음과 같이 표시된다.

$$F = \frac{MS_{Tr}}{MS_E} = \frac{\dfrac{SS_{Tr}}{t-1}}{\dfrac{SS_E}{t(n-1)}} \tag{4.40}$$

4.7.3 일원 배치에 대한 분산분석

1) F 분포표를 이용한 분산분석

일원배치 모형에 해당하는 분산분석표는 표 4-12와 같다.

표 4-12. 일원배치 모형의 분산분석표

요인 (source)	자유도 (df)	제곱합 (SS)	평균제곱합 (MS)	검정통계량 (F)
처리	$t-1$	$SS_{Tr} = n\sum(\overline{X_{i.}} - \overline{X_{..}})^2$	$MS_{Tr} = \dfrac{SS_{Tr}}{t-1}$	$F = \dfrac{MS_{Tr}}{MS_E}$
오차	$t(n-1)$	$SS_E = \sum\sum(X_{ij} - \overline{X_{i.}})^2$	$MS_E = \dfrac{SS_E}{t(n-1)}$	
전체	$tn-1$	$SS_T = \sum\sum(X_{ij} - \overline{X_{..}})^2$		

각 요인의 제곱합을 결정할 때 보정항(correction factor, CF)을 사용하면 편리하다.

$$CF = \frac{(\sum_i \sum_j X_{ij})^2}{tn} = \frac{(\sum_i X_{i.})^2}{tn} = \frac{(X_{..})^2}{tn} \tag{4.41}$$

이 때 전체 제곱합, 처리간 제곱합 및 오차 제곱합은 다음과 같이 표시된다.

전체 제곱합, $SS_T = \sum_i \sum_j X_{ij}^2 - CF$ (4.42)

처리간 제곱합, $SS_{Tr} = \frac{\sum_i (X_{i.})^2}{n} - CF$ (4.43)

오차 제곱합, $SS_E = SS_T - SS_{Tr}$ (4.44)

2) R을 이용한 분산분석

R을 이용한 분산분석에 필요한 함수는 aov()로서, 기본 형식은 다음과 같다.

aov(formula, data)

여기에서, formula: 분산분석용 모델(종속변수 ~ 독립변수), data: 데이터프레임 형태로 표시된 분석용 데이터이다.

|예제 4-6| 표 4-10은 식물공장에서 4종류(고압나트륨램프, 메탈할라이드램프, 제논램프, 냉백색형광등)의 방전램프하에서 21일간 생장된 '적치마' 상추의 엽면적을 5반복으로 측정한 것이다. 램프의 종류를 제외한 식물공장 내의 환경 조건이 동일한 상태에서 방전램프의 종류가 상추의 엽면적에 미치는 효과에 대한 분산분석을 실시하고, 결과를 해석하라.

표 4-13. 방전램프하에서 생장된 '적치마' 상추의 엽면적

램프 종류	엽면적(cm^2/plant)					계	평균
	1	2	3	4	5		
고압나트륨	2,553	2,576	2,354	2,103	2,284	11,870	2,374
메탈할라이드	2,064	2,273	2,108	1,985	2,145	10,575	2,115
제논	1,553	1,605	1,826	1,702	1,579	8,265	1,653
대조구	1,572	1,554	1,466	1,420	1,498	7,510	1,502
전체						38,220	1,911

|풀이 1| 먼저 각 요인의 제곱합을 구하기 전에 보정항을 계산한다.

$$\text{보정항, } CF = \frac{(X_{..})^2}{tn} = \frac{38,220^2}{(4)(5)} = 73,038,420$$

$$\begin{aligned}\text{전체 제곱합, } SS_T &= \sum_i \sum_j X_{ij}^2 - CF \\ &= (2,553^2 + 2,576^2 + \dots + 1,498^2) - 73,038,420 \\ &= 2,715,100\end{aligned}$$

$$\begin{aligned}\text{처리간 제곱합, } SS_{Tr} &= \frac{\sum_i (X_{i.})^2}{n} - CF \\ &= \frac{11,870^2 + 10,575^2 + 8,265^2 + 7,510^2}{5} - 73,038,420 \\ &= 2,449,150\end{aligned}$$

$$\text{오차 제곱합, } SS_E = SS_T - SS_{Tr} = 2,715,100 - 2,449,150 = 265,950$$

전체의 자유도 $= tn - 1 = (4)(5) - 1 = 19$

처리(품종)의 자유도 $= t - 1 = 4 - 1 = 3$

오차의 자유도 $= t(n-1) = 4(5-1) = 16$

$$\text{처리의 평균 제곱합, } MS_{Tr} = \frac{SS_{Tr}}{df} = \frac{2,449,150}{3} = 816,383.3$$

$$\text{오차의 평균 제곱합, } MS_E = \frac{SS_E}{df} = \frac{265,950}{16} = 16,621.8$$

$$\therefore \text{ 검정통계량, } F = \frac{MS_{Tr}}{MS_E} = \frac{816,383.3}{16,621.8} = 49.1$$

이에 대한 분산분석 결과는 표 4-14와 같다.

검정할 유의 수준과 자유도에 해당하는 F값을 F분포표에서 찾아 유의성 여부를 검정한다.

$F_{0.01(3,16)} = 5.29$, $F_{0.001(3,16)} = 9.01$ 이므로

계산된 검정통계량, $F = 49.1 > F_{0.001(3,16)} = 9.01$ 이다.

따라서 검정통계량은 고도의 유의성이 인정된다. 즉, 처리간 분산과 오차 분산이 동일한 모집단의 분산이라고 볼 수 없다. 그러므로 모든 처리(램프)의 평균이 같다는 귀무가설을 기각하고, 처리에 따른 엽면적의 평균이 같지 않다는 대립가설을 받아들인다. 계산된 검정통계량의 우측에 표시된 3개의 별표(***)는 0.1% 수준에서

유의성이 인정됨을 의미한다.

표 4-14. 방전램프의 종류에 따른 '적치마' 상추의 엽면적에 대한 분산분석표

요인 (source)	자유도 (df)	제곱합 (SS)	평균 제곱합 (MS)	검정통계량 (F)
처리	3	2,449,150	816,383.3	49.1***
오차	16	265,950	16,621.8	
전체	19	2,715,100		

|**풀이 2**| R을 이용한 분산분석

먼저 표 4-10의 데이터를 엑셀에서 그림 4-29와 같은 형태로 입력한 후 CSV 파일로 저장한다. 다음으로 R에서 CSV 파일을 불러들인 후에 분산분석을 실시한다. 이 경우 R에서 CSV 파일을 불러들일 때 read.csv() 함수를 사용한다.

분산 분석 결과, 품종에 따른 p-값은 2.7e-08로서 유의확률 $\alpha = 0.001$ 보다 작기 때문에 0.1% 유의수준에서 귀무가설을 기각하고, 대립가설을 받아들인다(그림 4-30). 즉, 방전램프의 종류에 따른 '적치마' 상추 엽면적의 평균이 같지 않다고 결론을 내린다.

	A	B
1	lamp	leafarea
2	A	2553
3	A	2576
4	A	2354
5	A	2103
6	A	2284
7	B	2064
8	B	2273
9	B	2108
10	B	1985
11	B	2145
12	C	1553
13	C	1605
14	C	1826
15	C	1702
16	C	1579
17	D	1572
18	D	1554
19	D	1466
20	D	1420
21	D	1498

그림 4-29. 분석용 파일

```
> # 데이터 파일 불러오기
> leafarea_data <- read.csv("D:/leafarea.csv")
> # 분산분석
> model=aov(leafarea ~ lamp, data=leafarea_data)
> summary(model)
            Df  Sum Sq Mean Sq F value  Pr(>F)
lamp         3 2449150  816383   49.12 2.7e-08 ***
Residuals   16  265950   16622
---
Signif. codes:  0 ‘***’ 0.001 ‘**’ 0.01 ‘*’ 0.05 ‘.’ 0.1 ‘ ’ 1
```

그림 4-30. R을 이용한 분산분석 결과

4.7.4 사후 검정

분산분석을 실시한 결과 유의차가 인정되지 않으면 각 집단의 평균이 동일하다는 귀무가설, 즉 H_0: $\mu_1 = \mu_2 = \cdots = \mu_k$를 채택한다. 한편, 유의차가 인정되면 각 집단의 평균이 적어도 1개 이상 다르다는 대립가설, 즉 H_1: $\mu_i \neq \mu_j$을 받아들인다. 이 경우 집단간의 평균이 다르기 때문에 어떤 집단이 차이가 있는지 확인하려면 평균의 차이를 검정해야 한다. 이것을 사후 검정이라 한다. 사후 검정 방법으로는 최소유의차 검정, Duncan 검정, Scheffe 검정, Tukey 검정 등이 있다.

1) 최소유의차 검정

최소유의차(least significant difference, *LSD*) 검정은 최소유의차 값을 기준으로 사용하여 두 평균의 차이를 기준과 비교하는 것이다. 즉 분산분석 결과 귀무가설이 기각되었을 때, 일정한 유의수준에서 두 평균간의 비교를 위한 최소유의차 값을 구한다. 이 경우 두 평균 간 차이가 기준에 해당되는 *LSD* 값보다 크면 두 평균은 유의한 차이가 있는 것이고, *LSD* 값보다 적으면 유의차가 없다고 판정한다.

최소유의차 검정은 t검정을 기본으로 한다. 반복수가 r일 때 t값은 다음과 같이 구한다.

$$t = \frac{\overline{X} - \mu}{s/\sqrt{r}} \qquad (4.45)$$

여기서, $\overline{X}$: 표본의 평균, μ: 모집단의 평균, s: 표본의 표준편차이다.

반복수가 같은 임의의 2개 평균 사이의 유의성 검정을 위한 최소유의차는 다음과 같다.

$$LSD_\alpha = t_{\alpha(\nu)}\sqrt{\frac{2s^2}{r}} \qquad (4.46)$$

여기서, α: 유의수준, ν: 자유도이다.

반복의 수가 다른 평균간의 유의성 검정을 위한 최소유의차는 다음과 같이 구한다.

$$LSD_{\alpha} = t_{\alpha(\nu)}\sqrt{s^2(\frac{1}{r_1} + \frac{1}{r_2})} \quad (4.47)$$

여기서, r_1과 r_2는 각각 반복의 수이다.

최소유의차 검정은 평균간 비교의 기준으로 LSD 값만 구하기 때문에 검정 과정이 비교적 단순하다. 그러나 처리의 수가 증가하면 상대적으로 엄격하지 않은 기준의 적용으로 인해서 제1종 오류를 범하기 쉽다.

2) Duncan 검정

Duncan 검정은 평균을 크기 순서로 나열하고, 비교하는 두 평균의 가깝고 먼 위치에 따라 다른 기준 값을 적용하는 검정 방법으로서 Duncan의 다중범위검정(Duncan's multiple range test, $DMRT$)이라 한다. 이 때 적용되는 기준 값을 최소유의범위(least significant range, LSR)라 하며, 평균수보다 1개 적은 LSR 값이 필요하다. 예컨대 7개의 평균을 비교할 때는 6개의 LSR 값이 있어야 한다. 최소유의범위 LSR 값은 다음 식으로 계산된다.

$$LSR = SSR \times s_{\overline{X}} \quad (4.48)$$

여기서, SSR: 다중 비교를 스튜던트화한 유의범위(significant studentized range, SSR), $s_{\overline{X}}$: 표준오차이다.

Duncan의 다중범위검정을 적용할 경우 우선 평균을 크기순으로 나열하고 큰 평균부터 차례로 비교한다. 이 때 가장 큰 평균과 다른 평균들을 비교한다. 이 방법은 가장 큰 평균에서 가장 큰 LSR 값을 뺀 것을 기준 값으로 사용하는데, 이 기준 값보다 작은 평균들은 가장 큰 평균과 유의차가 있는 것이고, 이 기준 값보다 큰 평균들은 유의차가 없는 것이다. 다음은 두 번째로 큰 평균과 그보다 작은 평균들을 비교한다. 두 번째 큰 평균에서 두 번째 큰 LSR 값을 뺀 것을 기준 값으로 사용한다. 이와 같은 방법으로 계속 비교해 나가면서 유의차가 없는 평균들은 밑선으로 연결하여 유의차가 없음을 표시한다.

3) Scheffe 검정

Scheffe 검정은 최소유의차 검정 또는 Tukey 검정과 마찬가지로 비교 척도가 1개이나, 계산 방법은 다르다. 비교 척도는 다음 식으로 계산된다.

$$Scheffe = \sqrt{\frac{df_t \bullet F_\alpha \bullet 2MS_e}{r}} \tag{4.49}$$

여기서, df_t: 처리의 자유도, F_α: 처리의 자유도와 오차의 자유도에 해당하는 α수준에서의 F값, MS_e: 오차의 평균제곱합, r: 반복의 수이다.

4) Tukey 검정

Tukey 검정은 비교 대상의 표본 수가 동일한 경우에 가장 많이 적용되는 사후 검정 방법으로서, HSD-검정(honestly significant difference test)으로도 불린다. 평균의 수에 관계없이 비교 척도가 1개인 장점을 지니고 있으나, 표본 수가 작을수록 정확도가 떨어지는 단점을 지닌다.

비교 척도인 HSD는 다음과 같이 구한다.

$$HSD = q_{\alpha(p,\, df_e)} \sqrt{\frac{MS_e}{r}} \tag{4.50}$$

여기서, $q_{\alpha(p,\, df)}$: 처리의 수가 p이고 오차의 자유도가 df_e인 경우의 스튜던트화한 범위, MS_e: 오차의 평균제곱합, r: 반복의 수이다.

5) R을 이용한 사후 검정

R을 이용하여 사후 검정을 실시하려면 'agricolae' 패키지가 필요하다. 'agricolae' 패키지는 농작물의 육종 분야 연구를 위한 통계 분석용 도구로서 완전임의배치법, 난괴법, 분할구 배치법 등의 실험 설계는 물론 최소유의차 검정, Duncan 검정 등의 분석이 가능하다. R에서 패키지를 사용하려면 설치 및 로드 과정이 필요하다.

R을 이용한 최소유의차 검정에 필요한 함수는 LSD.test()로서, 기본 형식은 다음과 같다.

LSD.test(y, data, 옵션)

Duncan 검정에 필요한 함수는 duncan.test()로서, 기본 형식은 다음과 같다.

duncan.test(y, data, 옵션)

Scheffe 검정에 필요한 함수는 scheffe.test()로서, 기본 형식은 다음과 같다.

scheffe.test(y, data, 옵션)

여기에서, y: 분석용 모델, data: 분석용 데이터이다. 분석용 모델로서 aov() 함수 또는 lm() 함수가 사용된다. 옵션에는 유의수준, p값의 계산 방법 등이 포함된다.

|**예제 4-7**| 표 4-10의 데이터를 이용하여 방전램프의 종류가 상추의 엽면적에 미치는 효과에 대한 사후 검정을 실시하라. 이 때 냉백색형광등하에서 생장된 상추를 대조구로 가정하라.

|**풀이**| 먼저 사후검정에 필요한 패키지 'agricolae'를 로드한다. 다음으로 저장된 CSV 파일을 불러들여 분산분석과 사후 검정을 실시한다.

분산 분석 결과, 램프의 종류에 따른 p-값은 2.7e-08로서 매우 작기 때문에 귀무가설을 기각하고, 대립가설을 받아들인다. 즉, 방전램프의 종류에 따라 '적치마' 상추의 엽면적이 같지 않으므로 사후 검정을 실시한다. 램프의 종류에 따른 엽면적 평균의 차이를 살펴보고자 본 예제에서는 $\alpha = 0.01$의 유의수준에서 최소유의차 검정을 적용하였다(그림 4-31). 옵션에서 유의수준을 별도로 표시하지 않을 경우 $\alpha = 0.05$가 디폴트(default)로 사용된다.

```
> # agricolae 패키지 로드
> library(agricolae)
> # 데이터 파일 불러오기
> leafarea_data <- read.csv("D:/leafarea.csv")
> # 분산분석
> model=aov(leafarea ~ lamp, data=leafarea_data)
> summary(model)
            Df  Sum Sq Mean Sq F value  Pr(>F)
lamp         3 2449150  816383   49.12 2.7e-08 ***
Residuals   16  265950   16622
---
Signif. codes:  0 '***' 0.001 '**' 0.01 '*' 0.05 '.' 0.1 ' ' 1
> # LSD 검정
> model_means <- LSD.test(model, "lamp", alpha=0.01)
> model_means
$statistics
   MSerror Df Mean       CV  t.value      LSD
  16621.88 16 1911 6.746512 2.920782 238.1601

$parameters
        test p.ajusted name.t ntr alpha
  Fisher-LSD      none   lamp   4  0.01

$means
  leafarea       std r      LCL      UCL  Min  Max  Q25  Q50  Q75
A     2374 196.71426 5 2205.595 2542.405 2103 2576 2284 2354 2553
B     2115 106.55280 5 1946.595 2283.405 1985 2273 2064 2108 2145
C     1653 111.92632 5 1484.595 1821.405 1553 1826 1579 1605 1702
D     1502  62.52999 5 1333.595 1670.405 1420 1572 1466 1498 1554

$comparison
NULL

$groups
  leafarea groups
A     2374      a
B     2115      b
C     1653      c
D     1502      c
```

그림 4-31. R을 이용한 분산분석과 최소유의차 검정 결과

최소유의차 검정 결과, '적치마' 상추의 엽면적은 고압나트륨램프하에서 가장 크게 나타났고, 다음으로 메탈할라이드램프, 제논램프, 냉백색형광등의 순서로 나타났다. 이 때 1% 유의수준에서 계산된 최소유의차, $LSD = 238.1601$이다. 방전램프의 종류에 따라 엽면적 평균간의 차이가 LSD에 비해서 클 경우 유의차가 인정된다.

고압나트륨램프와 메탈할라이드램프하에서 생장된 상추의 평균 엽면적은 각각 2,374cm^2, 2,115cm^{2}로서 두 평균의 차이가 계산된 LSD에 비해서 크기 때문에 고압나트륨램프와 메탈할라이드램프하에서 생장된 상추의 엽면적에 유의차가 인정된다. 다음으로 제논램프하에서 생장된 상추의 평균 엽면적은 1,653cm^{2}로서 메탈할라이드램프하에서 생장된 상추의 엽면적과 비교할 때 LSD보다 크다. 그러므로 메탈할라이드램프와 제논램프 하에서 생장된 상추의 엽면적에도 유의차가 존재한다.

한편 냉백색형광등 하에서 생장된 상추의 엽면적은 1,502cm^{2}로서 제논램프 하에서 생장된 엽면적과의 차이가 LSD에 비해서 작기 때문에 제논램프와 냉백색형광등 하에서 생장된 상추의 엽면적에는 유의차가 존재하지 않는다. 상기 결과를 표로 정리하면 아래와 같다(표 4-15). 처리, 즉 방전램프의 종류에 따른 엽면적의 평균 우측에 a, b, c의 문자가 표시되어있음에 유의하자. 다른 문자가 표시된 것은 처리에 따른 상추의 엽면적이 1% 유의수준에서 유의차가 존재함을 의미한다.

표 4-15. 방전램프의 종류가 '적치마' 상추의 엽면적에 미치는 효과에 대한 최소유의차 검정 결과

처리	엽면적(cm^2/plant)
고압나트륨램프	2374 a[z]
메탈할라이드램프	2115 b
제논램프	1653 c
냉백색형광등(대조구)	1502 c
$LSD_{0.01}$	238.1

[z] means with the same letter are not significantly different

상기 예제에 대해서 Duncan의 다중범위검정을 적용한다. 이 때 분산분석의 결과는 그림 4-31과 동일하므로 Duncan의 검정 결과에 대해서만 설명한다.

최소유의차 검정 결과와 다르게 Duncan의 다중범위검정에서는 3개의 계산된 LSR, 즉 238.1601, 248.4046, 255.1062이 표시되었다(그림 4-32). 이 경우 비교하는 두 평균의 위치에 따라 다른 LSR가 적용된다. 엽면적이 가장 큰 고압나트륨램프 하에서 생장된 상추의 엽면적과 두 번째에 해당하는 메탈할라이드램프 하에서 생장된 엽면적의 차이가 최대 LSR 값보다 크기 때문에 두 평균 사이에 유의차가 존

재한다. 다음으로 메탈할라이드램프와 제논램프하에서 생장된 엽면적의 차이가 두 번째로 큰 *LSR* 값보다 크므로 이 경우에도 유의차가 존재한다. 한편 제논램프와 냉백색형광등 하에서 생장된 엽면적의 차이는 세 번째 *LSR* 값보다 작기 때문에 두 처리간의 유의차가 존재하지 않는다. 이러한 내용은 표 4-15에 표시된 최소유의차 검정 결과와 동일한 것이다. 다른 방법으로 방전램프의 종류에 따른 상추의 엽면적을 크기 순서로 나열한 후 유의차가 없는 평균들은 밑줄로 연결하여 유의차가 없음을 표시할 수 있다(그림 4-33).

```
> # Duncan 검정
> model_means <- duncan.test(model, "lamp", alpha=0.01)
> model_means
$statistics
   MSerror Df Mean       CV
  16621.88 16 1911 6.746512

$parameters
     test name.t ntr alpha
  Duncan   lamp   4  0.01

$duncan
      Table CriticalRange
2 4.130609      238.1601
3 4.308286      248.4046
4 4.424519      255.1062

$means
  leafarea       std r  Min  Max  Q25  Q50  Q75
A     2374 196.71426 5 2103 2576 2284 2354 2553
B     2115 106.55280 5 1985 2273 2064 2108 2145
C     1653 111.92632 5 1553 1826 1579 1605 1702
D     1502  62.52999 5 1420 1572 1466 1498 1554

$comparison
NULL

$groups
  leafarea groups
A     2374      a
B     2115      b
C     1653      c
D     1502      c
```

그림 4-32. R을 이용한 Duncan의 다중범위검정 결과

제논	냉백색형광등	메탈할라이드	고압나트륨
1,653	1,502	2,115	2,374

(제논 1,653과 냉백색형광등 1,502는 밑줄로 연결됨)

그림 4-33. Duncan의 다중범위검정 결과 표시

연습문제

1. 평균의 종류를 설명하시오.

2. 표준편차와 변이계수에 대해서 설명하시오.

3. 통계적 가설과 발생하는 오류에 대해서 설명하시오.

4. 유의성 검정을 설명하시오.

5. R의 개념과 설치 방법에 대해서 설명하시오.

6. R의 데이터의 형식 및 구조와 관련된 주요 함수에 대해서 설명하시오.

7. t 분포와 F 분포를 비교 설명하시오.

8. 단측 검정과 양측 검정을 비교 설명하시오.

9. 회귀 분석의 정규방정식과 결정계수에 대해서 설명하시오.

10. 회귀모형의 변수 선택 방법을 설명하시오.

11. 분산분석의 개념을 설명하시오.

12. 사후 검정의 개념과 방법에 대해서 설명하시오.

참고문헌

김용현, 김철수. 2010. 생장해석과 외관평가에 의한 고추 플러그묘의 품질 인자 결정. 전북대학교 농업생명과학연구 41:67-71.

이재수, 남상운, 김용현. 2013. 방전램프의 광질에 따른 상추의 생장 및 파이토케미컬 분석. 생물환경조절학회지 22:1-8.

이재수, 이혜인, 김용현. 2012. 발광다이오드, 형광등 및 자연광 하에서 육묘된 파프리카의 묘소질 및 정식 후 초기 수량. 생물환경조절학회지 21:220-227.

채영암, 구자옥, 서학수, 이영만, 정승근. 2020. 신고 기초생물통계학. 향문사.

Draper, N.R. and H. Smith. 1981. *Applied regression analysis*. John Wiley & Sons, Inc.

https://www.r-project.org/

https://www.rstudio.com/

제5장

작물의 생장, 환경 및 물질대사

5.1 생장과 발육

식물의 종자가 발아되면 뿌리가 발달하고, 하배축(hypocotyl)이 만들어지면서 떡잎(cotyledon)이 전개된다. 적당한 환경이 갖춰지면 줄기에서 본잎(true leaf)이 돋아나며, 식물은 계속해서 자란다. 때가 되면 꽃을 피우고 열매를 맺으며, 열매 속에는 처음에 뿌린 것과 같은 종자가 들어있다. 이와 같이 식물의 특정 단계가 한 세대를 거쳐 다음 세대로 돌아오는 변화 과정을 식물의 생활환(life cycle) 또는 생활주기라고 한다.

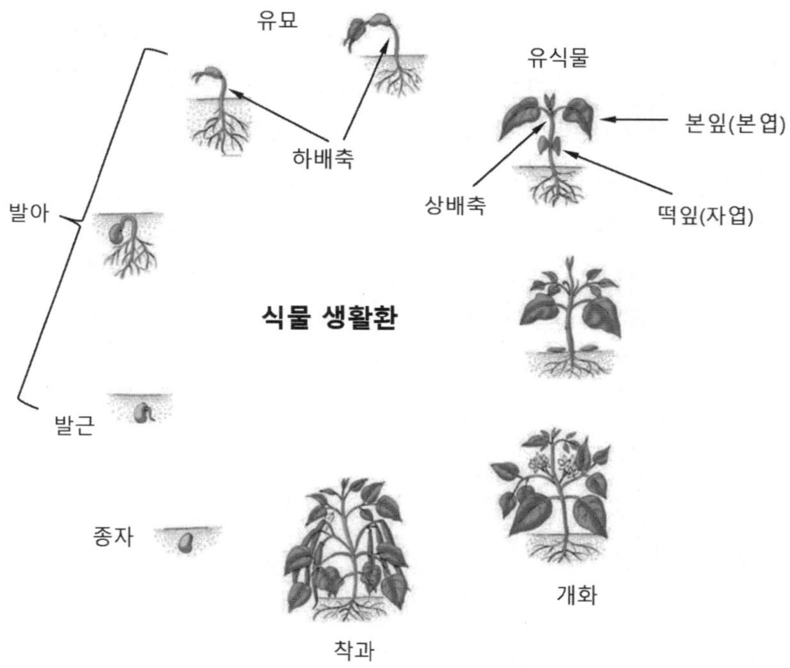

그림 5-1. 식물 생활환

식물의 생장(growth)은 세포의 크기 확대 및 세포 수의 증가에 따라 식물체의 크기가 양적으로 변화하는 것이다. 이로 인해서 식물의 초장(plant height)과 엽수가 늘어나고, 이로 인해서 생체중(fresh weight)이나 건물중(dry weight)이 증가한다. 발육(development)은 형태형성과 분화를 포함한 개념으로서, 발아(germination), 개화(flowering), 과실형성(fruiting) 등이 이에 해당한다.

형태형성(morphogenesis)은 세포, 조직 및 기관이 생장과 발달을 통해서 본래의 형태를 만들어가는 과정이다. 분화(differentiation)는 세포, 조직 및 기관의 생리적 또는 생화학적 기능이 변하여 특정의 기능을 갖는 변화이다. 세포 분열 및 증식은 대표적인 분화에 해당한다. 식물의 생장과 발육을 포함해서 생육(growth and development)이라 한다.

5.2 영양생장과 생식생장

식물의 생활환 과정에서 영양생장(vegetative growth)과 생식생장(reproductive growth)이 이루어진다. 영양생장은 개체의 크기가 양적으로 증가하는 단계로서 광합성을 위해서 뿌리, 줄기 및 잎 등의 영양기관이 자라는 과정이다. 생식생장은 자손을 번식시키고자 생식기관의 분화 및 발육으로부터 꽃눈분화, 개화, 수정 및 착과가 포함된 과정이다. 작물이 정상적으로 생장하고, 생산성을 유지하려면 영양생장과 생식생장의 균형이 필요하다.

대부분의 식물은 영양생장에서 생식생장으로 자연스럽게 전환되면서 꽃눈분화가 일어난다. 한편, 저온이나 일장과 같은 환경 요소가 변화하거나 영양 조건이 바뀌면 식물은 영양생장에서 생식생장으로 전환된다.

춘화처리(vernalization)는 종자 또는 식물의 휴면(dormancy)을 타파하고자 저온으로 처리하는 방법으로서 저온처리라고도 한다. 딸기의 모주나 포도 묘목을 일정 기간 동안 저온에 노출시킨 후 기온을 적정 수준으로 관리하면 휴면타파(dormancy breaking)와 함께 생장과 개화가 촉진되어 수확시기를 당길 수 있다.

5.3 장일식물과 단일식물

식물은 일장 반응에 따라 단일식물, 장일식물 및 중성식물로 나누인다. 단일식물(short-day plant)은 암기가 한계암기보다 길어질 때 개화가 이루어진다(그림 5-2). 한계암기는 식물이 광주기성(photoperiodism)에 따라 개화 또는 휴면에 들어가는 경계의 기준암기를 일컫는다. 벼, 들깨, 국화 등은 대표적인 단일식물이다.

장일식물(long-day plant)은 암기가 한계암기보다 짧아질 때 개화가 이루어지는 식물로서, 보리, 시금치, 수선화 등이 이에 속한다. 중성식물(neutral plant)은 광주기성과 관계가 없으며 온도와 같은 요인에 의해서 개화가 촉진되는 식물이다. 토마토, 오이, 수박 등은 대표적인 중성식물에 해단한다.

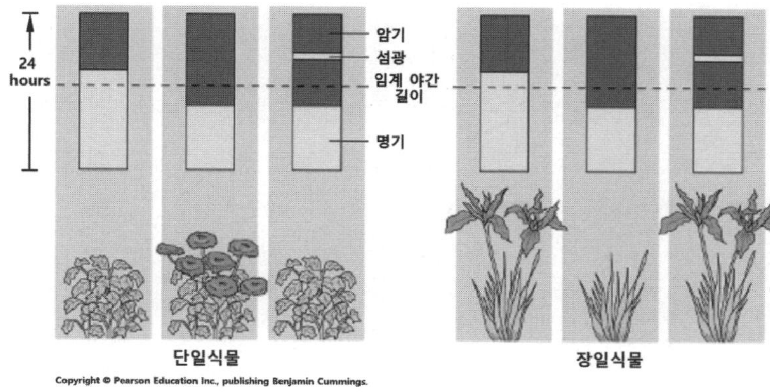

그림 5-2. 단일식물 및 장일식물

5.4 전조재배와 보광재배

전조재배(light culture)는 작물의 광주기성에 기초하여 전기조명으로 일조 시간을 늘리거나 개화시기를 조절하는 재배 방식이다(그림 5-3A). 일반적으로 일조시간을 길게 하면 장일식물의 개화가 촉진되나, 단일식물은 개화가 억제된다. 국화 또는 들깨의 개화를 억제하고자 야간에 실시되는 전기조명은 전조재배의 대표적인 사례이다. 전조재배용 인공광원으로서 과거에는 백열등이 많이 사용되었으나, 최근에는 전력소모가 적은 LED가 쓰이고 있다.

보광재배(supplemental lighting culture)는 일조량이 부족한 시기에 인공광원을 사용하여 작물의 생육을 촉진하는 재배 방식이다(그림 5-3B). 일조량이 상대적으로 부족한 북유럽 지역에서 화훼류 및 과채류의 광합성속도를 높이고자 보광재배가 많이 시도되고 있다. 인공광원으로는 고출력의 고압나트륨램프 또는 메탈할라이드램프가 사용되며, 최근에는 LED를 이용한 근접조명도 시도되고 있다.

그림 5-3. 전조재배와 보광재배 사례 (A) 국화 전조재배, (B) 거베라 보광재배

5.5 생장과 환경

작물의 생장은 환경의 영향을 크게 받는다. 이러한 환경은 지상부 환경과 지하부 환경으로 나뉜다(그림 5-4). 광, CO_2, 온도, 상대습도, 풍속 등의 지상부 환경 요소는 물리적 환경에 해당한다. 광환경에는 광강도(light intensity), 광질(light quality) 및 광주기(light period)가 포함된다. 지하부 환경 요소로는 근권 온도, 수분함량, pH 및 전기전도도 등이 있다.

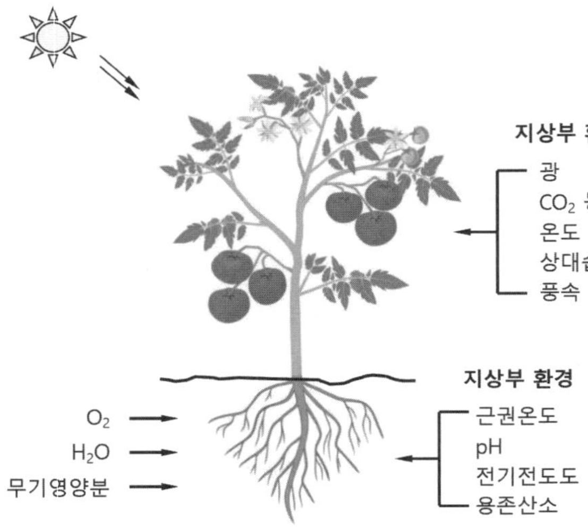

그림 5-4. 작물의 지상부와 지하부 환경 요인

수경재배의 경우 지상부 환경 요소와 동일하나, 지하부 환경 요소는 고형배지의 사용 유무에 따라 다르다. 순수 수경에서는 배양액의 온도, pH, 전기전도도 및 용존산소 등이 지하부 환경 요소에 해당한다. 한편, 배지경에서는 순수 수경의 지하부 환경 요소 외에 배지의 수분함량이 추가된다. 지상부 환경 요소와 지하부 환경 요소가 서로 균형을 이루어야 작물의 정상적인 생장이 가능하다.

5.6 물질대사

물질대사(metabolism)는 생물의 세포에서 생명을 유지하고자 이루어지는 모든 화학 반응으로서, 대사로도 불린다. 동물, 식물 및 미생물은 대부분 단백질, 탄수화물, 지질의 세

가지 기본적인 화합물로 이루어진다. 효소가 촉매 역할을 하는 대사를 통해 생물은 생장하고, 환경에 반응하며, 구조를 유지한다. 대사는 1차대사와 2차대사로 구분된다.

1차대사는 동화작용(anabolism)과 이화작용(catabolism)에 의해서 이루어진다. 동화작용은 작은 분자로부터 거대한 분자를 합성해내는 과정이다. 광합성으로도 불리는 탄소동화작용은 식물의 대표적인 동화작용에 해당한다. 이화작용은 유기 분자를 분해하고 생명 유지에 필요한 에너지를 얻는 반응으로서, 호흡이 이에 해당한다.

식물이 만드는 물질 중에 탄수화물, 단백질, 지질 등은 식물의 생존과 생장에 기본적이고 필수적인 역할을 담당한다. 때문에 이러한 물질은 1차대사산물(primary metabolites)로 불린다.

2차대사산물(secondary metabolites)은 1차대사 과정에서 부차적으로 생산되는 물질로서, 식물의 생장에 직접적으로 관여하지 않으나, 환경에 적응하고 자기 스스로를 방어하고자 만들어내는 천연물질이다. 현재 전 세계적으로 약 30만종의 식물이 2차대사산물을 생성하는 것으로 알려져 있다. 이 가운데 식물체로부터 추출 및 분리된 물질은 생리활성을 지닌 기능성물질로 평가되고 있다. 이러한 물질들은 의약품, 향신료, 조미료 및 색소 등과 같은 화합물의 원료로서 인간에게 유용하게 이용되고 있다.

5.6.1 광합성과 호흡

식물의 엽록체(chloroplast)에서 이루어지는 광합성 반응식은 다음과 같다.

$$6CO_2 + 6H_2O + light \rightarrow C_6H_{12}O_6 + 6O_2 \qquad (5.1)$$

광합성(photosynthesis)은 빛 에너지를 화학에너지로 전환시키는 과정이다. 화학에너지는 CO_2와 물로부터 합성된 탄수화물에 저장된다. 전환된 화학에너지는 생명체의 활동에 필요한 에너지원으로 쓰인다. 광합성에 사용된 빛 에너지에 대한 전환된 화학에너지의 백분율은 광이용효율(light utilization efficiency)로 정의된다.

$$\eta_E = \frac{\Delta H}{\Sigma SE} \times 100 \qquad (5.2)$$

여기서, η_E: 광이용효율(%), ΔH: 탄수화물의 화학에너지($J \cdot m^{-2}$), ΣSE: 온실 내로 입사된 태양복사 에너지($J \cdot m^{-2}$)이다. 탄수화물의 화학에너지는 광합성에 의한 건물중 증가량(g), 탄수화물의 발열량($J \cdot g^{-1}$) 및 작물의 재식밀도에 의해서 결정된다. 일반적으로 온실 내 작물의 광이용효율은 입사된 태양복사의 2% 이내로 알려져 있다.

광합성 반응에서 산소가 부산물로 방출된다. 광합성은 지구 대기 중의 산소를 생산하고

유지하는데 큰 역할을 하며, 지구상의 생명체에게 필요한 유기 화합물을 공급한다. 한편, 광합성의 역반응은 호흡(respiration)에 해당한다. 세포 내의 탄수화물에 저장된 화학에너지는 ATP의 형태로 바뀌어 세포의 호흡에 쓰인다.

$$C_6H_{12}O_6 + 6O_2 \rightarrow 6CO_2 + 6H_2O + \text{energy (ATPs + heat)} \quad (5.3)$$

광합성은 명반응(light reaction)과 암반응(dark reaction)으로 이루어진다(그림 5-5). 엽록체의 그라나(grana)에서 이루어지는 명반응은 빛의 세기의 영향을 받는 반응으로서, 물의 광분해와 광인산화 과정으로 구성된다.

물의 광분해 과정은 광합성의 준비과정으로서 물이 빛 에너지를 받아 수소이온(H^-)과 수산화이온(OH^-)으로 분해되는 과정이다. 물이 분해되면서 수산화이온은 전자를 잃어버려 OH가 되는데 2분자의 OH^-가 결합해 산소(O_2)를 배출한다. 한편 수소이온은 수소의 수용체라 할 수 있는 $NADP^+$에 전달되며 NADPH가 된다. NADPH는 암반응에서 수소공급원의 역할을 한다. 광인산화 과정은 빛 에너지를 이용해 ADP와 무기인산(inorganic phosphate, Pi)으로부터 ATP를 생성하는 반응이다. 광인산화는 순환적 광인산화와 비순환적 광인산화로 구분된다.

기질(stroma)에서 이루어지는 암반응은 명반응의 산물인 ATP와 NADPH를 이용하여 대기 중의 CO_2를 고정하여 탄수화물을 합성하는 과정으로서, 캘빈 회로(Kelvin cycle)로도 불린다. 암반응은 빛이 필요 없고, 대신에 무수히 많은 효소가 관여하며 온도의 영향을 받는다.

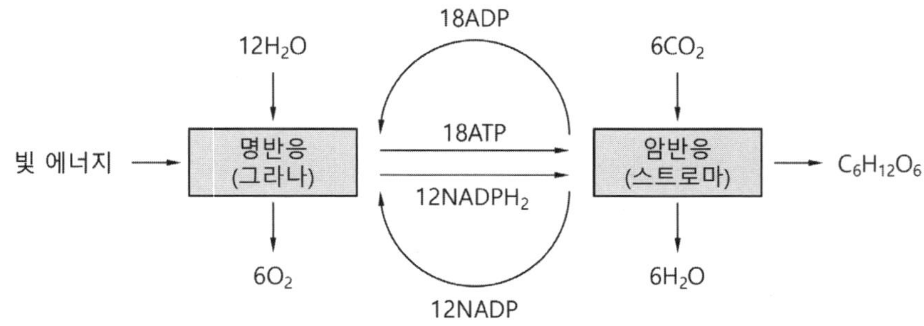

그림 5-5. 광합성 반응

광화학 반응이 이루어지면서 광합성과 관련된 단백질 복합체들의 기능적 및 구조적 단위를 광계(photosystem)라 한다. 광계에는 빛 에너지를 이용하여 분자들을 환원시키는 반응중심이 있다. 반응중심은 광합성의 1차 에너지 전환 반응을 수행하는 데 필요한 여러 단백질 및 색소들의 복합체이다. 광계는 물의 광분해가 이루어지는 광계 I과 NADPH를 생성하는 광계 II로 나뉜다. 비순환적 광인산화에서는 광계 II가 먼저 작동한 후 이어서 광계 I이 작동한다. 광계 II는 비순환적 광인산화에만 작용하며, 파장이 680㎚ 이상인 빛 에너지를 반응중심 색소인 P680에게 전달한다. 광계 I은 순환적 및 비순환적 광인산화에 모두 작용하며, 700㎚ 이상의 긴 파장의 빛을 흡수하고 그것을 또 다른 반응중심 색소인 P700에 전달한다. 이러한 과정에 의해서 ATP가 생성된다.

광합성 반응에서 시상수(time constant)는 1차 광화학(primary chemistry), 전자왕복(electron shuttling) 및 탄소대사(carbon metabolism)의 3 단계로 구분된다. 1차 광화학 반응은 피코(pico)에서 나노(milli) 수준의 초만큼 짧은 시간에 이루어진다. 다음으로 전자왕복은 마이크로(micro)에서 밀리(milli) 수준의 초 정도로 1차 광화학 반응에 비해서 다소 느리게 진행된다. 탄소대사는 초 단위의 시간이 필요하며, 자당(sucrose) 대사와 효소 활성화에는 분 단위가 소요된다.

광합성에 영향을 미치는 물리적 환경 요소로서 광, CO_2, 물, 온도, 풍속 등이 있다. 작물의 광합성은 빛의 세기, 즉 광강도의 영향을 크게 받는다. 빛이 전혀 없는 암조건에서 광합성은 이루어지지 않고 호흡만 이루어진다(그림 5-6). 이것을 암호흡(dark respiration)이라 한다. 때문에 순광합성(net photosynthesis)은 0보다 작게 된다. 여기에서 순광합성은 총광합성(gross photosynthesis)에 의해서 고정된 CO_2량에서 호흡에 의해서 배출된 CO_2량을 뺀 값으로 정의된다.

암조건에서 빛이 있는 명기로 바뀌면 광강도의 증가에 따라 작물은 광합성을 하게 된다. 이 때 광합성에 의해서 고정되는 CO_2량과 호흡에 의해 배출되는 CO_2량이 같아져 순광합성속도가 0이 되는 빛의 세기를 광보상점(light compensation point)이라 한다. 광보상점 이상의 크기로 빛이 조사되면 광강도가 증가하면서 순광합성속도가 크게 늘어난다. 한편, 광강도가 일정한 크기에 도달하면 순광합성속도가 더 이상 증가하지 않는데, 이러한 광강도를 광포화점(light saturation point)이라 한다. 원예작물의 광보상점은 30 $\mu mol \cdot m^{-2} \cdot s^{-1}$ 내외이며, 광포화점은 작물의 종류에 따라 다르다. 과채류의 광포화점은 700~1,000 $\mu mol \cdot m^{-2} \cdot s^{-1}$, 엽채류는 300 $\mu mol \cdot m^{-2} \cdot s^{-1}$ 정도이다.

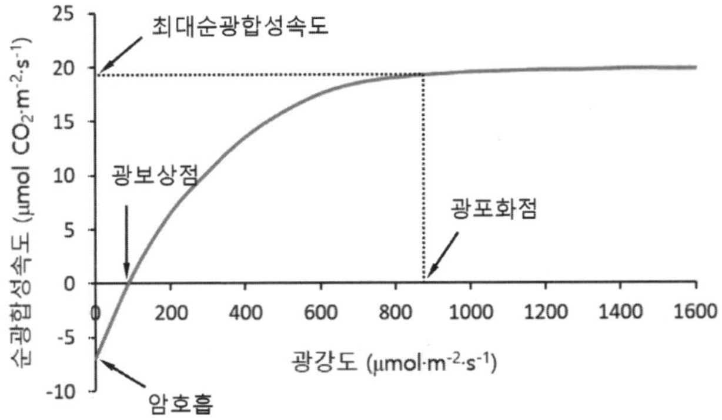

그림 5-6. 광강도가 광합성속도에 미치는 영향

고압나트륨램프 또는 메탈할라이드램프 등과 같은 기존의 광원들은 연속적인 분광 특성을 지니고 있으나, 펄스 조사(pulse irradiation)가 불가능하다. 한편, LED 광원의 등장으로 광합성에 미치는 펄스광(pulsed lighting)의 효과를 검토할 수 있게 되었다. 펄스광은 광합성 반응의 전자전달과 탄소대사를 이해하는 데 도움을 준다. 펄스광의 주기가 100 μs 이하일 때 광합성속도는 광주기의 영향을 받지 않는다. 그런데 200 μs (그림 5-7의 점 A에 해당) 이상의 주기에서는 광합성속도가 저하되기 시작하며, 2ms(그림 5-7의 점 B에 해당)에서는 광합성속도가 절반 수준으로 줄어들었다.

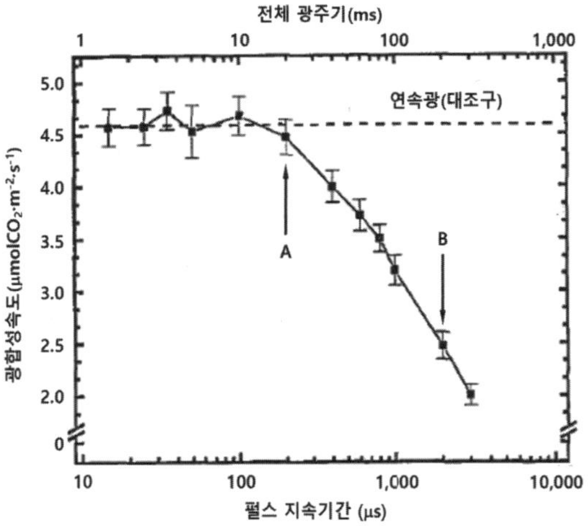

그림 5-7. 펄스 지속기간이 광합성속도에 미치는 영향(Tennessen 등, 1995)

LED 광원의 개발에 힘입어 광질(light quality)이 원예 작물의 생장, 수량 및 파이토케미컬 함량에 미치는 효과에 대한 연구가 많이 이루어졌다. 파이토케미컬(phytochemicals)은 식물체에 함유되어 있는 화합물로서 항산화, 면역력 제고, 노화억제 등 인체에 다양한

생리활성을 제공하는 기능성물질이다. 페놀화합물(phenolic compounds), 카로티노이드(carotinoid), 플라보노이드(flavonoid), 사포닌(saponin) 등이 이에 포함된다.

작물의 종류에 따라 차이가 있으나 청색광과 적색광은 기공개도를 촉진하며, 녹색광은 기공을 닫는다. 적색광은 상추의 엽장 및 엽폭의 신장과 생체중의 증가에 기여하나, 안토시아닌 색소의 발현을 억제한다. 한편 청색광 또는 자외선은 잎의 안토시아닌 함량을 증가시키는 데 기여한다.

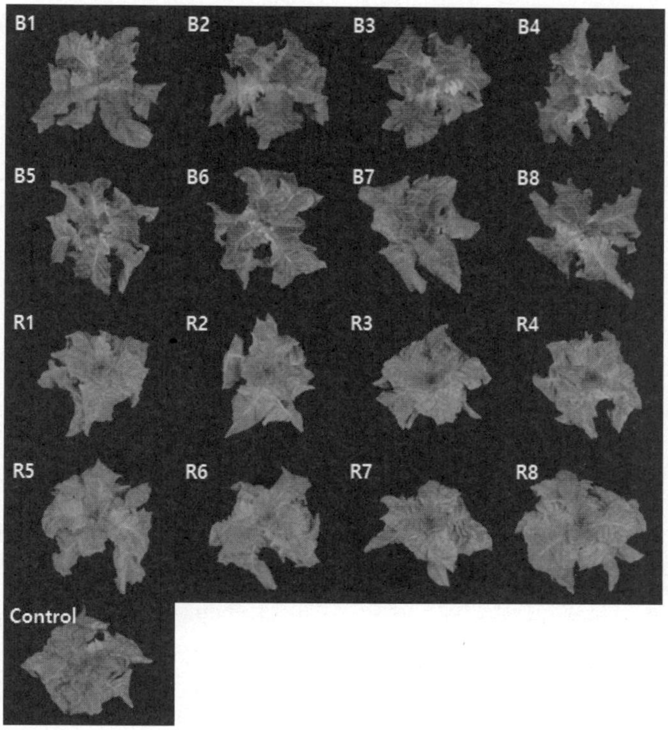

그림 5-8. 상이한 피크파장의 LED 조명하에서 생장된 상추의 생장(이와 김, 2014) (B1: 432nm, B2: 436nm, B3: 440nm, B4: 446nm, B5: 450nm, B6: 456nm, B7: 460nm, B8: 466nm, R1: 634nm, R2: 638nm, R3: 644nm, R4: 649nm, R5: 654nm, R6: 659nm, R7: 662nm, R8: 668nm, Control: 3파장형광등)

LED가 광합성에 유효한 영역, 즉 400~700nm의 파장을 모두 지니고 있지 않은 바, 작물의 생장을 촉진하고 기능성물질 함량을 늘리기 위해서는 단색광 LED의 혼합이 필요하다. 이제까지 청색, 적색 또는 백색 LED를 혼합한 조건에서 작물의 생장 및 광합성과 관련한 많은 연구가 시도되었다. 그럼에도 불구하고 작물의 종류에 따라 광합성속도에 미치는 혼합광의 조사 효과가 일정하지 않으므로 향후 이에 대한 체계적인 분석 및 적정 혼합 비율의 제시가 요구된다.

대기 중의 평균 CO_2 농도는 380~400 μmol·mol^{-1} 이며, 계절 및 지역에 따라 변한다. 작물의 광합성속도는 CO_2 농도의 영향을 크게 받는다. 일출 후 작물이 광합성을 시작하면 밀폐되어 있는 온실 내의 CO_2 농도는 급격하게 줄어든다(그림 5-9). 환기창이 닫힌 상태에서 온실 내의 CO_2 농도는 대기 중의 CO_2 농도보다 낮아 고갈 상태에 이르며 광합성의 제한 요인으로 작용한다. 이러한 현상은 외기온이 낮은 겨울철에 자주 나타난다. 왜냐하면 외기온이 낮으므로 온실 환기를 적극적으로 실시하기가 어렵기 때문이다. 온실 내의 부족한 CO_2 농도를 보충하고자 CO_2 시용(CO_2 enrichment)이 사용된다.

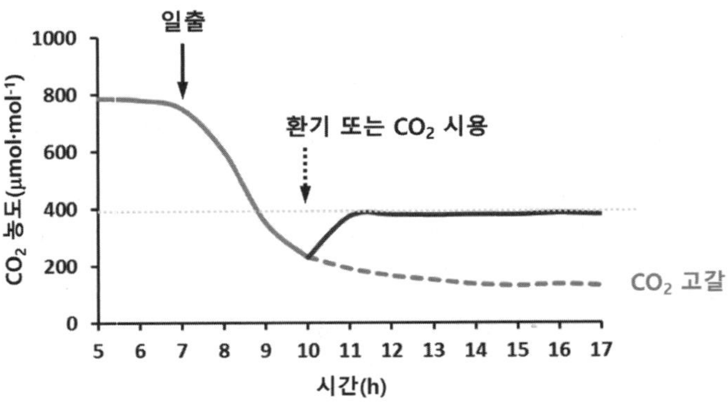

그림 5-9. 온실 내의 CO_2 농도 변화

CO_2 시용은 CO_2 농도가 낮을 때 인위적으로 CO_2를 공급하여 작물의 생육을 촉진하는 기술이다. 광이 충분할 때 CO_2 농도를 높여주면 작물의 광합성속도가 증가한다(그림 5-10). 결과적으로 맑은 날에 CO_2 농도가 올라갈수록 광포화점이 높아진다. 채소 작물의 적정 CO_2 농도는 작물의 종류에 따라 다르다(표 5-1).

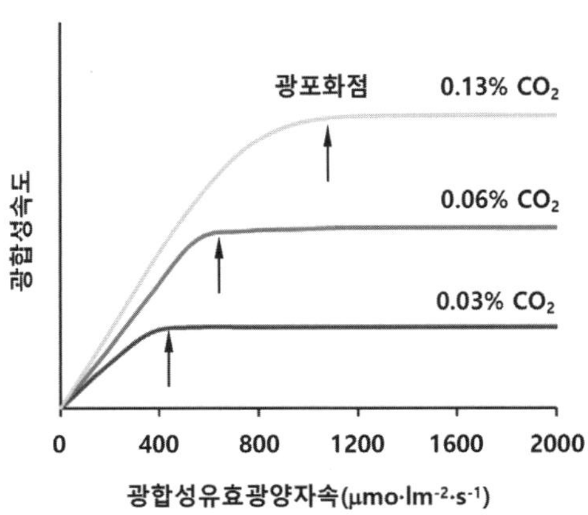

그림 5-10. CO_2 농도와 광강도가 광합성속도에 미치는 영향

표 5-1. 주요 채소의 적정 CO_2 농도

작물	적정 CO_2 농도 ($\mu mol \cdot mol^{-1}$)
엽채류	1,500~2,500
근채류	1,000~3,000
과채류	500~1,500
- 오이, 피망, 가지	800~1,500
- 토마토, 딸기, 멜론	500~800

토양 또는 배지 중의 수분함량은 작물의 광합성에 반드시 필요하다. 더구나 적정 수분함량의 확보가 중요하다. 식물의 수분부족(water deficit)은 광합성속도 또는 기공전도도와 같이 식물의 정상적인 생장에 영향을 미칠 정도로 체내의 수분함량이 줄어든 상태로서, 식물 수분스트레스(water stress)로도 불린다. 그런데 식물, 대기 및 토양의 상호 연관성으로 인해서 수분부족을 절대 값으로 표시하기가 쉽지 않다.

식물의 수분부족은 다음과 같은 조건에서 나타난다.

1) 토양이 건조하거나, 토양온도가 낮거나 또는 통기 불량으로 인해서 뿌리로부터의 수분 흡수가 제한되는 경우

2) 상대습도가 낮거나, 온도가 높거나, 풍속이 크거나 또는 높은 광강도로 인해서 증발이 과도한 경우

수분부족은 기공개도에 영향을 미치고 이로 인해서 CO_2 흡수가 떨어지며, 작물의 광합성속도가 저하된다. 그 결과 잎의 길이와 폭이 줄어든다. 토마토의 경우 과실의 직경, 생체중 및 수분함량이 크게 감소한다. 한편, 수분 부족은 과실의 카로티노이드 함량과 비타민 C 함량을 증가시킨다.

적정 관수량에 비해서 수분이 적게 공급되면 해바라기의 광합성속도가 줄어들었다(그림 5-11). 특히, 수분부족이 과도(적정 관수량의 ⅓수준)하면 광포화점이 크게 감소하였다. 그림 5-11에서 기호가 채워지지 않은 것은 CO_2 농도가 350±20 $\mu mol \cdot mol^{-1}$이었고, 기호가 채워진 것은 CO_2 농도가 700±20 $\mu mol \cdot mol^{-1}$로 높게 유지된 경우이다.

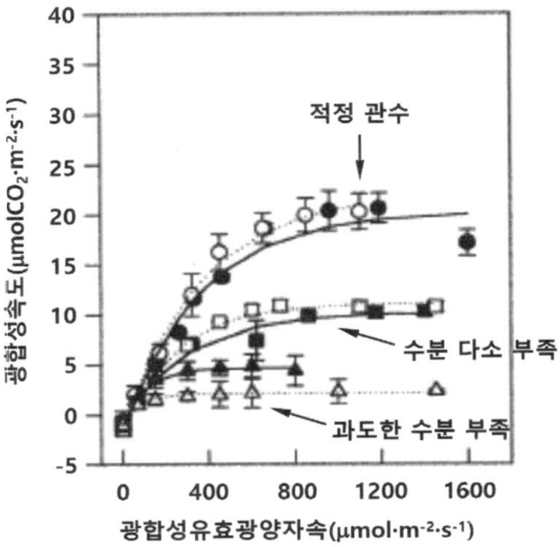

그림 5-11. 수분 부족과 광강도가 광합성속도에 미치는 영향(Tezara 등, 2002)

코이어(coir) 배지를 사용한 수국의 분화재배에서 배지의 체적수분함량(volumetric water content)이 0.1~0.25 $cm^3 \cdot cm^{-3}$를 유지할 때 수분함량의 증가에 따라 광합성속도가 증가하였으며, 최대 광합성속도는 0.25~0.33 $cm^3 \cdot cm^{-3}$에서 나타났다.

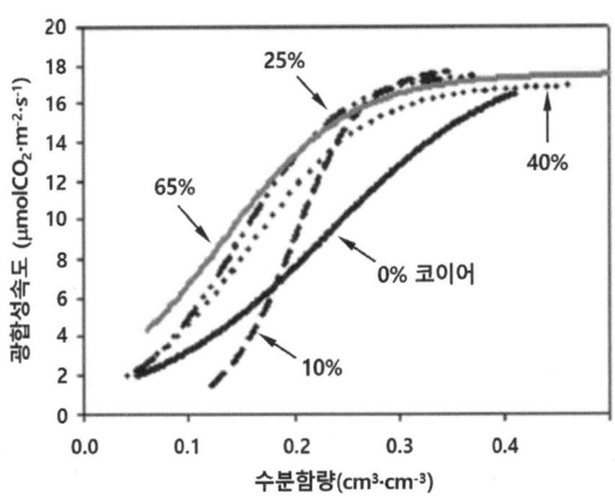

그림 5-12. 코이어 배지 수분함량이 광합성속도에 미치는 영향(Jahromi 등, 2020)

CO_2와 물을 결합하여 탄수화물을 만드는 광합성 반응에 여러 종류의 효소가 관여한다. 때문에 광합성속도는 온도의 영향을 받게 된다. 이론적으로 온도와 화학 반응속도는 지수함수의 관계를 이루며 증가한다. 온도가 적정 온도에 도달하기까지 C_3 식물의 광합성속도는 증가한다(그림 5-13). 그 후 고온에서 효소의 비활성화 또는 변성으로 인해서 광합성속

도가 떨어진다. 한편 호흡속도는 온도의 증가에 따라 크게 증가한다. 따라서 작물의 생장과 관련된 적정 기온은 순광합성속도(= 광합성속도 - 호흡속도)를 최대로 하는 조건에서 결정된다.

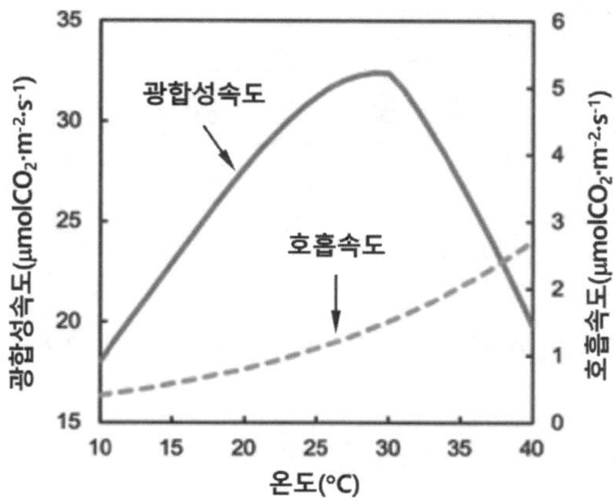

그림 5-13. 온도가 광합성속도에 미치는 영향(Caitlin 등, 2021)

풍속은 온실 내의 기온 또는 상대습도의 분포에 커다란 영향을 미칠 뿐만 아니라, 대기 중의 CO_2 확산에 기여한다. 그럼에도 불구하고 작물의 광합성속도에 미치는 풍속의 영향에 관한 연구 결과는 그다지 많지 않다.

대기 중의 CO_2가 엽록체까지 도달하려면 여러 경로를 거치게 된다(그림 5-14). 대기 중의 CO_2는 확산에 의해서 잎 표면에 도달한다. 잎 표면에는 공기의 유동에 따른 경계층이 만들어지는데 이것을 엽면경계층(boundary layer at leaf surface)이라 한다. 잎 표면에 도달된 CO_2는 엽면경계층과 기공을 통과한 후 엽록체에 도달한다. 이 과정에서 CO_2는 단계별로 확산저항을 받는다. 이 때 대기와 엽록체의 CO_2 농도차와 전체 확산저항에 의해서 작물의 광합성속도가 결정된다.

$$P_0 = \frac{\Delta f}{\sum r} = \frac{f_a - f_c}{r_a + r_b + r_m + \dfrac{r_s r_c}{r_s + r_c}} \tag{5.4}$$

여기서, P_0: 광합성속도, Δf: 대기와 엽록체의 CO_2 농도차, $\sum r$: 전체 확산저항, f_a: 대기 중의 CO_2 농도, f_c: 엽록체의 CO_2 농도, r_a: 난류확산저항, r_b: 엽면경계층저항, r_c: 표피저항, r_s: 기공저항, r_m: 엽육저항이다.

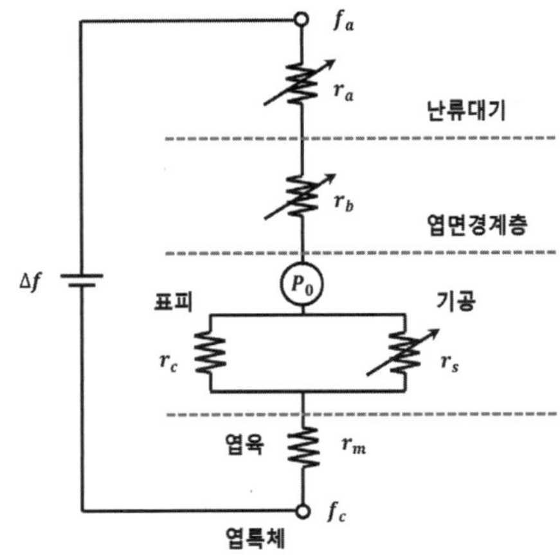

그림 5-14. 대기로부터 엽록체까지 CO_2 확산 경로

그림 5-14에서 난류확산저항, 엽면경계층저항 및 기공저항이 가변 저항으로 표시되었다. 이러한 저항들의 크기는 환경 요인의 영향을 받는다. 예를 들면, 난류확산저항과 엽면경계층저항은 풍속의 영향을 받는다. 기공저항은 기공이 닫혀 있으면 증가하고, 반대로 열려있으면 줄어든다. 수분, 광, CO_2, 온도, 상대습도 등의 환경 요인은 기공 개폐에 관여한다.

작물의 광합성속도를 높이려면 대기와 엽록체의 CO_2 농도차를 크게 하거나, 전체 확산저항을 작게 한다. 대기와 엽록체의 CO_2 농도차를 크게 하는 환경조절 방법으로 대기 중의 CO_2 농도를 높여줄 수 있다. CO_2 시용은 이에 해당한다. 풍속과 광강도를 높은 수준으로 유지하거나, 상대습도를 낮추면 전체 확산저항이 줄어든다.

가지 플러그묘의 순광합성속도는 0.7~0.9 $m{\cdot}s^{-1}$의 풍속에서 최대치가 나타났다(그림 5-15). 그림 5-15에서 엽면적지수(leaf area index)는 작물의 엽면적을 재배면적으로 나눈 값이다.

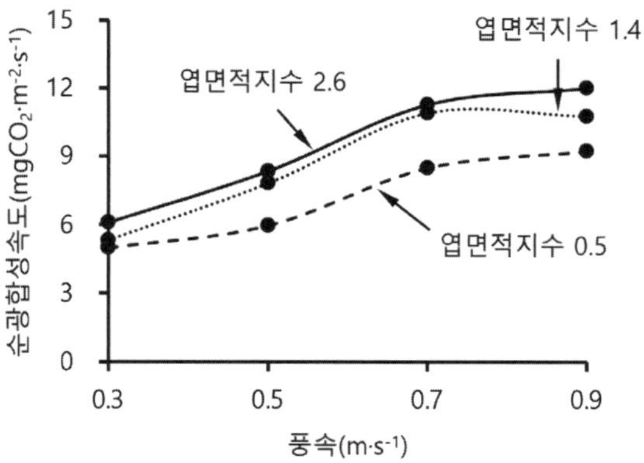

그림 5-15. 풍속이 광합성속도에 미치는 영향(김과 古在. 1997)

5.6.2 전류와 증산

식물의 전류(translocation)는 광합성 작용으로 만들어진 광합성산물을 잎 이외의 기관으로 운반하는 생리 기능이다. 잎에서 생성된 광합성산물은 양분(포도당)의 형태로 체관(phloem)을 통해 뿌리 또는 과실로 이동한다(그림 5-16). 여기에서 광합성산물을 만드는 부위가 소스(source)이고, 양분을 필요로 하는 곳이 싱크(sink)이다. 따라서 식물의 잎은 소스이고, 뿌리, 과실, 생장점 및 구근 등은 싱크에 해당한다. 그러므로 식물의 전류는 광합성산물을 생산 공장에 쌓아두지 않고 필요로 하는 장소로의 운반을 의미한다.

식물의 광합성은 일출 후 광강도가 증가하는 오전에 활발하게 이루어진다. 때문에 온실 내에서 작물을 재배할 경우 오전 중에 광합성이 활발하게 이루어지도록 실내 기온을 적정 수준으로 관리한다. 다음으로 오후부터 일몰까지의 시간에 기온을 다소 낮게 관리하면 광합성속도는 줄어들면서 전류가 이루어진다(그림 5-17).

한편 야간에는 광합성 작용은 없고 오직 호흡만 존재한다. 호흡으로 인해서 식물체내에 축적된 광합성산물의 소모를 줄이려면 호흡을 억제해야 한다. 기온을 낮추는 것은 호흡 억제의 효과적인 수단이다. 이와 같이 광합성, 전류 및 호흡이 이루어지는 시간에 따라 기온을 다르게 설정하여 관리하는 기술을 변온관리라 한다. 맑은 날의 변온관리는 흐린 날에 비해서 작물의 생장 촉진과 온실 내 에너지의 효율적인 관리에 유리하다.

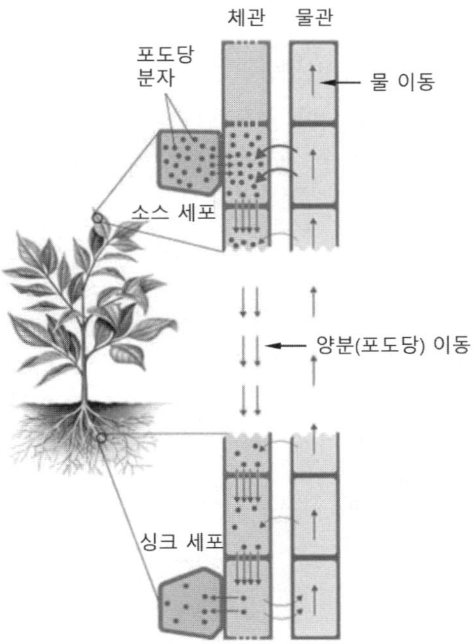

그림 5-16. 식물체내 물과 양분의 이동

증산(transpiration)은 뿌리를 통해 흡수된 물이 식물 잎의 기공을 통해 대기로 방출되는 과정이다. 한편 토양으로부터의 물이 대기 중으로 이동하는 현상을 증발(evaporation)이라 한다. 증산과 증발이 합쳐 증발산(evapotranspiration)으로 불린다. 증산 작용을 이해하려면 수분포텐셜(water potential)에 대한 이해가 필요하다.

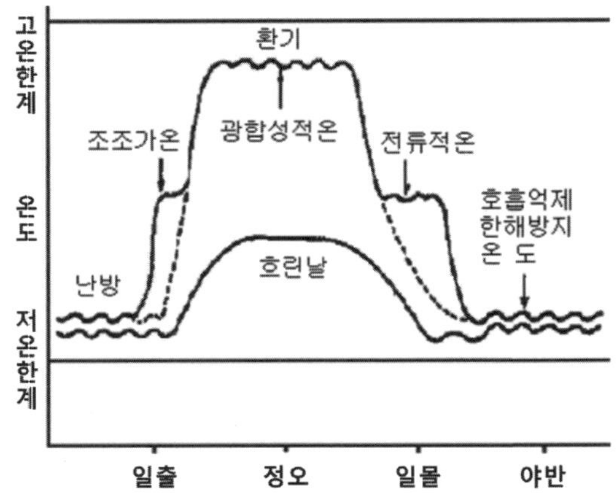

그림 5-17. 온실 내에서의 변온 관리

수분포텐셜은 물이 지니고 있는 에너지로서, 식물체 또는 토양으로부터 물의 이동을 결정하는 요인이다. 단위체적당 물이 지니고 있는 에너지는 압력의 단위로 표시된다. 즉, $1\ J{\cdot}m^{-3} = 1\ N{\cdot}m^{-2} = 1\ Pa$이다. 작물학에서 0℃ 순수한 물의 수분포텐셜은 0 Pa로 정의된다.

물은 수분포텐셜이 높은 곳에서 낮은 곳으로 이동한다. 용기에 담겨 있는 물을 쏟으면 토양 속으로 스며든다. 토양 중의 물은 뿌리를 통해 식물체내로 흡수되고, 물관을 거쳐 잎까지 도달한다. 잎에 도달된 물은 수증기 형태로 기공을 통해서 대기 중으로 빠져나간다(그림 5-18). 그러므로 물이 이동하는 각 단계에서의 수분포텐셜은 토양 〉 뿌리 〉 줄기 〉 잎 〉 대기의 순서가 된다. 따라서 토양, 뿌리, 줄기, 잎, 대기의 수분포텐셜은 모두 0 Pa보다 작은 음(-)의 값을 갖는다(표 5-2). 이와 같이 수분포텐셜 차이에 따라 토양 중의 물이 식물을 통해 대기로 이동하는 경로를 토양-식물-대기계(soil-plant-atmosphere continuum, SPAC)라 부른다.

증산저항에 대한 수분포텐셜의 차이로 정의되는 식물의 증산속도는 다음 식으로 표시된다.

$$E = \frac{k(E_l - E_a)}{R_{lv} + R_{av}} \tag{5.5}$$

여기서, E: 증산속도($kg{\cdot}m^{-2}{\cdot}s^{-1}$), E_l: 기공내 공극의 수증기 분압(Pa), E_a : 대기의 수

증기 분압(Pa), R_{lv} : 기공저항($s \cdot m^{-1}$), R_{av} : 엽면경계층저항($s \cdot m^{-1}$), k : 변환계수 ($= \frac{0.00217}{273.15 + T}$, $kg \cdot m^{-3} \cdot Pa^{-1}$), T : 기온(℃)이다.

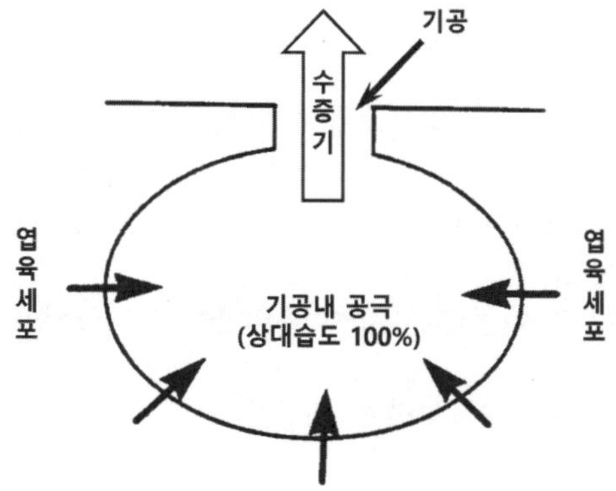

그림 5-18. 기공 주위의 수증기 흐름(古在등, 1992)

표 5-2. 토양-식물-대기계의 수분포텐셜

구분	수분포텐셜 (kPa)	수분포텐셜 차이(kPa)
토양	-50	
뿌리	-200	-150
줄기	-500	-300
잎	-1,500	-1,000
대기	-100,000	-98,500

증산 작용에 영향을 미치는 물리적 요인으로 일조, 상대습도, 기온, 풍속, 토양 수분 및 지온 등이 있다. 이밖에 세포 내 무기염류(K^+, Cl^-)의 농도, 잎의 형태 및 구조도 증산에 영향을 미친다.

증산속도를 높이려면 수분포텐셜 차이를 크게 하거나, 증산저항을 낮춰야 한다. 대기의 수증기 분압을 낮추면 수분포텐셜 차이가 커진다. 증산저항을 낮추려면 기공저항과 엽면경계층저항을 작게 한다. 이러한 결과를 얻기 위해서는 제습, 환기 등의 환경조절이 필요하다.

연습문제

1. 영양생장과 생식생장을 비교 설명하시오.

2. 장일식물과 단일식물을 비교 설명하고, 각각에 해당하는 식물을 나열하시오.

3. 전조재배와 보광재배를 비교 설명하시오.

4. 지상부 환경 요소와 지하부 환경 요소에 대해서 설명하시오.

5. 광합성과 호흡 반응에 미치는 환경 요소의 영향을 설명하시오.

6. 광보상점과 광포화점에 대해서 설명하시오.

7. 파이토케미컬의 개념과 기능에 대해서 설명하시오.

8. CO_2 시용을 설명하시오.

9. 대기 중의 CO_2가 엽록체까지 도달하는 경로를 설명하시오.

10. 식물의 전류와 증산에 대해서 설명하시오.

11. 수분포텐셜을 설명하시오.

참고문헌

김용현, 김철수, 이지원, 이상규. 2001. 인공광하에서 접목묘 개체군의 증발산속도와 활착에 미치는 포차의 영향. 한국생물환경조절학회지 10(4):232-236.

김용현, 박현수. 2001. 인공광하에서 접목묘의 증발산속도에 미치는 상대습도와 광합성유효광량자속의 효과. 한국농업기계학회지 26(4):379-384.

김용현, 송대빈. 1999. 인공광하에서 CO_2 농도와 기류속도 제어가 플러그묘의 생육에 미치는 효과. 생물환경조절학회지 8(4):275-280.

김용현, 이재수. 2016. 상이한 광질 및 광주기 하에서 UV-A LED 부가조사가 상추의 생장, 안토시아닌 및 아스코르빈산 함량에 미치는 영향. 원예과학기술지 34(4):596-606.

김용현, 古在豊樹. 1997. 플러그묘 개체군의 순광합성속도 측정. 한국농업기계학회지 22:311-316.

김형곤, 최유화, 김용현. 2019. LED 모듈의 광질 및 점멸주기에 따른 오이접목묘의 활착 및 생장특성. 시설원예·식물공장 28:143-149.

오성도, 김용현, 최동근. 2001. '거봉' 포도 2기작 재배시 근권 가온 및 CO_2 시용이 생장 및 과실품질에 미치는 영향. 원예과학기술지 19(3):367-372.

오성도, 김용현, 최동근. 2002. 포도'거봉' 2기작 재배를 위한 하계 휴면타파에서 토양수분 조절과 휴면타파제 처리가 발아에 미치는 영향. 생물환경조절학회지 11(2):61-66.

이재수, 김용현. 2014. 상이한 피크파장의 적색광 및 청색광 발광다이오드 조사에 따른 상추의 생장 및 안토시아닌. 원예과학기술지 32:330-339.

이재수, 남상운, 김용현. 2013. 방전램프의 광질에 따른 상추의 생장 및 파이토케미컬 분석. 생물환경조절학회지 22(4):1-8.

Caitlin. E.M., K. Meacham-Hensold, P. Lemonnier, R.A. Slattery, C. Benjamin, C.J. Bernacchi, T. Lawson, A.P. Cavanagh. 2021. *The effect of increasing temperature on crop photosynthesis: from enzymes to ecosystems.* J. Exp. Bot. 72:2822-2844,

Garland1, K.F., S.E. Burnett, M.E. Day, and M.W. van Ierse. 2012. *Influence of substrate water content and daily light integral on photosynthesis, water use efficiency, and morphology of Heuchera americana.* J. Am. Soc. Hortic. Sci. 137:57-67.

Hanan, J.J. 1998. *Greenhouses: Advanced technology for protected horticulture.* CRC Press LLC.

Jahromi, N.B., A. Fulcher, F. Walker, and J. Altland. 2020. *Optimizing substrate available water and coir amendment rate in pine bark substrates.* Water 12:362-373.

Lee, H.I. and Y.H. Kim. 2013. *Utilization efficiencies of electric energy and photosynthetically active radiation of lettuce grown under red LED, blue LED and fluorescent lamps with different photoperiods.* J. Biosyst. Eng. 38(4):279-286.

Medyouni, I., R. Zouaoui, E. Rubio, S. Serino, H.B. Ahmed, and N. Bertin. 2021. *Effects of water deficit on leaves and fruit quality during the development period in tomato plant.* Food Sci. Nutr. 9:1949-1960.

Tennessen, D.J., R.J. Bula and T.D. Sharkey. 1995. *Efficiency of photosynthesis in continuous and pulsed light emitting diode irradiation.* Photosynth. Res. 44:261-269.

Tezara, W., V. MItchell, S.P. Driscoll, and D.W. Lawlor. 2002. *Effects of water deficit and its interaction with* CO_2 *supply on the biochemistry and physiology of photosynthesis in sunflower.* J. Exp. Bot. 53:1781-1791.

Urban, L., J. Aarrouf, and L.P.R. Bidel. 2017. *Assessing the effects of water deficit on photosynthesis using parameters derived from measurements of leaf gas exchange and of chlorophyll a fluorescence. Front.* Plant Sci. 8:2068.

古在豊樹, 狩野 敦, 藏田憲次, 北宅善昭, 池田英男, 大川 清, 今西英雄, 松井弘之, 松尾昌樹, 三位正洋. 1992. 新施設園藝學. 朝倉書店.

제6장

작물의 생장정보와 스트레스 측정

Horticultural Engineering

6.1 작물 생장정보 측정

온실 또는 노지에서 재배되는 작물들의 생장은 광, 온도, 양분 등 환경의 영향을 크게 받는다. 환경의 변화가 작물의 생장에 미치는 영향을 분석하려면 작물의 생장량 또는 생장 속도를 측정해야 한다. 일반적으로 초장, 엽면적, 생체중 등과 같은 작물의 생장량은 시료가 절단된 상태에서 측정된다. 마찬가지로 일정한 기간 동안에 생장된 작물의 생장속도를 측정할 경우에도 대상 작물의 절단이 불가피하다. 때문에 파괴적인 방법으로 작물의 생장 정보를 수집할 경우 연속적인 측정이 불가능하며, 측정에 많은 노력과 시간이 요구된다.

동일한 작물을 대상으로 생장 정보를 수집하려면 비파괴적인 방법이 적용되어야 한다. 작물에 대한 영상을 획득하려면 다양한 종류의 카메라가 필요하다. 수집된 영상에 영상처리 기술을 적용함으로써 작물의 생장 관련 정보를 추출할 수 있다. 향후 신속하고도 정확한 생장정보 수집을 위해서 여러 가지 영상처리 기법이 적용될 것으로 전망된다.

6.1.1 생장정보의 구분

작물의 생장정보는 개체의 대상에 따라 다음과 같이 구분된다.

1) 세포 수준의 생장정보 : 세포 내 수분 상태와 이온이 해당되며, 주로 비파괴적인 방법으로 측정된다.

2) 개체 수준의 생장정보 : 광합성, 증산, 엽온, 생장량, 엽록소함량 등이 이에 해당된다.

3) 군락 수준의 생장정보 : 작물의 군락을 대상으로 한 정보로서, 주요 대상은 개체 수준의 생장정보와 유사하다.

6.1.2 생장정보 측정 방법

1) 광합성속도

광합성속도의 측정에는 단엽 또는 군락에 따라 다른 방법이 적용된다.

① 단엽의 광합성

작물의 건물중 증가는 광합성 작용에 따른 결과이다. 단엽의 광합성과 호흡 속도의 정량적인 측정은 오래 전부터 시도되었다. 적외선 CO_2 분석계가 개발된 이후 작물의 광합성과 호흡 속도는 비교적 손쉽게 측정할 수 있다. 광합성과 호흡작용으로 대기와 작물의 잎 사이에는 CO_2 교환이 이루어진다. 대표적인 CO_2 교환속도의 측정 방법으로 동화상법이 있다.

동화상법의 경우 동화상으로 불리는 상자에 작물을 집어넣은 후 동화상의 입구와 출구에서 측정된 CO_2 농도차로부터 CO_2 교환속도가 결정된다. 적외선 CO_2 분석계의 등장으로 동화상법은 식물의 광합성 또는 호흡속도 측정에 널리 사용되고 있다. 적외선 CO_2 분석계를 이용한 광합성 측정 시스템은 통기식(open system), 반폐쇄순환식(semi-closed system), 폐쇄순환식(closed system)으로 분류된다.

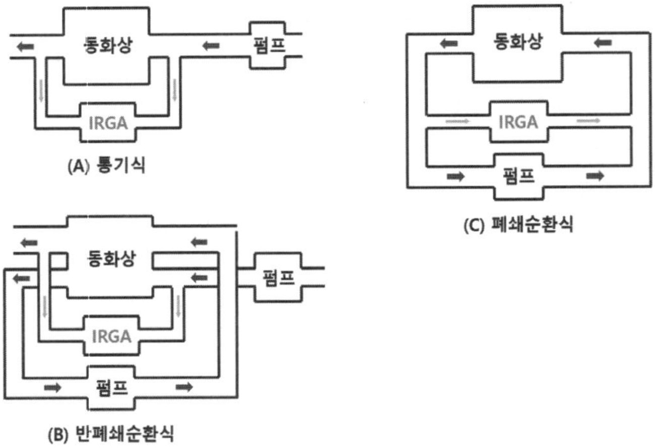

그림 6-1. 광합성속도 측정 방식(牛島 등, 1981)

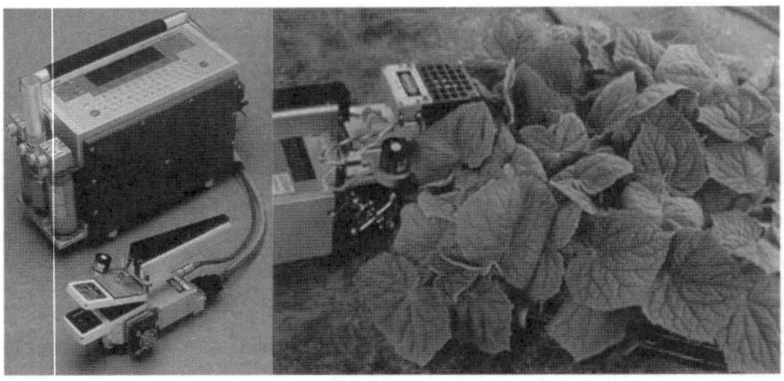

그림 6-2. 통기식 광합성속도 측정계

동화상법으로 측정된 광합성속도는 다음과 같이 표시된다.

$$F_{CO_2} = 0.0446 \cdot \frac{C_i - C_o}{A} \cdot V \cdot \frac{273.16}{273.16 + t} \cdot \frac{P}{1013} \qquad (6.1)$$

여기서, F_{CO_2}: 광합성속도(nmoles·cm^{-2}·s^{-1}), C_i: 동화상 입구에서의 CO_2 농도(μmol·mol^{-1}), C_o: 동화상 출구에서의 CO_2 농도(μmol·mol^{-1}), A: 엽면적(cm^2), P: 압력(mbar), t: 기온(℃)이다.

② 작물 군락의 광합성

작물의 군락은 작물 개체로 구성되나, 군락의 성질 또는 기능은 개체의 그것과 다르다. 즉 작물이 집단 상태로 되어 군락을 형성하면 군락 내의 온도, 광 등과 같은 환경 조건은 군락 외부의 조건과 커다란 차이를 나타낸다. 그러므로 작물의 광합성속도를 개체별로 조사한 후 군락에 적용하면 커다란 오차가 발생할 수 있다. 식물 군락의 광합성속도를 측정할 때 동화상법, 적산법, 예취법, 공기역학법, 열평형법 등이 사용된다.

2) 증산속도

증산 작용은 작물 잎의 기공 또는 표피로부터 물이 수증기의 형태로서 대기 중으로 증발되는 과정을 일컫는다. 작물의 증산은 작물의 내적 요인과 외적 환경 요인의 영향을 받는다.

① 증산의 기초

작물 잎에서의 증산 작용은 잎과 대기 사이에 존재하는 수분포텐셜의 차이로 인해서 나타난다. 토양 중에 들어 있는 물의 수분포텐셜은 작물 뿌리 부근에 있는 물의 수분포텐셜보다 크기 때문에 뿌리에 의해서 흡수된다. 흡수된 물은 줄기를 통하여 상승한 후, 잎에서 증산 작용으로 인하여 대기 중으로 방출된다. 결과적으로 작물에서의 증산은 잎 속에 들어 있는 물의 수분포텐셜이 잎 주위에 있는 공기의 수분포텐셜보다 크기 때문에 일어난다.

② 증산량의 측정법

온실 내에서의 관수 계획을 수립할 때에 작물의 증산속도와 관련된 데이터가 필요하다. 증산이나 흡수에 의해서 뿌리로부터 무기양분 및 대사산물이 운반되고, 증산 작용에 의해서 체온 조절이 이루어진다. 한편, 증산작용은 광합성과 마찬가지로 대부분이 기공을 통해서 이루어지는데, 증산속도를 측정함으로써 기공개폐 관련 정보, 즉 가스의 확산저항을 알 수 있다.

흡수속도는 증산속도와 체내 수분변화에 의해서 결정된다. 그런데 체내 수분변화량이 매우 작아 무시될 때, 흡수속도는 증산속도와 같게 된다. 그러므로 흡수량의 측정에 의해서 증산속도를 결정할 수 있다. 작물의 증산 및 흡수 측정법으로 중량 변화를 이용한 방법, 흡수량 또는 수위변화를 이용한 방법, 증산류 측정 방법, 수증기 확산저항을 이용한 방법 등이 있다.

3) 엽온

엽온은 작물에 대한 열평형을 해석하는 데 있어서 중요한 물리적 변수에 해당한다. 기공개도와 수분생리와의 관계를 규명하는 데 있어서 엽온이 중요한 의미를 지니고 있기 때문에, 최근 들어 엽온을 정확하게 측정하려는 시도가 다양하게 이루어지고 있다. 작물의 엽온을 측정할 때 보통 2가지 방법이 적용된다. 즉 가느다란 열전대 또는 서미스터와 같은 온도센서를 잎에 부착하여 측정하는 방법(그림 6-3)과 적외선 복사온도계를 사용하여 비접촉식으로 측정하는 방법이 있다.

① 열전대를 이용한 엽온 측정

열전대를 사용하여 엽온을 측정할 때에는 다음 사항에 유의하여야 한다. 첫째, 열전대의 측온 접점과 엽면이 제대로 접촉되어야 하며, 측온 접점과 엽면 사이에서 열이 효과적으로 전달되어야 한다. 둘째, 열전대의 보상도선에서 열전도의 오차가 없어야 한다. 셋째, 표면온도가 온도 측정으로 인하여 영향을 받지 않아야 한다. 그러므로 열전대는 가능한 한 가느다란 것을 사용하는 것이 바람직하다. 한편, 바람에 의한 잎의 진동으로 열전대가 떨어지거나 끊어지지 않도록 유의하여야 한다.

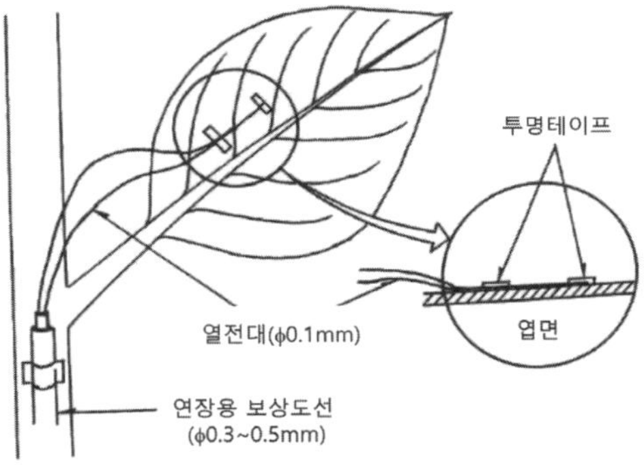

그림 6-3. 엽온 측정용 열전대의 부착 방법

② 적외선 복사온도계를 이용한 엽온 측정

모든 물체는 물체가 갖는 절대온도의 4제곱에 비례해서 복사에너지를 방출한다. 적외선 복사온도계는 물질로부터 방출된 복사에너지를 측정하여 온도를 나타내므로, 작물의 잎에 직접 접촉하지 않고 엽온을 측정하는 데 효과적이다. 적외선 복사온도계를 이용하여 엽온을 측정할 때 온도계는 일정한 경사각을 이루게 된다. 이 경우 경사각에 따라 군락 내부 또는 잎의 방향이 영향을 받게 되므로 유의해야 한다(그림 6-4).

복사 온도계의 검출소자로서 MCT(HgCdTe)가 사용되며, 온도 측정에 사용되는 파장 영역는 8~13μm이다. 적외선 복사온도계는 물체로부터 방사율의 영향을 받게 되므로 정기적인 보정이 필요하다.

그림 6-4. 적외선 복사온도계를 이용한 엽온 측정

4) 생장속도

작물의 생장은 시간 변화와 함께 크기 또는 형태가 변화하는 것을 의미한다. 단세포생물에서는 세포의 수, 즉 개체수의 증가가 생장에 해당하므로, 세포의 크기 또는 형태의 변화가 생장에 해당한다. 한편, 고등식물에서는 세포의 수뿐만 아니라 식물개체의 크기 또는 무게 등을 생장 지표로 삼는 경우가 많다. 작물의 생장은 작물 내에서 이루어지는 생리활동의 결과이기 때문에, 어떤 생리활동을 주목하느냐에 따라 생장 지표의 선택은 달라진다. 생장속도의 측정에서 지표의 정량화(quantification)는 필수적이며, 가시화(visualization)도 많이 시도되고 있다.

작물의 생장속도를 측정할 때 영상처리 기법이 많이 쓰이고 있다. 예를 들면, 토마토의 화방 높이 또는 개화 위치 등과 같은 생장정보를 비파괴적인 방법으로 측정하려면 영상수집 및 처리 장치가 필요하다. 영상을 이용한 작물의 생장정보 계측 시스템은 영상 획득용 CCD 카메라, 영상을 표시하는 모니터, 영상 처리용 하드웨어 및 소프트웨어 등으로 구성된다.

그림 6-5는 작물의 잎을 수직으로 투영시킨 영상 계측의 개념을 나타낸 것이다. 이와 같은 영상 정보로부터 엽면적, 둘레 길이, 최대길이, 엽폭 등의 계산이 가능하다. 또한 상기의 데이터를 이용하여 엽의 상당직경(equivalent diameter) 또는 종횡비(aspect ratio) 등 잎의 형태적 특징을 나타내는 지표를 계산할 수 있다. 이 밖에 정식 후 경과 일수에 따른 작물의 투영면적, 투영면적과 생체중과의 관계를 이용하면 식물체의 생체 정보를 비파괴적인 방법으로 추정할 수 있다. 최근에는, 측정된 영상 데이터를 입력 변수로 사용하고, 기계학습 또는 딥러닝등의 인공지능을 적용한 생장 해석 및 수확량의 예측이 이루어지고 있다(그림 6-6).

그림 6-5. 잎의 투영 영상 정보

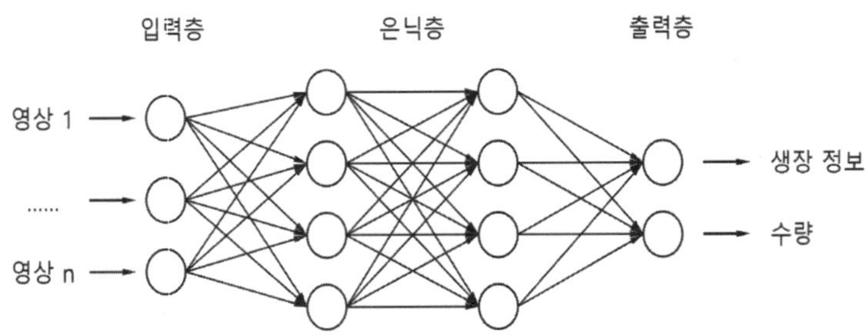

그림 6-6. 작물의 생장 해석을 위한 딥러닝 네트워크

5) 엽록소함량

작물 잎에 분포되어 있는 엽록소는 작물의 영양 상태와 밀접한 관계를 갖는다. 더구나 작물이 지속적으로 환경스트레스를 받게 되면 엽록소가 손실되기 때문에 엽록소함량은 작물의 노화 또는 스트레스 관련 지표로 사용된다. 엽록소함량을 결정하려면 우선 아세톤, 에탄올, DMSO(Dimethylsulphoxide) 등과 같은 유기용매를 사용하여 엽록소를 추출해야 한다. 그런데 유기용매를 사용하여 엽록소를 추출할 때 광에 의해서 엽록소가 분해될 수 있다. 때문에 아세톤 또는 에탄올과 같은 유기용매를 사용하여 엽록소를 추출할 때 암조건에서 추출하는 것이 바람직하다. 한편 DMSO를 사용하여 엽록소를 추출하면 광에 의한 엽록소 분해가 거의 일어나지 않으므로 최근에는 DMSO를 이용한 추출이 많이 사용되고 있다.

① DMSO를 이용한 엽록소 추출과 함량 측정

100 mg의 잎 조직을 떼어 내어 마쇄시키지 않은 상태로 7~10 mL의 DMSO에 담근 후 65℃에서 0.5~6시간 정도 가열하면 대부분의 엽록소가 추출된다. DMSO가 실온 수준으로 냉각되면 증류수를 1:4의 비율로 혼합하여 희석한다. 다음으로 희석된 용액 3 mL을 측정용 셀에 넣은 후 분광광도계를 사용하여 645 nm와 663 nm에서의 흡광도를 측정한

다(Hiscox와 Israelstam, 1979). 측정된 흡광도를 다음 식에 대입하여 엽록소함량을 계산한다(Arnon, 1949).

$$\text{엽록소 } a\,(g/L) = 0.0127A_{663} - 0.00269A_{645} \quad (6.2a)$$

$$\text{엽록소 } b\,(g/L) = 0.0229A_{645} - 0.00468_{663} \quad (6.2b)$$

$$\text{엽록소 } a+b\,(g/L) = 0.0202A_{645} + 0.00802_{663} \quad (6.2c)$$

여기서, A_{645}: 645 nm에서의 흡광도, A_{663}: 663 nm에서의 흡광도이다.

② 엽록소계를 이용한 측정

유기용매를 사용하여 엽록소를 추출하려면 기본적으로 잎 조직을 파괴시켜야 한다. 때문에 엽록소함량을 비파괴적으로 측정할 때 추출법을 적용할 수 없다. 대신에 그림 6-7과 같은 휴대용 엽록소계(chlorophyll meter)가 엽록소함량의 상대적인 크기를 결정하고자 사용되고 있다. 휴대용 엽록소계는 각각 650 nm와 940 nm에서 중심 파장을 갖는 적색광과 적외광 발광다이오드(light-emitting diodes)를 광원으로 사용한다. 광원으로부터 발광된 각각의 광이 측정 대상용 잎을 투과하면 실리콘 포토다이오드(silicon photodiode)에 의해서 감지된다.

엽록소계를 사용할 때 두 종류의 파장이 잎을 투과할 때 나타나는 광밀도(optical density) 차이에 의해서 엽록소함량의 상대적인 값이 표시된다. 임의의 물체의 광투과율은 물체에 조사된 복사에너지에 대한 물체를 투과한 복사에너지의 비율로서 정의된다. 광밀도는 광투과율의 역수에 상용대수를 취한 값이다. 휴대용 엽록소계는 단시간에 엽록소함량을 손쉽게 측정할 수 있는 장점을 지니고 있는 반면에 잎이 얇고 긴 외떡잎식물의 측정에 적합한 한계를 지니고 있다.

그림 6-7. 휴대용 엽록소계를 이용한 엽록소함량 측정

6) 증산류

증산류는 잎의 증산작용으로 잎에서 흡수력이 만들어지고, 이로 인하여 도관 내의 물이 위쪽으로 이동하는 속도를 의미한다. 수경재배 작물의 수량과 품질은 배양액의 EC 농도와 밀접한 관계를 갖는다. 그런데 재배 중인 작물 체내에 흡수된 배양액의 EC 농도를 측정하려면 작물을 파괴시켜야 한다.

이제까지 작물의 줄기에 열선과 온도센서를 삽입하거나, 열전대와 열선이 장착된 프로브(probe)를 줄기 표면에 밀착시키는 방식으로 증산류가 측정되었다. 그런데 이러한 방식으로 줄기가 연약한 원예작물의 증산류를 측정하기에는 적합하지 않다. 최근에 원예작물을 파괴시키지 않고 증산류의 EC 농도를 실시간으로 측정할 수 있는 미세바늘형의 센서가 개발되었다(Jeon 등, 2017). 크기가 11mm x 5mm인 센서는 실리콘 웨이퍼로 가공된 미세바늘형 전극으로서 토마토 줄기의 목질부에 삽입되어 증산류의 EC 농도를 측정할 수 있다.

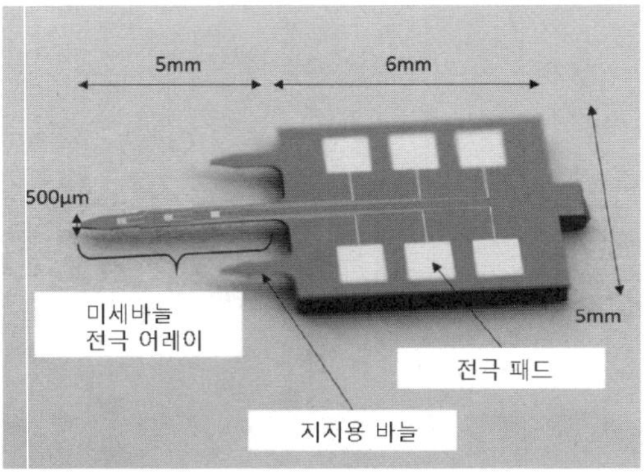

그림 6-8. 미세바늘형 센서 구조 (Jeon 등, 2017)

상기 센서를 이용하여 측정한 결과 증산류의 속도 변화가 기온과 일사량의 1일 변화 형태와 유사하게 나타났다(Baek 등, 2018). 크기가 작고 구조가 간단한 장점을 지닌 미세바늘형 센서의 정확도가 개선된다면 증산류와 같은 온실재배 작물의 생체정보 측정에 유용할 것으로 기대된다.

6.2 작물 스트레스 측정

시설원예 재배 농가들은 작물 생장에 필요한 광, 기온, 수분 등의 환경요소를 관리할 뿐만 아니라 각종 병해충에 의한 피해를 방지하고자 노력하고 있다. 환경요소가 적정 수준으로 관리되지 않는 환경에 노출된 작물은 스트레스를 받게 된다. 또한 병충해가 나타나면 이로 인한 감염이 빠르게 확산되어 작물 전체에 커다란 피해를 주게 된다. 즉, 작물 생리, 잎의 색상과 형태, 증산속도 등의 변화가 초래된다. 따라서 환경 스트레스 또는 병해충에 의한 감염을 신속하게 진단하기 위한 연구가 활발하게 이루어지고 있다.

6.2.1 스트레스 구분

작물의 스트레스는 크게 무생물적 스트레스(abiotic stress)와 생물적 스트레스(biotic stress)로 구분된다. 무생물적 스트레스는 주로 환경 변화에 의해서 나타난다. 고온, 저온, 가뭄 등은 대표적인 무생물적 스트레스에 해당한다. 생물적 스트레스는 박테리아, 곰팡이, 바이러스 등과 같은 각종 병해충에 의해서 생긴다.

이러한 스트레스의 진단에 바이오마커(biomarker), 영상(imaging), 분광(spectroscopy), 형광(fluorescence) 등이 이용되고 있다. 바이오마커는 단백질이나 DNA 등을 이용해 작물체내의 변화를 알아낼 수 있는 지표이다. 그러므로 감염을 나타내는 항체의 존재를 파악하거나, 병해를 일으키는 과정을 평가하는 데 바이오마커가 쓰인다. 이 방법을 적용하면 병해를 정확하게 진단할 수 있으나, 전처리 작업이 복잡하고 시간과 노력이 많이 걸리는 단점을 지닌다. 때문에 작물의 스트레스 또는 병해를 비파괴적인 방법으로 신속하게 진단하고자 영상, 분광 또는 형광 기법이 개발되고 있다.

6.2.2 스트레스 또는 병충해 진단

1) 영상을 이용한 진단

인간의 육안으로 작물의 생장 또는 영양 상태를 식별하는 것과 마찬가지로 기계시각(machine vision)을 이용하여 작물의 상태를 판단할 수 있다. 기계시각은 영상 획득과 영상처리에 관련된 기능을 하드웨어와 소프트웨어로 구성된 시스템이 처리하는 기술을 의미한다. 산업 분야에서의 자동화가 빠르게 진행되면서 공장에서 생산되는 제품의 불량 유무, 검사, 판단 등에 기계시각이 널리 활용되고 있다. 이러한 기계시각은 농업 분야에서도 적용될 수 있다.

한편 다양성 또는 불균일성으로 대표되는 농업의 특성으로 인해 작물 재배 현장에서 기계시각 기술을 적용하려면 훨씬 정교한 처리가 필요하다. RGB 영상, 다분광 영상 및 초분광 영상(hyperspectral imaging)은 스트레스 또는 병충해 진단에 적용되는 대표적인 영상처리 기법이다. 이 가운데 다분광 영상과 초분광 영상은 영상과 분광이 결합된 개념이다.

① RGB 영상

RGB 영상은 적색(Red, R), 녹색(Green, G) 및 청색(Blue, B)을 감지하는 RGB 센서에 의해서 측정된 영상을 의미한다. 영상 내의 모든 화소(pixel)가 RGB 정보를 갖고 있기 때문에 필요에 따라 해당 정보를 불러내어 이용할 수 있다. 적색, 녹색 및 청색은 빛의 3원색으로서 색 공간(color space)을 구성하며, 혼합할수록 명도가 올라간다. 인간의 눈은 적색, 녹색 및 청색을 감지하는 3개의 파장이 포함된 가시광 영역의 색상을 식별한다. 때문에 물체의 색상에 기초해서 구분하거나 속성을 판단할 때 RGB 영상이 효과적일 수 있다.

작물의 RGB 영상에 인공신경망 알고리즘을 적용하여 병해를 진단하거나, 크기, 형태 또는 색상 등의 특징에 기초하여 작물의 생장과 건강도를 진단하는 영상처리 기법이 보고된 바 있다.

RGB 영상은 3개의 파장(또는 채널)로 구성되기 때문에 저장 공간을 많이 차지하지 않으며, 영상 분할에 의해서 색감이나 밝기를 구분하기 쉽다. 그러나 눈으로 식별하기 어려운 객체의 색상은 RGB 영상으로도 구분하기가 쉽지 않다.

2) 다분광 영상

다분광 영상(multispectral imaging)은 전자파 가운데 3~15개의 파장에서 반사된 에너지를 측정하는 센서에 의해서 만들어진다. 이러한 다분광영 상에는 0.4~0.7μm 영역의 가시광(visible), 0.7~1μm 영역의 근적외광(near-infrared), 1~1.7μm 영역의 단파 적외광(short-wave infrared), 3.5~5μm 영역의 중간파 적외광(mid-wave infrared), 8~12μm 영역의 장파 적외광(long-wave infrared) 등이 포함된다. 그러므로 다분광 영상 카메라는 RGB 영상 외에 근적외광 또는 적외광 영역의 정보를 제공한다. 인공위성 중에서 Landsat 또는 Quickbird는 다분광 센서를 사용하여 영상을 획득하는 대표적인 사례이다.

3) 초분광 영상

① 정의 및 특징

초분광 영상(hyperspectral imaging)은 다분광 영상에 비해서 밴드 폭이 좁은 다수의 파장에서 반사된 에너지를 측정하는 센서에 의해서 이루어진 영상으로서, 디지털 영상과 분광이 결합된 개념이다. 밴드 폭이 좁은 다수의 초분광 센서가 사용되기 때문에 전자파 영역에서 연속적인 분광 측정이 가능하다. 때문에 초분광 영상은 다분광 영상에 비해서 훨씬 더 많은 정보를 지니고 있다(그림 6-9).

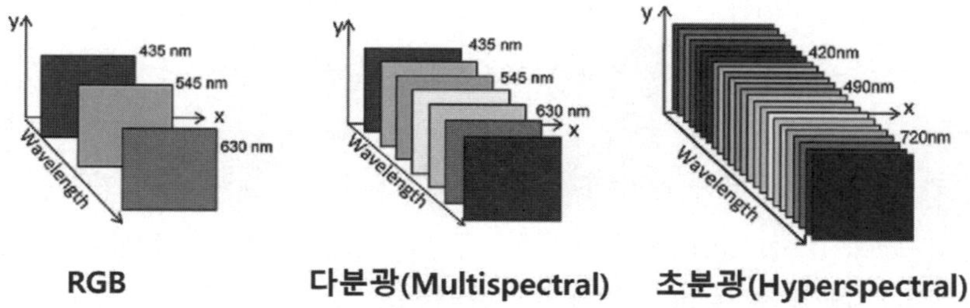

그림 6-9. RGB, 다분광 및 초분광 영상 비교(Mehta 등, 2018)

초분광 영상은 대상물체로부터의 분광 반사 특성을 표현하기 때문에 생태, 해양, 지질 등의 원격탐사에 활용될 뿐만 아니라 농작물의 생장, 병징 유무 및 환경 스트레스의 진단에도 사용되고 있다. 더구나 초분광 영상처리에 의해서 생물적 또는 무생물적 스트레스에 따른 식물체의 위축, 변형, 특정한 화합물의 축적 등의 국부적 변화에 대한 영상화가 가능하므로 특정한 스트레스의 신속한 진단이 이루어질 것으로 기대된다.

② 초분광 영상 시스템의 구성

초분광 영상 시스템은 영상 획득부, 샘플 운송부, 광원부 등으로 구성된다. 영상 획득부에는 카메라, 영상분광기(imaging spectrograph) 및 렌즈 등이 포함된다(그림 6-10). 샘플 운송부는 스텝 모터 및 모터 조절계로 이루어지고, 광원부는 광원 및 광을 시료에까지 전달하는 광섬유 케이블 등으로 구성된다. 이밖에 스텝 모터의 조절 또는 영상 획득을 위해서 관련 소프트웨어가 필요하다.

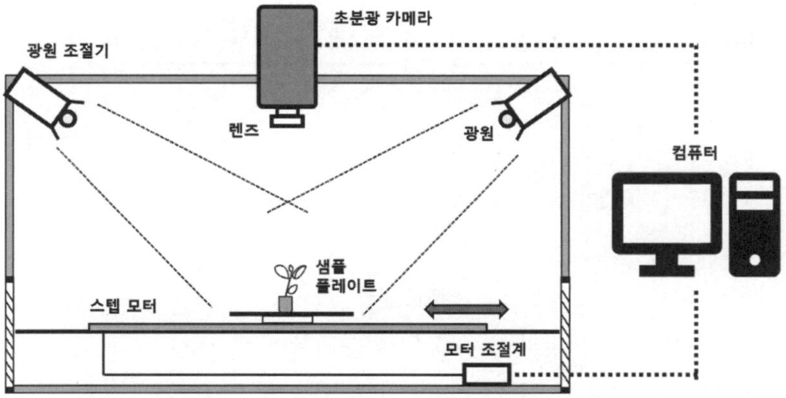

그림 6-10. 초분광 영상 시스템의 구성(Lee 등, 2018)

초분광 카메라를 사용하면 인간의 눈으로 감지할 수 없는 파장 영역, 즉 자외선 또는 적외선 영역의 정보를 수집할 수 있다. 이러한 초분광 카메라에 의해서 수백 개 이상의 파장이 포함된 영상이 측정된다. 획득된 영상은 대상 물체 고유의 분광반사 특성을 만드는 데 이용된다.

초분광 카메라는 측정이 가능한 파장 영역에 따라 400~1,000nm의 가시광 및 근적외광 (visible and near-infrared, VNIR), 900~1,700nm의 근적외광(near-infrared, NIR), 1,000~2,500nm의 단파 적외광 (short-wave infrared, SWIR), 400~2,500nm의 가시광, 근적외광 및 단파 적외광 (visible, near-infrared and short-wave infrared, VIS-NIR-SWIR), 3~5μm의 중간파 적외광 (mid-wave infrared, MWIR) 등으로 구분된다. 이 가운데 작물의 스트레스 또는 병해 진단에 VNIR 또는 SWIR 영역의 카메라가 많이 사용되고 있다.

초분광 카메라에 의해서 획득된 데이터는 전처리가 필요하다. 보정(correction), 평활화(smoothing) 또는 정규화(normalization)는 대표적인 전처리 작업에 속한다. 다음으로 관심영역(region of interest, ROI)을 추출한 후에 분석, 분류, 동정 또는 예측이 이루어진다.

데이터 분석을 위해서 회귀, 주성분(principal component analysis, PCA), 부분최소제곱(partial least squares), 판별(discrimination) 등의 방법이 쓰인다. 분류, 동정 또는 예측의 정확성을 향상시키고자 서포트벡터머신(support vector machine, SVM), 합성곱 신경망, k-평균 등의 다양한 알고리즘을 적용한 방법이 개발되고 있다.

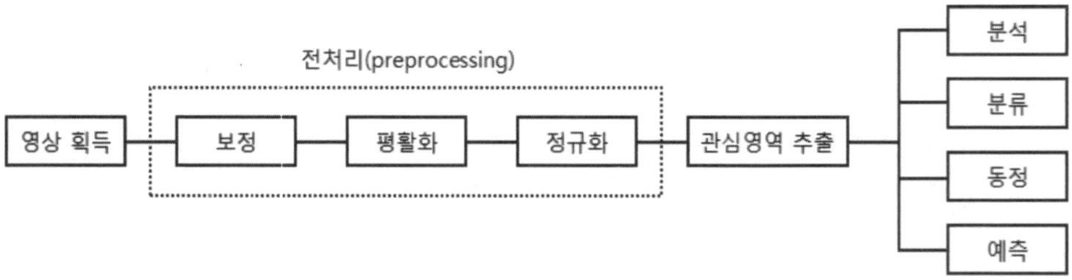

그림 6-11. 초분광 영상 데이터 전처리와 분석 방법

③ 초분광 영상을 이용한 스트레스 또는 병해 진단

식물체 잎 표면에 조사된 빛의 일부는 잎을 투과하거나, 색소, 수분, 당, 리그닌 및 아미노산 등 화학물질에 의해서 흡수되거나, 잎의 내부 구조 또는 표면으로부터 반사된다. 그러므로 식물체 잎의 반사도는 생물리적 또는 생화학적 상호작용에 의한 결과로서 잎 표면의 특성, 내부 구조, 화학물질의 농도나 분포의 영향을 받게 된다.

그림 6-12는 식물체의 전형적인 분광 반사 특성을 표시한다. 400~700nm에 해당하는 가시광 영역에서의 반사율은 엽록소를 포함하여 잎에 분포된 색소 함량의 영향을 받는다. 670~760nm에서 식생의 반사율이 급격하게 상승하는 데, 이 영역을 적색 가장자리(red edge)라 부른다. 700~1,100nm의 근적외광 영역에서의 반사율은 잎의 구조 또는 조직에 따른 흡수율에 의해서 결정되며, 1,000~2,500nm의 단파 적외광 영역은 잎의 수분함량과 화학물질의 영향을 받는다. 이 가운데 1,450nm와 1,950nm 영역은 수분 흡수 영역으로 알려져 있다.

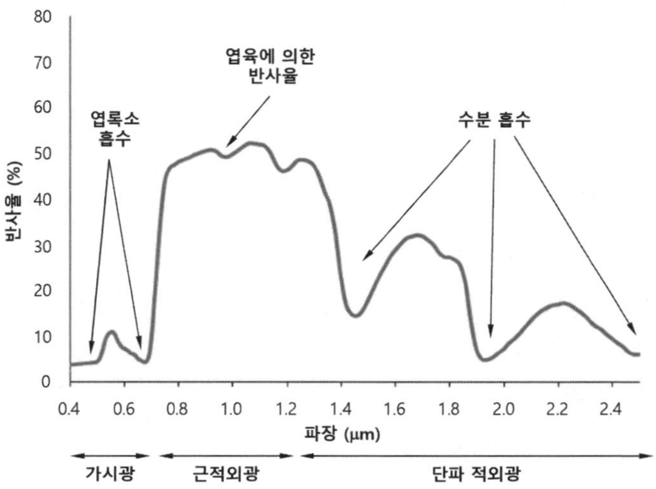

그림 6-12. 식물체의 분광 반사 특성

생물적 또는 무생물적 스트레스를 받은 작물의 반사율은 건강한 식물체의 반사 특성과 비교된다. 식물체의 분광 반사율로부터 얻어진 유효파장은 작물의 건강 상태 또는 스트레스 여부 등을 판단하는 데 쓰인다. 이 가운데 대표적인 것으로서 NDVI(Normalized Difference Vegetation Index)가 있다. NDVI는 식생의 반사율이 높은 근적외광과 식생이 강하게 흡수하는 적색광의 차이를 측정하여 식생의 상태를 판단할 때 쓰이는 식생지수로서, 다음과 같이 정의된다.

$$\mathrm{NDVI} = \frac{NIR - RED}{NIR + RED} \tag{6.3}$$

여기서, NIR: 근적외광 영역에서의 반사율, RED: 적색광 영역에서의 반사율이다.

작물의 건강 상태가 양호하면 적색광 영역에서의 반사율이 낮고, 적외광 영역에서의 반사율이 높게 된다. 반대로 작물의 건강 상태가 양호하지 않으면 적색광 영역에서의 반사율은 높으나, 적외광 영역에서의 반사율이 낮아진다. -1~+1의 숫자로 산출되는 NDVI 값이 클수록 건강 상태가 상대적으로 양호함을 표시한다.

NDVI 이외에 여러 지수들이 작물의 엽록소 함량 또는 수분 스트레스 등을 진단하는 데 쓰인다.

$$\mathrm{CI}_{\mathrm{green}} = \frac{\rho_{730}}{\rho_{530}} - 1 \tag{6.4}$$

$$\mathrm{CI}_{\mathrm{red-edge}} = \frac{\rho_{850}}{\rho_{730}} - 1 \tag{6.5}$$

$$\mathrm{MSI} = \frac{\rho_{1579}}{\rho_{819}} \tag{6.6}$$

여기서, $\mathrm{CI}_{\mathrm{green}}$: 초록 엽록소 지수, ρ_{730}: 730nm에서의 반사율, ρ_{530}: 530nm에서의 반사율, $\mathrm{CI}_{\mathrm{red-edge}}$: 적색 가장자리 엽록소 지수, ρ_{850}: 850nm에서의 반사율, MSI: 수분스트레스 지수, ρ_{1579}: 1,579nm에서의 반사율, ρ_{819}: 819nm에서의 반사율이다.

이제까지 작물의 병해 진단은 육안에 의한 관찰, 현미경의 이용 또는 분자생물학적인 분석 등에 의해서 이루어졌다. 최근에는 다양한 형태의 광학 센서가 개발되면서 비파괴적인 방법에 의한 병해 진단이 시도되고 있다. 분광 반사 특성과 병징 사이의 관계에 통계적 방법이나, 기계학습 또는 딥러닝과 같은 인공지능 기법을 활용하면 병해 진단에 효과적인 유효파장(significant wavelengths)을 결정하며, 스트레스나 병해 진단 모델을 개발할 수 있다.

예를 들면, 초분광 영상 처리 기술과 통계적 방법을 적용하여 작물 또는 종자의 병해 진단, 과일의 숙도 또는 산도의 결정, 수분함량 또는 엽록소함량의 추정이 시도되었다. 최근에는 초분광 영상 데이터에 기계학습 또는 딥러닝을 포함한 인공지능을 적용한 병해 분류 또는 진단이 이루어지고 있다. 이 가운데 400~700nm 영역 또는 700~1,000nm 영역에서 작물의 흰가루병(powdery mildew) 진단, 900~1,700nm의 근적외광 영역에서 수박묘의 과실썩음병(bacterial fruit blotch) 진단, 400~900nm 영역에서 사과의 코들링나방(codling moth) 피해 진단, 400~1,000nm와 1,000~2,500nm 영역에서 딸기의 곰팡이 감염 진단 등은 초분광 영상을 이용한 대표적인 사례에 해당된다.

이 등(2018)은 수박 잎에 과실썩음병 병원균을 접종한 후 경과 일수에 따른 초분광 영상 데이터로부터 병징 부위의 검출에 유효한 2개(1,450nm, 1,588nm)의 파장을 추출하였다. 다음으로 추출된 2개 파장의 비율로서 영상을 재구성한 결과 병징 부위의 효과적인 검출이 가능하였다.

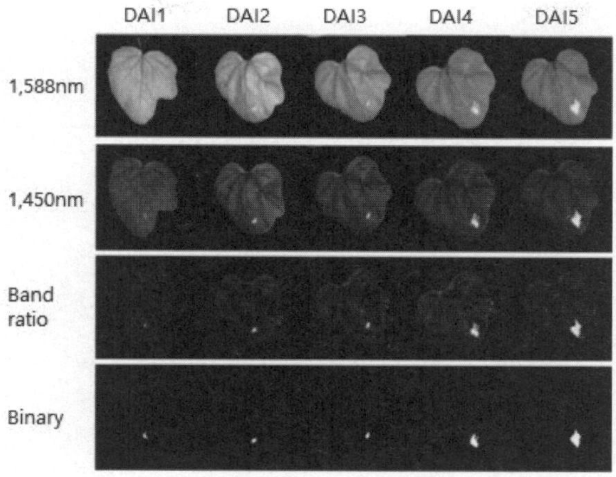

그림 6-13. 초분광 영상의 유효파장을 이용한 수박 잎의 과실썩음병 병징 부위 검출 (DAI: the days after inoculation)

4) 엽록소 형광을 이용한 스트레스 진단

형광(fluorescence)은 엽록소가 흡수한 광 에너지 가운데 광합성 초기의 광화학 반응에 사용되지 않고 외부로 방출되는 광 에너지를 의미한다. Kautsuky 효과 또는 형광유도(fluorescence induction) 과정으로 불리는 이 반응에서 작물이 생물적 또는 무생물적 스트레스를 받아 광 에너지를 제대로 이용하지 못할 경우 엽록소형광을 방출한다. 때문에 엽록소형광 특성은 작물의 광합성 능력을 비파괴적으로 평가하거나, 작물의 스트레스 관련 생리를 구명하기 위한 지표로 사용된다. 빛에 노출된 엽록소는 흡수된 빛의 파장과 강도에 따라 형광을 방출한다.

충분하게 암적응된 작물에 순간적인 포화광을 비추면 엽록소 형광은 기저 상태에서 최대형광(maximal fluorescence)까지 증가한다. 이 과정에서 변동형광(variable fluorescence)과 최대형광이 측정된다(그림 6-14). 계속해서 일정한 세기를 갖는 연속광을 비추면 형광이 일시적으로 증가한다. 이 때 빛을 비추기 시작한 후 수 milliseconds 내에 전자가 전달되기 시작하며, 탄소고정 효소 중 일부는 빛에 의해 활성화된다. 광합성과 열의 방출이 활성화되면 엽록소 형광은 감소되기 시작하여 정상상태에 도달한다. 연속광의 조사 하에 두 번째 포화광을 비추면 식물이 광합성을 하고 있는 동안의 최대형광인 F_m'을 얻는다.

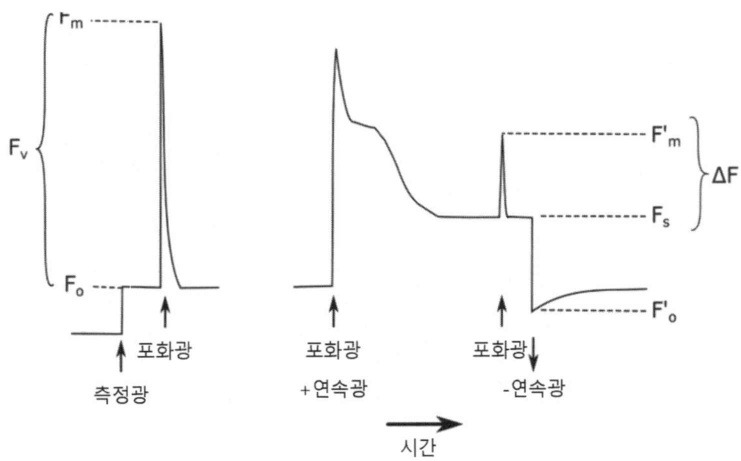

그림 6-14. 암적응된 잎의 엽록소 형광 특성(van Kooten과 Snel, 1990)

최소형광, 최대형광 및 변동형광 사이에는 다음과 같은 관계가 성립한다.

$$F_m = F_o + F_v \tag{6.7}$$

$$\frac{F_v}{F_m} = \frac{F_m - F_o}{F_m} \tag{6.8}$$

여기서, F_m: 최대형광, F_0: 최소형광, F_v: 변동형광이다.

최대형광에 대한 변동형광의 상대적인 크기, 즉 F_v/F_m은 최대양자수율(maximum quantum yield)로 정의된다. 일반적으로 건강한 고등식물 잎의 최대양자수율은 0.8 정도를 유지한다. 만일 최대양자수율이 0.8보다 작다면 광계 II의 반응 중심이 손상을 입었거나, 또는 식물이 스트레스 환경에 노출되었기 때문이다.

측정된 최소형광과 최대형광은 최대양자수율, 비광화학적 소광(non-photochemical quenching, NPQ), 변동형광의 비광화학적 소광 계수(non-photochemical quenching coefficient, qN), 엽록소 형광 감소율(the ratio of the fluorescence decrease, Rfd) 등의 형광 관련 지표들을 계산하는 데 쓰인다.

$$NPQ = \frac{F_m - F_m'}{F_m'} \tag{6.9}$$

$$qN = \frac{F_m - F_m'}{F_v} \tag{6.10}$$

$$\mathrm{Rfd} = \frac{\mathrm{F_m} - \mathrm{F_s}}{\mathrm{F_s}} \tag{6.11}$$

여기서, NPQ: 비광화학적 소광, F_m: 암적응된 상태에서의 최대형광, F_m': 광합성이 이루어지는 상태에서의 최대형광, qN: 변동형광의 비광화학적 소광 계수, F_v: 변동형광, Rfd: 엽록소 형광 감소율, F_0: 정상상태에 도달한 엽록소 형광이다.

비광화학적 소광은 광화학 에너지 전환 과정 중 발생하는 광합성 기구의 에너지 손실을 의미한다. 변동형광의 비광화학적 소광 계수는 열의 소산을 반영한다. 엽록소 형광 감소율은 온도, 광, 산소 및 수분 등 환경 변화에 따른 광화학 기구의 소광 및 전자전달 속도 등과 관련하여 식물의 건전성을 평가할 수 있는 매개변수이다.

엽록소 형광 지표들과 스트레스의 관계를 분석함으로써 작물의 광합성능력은 물론 스트레스의 진단에 엽록소 형광 반응을 활용할 수 있다. 실제로 가뭄, 염, 수분, 온도 등에 의한 환경 스트레스를 엽록소형광 특성으로 구명하기 위한 노력이 많이 이루어졌다.

Bhandari 등(2018)은 육묘 과정에서 3수준의 주.야간 기온 처리(10/5, 25/20, 35/30℃)가 이루어진 파프리카 잎의 엽록소 형광 특성을 측정한 후 형광 관련 지표를 계산하였다. 그 결과, 저온 처리구(10/5℃)에서 최대양자수율이 낮게 나타났다(그림 6-16A). 비광화학적 소광, 엽록소 형광 감소율 및 변동형광의 비광화학적 소광 계수는 고온 처리구(35/30℃)에서 낮게 나타났다(그림 6-16B~6-16D). 결과적으로 최대양자수율, 비광화학적 소광, 엽록소 형광 감소율 또는 변동형광의 비광화학적 소광 계수 등과 같은 엽록소 형광 관련 지표들을 사용할 경우 저온 또는 고온에 노출된 작물의 스트레스 진단이 가능할 것이다.

최근에는 엽록소 형광과 초분광영상을 결합하여 작물의 스트레스 또는 병해충에 의한 피해를 조기에 진단하려는 연구가 진행되고 있다. 단, 작물의 형광 반응을 측정할 때 충분한 암조건이 요구되는 바, 이에 유의해야 한다.

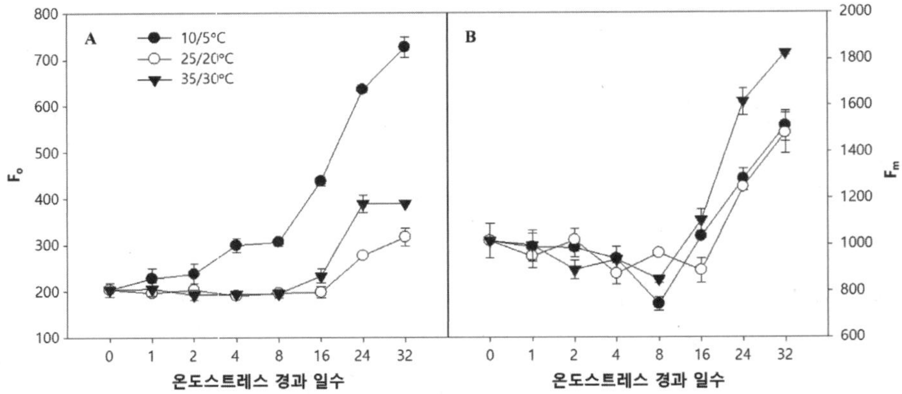

그림 6-15. 온도 처리에 따른 파프리카 잎의 형광 특성
(A) 최소형광, (B) 최대형광 (Bhandari 등, 2018)

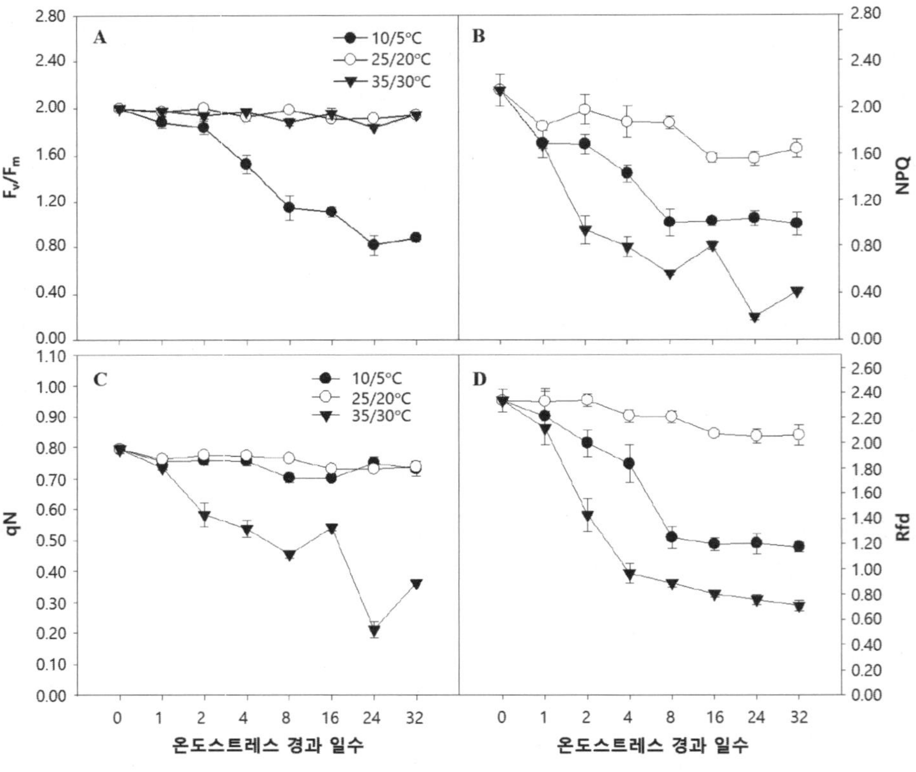

그림 6-16. 온도 처리에 따른 파프리카 잎의 (A) 최대양자수율, (B) 비광화학적 소광, (C) 엽록소 형광 감소율, (D) 변동형광의 비광화학적 소광 계수 (Bhandari 등, 2018)

연습문제

1. 적외선 CO_2 분석계를 이용한 광합성 측정 방식의 원리 및 종류에 대해서 설명하시오.

2. 엽온의 측정 방법을 설명하시오.

3. 무생물적 스트레스와 생물적 스트레스에 대해서 설명하시오.

4. 다분광영상과 초분광영상을 비교 대해서 설명하시오.

5. 초분광영상 데이터 전처리 및 분석 방법에 대해서 설명하시오.

6. 식물체의 전형적인 분광 반사 특성을 설명하시오.

7. 식생지수 NDVI를 설명하시오.

8. 엽록소 형광 반응의 원리를 설명하시오.

9. 최대형광, 변동형광 및 최대양자수율에 대해서 설명하시오.

참고문헌

김용현, 배종향, 손정익, 이용범, 장홍기, 전하준, 정병룡. 2003. 생물환경조절공학. 향문사.

김용현, 이상헌. 2006. 상이한 광질하에서 활착된 수박 접목묘 결합 부위의 식물체온 변화. 바이오시스템공학 31(5):449-453.

김형곤, 이재수, 김용현. 2018. LED 램프의 광합성유효광양자속이 오이접목묘의 엽록소형광, 엽록소함량, 활착 및 생장에 미치는 영향. 시설원예·식물공장 27(3):231-238.

신유경, 김용현, 이준구. 2019. 수박접목묘의 건조스트레스 범위 탐지를 위한 엽록소형광 지수의 적용. Protected Horticulture and Plant Factory 28(4):461-470.

Arnon, D.I. 1949. *Copper enzymes in isolated chloroplasts. Polyphenoloxidase in Beta Vulgaris.* Plant Physiol. 24:1-15.

Baek, S., E. Jeon, K.S. Park, K.H. Yeo, and J. Lee. 2018. *Monitoring of water transportation in plant stem with microneedle sap flow sensor.* J. Microelectromech. Syst. 27:440-447.

Bhandari, S.R., Y.H. Kim, and J.G. Lee. 2018. *Detection of temperature stress using chlorophyll fluorescence parameters and stress-related chlorophyll and proline content in paprika (Capsicum annuum L.) seedlings.* Korean J. Horti. Sci. Technol. 36(5):619-629.

Cao, X., Y. Luo, Y. Zhou, X. Duan, and D. Cheng. 2013. *Detection of powdery mildew in two winter wheat cultivars using canopy hyperspectral reflectance.* Crop Prot. 45:124-131.

Ferentinos, K.P. 2018. *Deep learning models for plant disease detection and diagnosis. Comput. Electron.* Agric. 145:311-318.

Hiscox, J.D. and G.F. Israelstam. 1979. *A method for the extraction of chlorophyll from leaf tissue without maceration.* Can. J. Bot. 571332-1334.

http://ja.wikipedia.org/wiki/

Jang, S.H., Y.K. Hwang, H.J. Lee, J.S., and Y.H. Kim. 2018. *Selecting significant wavelengths to predict chlorophyll content of grafted cucumber seedlings using hyperspectral images.* Korean J. Remote Sens. 34:681-692.

Jang, S.H., Y.K. Hwang, H.J. Lee, J.S. Lee, W.S. Lee, and Y.H. Kim. 2018. *Shortwave infrared hyperspectral imaging can predict moisture content in grafted cucumber seedlings.* Korean J. Horti. Sci. Technol. 36:831-840.

Jeon, E., S. Choi, K.H. Yeo, K.S. Park, M.L. Rathod, and J. Lee. 2017. *Development of electrical conductivity measurement technology for key plant physiological information using microneedle sensor.* J. Micromech. Microeng. 27:1-9.

Lang, M., H.K. Lichtenthaler, M. Sowinska, F. Heisel, and J.A. Miehe. 1996.

Fluorescence imaging of water and temperature stress in plant leaves. J. Plant Physiol. 148:613-621.

Lee, H.J., D.H. Jang, Y.H. Lee, and Y.H. Kim. 2019. *Near-infrared hyperspectral imaging for detection of bacterial fruit blotch in watermelon seedlings*. Korean J. Hortic. Sci. Technol. 37:719-732.

Mehta, N., S. Shaik, R. Devireddy, and M.R. Gartia. 2018. *Single-cell analysis using hyperspectral imaging modalities*. J. Biomech. Eng. 140(2):0208021-02080216.

Mitchell, B.W. 1983. *Instrument and measurement for environmental sciences*. ASAE.

Norman, K., L.L.F. Janssen, and G.C. Huurneman (eds.). 2004. *Principles of remote sensing : an introductory textbook*. ITC Educational Textbook Series 2, ITC, Enschede, The Netherlands.

Rady, A., N. Ekramirad, A.A. Adedeji, M. Li, and R. Alimardani. 2017. *Hyperspectral imaging for detection of codling moth infestation in GoldRush apples*. Postharvest Biol. Technol. 129:37-44.

Ruban, A.V. 2016. *Nonphotochemical chlorophyll fluorescence quenching: Mechanism and effectiveness in protecting plants from photodamage*. Plant Physiol. 170:1903-1916.

Sankaran, S., A. Mishra, R. Ehsani, and C. Davis. 2010. *A review of advanced techniques for detecting plant diseases*. Comput. Electron. Agric. 72:1-13.

Siedliska, A., P. Baranowski, M. Zubik, W. Mazurek, and B. Sosnowska. 2018. *Detection of fungal infections in strawberry fruit by VNIR/SWIR hyperspectral imaging*. Postharvest Biol. Technol. 139:115-126.

van Kooten, O. and J.F. Snel. 1990. *The use of chlorophyll fluorescence nomenclature in plant stress physiology*. Photosynth. Res. 25:147-150.

Wikipedia https://ko.wikipedia.org/wiki/

古在豊樹, 狩野 敦, 藏田憲次, 北宅善昭, 池田英男, 大川 淸, 今西英雄, 松井弘之, 松尾昌樹, 三位正洋. 1992. 新施設園藝學. 朝倉書店.

三宅行美. 1983. 日射計の種類と精度. 太陽エネルギー 9:2-7.

牛島忠廣, 古川昭雄, 米山忠克. 1981. 植物の生産過程測定法. 共立出版株式會社.

제7장
시설원예

Horticultural Engineering

7.1 시설원예 개요

온실(greenhouse)을 이용한 원예작물의 집약적 생산을 시설원예라 한다. 온실은 노지에서 작물 재배가 불가능한 시기에도 작물의 생장에 적합하도록 환경을 만들어주는 시설이다. 온실을 건축하려면 기본적으로 피복재(coverings)와 골조 등의 자재가 필요하다.

피복재는 온실 내부와 외부 환경을 구분하는 자재이다. 골조는 피복재를 지지해준다. 온실이 보급되던 초기에는 대나무를 비롯한 목재가 골조로 사용되었다. 그 후 철제 파이프, 철골 및 알루미늄합금이 골조용 자재로 사용되고 있다. 철제 파이프는 플라스틱온실의 골조로 사용되며, 유리온실에서는 철골과 알루미늄합금이 쓰이고 있다. 최근에는 구조물의 경량화와 내재해성 강화를 목적으로 알루미늄합금이 골조용 자재로서 널리 쓰이고 있다.

우리나라의 시설원예 발전은 자재의 보급 및 개발과 함께 이루어졌다. 1970년대에 이루어진 석유화학공업의 육성에 따라 부산물로 생산된 플라스틱필름이 농업에 쓰이게 되었다. 폴리에틸렌 필름을 중심으로 멀칭(mulching) 재료로 쓰이던 플라스틱 필름은 터널 또는 온실의 피복재로서 사용되면서 점차 사용 범위가 넓어졌다.

그림 7-1. 시설원예 형태 (A) 멀칭 재배, (B) 플라스틱온실 단지

멀칭과 온실의 등장으로 국내 농업기술은 크게 바뀌었다. 이전까지 논과 밭을 이용한 노지재배에서 작물의 생산량 증대를 목표로 한 농업기술이 개발되었으나, 시설원예의 도입으로 노지에서 작물 재배가 어려운 시기에도 신선한 원예산물의 안정적인 생산이 가능해졌다. 더구나 재배 기간의 연장에 따른 수확 기간의 확대로 말미암아 생산량이 증대되었다. 또한 품질의 향상과 함께 농업생산성이 크게 개선되었다. 1970년 이후 농촌의 이곳저곳에 들어선 플라스틱온실이나 멀칭용 필름을 멀리서 보면 백색으로 뒤덮인 모습이어서 시설원예 자재와 관련 기술의 현대화에 따른 농업 기술의 발전은 백색혁명(white revolution)으

로 불린다.

앞으로 온실 내의 환경제어에 따른 연중생산(year-round production), 기술집약적 생산 및 기업적 경영으로 말미암아 안전성과 품질이 우수한 원예산물의 수요가 더욱 증가할 것이다.

7.2 온실의 설치 현황

국내 채소류 생산 온실의 전체 시설면적은 2000년까지 꾸준하게 증가하였으며, 이후에는 52,000ha 내외를 유지하였다(표 7-1). 2020년에 전체 온실 가운데 플라스틱온실과 유리온실이 차지하는 비율은 각각 99.3%, 0.6%이었다. 한편 2020년에 플라스틱온실 가운데 단동온실이 차지하는 비율은 85.2%로 나타났다. 결과적으로 채소류 생산용 온실은 단동 플라스틱온실이 대부분을 차지한다(표 7-2).

점차 줄어들고 있는 화훼류 생산 온실의 시설면적은 2020년에 2,083ha이었다. 이 가운데 플라스틱온실은 1,773ha로서 85.1%를 차지하였고, 유리온실은 58ha로서 2.8%이었다(표 7-3). 2020년의 단동온실과 연동온실의 비율은 각각 23.4%, 71.6%이었다. 채소류와 다르게 화훼류의 시설면적은 작으나, 유리온실이 차지하는 비중은 상대적으로 높은 편이다. 또한 연동온실의 설치 비율도 높게 나타났다(표 7-4).

표 7-1. 채소류 생산용 온실의 피복재별 시설 면적

년도	플라스틱온실 (A, ha)	경질판온실 (ha)	유리온실 (B, ha)	합계 (C, ha)	A*100/C (%)	B*100/C (%)
1990	25,450	-	-	25,450	100.0	0.0
1995	42,893	18	152	43,093	99.5	0.4
2000	51,560	113	323	51,996	99.2	0.6
2005	51,260	269	316	51,845	98.9	0.6
2010	48,465	98	272	48,835	99.2	0.6
2015	52,099	76	351	52,526	99.2	0.7
2020	52,055	67	321	52,443	99.3	0.6

표 7-2. 채소류 생산용 플라스틱온실의 유형별 시설 면적

년도	단동온실 (A, ha)	연동온실 (B, ha)	기타 (ha)	합계 (C, ha)	A*100/C (%)	B*100/C (%)
1990		-	-	25,450	100.0	0.0
1995	34,525	5,551	2.817	42,893	80.5	12.9
2000	34,180	7,300	10,080	51,560	66.3	14.2
2005	41,273	5,514	4,473	51,260	80.5	10.8
2010	41,934	5,495	1,036	48,465	86.5	11.3
2015	44,816	5.916	1,367	52,099	86.0	11.4
2020	44,330	6,735	990	52,055	85.2	12.9

표 7-3. 화훼류 생산용 온실의 유형별 시설 면적

년도	플라스틱온실 (A, ha)	경질판온실 (ha)	유리온실 (B, ha)	기타 (ha)	합계 (C, ha)	A*100/C (%)	B*100/C (%)
2010	2,577	213	73	131	2,994	86.1	2.4
2012	2,347	147	70	111	2,675	87.7	2.6
2014	2,107	116	65	93	2,381	88.5	2.7
2016	2,078	130	50	51	2,309	90.0	2.1
2018	1,779	146	74	49	2,048	86.9	3.6
2020	1,773	162	58	90	2,083	85.1	2.8

표 7-4. 화훼류 생산용 온실의 유형별 시설 면적

년도	단동온실 (A, ha)	연동온실 (B, ha)	기타 (ha)	합계 (C, ha)	A*100/C (%)	B*100/C (%)
2010	695	2,299	0	2,994	23.2	76.8
2012	617	2,058	0	2,675	23.1	76.9
2014	553	1,828	0	2,381	23.2	76.8
2016	549	1,593	167	2,309	23.8	69.0
2018	453	1.430	165	2,048	22.1	69.8
2020	487	1,491	105	2,083	23.4	71.6

7.3 온실 형태와 피복재

7.3.1 온실 형태

온실은 광투과율이 높은 피복재가 사용된 농업시설로서 외기온이 낮은 시기에도 내부에서 작물 재배가 가능하도록 환경이 만들어진 구조물이다. 온실은 기본적으로 햇빛을 충분하게 이용하기 위한 형태로 발전해왔다.

온실은 지붕 형태는 다양하다(그림 7-2). 설치되는 지역의 위도와 기상 조건에 따라 적합한 형태가 선택된다. 또한 온실이 1개의 동으로 이루어진 단동(single span)과 여러 개의 동이 연결된 연동(multi-span)으로 나뉜다.

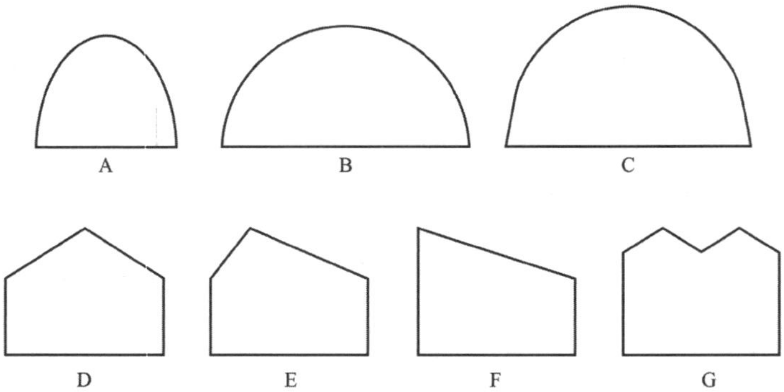

그림 7-2. 온실의 지붕 형태 (A) 터널형, (B) 반원형, (C) 아치형, (D) 양지붕형, (E) 비대칭형, (F) 외지붕형, (G) 벤로형

플라스틱온실은 보급 초기에 터널(tunnel) 형태로 보급되었다(그림 7-3). 소형 터널 온실은 정식 시기에 작물의 생장에 적합한 열환경을 만들어 주고, 설치와 해체 작업이 쉽기 때문에 현재에도 고추 재배 또는 채소류의 육묘에 사용되고 있다. 태양광이 충분할 때 터널 내의 기온은 작물 생육에 적합한 온도보다 높게 된다. 때문에 이러한 현상을 극복하고자 환기가 필요하나, 터널의 구조상 환기를 수작업에 의존한다.

대형 터널, 반원형(semi-circular type) 또는 아치형(arch type) 온실의 등장으로 단동 플라스틱온실의 보급이 확대되었다. 이러한 온실은 소형 터널과 다르게 사람이 실내에서 작업할 수 있도록 지붕이 높아졌다. 단, 반원형 온실은 측벽 부근에서 사람 또는 기계 작업이 가능할 만큼의 충분한 높이가 확보되지 않은 단점을 지니고 있다.

현재 설치되어 있는 단동 플라스틱온실의 대부분은 아치형으로서, 반원형 온실의 단점을 보완하고 환기량을 확보하고자 일정한 높이의 측벽을 지니고 있다. 단동 플라스틱온실의 규격은 폭 6.4~7m, 동고 3.4m, 길이 100m로서 참외, 수박, 딸기 등의 과채류와 잎들깨 재배에 많이 사용된다.

그림 7-3. 플라스틱 온실의 형태 (A) 소형 터널, (B) 반원형, (C) 아치형, (D) 연동형, (E) 비가림 시설

연동온실은 여러 동의 온실을 연결하되 인접한 동의 연결 부위, 즉 곡부를 공통으로 사용한다. 그러므로 내부 이용면적을 넓히고, 시설비와 난방비를 줄일 수 있다. 한편 연동의 곡부는 적설하중에 취하다. 연동온실은 오이, 토마토, 파프리카, 화훼류의 대규모 재배에 적합하다. 단동과 연동온실의 장점과 단점은 다음과 같다.

표 7-5. 단동온실과 연동온실의 장점과 단점 비교

구분	단동온실	연동온실
장점	• 동별 재배관리가 가능하다. • 설치가 쉽다.	• 재배면적의 효과적인 이용이 가능하다. • 시설비와 난방비가 절감된다. • 환경관리 자동화에 유리하다.
단점	• 환경관리의 자동화 시설비가 많이 든다. • 온실의 너비가 넓어지면 동고가 높아져 풍압에 불리하다.	• 광 또는 온도분포가 불균일하다. • 환기 효과가 떨어진다. • 연결 부위가 적설하중에 취약하다.

비가림 시설(rain shelter)은 빗방울이 작물에 닿지 않도록 수관부 상부를 PE 필름으로 덮은 형태로서, 주로 포도 재배용으로 쓰인다.

농림축산식품부에서는 강풍 또는 폭설 등의 기상재해에 따른 온실의 피해를 방지하고자 설계 기준을 강화한 내재해형 규격을 고시하였다. 강화된 설계 기준은 온실의 구조 안전성을 향상시키고자 마련되었다. 주요 내용은 기초의 인발저항력 강화, 안전 적설심과 안전 풍속의 상향 조정, 방풍망과 보강용 지주의 설치 등이다.

유리온실의 형태는 양지붕형(even span type)이 가장 일반적이다. 양지붕형은 지붕의 좌우 길이가 동일하며 대칭을 이룬다. 양지붕형 유리온실의 상부는 삼각형의 모습을 이루고 있는 데, 이러한 형태를 박공형 지붕(gabled roof)이라 부른다.

비대칭형(uneven span type)은 한쪽 지붕의 길이가 다른 쪽에 비해서 긴 형태이다. 온실 내로 투과되는 햇빛을 충분하게 받고자 지붕의 길이가 긴 경사면이 햇빛이 들어오는 방향을 향한다. 쓰리쿼터형(three-quarter type)은 대표적인 비대칭형에 속한다.

외지붕형(lean-to type)은 지붕의 한쪽 면으로 광이 투과되는 형태이다. 다른 쪽은 벽으로서 온실 내부에서 외부로 빠져나가는 열손실을 줄이는 역할을 한다. 비대칭형과 외지붕형은 보통 위도가 높은 지역에서 일사량을 확보하고, 내부로부터의 열손실을 줄일 목적으로 개발되었다.

벤로형(Venlo type)은 온실 내로 많은 햇빛이 투과되도록 지붕이 설계된 형태로서, 온실 1동에 2개 이상의 지붕을 지닌다. 네덜란드를 비롯한 북유럽 지역에서 일사가 부족한 시기에도 광 투과를 높일 수 있는 구조로 개발되었다. 양지붕형에 비해서 측고가 높고, 측창이 없는 대신에 지붕에 많은 환기창을 지닌다. 동고는 4m가 기본이나, 최근 들어 6~7m 정도로 점차 높아지고 있다. 동고가 높아짐에 따라 온실의 체적이 증가하며, 이로 인해서 환경 변화에 따른 온실 내의 냉방 또는 난방 관련 완충효과가 커지게 된다. 한편, 동고가 높아지면 소요 자재의 증가에 따라 공사비가 늘어난다.

국내에서 보급되기 시작한 유리온실은 철골 구조의 양지붕형이었다(그림 7-4). 그런데 골조율이 22% 정도로 높아 광 투과가 차단되거나 내부에 그늘이 생기는 등의 문제가 나타났다. 더구나 자재의 규격화가 이루어지지 않고, 시공회사의 사후 관리 미흡 등의 이유로 인해서 양지붕형 온실의 보급은 더 이상 늘어나지 않았다.

대신에 벤로형 온실이 수입되었다. 벤로형 온실은 알루미늄 합금의 경량 골조를 사용하였기에 광 투과량이 크다. 또한 규격화된 자재의 사용으로 시공이 용이하다. 국내에 설치된 대규모 유리온실은 거의 벤로형으로서, 파프리카, 토마토, 장미 등의 수경재배에 많이 쓰인다. 한편 단동 유리온실은 주로 연구용 또는 전시용으로 활용된다.

그림 7-4. 유리온실 (A) 양지붕형, (B) 벤로형

7.3.2 피복재

피복재는 저온, 강풍, 강우 등 외부 기상의 영향으로부터 작물을 보호하고자 온실의 골조를 덮는 데 쓰이는 자재이다. 피복재의 기본적인 기능은 태양열이 온실 내로 충분하게 투과되고, 또한 투과된 태양열이 온실 외부로 빠져나가지 못하도록 차단하는 데 있다. 피복재의 이러한 성질에 의해서 자연 환경의 한계를 극복하고, 연중 생산이 가능한 생육 환경이 만들어진다. 한편, 온실 내 기온이 과도하게 상승하는 것을 방지하고자 합성수지의 첨가 또는 코팅 처리 방식으로 특정한 영역의 파장 유입을 차단하는 피복재가 개발되고 있다.

대표적인 피복재로서 유리와 플라스틱 필름(plastic film)이 있다. 피복재로서 유리가 사용된 온실을 유리온실(glasshouse)이라 한다. 한편, 폴리에틸렌(polyethylene, PE), 폴리염화비닐(polyvinyl chloride, PVC), 에틸렌아세트산비닐(ethylene vinyl acetate, EVA), 폴리올레핀(polyolefin, PO) 등의 플라스틱 필름이 사용되면 플라스틱온실(plastic greenhouse)이라 부른다. 이밖에 폴리카보네이트(polycarbonate, PC) 또는 아크릴(acrylic)과 같은 경질판이 피복재로 사용된다.

- 피복재
  - 기초피복
    - 온실
      - 유리
      - 플라스틱필름 : 폴리에틸렌, 폴리염화비닐, 에틸렌아세트산비닐, 폴리올레핀
      - 경질판 : 폴리카보네이트, 아크릴
    - 멀칭 : 플라스틱필름, 반사필름, 볏짚
  - 추가피복
    - 보온
      - 실내커튼 : 플라스틱필름, 부직포, 반사필름
      - 외면피복 : 거적, 매트
    - 차광 : 네트, 한랭사

그림 7-5. 피복재 종류

유리는 가시광선 투과율과 내구성이 높다(그림 7-6). 한편 플라스틱 필름에 비해서 무겁기 때문에 이를 지지할 수 있는 골조가 필요하다. 골조율이 높으면 광 투과가 차단되므로 온실의 구조 안정성을 유지하면서 광투과율의 저하를 막을 수 있는 방안이 필요하다. 온실용 피복재로는 두께가 4mm 내외의 평판 유리가 널리 쓰인다. 낮 동안에 기온이 높게 올라갈 수 있으므로 적절한 환기가 요구된다. 최근에는 작물의 광이용 효율을 높이고자 확산 기능이 추가된 확산성 유리가 피복재로 쓰이고 있다.

PE 필름은 석유나 천연가스의 정제 과정에서 생성된 에틸렌계 탄화수소로 만들어진 것으로서, 밀도에 따라 저밀도 PE (low-density polyethylene), 고밀도 PE (high-density polyethylene), 선형 저밀도 PE(linear low-density polyethylene)로 구분된다. 제조 방법에 따라 투명도, 두께, 색깔이 다르다. 두께가 0.05~0.1mm인 저밀도 PE 필름이 온실 피복재를 포함한 농업용 필름으로서 많이 쓰인다. 가격이 저렴한 PE 필름은 장파장을 많이 투과시키므로 보온성은 떨어지나, 가시광선 투과율은 높다.

PVC는 열가소성(thermoplasticity) 플라스틱의 한 종류로서, 에틸렌에서 하나의 수소 원자가 염소로 치환된 염화비닐의 중합체이다. PVC 필름은 가시광선 투과율, 보온성 및 내구성이 우수하다. 단, 원료의 특성으로 인해서 광폭 형태의 필름 압출이 어렵고, 강풍에 의해서 쉽게 찢어지는 단점을 지닌다.

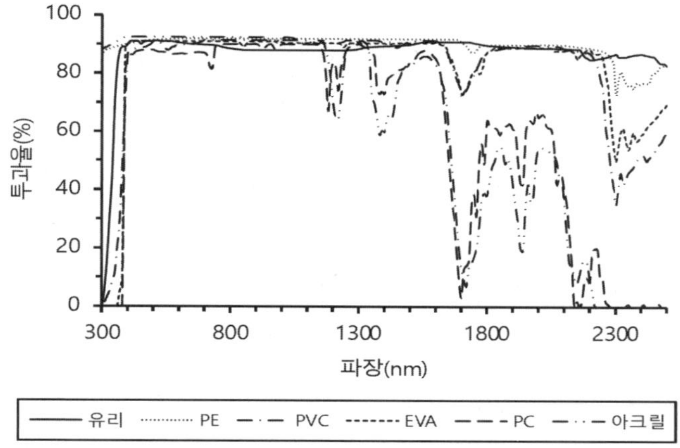

그림 7-6. 온실용 주요 피복재의 광투과율

EVA 필름은 PVC 필름의 단점을 보완하고자 에틸렌과 아세트산을 공중합(copolymerization)한 소재이다. 가시광선 투과율이 높고, 신장력이 크며, 먼지가 적게 부착된다. 가격이 비싸 보급률은 낮은 편이다.

폴리올레핀은 합성수지의 한 종류로서, 에틸렌과 프로필렌 같은 올레핀을 중합 반응시켜 만드는 소재이다. PO 필름에 PE, EVA 및 폴리프로필렌(polyrpopylene, PP)이 포함된다. PO 필름은 가시광선 투과율이 높고, 보온성과 내구성이 우수하다. 최근 들어 0.10~0.15mm 두께의 PO 필름을 피복재로 사용한 플라스틱온실 면적이 늘어나고 있다.

폴리카보네이트는 탄산염을 중합하여 만든 수지로서, 무색이며 투명한 플라스틱의 중합체이다. 가볍지만 내열성과 내충격성이 우수하고, 자외선에도 강하다. 유리에 비해서 광투과율은 다소 떨어지나, 광을 확산시키는 성질을 지니고 있다. 온실용 피복재로서 두께 4mm의 PC가 이중판형 또는 골판형(corrugated sheet)으로 사용된다(그림 7-7). 이중판형은 보온성이 우수하나, 385nm 이하의 자외선 투과를 차단한다.

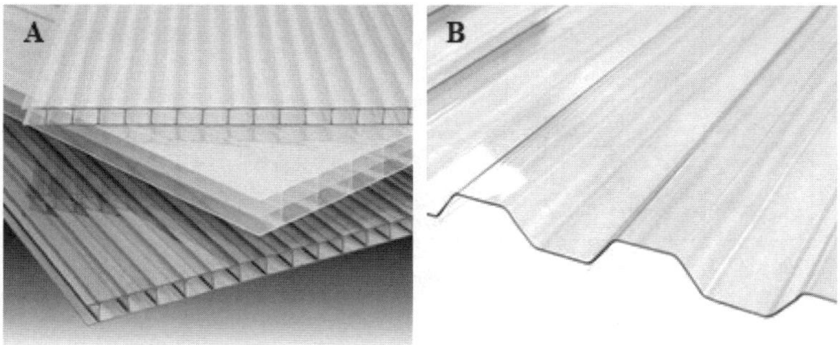

그림 7-7. 폴리카보네이트 (A) 이중판, (B) 골판

아크릴은 메틸메타크릴레이트(methylmethacrylate, MMA)의 합성 중합체로서, MMA로부터 아크릴이라는 용어가 유래되었다. MMA는 아크릴산(acrylic acid) 또는 메타크릴산(methacrylic acid)을 주성분으로 하는 수지로서, 무색이며 투명성이 우수하다. 광투과율은 유리와 유사하나, 2,500nm 이상의 적외선을 거의 투과시키지 않으므로 보온성이 우수하다. 열에 의한 팽창과 수축이 크다. 내충격성이 약하므로 유리섬유를 강화한 폴리에스테르(fiberglass reinforced polyester, FRP) 또는 아크릴(fiberglass reinforced acrylic, FRA) 형태로 사용된다.

부직포(non-woven fabrics)는 열과 수지를 이용하여 섬유가 서로 얽히도록 기계적인 처리를 하여 만든 소재이다. 가볍고 통기성과 보온성이 우수하나, 신축성은 없고, 강도나 내구성이 부족하다. 때문에 온실의 보온커튼 또는 터널의 보온덮개로 많이 쓰인다.

반사필름은 보온커튼 또는 멀칭용 재료로 쓰인다. 야간에 온실 내부에서 외부로의 방열 손실을 줄이려면 내부에 장파 복사투과율이 낮은 소재를 보온커튼으로 사용해야 한다. 방사율이 낮은 알루미늄을 혼합하거나 증착한 반사필름이 보온재로 쓰인다. 또한 토양 표면에 설치된 반사필름은 햇빛을 여러 방향으로 반사시켜 작물체에 도달하게 한다. 이로 인해서 작물의 아랫부분에 위치한 잎이 햇빛을 더 흡수하여 광합성속도를 높이거나, 열매의 착색이 증진된다.

표 7-6. 주요 피복재의 물리적 및 광학적 특성

구분	두께 (mm)	광투과율* (%)	열관류계수 (kW·m^{-2}··℃$^{-1}$)	열전도계수 (W·m^{-1}·°C^{-1})	비중 (g·cm^{3})	인장강도 (kg·cm^{-2})
PE필름	0.1	86~89	67.3	0.34	0.92	180
EVA필름	0.1	87~90	-	0.32	0.90	220
PVC필름	0.1	90~91	63.9	0.13	1.2~1.5	230
PO필름	0.15	90	-	-	0.97	350
PET	0.18	90	-	0.14	0.97	2300
유리(투명)	3.0	91	68.5	0.79	2.50	300~800
FRP(파형)	0.7	86	69.7	0.10	1.45	1000~1200
FRA(파형)	0.7	86	69.7	0.10	1.30	800~900
아크릴(파형)	1.3	92	69.7	0.21	1.20	700~800
PC판(복층)	6.0	80	36.0	0.05	1.20	-

* 가시광선 수직입사에 대한 투과율

네트와 한랭사는 차광용으로 쓰이는 소재이다. 네트(net)는 햇빛이 너무 강한 시기에 실내로 투과되는 일사를 차단한다. 주로 검정색의 차광용 네트가 온실 외부에 설치된다. 한

랭사는 가는 실로 거칠게 평직으로 짠 것으로서, 차광 또는 방충망 재료로 쓰인다.

피복재를 선택할 때 광학적 특성, 열적 특성, 역학적 특성 및 유적성을 고려해야 한다. 피복재가 구비해야 할 광학적 특성으로서 가시광 투과율은 높고, 장파복사 투과율은 낮아야 한다. 3μm 이상의 장파복사 투과율이 낮으면 피복재의 보온성은 높게 된다.

플라스틱 필름의 가시광 투과율은 서로 비슷하다. 한편 장파복사 투과율을 비교하면 PF 필름이 가장 높고, PVC 필름이 가장 낮으며, EVA 필름은 중간 정도이다. 때문에 보온성은 PVC 필름, EVA 필름, PE 필름의 순서이다. 자외선 투과율은 피복재의 재질에 따라 차이가 있으나, 자외선 안정제의 종류나 첨가량에 따라 다르게 나타난다. 작물에 대한 자외선의 작용은 안토시아닌계 색소의 발현, 작물의 생장 억제, 균핵병과 회색곰팡이 등의 포자 형성 억제에 관여한다.

필름의 역학적 특성은 외부로부터의 충격에 대한 저항, 설치 과정에서의 인장력 또는 골조와의 접촉에 따른 연신율 등의 성질을 뜻한다. 피복재가 자외선에 오랫동안 노출되면 고분자로 구성된 화학적 결합이 파괴되어 역학적 특성이 떨어진다. 때문에 피복재의 역학적 특성을 개선하고자 제조 과정에서 자외선 안정제가 첨가된다.

유적성은 필름 표면에 형성된 물방울이 흘러내리는 성질이다. 플라스틱 필름은 소수성(hydrophobe)을 지니고 있어 물방울이 쉽게 흘러내리지 않는다. 온실 내·외부의 기온 차이로 인해서 생긴 피복재 내부 표면에 생긴 물방울은 빛을 흡수하므로 온실 내부로 투과되는 광량이 저하된다. 이러한 문제를 해결하고자 필름을 제조할 때 PO수지에 친수성(hydrophile)이 강한 유적첨가제가 추가된다. 유적첨가제는 저온성, 고온성, 지속성, 투명성 등 여러 가지 형태의 계면활성제를 혼합하여 용도에 적합한 유적 기능을 만들어 낸다.

국내 온실은 PE 필름을 피복재로 사용한 플라스틱온실이 대부분을 차지하고 있다. 속칭 '비닐하우스(vinylhouse)'라는 용어가 사용되고 있는데 엄밀히 말해서 플라스틱온실에 해당하는 정확한 학술 용어가 아니다. 비닐하우스는 일본에서 사용되는 용어로서, 이 용어가 국내에 유입된 상태로 정착되었다. 국내 플라스틱온실의 대부분은 PE 필름을 피복재로 사용한다. 한편 일본에서는 PVC 필름이 피복재로 널리 사용되고 있는데, 이로 인해서 polyvinyl chloride film과 greenhouse의 외래어가 합쳐져 비닐하우스라는 용어가 유래되었다.

멀칭은 작물의 뿌리를 보호하고, 생육을 촉진하고자 토양 표면을 덮어주는 것을 뜻한다. 멀칭의 목적은 지온 상승, 잡초 억제, 토양수분의 증발 억제, 토양의 침식 방지, 토양의 보비력 향상 및 토양병원균의 침입을 방지하는 데 있다.

온실 내의 보온 또는 차광을 목적으로도 피복재가 사용된다(그림 7-8). 일반적으로 플라스틱필름, 부직포 또는 반사필름 등이 외부로 빠져나가는 열손실을 줄이고자 실내에 커튼 형태로 설치된다. 외면피복은 온실 표면을 통한 열손실을 차단하고자 표면 위를 덮는 데 쓰인다. 거적 또는 매트가 사용되었으나, 개폐의 어려움을 인해서 최근에는 사용되지 않는다. 차광재는 일사량이 높을 때 온실 내로 투과되는 광량을 줄일 목적으로 쓰인다. 대표적인 차광재로서 네트, 한랭사 등이 있다.

그림 7-8. 온실에 사용되는 보온 또는 차광재 (A) 보온커튼, (B) 차광재, (C) 반사필름, (D) 외부차광

7.4 컴퓨터 시뮬레이션을 이용한 온실 내의 일사 투과율 분석

7.4.1 온실 내의 직달일사와 산란일사 투과율

온실 내로 투과되는 직달일사와 산란일사는 온실이 설치된 지역의 위도, 계절, 피복재의 광학적 특성, 온실의 형상과 구조물, 지붕경사각 등에 따라 결정된다. 이 가운데 직달일사는 온실의 동방위와 천공에서 태양의 위치에 따른 영향도 받는다. 한편, 산란일사 투과율은 온실의 형태가 결정되면 거의 일정한 값을 갖는다.

온실 내에서 직달일사 및 산란일사를 포함한 전체 일사의 투과율은 다음 식으로 계산된다.

$$\tau_t = \mathrm{FRDIF} \times \tau_{dif} + (1 - \mathrm{FRDIF}) \times \tau_{dir} \tag{7.1}$$

여기서, τ_t: 전체 일사 투과율, FRDIF: 실외 전체 일사에 대한 산란일사의 비율, τ_{dif}: 산란일사 투과율, τ_{dir}: 직달일사 투과율이다.

반구의 형태로 이루어진 천공이 $m \times n$의 요소로 구분된다고 가정할 때, (i,j)번째 요소의 중심으로부터 발산된 평행광의 온실 투과율 $\tau_{dir}(i,j)$는 태양고도와 태양방위의 영향을 받는다. 이 경우 직달일사의 일평균 투과율은 다음과 같이 정의된다.

$$\tau_{ad} = \frac{\sum_{sunrise}^{sunset} \mathrm{DRP}(t) \cdot \tau_{dir}(i,j) \cdot \Delta t}{\sum_{sunrise}^{sunset} \mathrm{DRP}(t) \cdot \Delta t} \tag{7.2}$$

여기서, τ_{ad}: 직달일사의 일평균 투과율, $\mathrm{DRP}(t)$: 임의의 시각 t에서의 옥외 직달일사, Δt: 시간증분, h: 태양고도, γ: 태양방위이다.

온실이 단면과 종면에 대해서 대칭을 이루므로 임의의 태양고도에서 태양방위 γ에 대한 온실 투과율은 $-\gamma$에서의 투과율과 동일하다. 등방성으로 가정된 천공에서 임의의 태양고도와 태양방위에 따른 산란일사의 투과율은 다음 식으로 표시된다.

$$\tau_{\mathrm{dif}} = \sum_{i=1}^{\mathrm{m}}\sum_{j=1}^{\mathrm{n}} \tau_{\mathrm{dir}}(i,j)[\sin^2(\frac{h_{i+1}}{m}) - \sin^2(\frac{h_i}{m})]/n \tag{7.3}$$

식(7.3)에서 대괄호안의 수식은 태양고도의 함수로 표시된 산란일사 투과율의 보정계수이다(Kozai 등, 1978).

7.4.2 일사 투과율 해석을 위한 컴퓨터 시뮬레이션

유리 온실내로 투과되는 직달일사와 산란일사 투과율을 분석하고자 개발된 컴퓨터 시뮬레이션에서 적용된 가정은 다음과 같다(김과 이, 1997). 첫째, 유리온실의 길이는 유한하다. 둘째, 온실 구조물은 불투명 고체이다. 셋째, 피복재로서 유리는 직달광과 산란광에 대하여 비확산성이다. 넷째, 입사되는 태양광은 완전하게 평행이다. 다섯째, 온실 내 유리로부터의 내부 반사는 무시한다. 여섯째, 온실 내의 바닥면 또는 식물체에 도달하는 직달광은 해당 지역의 위도나 계절에 따라 특정한 입사각을 이루면서 최소한 1회 이상 온실의 지붕면을 통과한다. 일곱째, 지붕면을 통과할 때마다 유리에 의해서 반사 또는 흡수되는 태양광의 강도는 프레넬식에 의해서 계산된다(Duffie와 Beckmann, 1980).

규칙적으로 배열되어 있는 온실의 구조물로 인한 투과율의 편향을 배제하려면 특정한 방향으로 입사되는 직달광이 상면에 임의로 도달해야 한다. 이를 위해서 난수를 사용하여 임의의 상면에 도달되는 직달일사의 투과율을 태양고도와 태양방위에 따라 계산하였다. 태양고도와 태양방위의 구분은 0~90°에서 각각 5°로서, 전부 $19 \times 19 = 361$개로 등분하였다. 단동 및 연동 온실에서 직달일사의 평균 투과율 예측에 사용된 컴퓨터 시뮬레이션의 순서도는 다음과 같다.

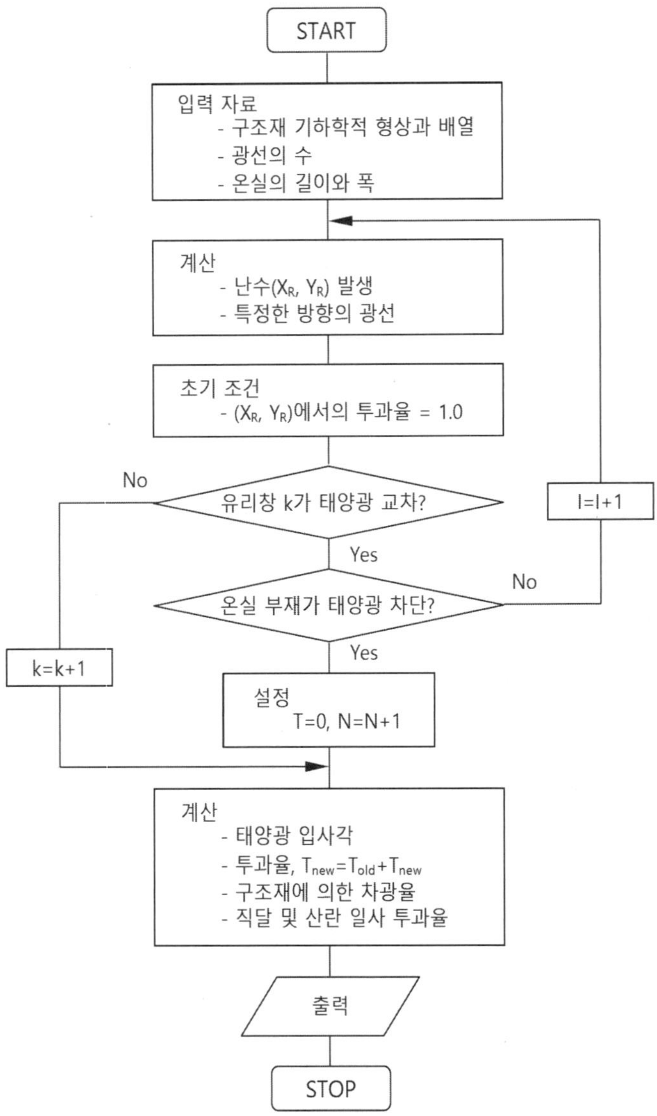

그림 7-9. 온실 내의 일사 투과율 예측을 위한 컴퓨터 시뮬레이션의 순서도

그림 7-10은 시뮬레이션 개발에 적용된 유리온실의 정면도와 측면도이다. 시뮬레이션에 사용된 온실의 골조율, 즉 온실의 전체 표면적에 대하여 구조물이 차지하는 면적의 비율은 약 15%이다. 이러한 비율은 일반적인 온실 골조율에 해당한다.

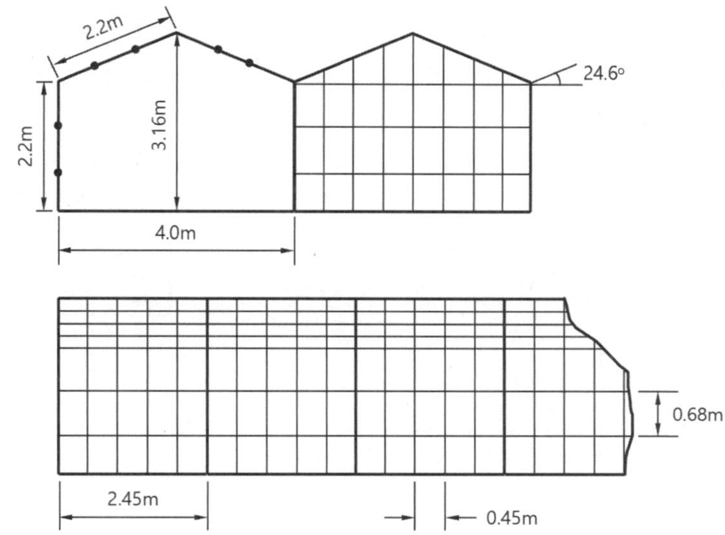

그림 7-10. 컴퓨터 시뮬레이션에 적용된 유리온실 제원

7.4.3 단동 온실 내의 산란일사와 직달일사 투과율

1) 산란일사 투과율

산란일사를 예측하는 과정에서 가정된 천공의 등방성은 산란일사 투과율이 온실의 방위 또는 계절의 변화와 무관함을 의미하는 것이다. 19등분된 태양고도의 정현값, 즉 sin$h$가 0.1~1.0에서 0.05 간격으로 나누어진다. 식(7-3)을 이용하여 계산된 단동 온실에서의 산란일사 투과율은 60.4%이었다. 이러한 투과율은 Harnett(1975)이 동서동과 남북동 온실에서 측정한 59.7~61.9%의 산란일사 투과율과 유사하다. 한편 고 등(1988)은 플라스틱 온실 내에서 산란일사의 투과율을 약 65%로 제시하였고, 이 값은 플라스틱 온실의 고유값에 해당된다고 보고하였다. 온실 내의 위치에 따른 산란일사 투과율의 변화가 매우 작기 때문에 컴퓨터 시뮬레이션에서 산란일사 투과율을 60%로 가정하였다.

2) 직달일사 투과율

전주지역에 설치된 동서동(동방위 0o) 온실의 직달일사 투과율이 남북동(동방위 90o)

온실의 직달일사에 비해서 높게 나타나는 시기는 9월 하순부터 익년 3월 중순까지 약 6개월에 이른다(그림 7-11). 이 시기에는 동방위가 작아질수록, 즉 동서동으로 향할수록 투과율이 상승하였다. 동서동 온실에서 직달일사의 평균 투과율은 6~8월에 56~59%, 11월~익년 1월에 67~69%로 나타났다. 한편, 남북동 온실의 직달일사 투과율은 동서동의 경우와 정반대로 나타났다. 즉, 11월~익년 1월에 남북동 온실에서의 직달일사 투과율은 51~55%로서 동서동에 비해서 14~16% 정도 낮게 나타났다. 이와 같이 겨울철에 동서동에서 투과율이 높게 나타난 이유는 동서동 온실에서의 입사각이 남북동에 비해서 작았기 때문이다.

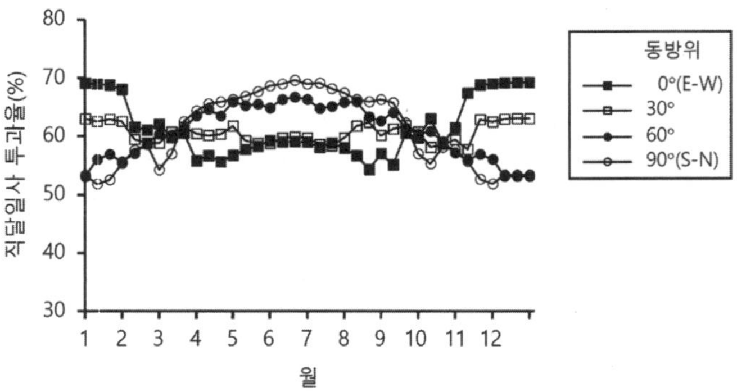

그림 7-11. 전주지역 단동 유리온실의 동방위에 따른 직달일사 투과율 변화

서울(37°34′N), 전주(35°49′N) 및 제주(33°31′N) 지역의 단동 온실 내 직달일사 투과율은 동서동 또는 남북동에서 거의 비슷하게 나타났다(그림 7-12). 이러한 결과는 국내 지역에 따른 직달일사 투과율의 차이가 거의 없음을 의미한다.

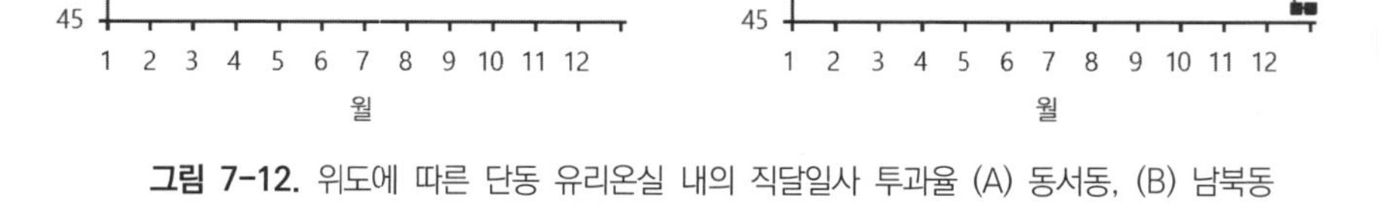

그림 7-12. 위도에 따른 단동 유리온실 내의 직달일사 투과율 (A) 동서동, (B) 남북동

7.4.4 연동 온실 내의 산란일사와 직달일사 투과율

1) 산란일사 투과율

3, 5 및 10연동 온실 내의 산란일사 투과율은 각각 60.9%, 61.1%, 61.7%로서 단동 유리온실 내의 산란일사 투과율 60.4%에 비해서 조금씩 높게 나타났으나, 증가 정도가 크지 않았다(그림 7-13). 결과적으로 연동 유리온실의 산란일의 투과율에 미치는 동수의 영향은 거의 없는 것으로 판단된다.

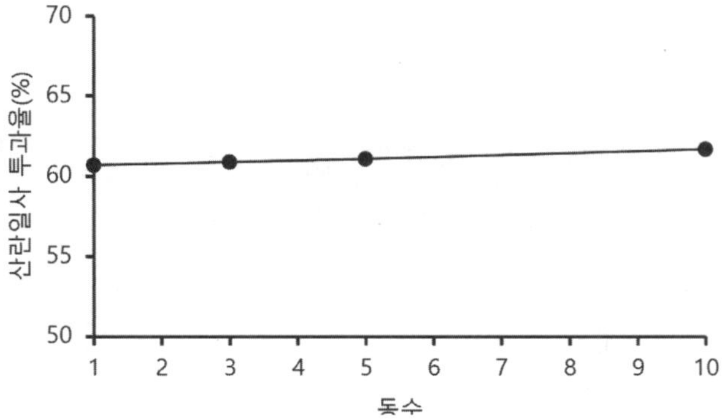

그림 7-13. 연동 유리온실의 동수에 따른 산란일사 투과율

2) 직달일사 투과율

단동온실과 마찬가지로 10연동 온실 내의 직달일사 투과율은 지역에 따른 차이, 즉 위도에 따른 차이가 크지 않았다(그림 7-14). 동서동에서의 직달일사 투과율은 전 지역에서 55~64%이었다. 한편, 남북동의 직달일사 투과율은 47~70%로서 직달일사 투과율에 미치는 계절간의 차이가 동서동에 비해서 높게 나타났다. 남북동 연동온실에서 5월~9월의 직달일사 투과율은 65~70%로서 위도에 따른 차이가 거의 없었다. 그런데 12월~익년 1월의 직달일사 투과율은 위도가 높을수록 낮게 나타났다.

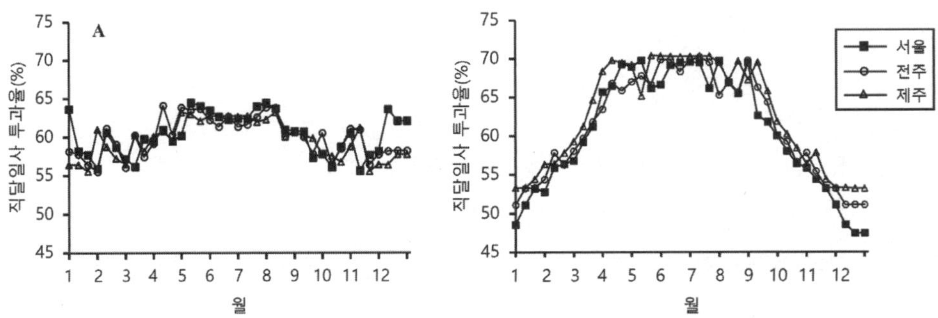

그림 7-14. 위도에 따른 연동 유리온실 내의 직달일사 투과율 (A) 동서동, (B) 남북동

하지를 중심으로 대칭 형태를 이루는 직달일사 투과율은 11월~익년 2월에 동서동 단동 온실에서 가장 높게 나타났다. 동일한 기간에 단동과 10연동온실에서 직달일사 투과율의 차이는 동서동에서 높게 나타났다(그림 7-15). 한편 남북동의 단동과 10연동온실에서 직달일사 투과율은 계절에 상관없이 거의 비슷하게 나타났다. 이것은 10연동 온실에서 인접동의 차광에 따른 직달일사 투과율의 감소가 상대적으로 남북동에서 작게 이루어짐을 의미하는 것이다. 연동온실에서의 직달일사 투과율을 고려할 때 동서동이 남북동에 비해서 유리한 시기는 약 4개월 정도이다.

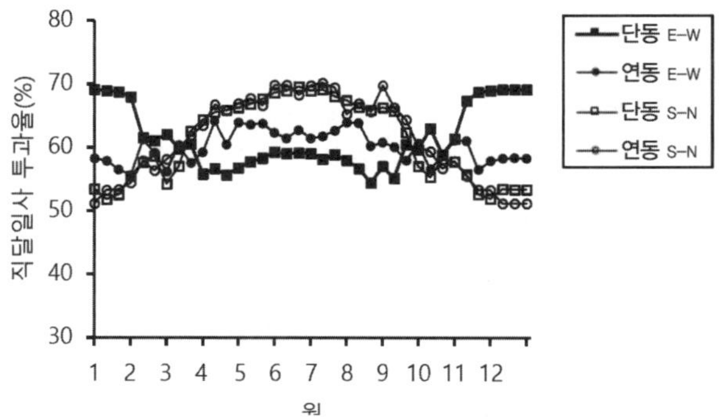

그림 7-15. 전주지역 단동과 연동 유리온실의 동방위에 따른 직달일사 투과율

7.4.5 온실의 지붕경사각이 산란일사와 직달일사 투과율에 미치는 영향

온실의 지붕경사각은 환기뿐만 아니라 광투과에도 영향을 미친다. 한편, 적설이 많은 지역에서 온실의 지붕경사각을 높게 하면 적설하중의 경감에 유리하다. 단, 지붕경사각을 높이면 동고가 높아져 풍하중에는 불리하다. 국내에 보급되어 있는 벤로형 온실의 지붕경사각은 22°이며, 양지붕형의 경우 약 24~26°이다.

온실 내의 직달 및 산란일사 투과율에 미치는 지붕경사각의 영향을 살펴보고자 경사각을 20°, 25° 및 30°로 설정하였다.

1) 산란일사 투과율

10연동 유리온실의 지붕경사각에 따른 산란일사 투과율은 그림 7-16과 같다. 20° 와 25°의 경사각에서 산란일사 투과율은 61.6~61.7%로서 거의 동일하였다. 한편, 30°에서의 산란일사 투과율은 56.8%로 나타났다. 결과적으로 지붕경사각이 30° 이상일 때 산란일사 투과율은 감소하였다.

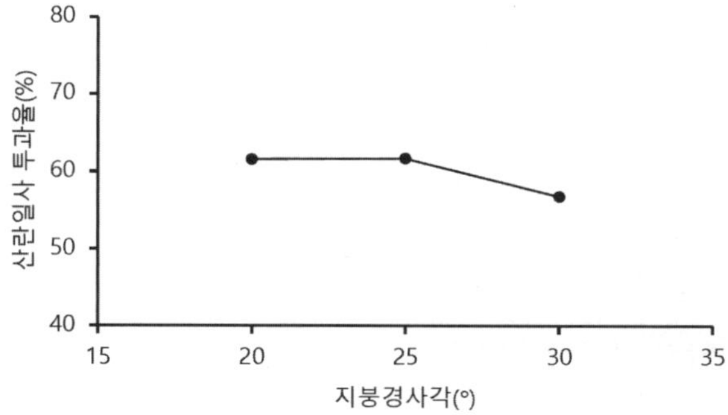

그림 7-16. 연동 온실의 지붕경사각에 따른 산란일사 투과율

2) 직달일사 투과율

전주지역에 설치된 동서동 연동온실에서 직달일사 투과율은 지붕경사각의 영향을 크게 받는다(그림 7-17). 3월~10월에 연동온실의 지붕경사각이 클수록 직달일사 투과율은 줄어들었다. 한편, 12월~익년 2월에 지붕경사각이 클수록 직달일사 투과율은 증가하였다. 이러한 결과는 태양고도의 변화에 따른 것으로 판단된다.

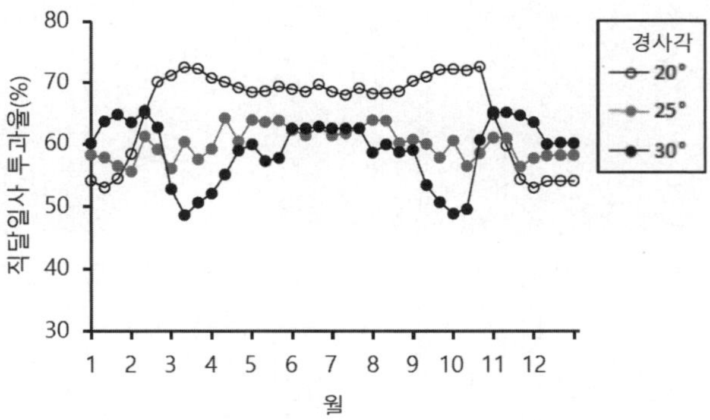

그림 7-17. 전주지역의 연동 유리온실에서 지붕경사각에 따른 직달일사 투과율

7.5 온실 설계

7.5.1 온실의 설계 하중

온실의 기본 구조는 기둥과 보로 이루어진다(그림 7-18). 플라스틱온실의 기둥과 가로대에 철재 파이프가 사용되며, 유리온실의 골조로는 철재 또는 알루미늄재가 쓰인다. 골조율이 커지면 구조적 안정성과 내구성은 증가하나, 반대로 광 투과율은 떨어진다.

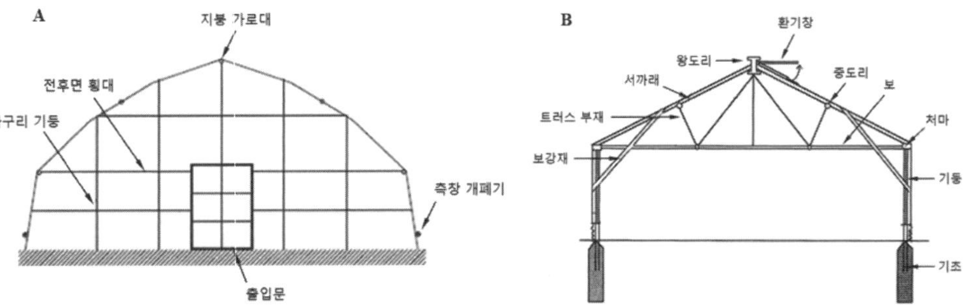

그림 7-18. 온실의 기본 구조 (A) 플라스틱온실, (B) 유리온실

태풍 또는 폭설에 따른 온실 피해의 대부분은 설계 기준을 따르지 않은 시공에 기인한다. 시방서에 표시된 기둥의 두께 또는 간격을 지키지 않거나, 기초를 제대로 하지 않았을 때 풍하중 또는 적설하중을 견디지 못한다.

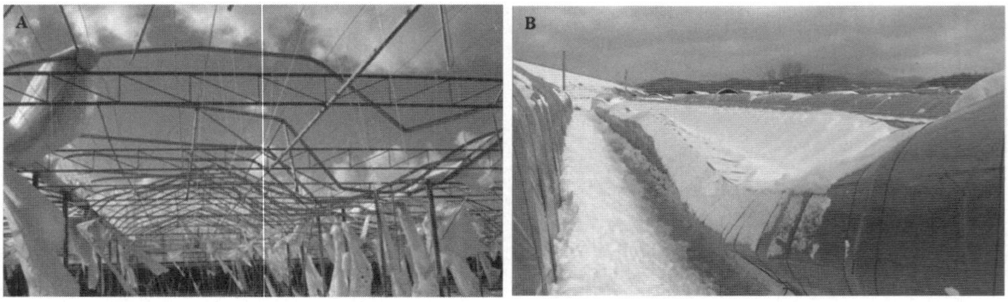

그림 7-19. 자연 재해에 따른 온실 붕괴 (A) 태풍 피해, (B) 폭설 피해

온실을 포함한 농업 구조물의 설계 하중은 설계를 위하여 시설의 내용연수, 안전도 등을 설정하여 재현기간을 구한 후 해당 지역의 기상 자료를 고려하여 계산된 것이다. 설계 하중은 풍하중, 적설하중, 지진하중, 고정하중, 설비하중, 작물하중 등을 포함한다. 농업시설의 안전도, 내용연수 및 평균 재현기간의 관계는 다음과 같다.

$$\frac{Q}{100} = (1 - \frac{1}{T})^R \tag{7.4}$$

여기서, Q: 안전도(%), T: 평균 재현기간(년), R: 내용연수이다.

|예제 7-1| 적설하중에 대한 안전도가 70%, 내용연수가 25년인 온실을 설계할 때 설계 적설심을 적용해야 하는 재현기간을 구하라.

|풀이| $Q = 70\%,\ R = 25$년이므로

$$\therefore\ T = \frac{1}{1-(\frac{Q}{100})^{1/R}} = \frac{1}{1-(\frac{70}{100})^{1/25}} = 70.6 \approx 71\text{년이다.}$$

풍하중, 적설하중 또는 지진하중은 해당 지역의 기상 조건에 따라 결정된다. 온실에 작용하는 풍하중은 다음과 같다.

$$P = cqA \tag{7.5}$$

여기서, P: 온실에 작용하는 풍하중(N), c: 풍압계수, q: 설계 속도압($N \cdot m^{-2}$), A: 풍압이 작용하는 온실의 표면적(m^2)이다.

풍압계수는 바람에 의해서 온실 표면에 작용하는 압력계수로서 온실의 형상과 크기, 지붕경사각, 풍향 등에 따라 다르다(그림 7-20). 풍하중을 계산하거나, 온실 내의 환기시스템을 설계할 때 풍압계수가 필요하다. 그런데 풍압계수가 오래 전에 제시된 값으로서, 기후

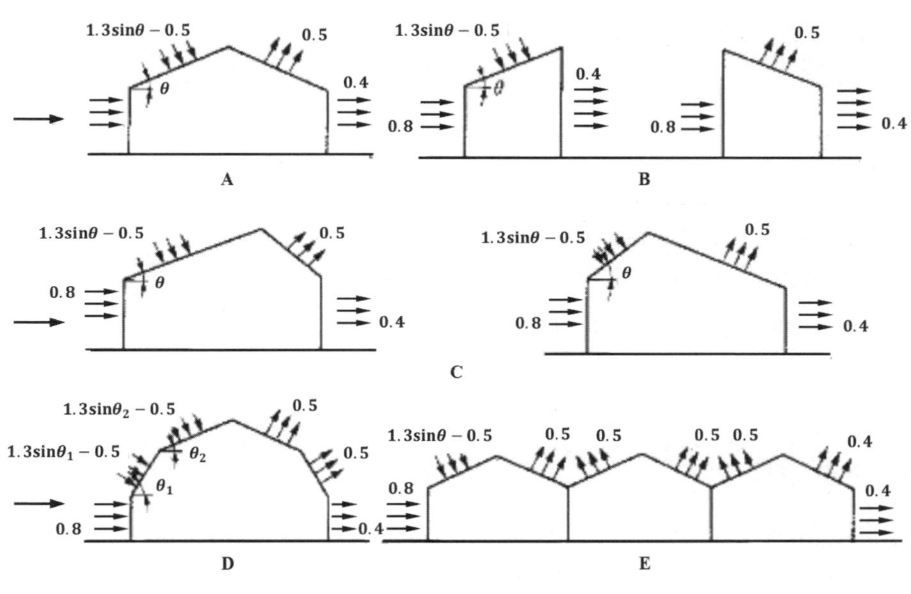

그림 7-20. 온실 형상에 따른 풍압 계수
(A) 양지붕형, (B) 한쪽지붕형, (C) 3/4형, (D) 맨사드형, (E) 연동식 양지붕형

변화 특성 또는 동고가 높아지는 국내 온실의 설치 상황을 고려할 때 이에 대한 수정 및 보완이 필요하다. 그러므로 국내 여건에 적합한 풍압계수의 제시가 바람직하다.

설계 속도압은 설계 풍속의 영향을 받는데, 온실구조설계기준(1995)에서 설계 속도압은 다음과 같이 제시되었다.

$$q = 0.0197\, V_0^2 \sqrt{h} \tag{7.6}$$

여기서, V_0: 기준 높이에서의 설계 풍속($m{\cdot}s^{-1}$), h: 온실의 지붕높이(m)이다.

설계 적설하중은 적설심과 지붕경사각 등에 따라 다음과 같이 표시된다.

$$W = \phi \omega z A \tag{7.7}$$

여기서, W: 적설하중(N), ϕ: 지붕경사각에 따른 감소계수, ω: 적설의 단위체적당 무게($N{\cdot}m^{-2}{\cdot}cm^{-1}$), z: 적설심(cm), A: 온실의 표면적(m^2)이다.

표 7-7. 적설심에 따른 단위체적당 무게

적설심(cm)	0~50	50~100	100~200	200~400
단위체적당 무게($N{\cdot}m^{-2}{\cdot}cm^{-1}$)	10	15	20	30

표 7-8. 지붕경사각에 따른 감소계수

지붕경사각(°)	10~20	20~30	30~40	40~50	60 이상
감소계수	0.9	0.75	0.5	0.25	0

고정하중은 시설물을 구성하는 골조, 접합재, 창 등에 의한 하중과 피복재의 무게를 합한 하중으로서 일정한 위치에서 일정한 크기로 영구적으로 작용한다. 설비하중은 고정되어 있지 않고 이동될 수 있으므로 크기와 분포가 일정하지 않다. 예를 들면, 방제 또는 수확에 쓰이는 운반용 모노레일이나 냉·난방시설, 차광시설, 공기 유동팬 등이 이에 해당된다. 작물하중은 구조물에 작용하는 작물의 무게로서, 재식밀도의 영향을 크게 받는다.

7.5.2 온실 설계 작업

1) 플라스틱온실

국내 플라스틱온실의 구조 설계와 관련하여 1995년에 원예시설의 구조안전기준이 제정되었다. 구조안전기준은 원예시설의 설치 계획, 구조, 자재, 시공 및 시설관리 전반에 대한 안전 규정을 포함한다. 그 후 1999년에 농업용 강구조 고정식 온실의 구조설계기준이 제시되었다.

플라스틱온실의 표준 설계도는 기초 평면도, 기초 상세도, 전·후면도, 주단면도 조리개 설치 단면도, 측면도, 지붕 평면도 등을 포함한다.

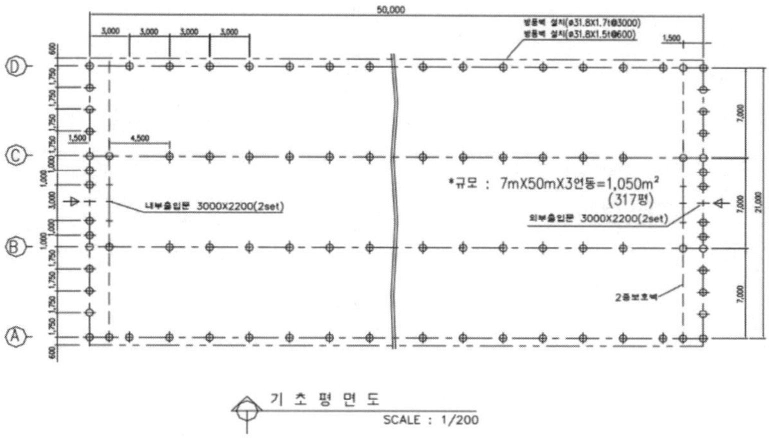

그림 7-21. 플라스틱온실의 기초 평면 설계도

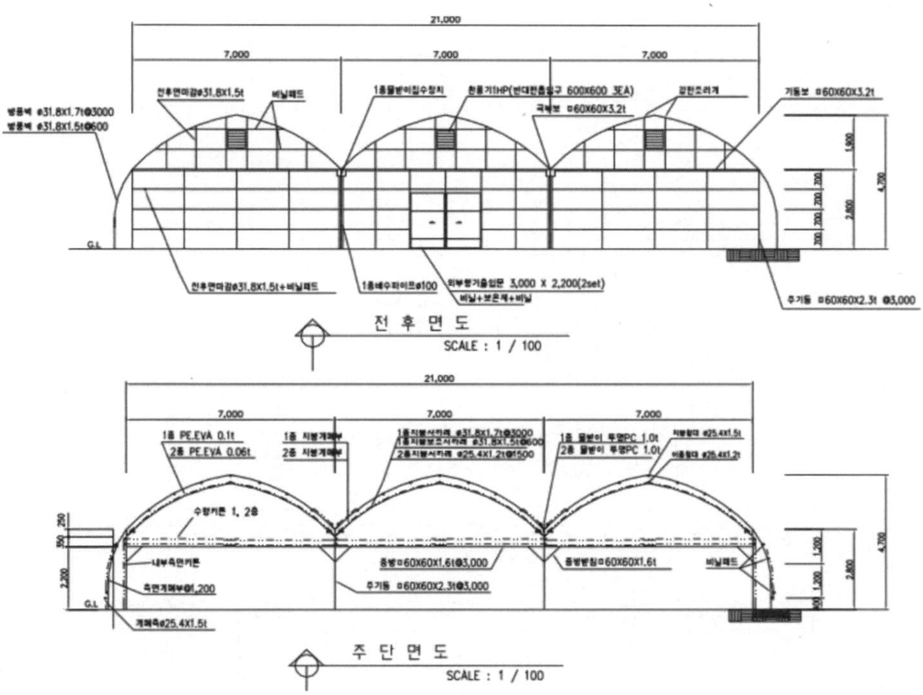

그림 7-22. 플라스틱온실의 전후면 및 주 단면 설계도

농촌진흥청은 2007년부터 대설 또는 강풍 등의 기상재해로 인한 원예·특작시설 부문의 경제적 손실을 최소화하고자 원예·특작시설 내재해형 기준을 마련하였다. 내재해형 설계 기준의 주요 내용은 다음과 같다. 첫째, 지역별로 30년 빈도의 적설심과 풍속을 적용한다. 둘째, 내재해형 시설규격은 시설에 사용되는 자재의 종류와 규격, 시설의 설치 방법에 따른 서까래의 간격, 가로대의 설치 방법 등을 포함한다. 여기에는 플라스틱온실에 사용되는 구조용 강관의 KS 규격과 결속 조리개의 내재해형 기준 및 시험방법이 포함된다. 또한 단동과 연동 플라스틱온실의 내재해형 규격이 제시되어 있다.

플라스틱온실은 내재해형 기준에 따라 설계된다. 주요 설계 내용은 온실의 크기(측고, 동고, 폭), 지붕 형상, 피복재·차광재·보온재의 종류 및 설치 겹수, 환기창 위치, 난방 방식 및 공기유동팬 등이다. 현재까지 개발된 온실의 표준설계에는 구조설계서가 명시되어 있으나, 환경조절장치 및 재배 시스템 등의 표준설계 관련 내용은 미흡한 상태이다.

2) 유리온실

유리온실의 설계 기준은 플라스틱온실의 그것과 유사하다. 국내에서 보급된 양지붕형 온실의 골조율은 22% 정도로서 광투과율이 낮고 온실 상면에서의 광강도가 불균일한 분포를 이루게 된다. 더구나, 공사비가 많이 소요되는 것에 비해서 자재의 규격화나 사후관리가 미흡한 단점으로 인해서 보급이 점차 줄어들었다. 이와 대조적으로 유럽에서 수입된 벤로형 유리온실은 측고가 4m 이상으로 높고, 규격화된 자재를 사용하며, 골조율이 10% 정도로 낮기 때문에 보다 많은 광량이 온실 내로 투과될 수 있다.

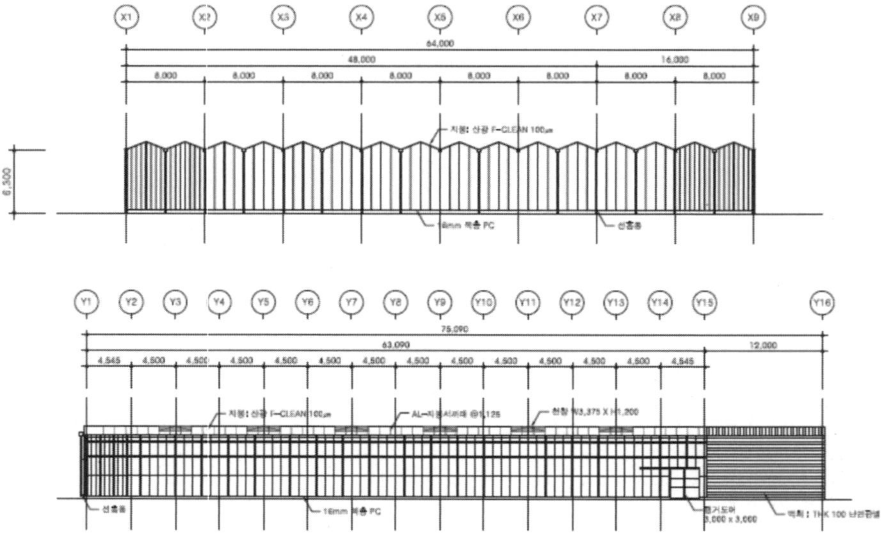

그림 7-23. 벤로형 온실의 단면도

유리온실의 구조 설계를 위한 기본적인 입력 사항으로 입지 조건(위도, 경도, 토지면적, 방위, 경사도 등), 토양 조건(종류, 지내력 등), 기상 조건(기온, 평균일사량, 풍속, 적설심 등)이 있다. 여기에 온실의 형태, 크기(길이, 폭, 측고, 동고), 동방위, 연동 수, 피복재, 차광재, 작물의 종류, 재배 기간, 내부 환경 조건(열원, 기온과 상대습도의 주야간 설정값, 환기율, 보광 시설) 등을 사용하여 기본 설계를 이룬다.

온실 설계는 크게 기본 설계, 중간 설계 및 실시 설계의 순서로 이루어진다(그림 7-24). 먼저 온실이 설치될 지역의 입지 조건을 포함한 기본조사가 이루어진다. 다음으로 재배 조건에 따른 온실의 형태와 크기, 피복재 및 스크린, 재배 베드, 냉.난방 시설, 보광시설 등과 관련된 기본 설계가 진행된다. 이를 위해서 건축주는 건축사와 기본 설계 내용을 협의한다. 다음으로 기본 설계도면이 작성되면 건축주는 관련 내용을 확인한다. 이어서 건축주는 건축사와 중간 설계를 협의한다. 중간 설계에는 전문 설계도면을 비롯한 건축 도면이 포함된다. 중간 설계가 이루어지면 건축주는 대리인을 통해서 허가기관으로부터 온실 건축 인허가를 받는다. 마지막으로, 실시 설계 단계에서는 시공 도면과 시방서를 작성한다. 시방서에 기초하여 각종 자재의 소요 수량과 함께 공사비가 산출된다.

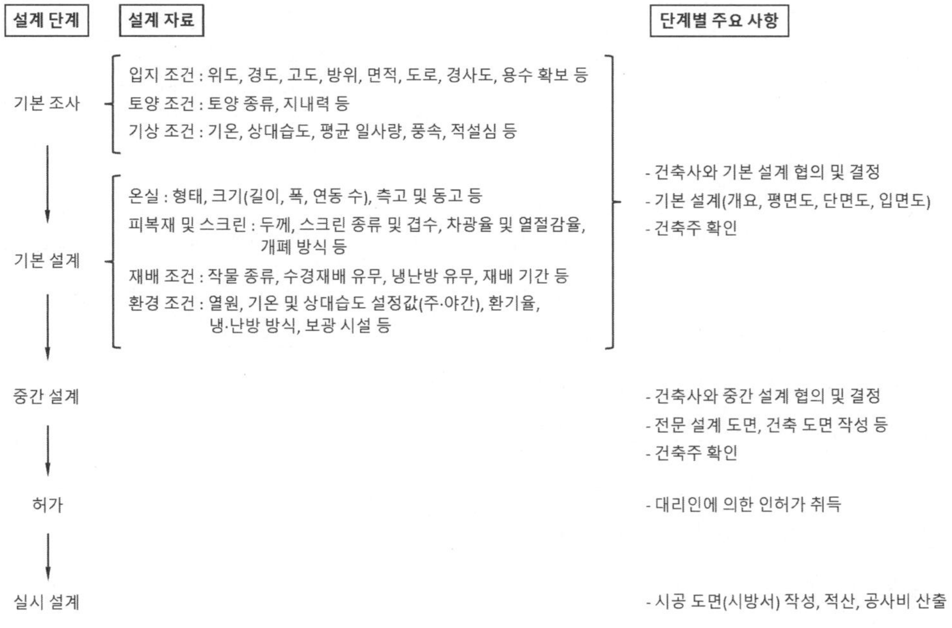

그림 7-24. 온실의 설계 순서

시공 도면에는 주 단면, 기초 평면, 구조, 지붕 및 지붕틀 구조, 골조, 수직 및 수평 브레싱, 천창개폐기 및 스크린 설치, 스크린 개폐장치, 공기유동팬 설치, 양액실 및 보일러실 배치, 재배베드, 관수 배관, 포그 시설, 온수 및 양액공급 배관, 전기 제어 관련 도면 등이 포함된다.

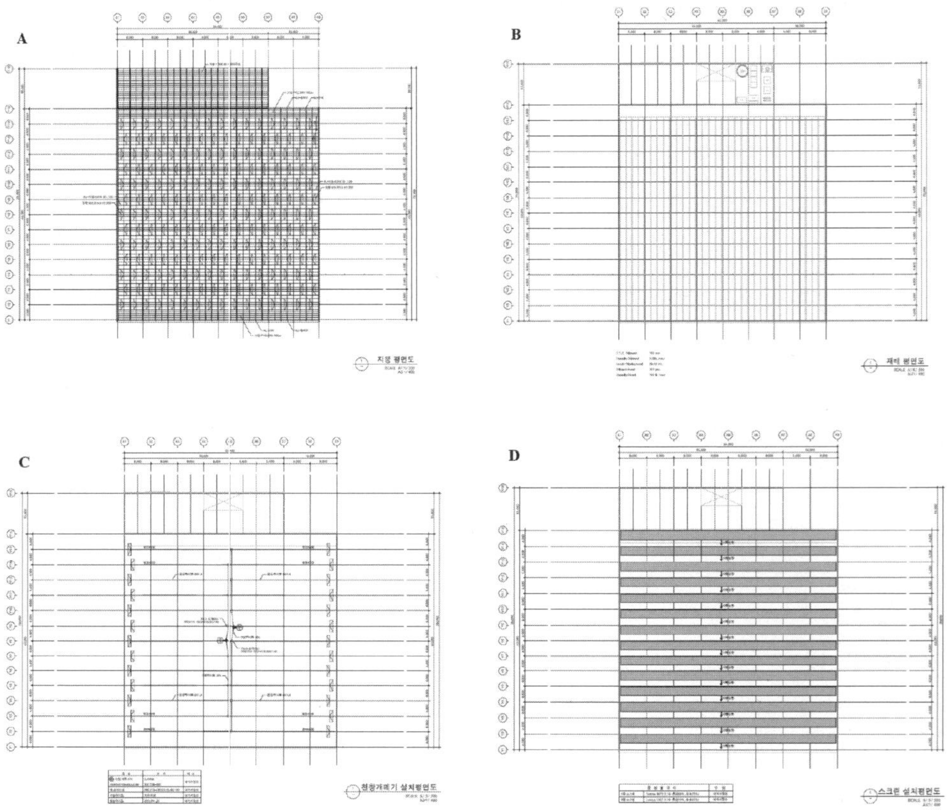

그림 7-25. 온실 설계 관련 주요 평면도 (A) 지붕, (B) 재배베드, (C) 천창개폐기 설치, (D) 스크린 설치

온실 설계 프로그램을 이용하면 입력 조건에 따른 구조 설계 뿐만 아니라 난방 및 냉방 부하, 내부 기온의 예측값, 군락 표면에서의 광강도, 차광재의 설치 겹수에 따른 에너지 소모량, 구역당 관수량 등을 계산할 수 있다.

벤로형 유리온실을 설계할 때 온실의 재배베드, 통로등을 포함한 재배면적은 전체 토지 면적의 70~80%에 해당하며, 관리실 면적은 약 20~30%를 차지한다. 관리실에는 복합환경 제어장치, 냉.난방 시설, 양액 조성 및 공급 시스템, 원수 탱크, 선별 장치, 저온저장고 등이 배치된다.

최근에는 벤로형 온실의 구조에 플라스틱 필름을 피복한 하이브리드 형태의 온실 설계가 제안되었다. 여기에는 에너지 절감, 생산성 향상, 시공비 절감을 위한 표준화, 내재해형 규격의 적합성 검토 및 재해발생시 피해보상 또는 보험 관련 기준이 포함된다.

연습문제

1. 채소류 생산용 온실의 피복재별 및 유형별 시설 면적에 대해서 설명하시오.

2. 단동온실과 연동온실의 장점 및 단점을 비교 설명하시오.

3. 온실 피복재의 종류 및 광투과율에 대해서 설명하시오.

4. 단동 유리온실의 동방위에 따른 직달일사 투과율 변화를 설명하시오.

5. 계절에 따른 연동 유리온실 내의 직달일사 투과율에 대해서 설명하시오.

6. 온실의 풍하중과 적설하중에 대해서 설명하시오.

7. 온실의 설계 순서를 설명하시오.

참고문헌

고학균, 김문기, 김용현. 1989. 플라스틱 하우스의 직달 및 산란 일사량 해석. 한국태양에너지학회지 9:13-24.

김용현, 이석건. 1997. 유리온실 내의 직달일사 및 산란일사 해석을 위한 시뮬레이션 모형 - 동방위가 단동온실 내의 직달일사 투과율에 미치는 영향 -. 한국생물생산시설환경학회지 6:176-182.

김용현, 이석건. 1998. 연동 유리온실 내의 직달일사 및 산란일사 투과율 해석. 한국농업기계학회지 23:439-444.

김용현, 이석건. 1998. 컴퓨터 시뮬레이션에 의한 연동 유리온실 내의 직달일사 및 산란일사 투과율에 미치는 지붕경사각의 영향. 한국생물생산시설환경학회지 7:324-339.

농림부. 1995. 온실구조설계기준.

농림축산식품부. 2021. 2020 시설채소 온실현황 및 채소류 생산실적.

농림축산식품부. 2021. 2020 화훼재배현황.

㈜그린플러스. 2016. 에너지 절감과 생산성 향상을 위한 신개념 온실 설계 및 표준화 연구. 농림축산식품부 연구 보고서.

Barretta, C., G. Oreski, S. Feldbacher, K. Resch-Fauster, and R. Pantani. 2021. *Comparison of degradation behavior of newly developed encapsulation materials for photovoltaic applications under different artificial ageing tests.* Polymer. 13:271-290.

Duffie, J.A. and W.A. Beckman. 1980. *Solar engineering of thermal processes.* John Wiley & Sons, Inc.

García-Gil,Á., Pablos, C., R.A. García-Muñoz, K.G. McGuigan, Ja. Marugán. 2020. *Material selection and prediction of solar irradiance in plastic devices for application of solar water disinfection (SODIS) to inactivate viruses, bacteria and protozoa.* Sci. Total Environ. 730:139126.

Harnett, R.F. 1975. *Study of glasshouse type and orientation.* Acta Hortic. 46:207-215.

Koller, M., F. Rayns, S. Cubison, and U. Schmutz. 2016. *Guidelines for experimental practice in organic greenhouse horticulture.* Cost.

Kozai, T., J. Goudriaan, and M. Kimura. 1978. *Light transmission and photosynthesis in greenhouse.* Centre for Agricultural Publishing and Documentation, Wageningen, Netherlands.

Rasheed, A., J.W. Lee, and H.W. Lee. 2018. *Development and optimization of a building energy simulation model to study the effect of greenhouse design parameters.* Energies 11:2001-2019.

제8장
온실 내 환경 관리

Horticultural Engineering

8.1 환경요소 측정용 센서

온실 내 환경요소의 계측은 환경제어의 기초에 해당한다. 계측은 미지의 측정량(measurand)을 미리 정해 놓은 표준과 비교하는 작업이다. 예를 들면, 작물의 생장 지표로 쓰이는 생체중은 작물체내에 들어있는 수분을 포함한 무게이다. 때문에 생체중의 측정에 사용되는 저울은 미지의 무게가 정해진 허용오차 내에서 측정되도록 검정(calibration) 작업을 거친다. 이러한 검정 작업은 표준과의 비교를 포함한다.

온실 내의 환경요소를 제어하려면 우선 제어 대상의 변화량, 즉 제어량의 측정이 필요하다. 이와 같이 제어량의 측정에 사용되는 요소를 트랜스듀서(transducer), 검출기(detector) 또는 총칭하여 센서(sensor)라고 한다. 센서는 생물학적, 화학적, 물리학적 변화를 전기 신호로 변환하는 기능을 갖고 있다.

8.1.1 복사

1) 정의와 작용

복사는 물체 표면에서 방출되는 모든 전자파로 정의된다. 이 가운데 태양으로부터 지표면에 도달하는 복사를 일사 또는 태양복사라고 한다. 일사는 지표면에 도달하거나, 대기 중에서 흡수, 산란 또는 반사된다. 일사에서 평행광의 형태로 지표면에 직접 도달하는 성분을 직달일사, 대기층 내에서 천공으로 산란되었다가 지표면에 도달하는 성분을 산란일사 또는 천공일사라고 하며, 수평면에 도달하는 직달일사와 산란일사를 합쳐 전천일사라 부른다.

2) 종류와 측정 원리

① 전천일사계

전천일사계(pyranometer)는 전천일사량의 측정에 사용되는 계측기로서, 일사계로도 불린다. 열형 전천일사계는 유리로 된 반구형의 중심부에 일사 흡수율이 서로 다른 2매의 수열판이 설치되어 있으며, 수열판 사이의 온도차를 열전퇴(thermopile)가 감지하여 일사량을 나타낸다(그림 8-1). 열전퇴라는 것은 다수의 열전대를 직렬로 접속하여 열기전력을 크게 한 것이다. 덮개 재료로서 유리를 사용한 것은 유리가 장파복사를 투과시키기 않고 파장 영역이 300~3,000nm인 단파복사만을 투과시키고, 바람에 의한 영향을 방지하기 위함이다. 전천일사량의 단위로서 $W{\cdot}m^{-2}$가 사용된다.

전천일사계로부터의 출력 값을 감도(sensitivity)로 나누면 일사량이 결정된다. 예를 들면, 감도가 $1\mu V$ per $0.1W{\cdot}m^{-2}$인 전천일사계로부터의 출력이 6mV일 때 이에 해당하는 일사량은 $\frac{(6)(1000)}{1/0.1} = 600\,W \cdot m^{-2}$ 이다.

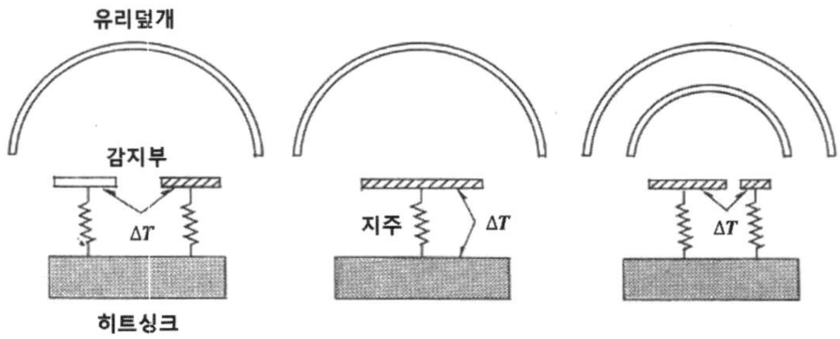

그림 8-1. 열형 전천일사계의 검출방식(三宅, 1983)

② 광합성유효복사계

광합성유효복사(photosynthetically active radiation, PAR)는 녹색식물의 광합성 영역인 400~700nm에서의 복사를 의미한다. 광합성유효복사계의 검출기로서 열전퇴, 실리콘 다이오우드, 광전관, 광전지 포토트랜지스터 등이 사용된다. 광합성유효복사는 전천일사와 마찬가지로 $W \cdot m^{-2}$의 단위를 갖는다. 광합성유효복사계가 수평을 유지하도록 설치해야 정확한 측정이 가능하다 (그림 8-2).

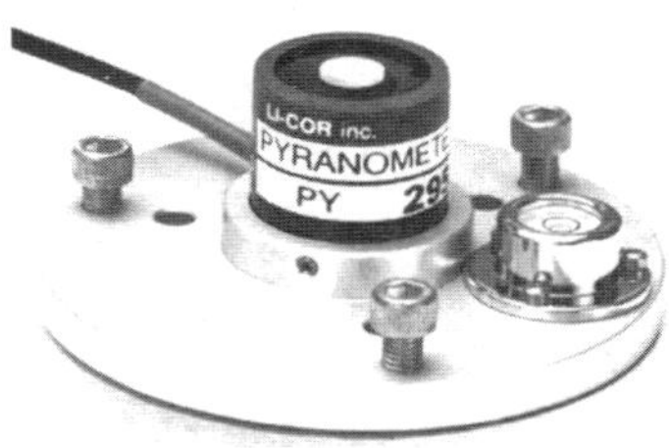

그림 8-2. 광합성유효복사계

③ 광합성유효광양자계

광양자계는 단위시간 단위면적당 입사된 광양자의 수, 즉 광양자속을 측정하는 계측기이다. 이 가운데 파장 영역이 400~700 nm에 해당하는 광양자속을 광합성유효광양자속(photosynthetic photon flux, PPF)이라 부른다. 광양자속의 단위로서 $\mu mol \cdot m^{-2} \cdot s^{-1}$ 가 사용된다. 광양자계가 구비해야 할 이상적인 분광 강도는 다음과 같다.

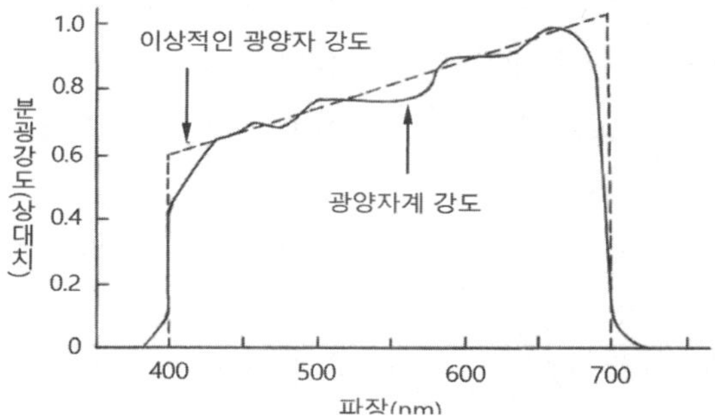

그림 8-3. 광합성유효광양자계의 분광 강도 곡선

8.1.2 온도

1) 정의와 작용

온도는 온냉의 정도를 나타내며, 작물의 광합성, 호흡, 양분과 수분의 흡수, 증산작용 및 그 밖의 체내에서 일어나는 모든 대사 활동에 영향을 미친다.

2) 종류와 측정 원리

온도의 측정 원리로서 열기전력(thermoelctricity), 저항(resistance), 복사(radiation), 열팽창(thermal expansion) 등이 있다.

① 열전대

서로 다른 두 도체의 양끝을 접합하고, 양 접합점에 온도차가 존재하면 회로에 전류가 흐르면서 열기전력이 발생되는 데, 이러한 현상을 제벡효과(Seebeck effect)라 한다(그림 8-4). 열전대는 열기전력에 기초하여 온도를 측정하는 데 쓰인다. 열전대는 구조가 간단하고, 응답이 빠르며, 넓은 온도 범위에서의 측정이 가능한 장점을 지니고 있다. 단점으로는 출력 신호의 크기가 작기 때문에 잡음에 주의해야 한다.

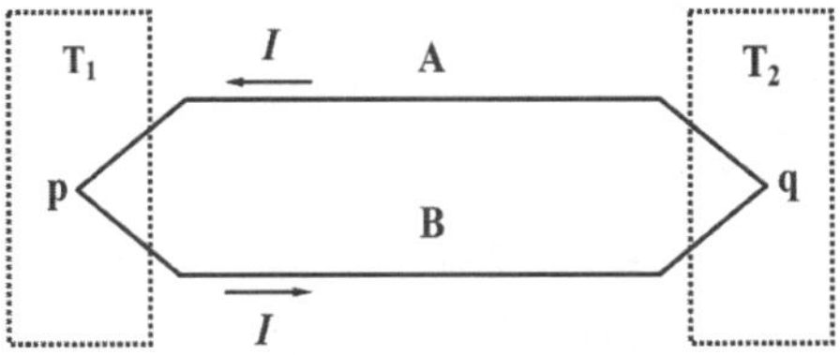

그림 8-4. 열전 현상 원리

열전대는 원리적으로 온도가 아닌 온도차를 측정하는 온도계이므로, 온도를 정확하게 측

정하려면 기준온도가 되는 쪽의 접점, 즉 기준접점(reference junction)의 온도를 일정하게 유지해야 한다. 이를 위해서 전기적으로 기준접점의 온도를 0℃로 유지하는 온도보상 회로가 데이터 로거(data logger)에 내장되어 있다. 열전대는 사용되는 금속의 조합에 따라 구분되며, 측정 범위가 다르다.

표 8-1. 열전대 종류와 금속 조합

종류	금속 조합	측정 범위(°C)	비고
B	백금/30%로듐-백금/6%로듐	0~1,700	
E	크로멜*-콘스탄탄**	-250~870	
J	철-콘스탄탄	-190~760	
K	크로멜-알루멜***	0~1,260	
R	Pt/13%Rh-Pt	0~1,600	
S	Pt/13%Rh-Pt	0~1,500	고온 국제표준
T	구리-콘스탄탄	-262~370	

*90% 니켈과 10% 크롬으로 이루어진 합금
**45% 니켈과 55% 구리로 이루어진 합금
***94%의 니켈, 3% 알루미늄, 2% 망간 및 1% 규소로 이루어진 합금

② 측온저항체

측온저항체(resistance temperature detector, RTD)는 백금, 니켈, 구리 등과 같은 금속을 사용하여 온도 상승에 따라 금속의 전기저항이 증가하는 성질을 이용하여 온도 변화를 측정하는 센서이다. 저항 온도계에 해당하는 측온저항체는 안정도가 높고, 감도가 우수하며, 비교적 간단한 회로로서 직선적인 출력을 얻는 장점을 지니고 있다. 또한 열전대에서와 같이 기준접점 보상회로가 불필요하며, 저항 값으로서 온도를 쉽게 구할 수 있다. 단점으로는 열전대에 비해서 고온의 측정 범위가 낮다.

측온저항체에서 온도와 저항 사이의 관계는 다음 식으로 표시된다.

$$R_t = R_o(1 + aT + bT^2 + cT^3 + ...) \quad (8.1)$$

여기서, R_t: 임의의 온도에서의 저항(Ω), T: 온도(℃), R_o: 기준온도에서의 저항(Ω), a, b, c: 상수이다. KS 규격에서는 측온저항체의 R_o를 0℃에서 100Ω으로 규정하고 있다. 식 (9.1)의 우변에 사용되는 상수는 저항체의 종류, 온도 범위 및 정확성 등에 따라 결정된다.

백금은 타금 속에 비해서 저항온도계수가 직선적으로 변화하며, 무게가 가볍고, 물리적 및 화학적 성질이 우수하여 안정적인 온도 측정용 센서로 사용되고 있다.

표 8-2. 측온저항체의 주요 성질

종류	저항온도계수($\Omega\cdot{}^{\circ}C^{-1}$)	용융점(°C)	측정 범위(°C)
백금	0.00392	1,773	-200~650
구리	0.00425	1,083	0~200
니켈	0.00660	1,455	-50~300

측온저항체의 결선 방법으로 2선식, 3선식 및 4선식이 있다(그림 8-5). 2선식은 측온저항체 소자의 단자에 도선을 1개씩 연결한 방식이다. 비용이 절감되는 효과가 있으나, 도선저항이 측온저항소자의 저항과 직렬로 연결되므로 이에 따른 오차가 나타날 수 있다. 주로 고온용의 측온저항체 결선에 사용한다. 3선식은 측온저항체 소자의 한쪽 단자에 1개의 도선을 연결하고, 다른 한쪽에는 2개의 도선을 연결하는 방식이다. 3선식은 도선 저항에 따른 오차가 줄어들기 때문에 산업용으로 널리 사용되고 있다. 4선식은 측온저항체 소자의 양단에 각각 2개의 도선을 연결한 방식이다. 도선 저항에 의한 영향을 제거한 형식으로서 표준용 저항온도계의 교정 등 고정밀 온도측정에 사용된다.

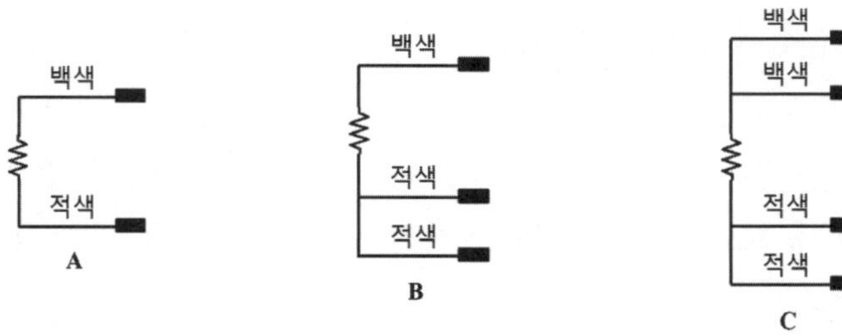

그림 8-5. 측온저항체의 결선 방법 (A) 2선식 (B) 3선식 (C) 4선식

③ 서미스터

서미스터(thermally sensitive resistor, thermistor)는 세라믹과 같은 반도체로 제작된 저항체로서 온도에 따라 물질의 저항이 변화하는 성질을 이용한 센서이다. 주로 회로의 전류가 일정 이상으로 오르는 것을 방지하거나, 회로의 온도를 감지하는 센서로서 이용된다.

서미스터의 저항이 온도 변화에 따라 선형으로 변화하는 것으로 가정하면 저항과 온도와의 관계는 다음과 같이 표시된다.

$$\Delta R = k\Delta T \quad (8.2)$$

여기서, ΔR: 저항 변화, k: 저항온도계수, ΔT: 온도 변화이다.

저항온도계수에 따라 서미스터는 크게 두 종류로 구분된다. 만일 $k>0$인 경우, 서미스터의 저항은 온도에 따라 증가한다. 이러한 서미스터는 양온도 계수(positive temperature coefficient, PTC) 특성을 지닌다. 반대로 $k<0$인 경우 온도가 증가하면 서미스터의 저항은 감소하며, 이를 음온도 계수(negative temperature coefficient, NTC) 특성이라 한다.

표 8-3. 서미스터의 종류와 특성

종류	특성	측정 범위(°C)
NTC 서미스터	(-)온도계수를 지님	저온용: -100~0 중온용: -50~300 고온용: 200~700
PTC 서미스터	(+)온도계수를 지님	-50~150

④ 복사 온도계

물체로 부터 방출되는 복사에너지는 온도에 따라 그 크기가 다르므로 복사에너지를 측정하면 대상 물체의 온도를 알 수 있다. 복사 온도계는 이러한 원리를 적용하여 온도를 측정하기 때문에 렌즈, 필터, 적외선 센서, 신호처리부 및 화면표시부로로 구성된다(그림 8-6).

렌즈는 대상 물체에서 발산된 빛을 모아준다. 복사 온도계는 물체에서 방출된 복사에너지를 측정하여 온도를 결정한다. 필터는 원하는 적외선 영역의 파장을 통과시키고 나머지를 제외시킨다. 필터를 통과한 빛은 적외선 센서로 측정된 후 증폭 및 선형을 포함한 신호처리부를 거쳐 출력되거나, 화면에 표시된다.

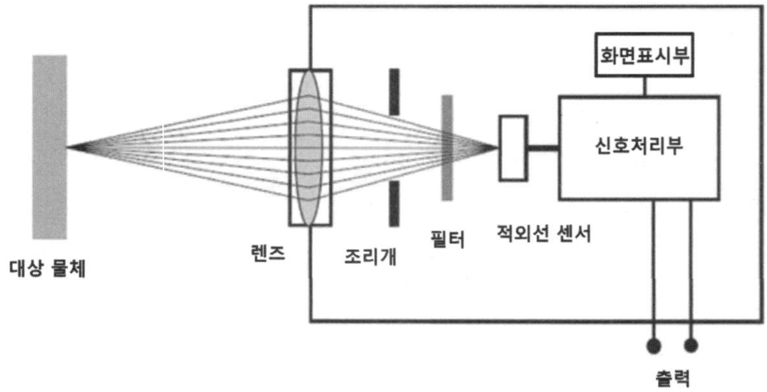

그림 8-6. 복사 온도계의 구조

복사 온도계에 해당하는 적외선 온도계는 0.75~20μm 영역의 적외선을 사용하여 물체의 온도를 측정한다. 이 가운데 0.95μm와 1.05μm의 2개 파장 영역이 물체의 온도 측정에 사용된다. 1개의 파장을 사용하였을 때 나타날 수 있는 방사율 오차를 없애기 위해 2개의 파장 영역에서 나오는 복사량을 계산해서 온도가 측정된다. 때문에 온도를 정확하게 측정할 수 있다. 2.5~20μm의 적외선은 파장 영역이 넓고 측정 방식이 간단하며 가격도 저렴하나, 물체의 방사율 값에 따른 영향을 크게 받는다. 따라서 이 방식의 적외선 온도계는 정밀한 온도 측정에 부적합하다.

적외선 온도계를 선택할 때에는 반드시 대상 물체의 크기와 측정 거리를 고려한 시야(field of view), 측정 대상 표면의 방사율, 스펙트럼 반응(대기 효과 및 표면을 통한 전송에 대한), 온도 범위와 장착방식, 응답 시간, 제약 조건, 신호 처리 방식 등을 고려해야 한다. 온도를 정확하게 측정하려면 측정 대상 물체가 적외선 온도계의 시야를 완전히 채워야 한다. 적외선 온도계는 시야 내의 모든 표면들의 평균온도를 결정하기 때문에 배경 온도가 물체의 온도와 다를 경우 측정 오류가 나타날 수 있다.

복사 온도계는 물체가 움직이거나, 대상 물체가 멀리 떨어져 있거나, 또는 오염으로 인해서 비접촉의 측정이 필요한 경우에 적합하다. 특히, 적외선 온도계는 열전대 또는 측온저항체와 같이 센서를 물체에 접촉시키지 않고 온도를 측정할 수 있어, 측정 대상 물체의 온도장을 교란시키지 않는 장점이 있다. 그러므로 적외선 온도계는 잎이나 토양 표면온도의 측정에 적합하다.

열영상 카메라는 물체에서 방사된 적외선 에너지를 감지하고, 이를 디지털 또는 아날로그 영상으로 변환해주는 기기이다. 때문에 열영상 카메라는 표면 온도의 측정에 쓰인다. 열영상 카메라로 획득된 영상은 물체에서 나온 복사와 주위 환경에 의해 물체에 반사된 복사의 합으로 이루어진다. 방사율이 큰 경우에는 물체에서 반사되어 온 양은 무시할 정도로 작아 무시가 가능하다. 그러나 금속처럼 방사율이 낮은 물체인 경우에는 반사에 의한 기여를 무시할 수가 없다. 그러므로 정확한 온도를 측정하기 위해서는 반사에 의한 효과를 제거해야 한다.

열영상 카메라의 장점으로 비접촉식 측정, 영상 처리에 의한 표면 온도의 2차원 분석, 실시간 측정 등을 들 수 있다. 단점으로는 방사율의 설정에 따라 측정된 온도가 변할 수 있다. 또한 적외선이 투명 유리나 아크릴을 투과하지 못하므로 유리 또는 아크릴 너머의 물체 온도를 측정할 수 없다.

⑤ IC 온도센서

IC(integrated circuit) 온도센서는 트랜지스터의 온도 의존성을 이용한 센서이다. 즉 트랜지스터의 베이스(base)와 이미터(emitter) 사이의 전압이 온도 변화에 따라 직선적으로 변화되는 현상을 이용한 것으로서, 열전대나 서미스터의 온도보상 회로, 감도 또는 직선성 등의 단점을 보완한 센서이다. 추가적인 회로를 사용하지 않고 온도에 비례하여 전압 또는 전류를 출력하는 IC 온도센서는 여러 가지 신호 회로와 감온소자가 일체화되어 있다. 온도의 측정 범위는 -50~150℃이다.

IC 온도센서는 소형, 간단한 구조, 빠른 응답 시간, 저렴한 가격 및 높은 출력신호 등의 장점을 지니고 있으므로 회로 기판의 온도 모니터링, 컴퓨터의 CPU 온도 제어 등에 쓰인다. 아두이노(Arduino)에서 활용되는 LM35 또는 TMP36은 대표적인 IC 온도센서에 해당한다.

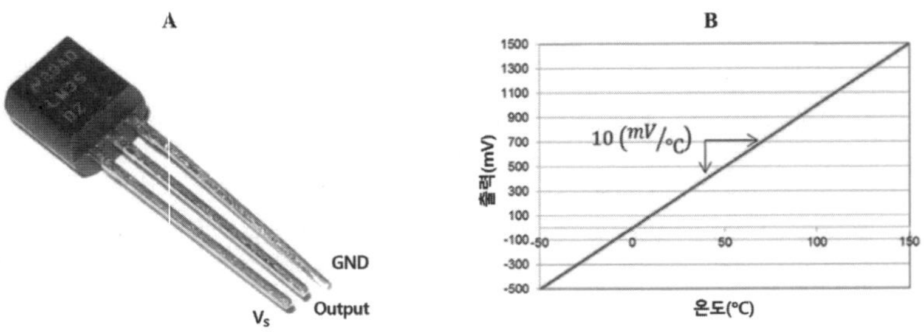

그림 8-7. IC 온도 센서 (A) LM35 온도 센서, (B) 온도와 출력의 관계

⑥ 열팽창 온도계

열팽창식은 온도 변화에 따라 고체 또는 액체가 팽창하는 성질을 이용한 것이다. 열팽창을 이용한 대표적인 온도계로서 고체의 열팽창을 이용한 바이메탈(bimetal) 온도계, 유리봉에 들어있는 액체의 열팽창을 이용한 유리봉상 온도계 등이 있다. 유리봉상 온도계는 전기적인 신호 형태의 출력을 내지 않기 때문에 환경제어 또는 원격측정은 불가능하나, 가격이 저렴하며 가장 손쉽게 이용할 수 있는 온도계이다.

8.1.3 습도

1) 정의와 작용

습도는 공기 중에 포함된 수증기(water vapor)와 관계되며, 작물의 수분 생리에 영향을 미치는 주요한 환경요소이다. 대기 중의 습도를 표시하는 척도로서 상대습도, 절대습도, 포차 등이 있다. 상대습도는 포화수증기압에 대한 실제 수증기압의 비를 말하며, 절대습도는 건공기 1kg에 대한 수증기 질량의 비로서 정의된다. 포차는 포화수증기압과 실제 수증기압의 차로서 표시된다.

2) 종류와 측정 원리

대기의 상대습도를 결정할 때 검습 물질(hygroscopic material), 건습구온도계, 전자식 습도센서, 노점습도계 등이 사용된다.

① 검습물질

검습물질은 수분의 양에 따라 신축이 이루어지거나, 흡착이 쉽게 이루어지는 다공성 구조로 되어 있다. 모발, 다공성 세라믹 등은 대표적인 검습 물질에 해당된다.

② 건습구 온도계

물의 증발속도가 주변 공기의 습도에 의존하는 것을 이용하는 방법으로, 기온을 검출하는 건구온도계와 증류수로 충분히 적신 흡수포로 감습부를 감싼 습구온도계로 구성되며, 습구온도의 저하 정도로부터 상대습도를 구할 수 있다.

최근에는 저항 온도계나 열전대 등의 온도센서를 이용하여 건구온도계와 습구온도계로 사용하고 있다. 일반적으로 건습구 습도계 주변에 $2 \sim 3 m \cdot s^{-1}$의 일정속도의 기류를 확보하기 위한 통풍장치를 부착한 통풍형 건습구 습도계가 이용된다. 측정된 건구온도와 습구온도로부터, 식(9.3)에 대입하여 상대습도를 구할 수 있다.

$$e = \frac{e_w - ap(T_d - T_w)}{755} \qquad (8.3)$$

여기서, e: 수증기압, e_w: 온도 T_w에서의 포화수증기압, p: 기압, a: 0.5(습구가 얼지 않았을 경우), 0.44(습구가 얼었을 경우), T_d: 건구온도(℃), T_w: 습구온도(℃)이다.

③ 전자식 습도센서

전자식 습도센서는 저항 변화형과 용량 변화형 습도 센서로 나누인다. 저항 변화형 습도 센서는 감습재에 의해서 흡착된 수분에 따라 전기저항이 변화하는 성질을 이용한다(그림 8-8). 감습재로서 물을 잘 흡수하는 염화리튬(LiCl) 또는 산화알루미늄(Al_2O_3)이 쓰인다. 습도가 높을수록 저항 값이 줄어드는 저항 변화형 습도 센서의 감습 재료는 무기물의 세라믹 또는 유기물의 고분자재료로 나누인다. 한편 구조재에 따라 감습재를 얇은 막 형태로 제조한 박막(thin film)형과 어느 정도의 두께로서 덩어리 형상으로 제조된 벌크(bulk)형이 사용된다. 고분자 습도 센서는 세라믹과 마찬가지로 기판 위에 전극을 인쇄하고, 감습재를 전극 표면에 부착하여 평탄한 막을 만든다.

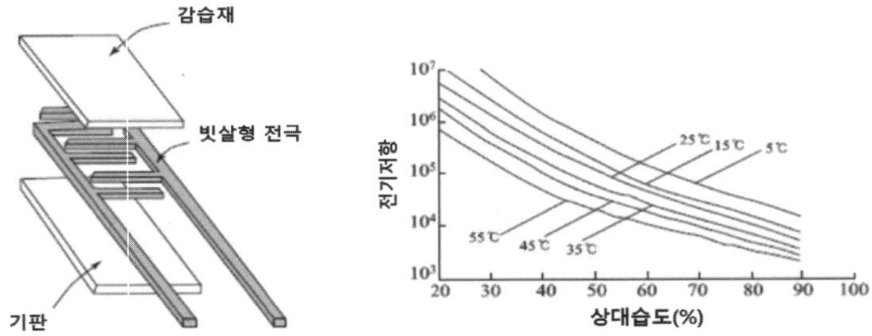

그림 8-8. 저항 변화형 습도센서

용량 변화형 습도센서는 커패시터(capacitor) 사이에 수분에 잘 반응하는 유전물질을 채워두면, 습도에 따라 유전율이 변하면서 전극 양단의 정전용량이 변화하는 형태의 센서이다. 기판 위에 하부 전극을 증착하는 등의 방법으로 만든 후 그 위에 수분의 흡수에 따라 유전율이 크게 변화하는 재료로 된 층을 붙인다. 재료로서는 초산 셀룰로우스나 폴리비닐알콜(PVA) 등이 사용된다.

습도센서를 사용하기 전에 표준과의 비교에 따른 보정이 필요하다. 포화 용액을 이용한 보정 방법은 다음과 같다. 유리병에 염류와 증류수를 동일한 양으로 담아 용해시키면 유리병 내의 공기가 포화 상태에 이르면서 일정한 습도에 도달한다. 포화 상태인 공기의 상대습도와 습도센서의 출력 신호로부터 습도를 예측할 수 있다. 포화 용액의 종류와 온도에 따른 상대습도 표준은 표 8-4와 같다.

표 8-4. 포화 용액의 종류와 온도에 따른 상대습도 표준

온도 (℃)	표준 상대습도(%)			
	염화리튬	염화마그네슘	염화나트륨	염화칼륨
5	13.0	33.6	75.7	87.7
15	12.0	33.3	76.6	85.9
25	11.3	32.8	75.3	84.3
35	11.3	32.1	74.9	83.0
45	11.2	31.1	74.5	81.7

8.1.4 풍속

1) 정의와 작용

바람은 공기의 흐름으로서 태풍과 같이 규모가 큰 것에서부터 온실 내의 풍속과 같이

규모가 작은 것에 이르기까지 크기가 다양하다.

2) 종류와 측정 원리

풍속을 측정할 때 회전형, 열형 등이 사용된다.

① 회전형 풍속계

회전형 풍속계는 풍배나 풍차의 회전속도가 풍속에 비례하는 원리를 이용한 계측기로서, 순간풍속과 평균풍속을 각각 회전속도와 적산회전수로부터 구한다.

그림 8-9. 풍배식 풍향풍속계

② 열형 풍속계

기온보다 고온인 물체에 바람이 닿으면, 풍속에 비례하여 물체의 온도가 저하된다. 열선 풍속계(hot wire anemometer)는 백금이나 니켈로 된 열선을 공기흐름 중에 두어 온도변화에 의한 저항변화를 계측하거나 열선을 일정한 온도로 유지하는데 필요한 전류를 측정함으로써 풍속을 결정할 수 있다(그림 8-10). 감지부는 크기가 작고 측정범위는 0.1~20m·s^{-1}이다. 열선 풍속계 대신에 열전대나 서미스터를 이용한 풍속계도 많이 이용된다.

열형 풍속계에서 유속, 유체온도 및 물체 표면으로부터의 방열량 사이의 관계는 다음 식과 같다.

$$H = (a + bu)(T - T_a) \tag{8.4}$$

여기서, H : 방열량, T_a : 유체온도, u : 유속, T : 물체의 표면온도, a,b : 유체에서 결정되는 상수이다. 물체에 항상 일정한 열량을 공급하고, 식(8.4)에 유체온도와 물체의 표면온도를 대입하면 u를 구할 수 있다.

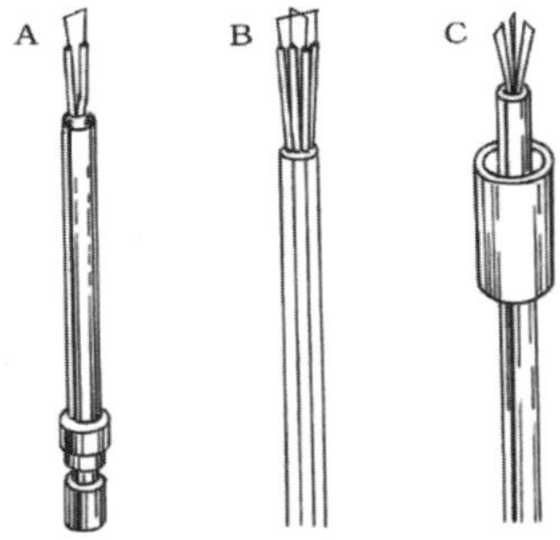

그림 8-10. 열선 풍속계 형태 (A) 1자형, (B) X자형, (C) 3축형

8.1.5 토양수분

1) 정의와 작용

토양 내에 존재하는 수분, 즉 토양수분은 단독으로 존재하는 것이 아니라 토양입자와 결합하여 존재한다. 토양수분에는 중력수, 모관수, 흡습수, 화합수 등이 있다.

2) 종류와 측정 원리

토양수분을 측정할 때 함수율 측정법, 토양수분장력법, 유전율법 등이 사용된다.

① 함수율 측정법

토양의 함수율(moisture content)은 토양의 중량이 일정해질 때까지 105~110℃로 열풍건조하여 감소된 무게를 의미한다. 함수율은 다음과 같이 습량기준(wet basis) 백분율과 건량기준(dry basis) 백분율의 두 가지로 표시된다.

$$\text{습량기준 함수율 } M_m(\%) = \frac{100(S_w - S)}{S_w} \tag{8.5}$$

$$\text{건량기준 함수율 } M_o(\%) = \frac{100(S_w - S)}{S} \tag{8.6}$$

여기서, S_w : 습윤토양의 무게(g), S : 건조토양의 무게(g)이다.

② 토양수분장력법

토양 내의 수분은 습할 때보다도 건조할 때 강한 힘으로 토양입자에 부착되어 있으므로, 토양으로부터 이 수분을 흡수하는 데 힘이 필요하다. 이와 같이 토양이 수분을 흡착하고 보유하는 힘을 토양수분장력이라고 한다. 토양수분장력은 수은압력계의 수은주 높이 또는

pF(potential force)값으로 표시된다.

$$pF = \log_{10} h \tag{8.7}$$

여기서, h : 토양수분장력에 상당한 수주(cm)이다.

텐시오미터(tensiometer)는 다공질의 원통형 컵을 이용하여 토양수분장력을 측정하는 기기로서, 수조, 튜브, 캡, 다공질컵, 진공압력계 등으로 구성된다(그림 8-11). 다공질의 원통형 컵에 물을 가득 채워 토양에 잘 접촉하도록 매설하면 컵 주변의 토양이 물을 흡수하는 힘과 계측기 내의 부압이 평형상태에 도달할 때까지 컵으로부터 물이 빠져나간다. 이렇게 평형이 이루어졌을 때 진공압력계의 눈금을 읽어 토양 수분장력을 측정한다. 압력검출기로서 초기에는 수은 압력계(manometer)가 이용되었으나 최근에는 감도가 높은 압력센서가 사용되고 있다.

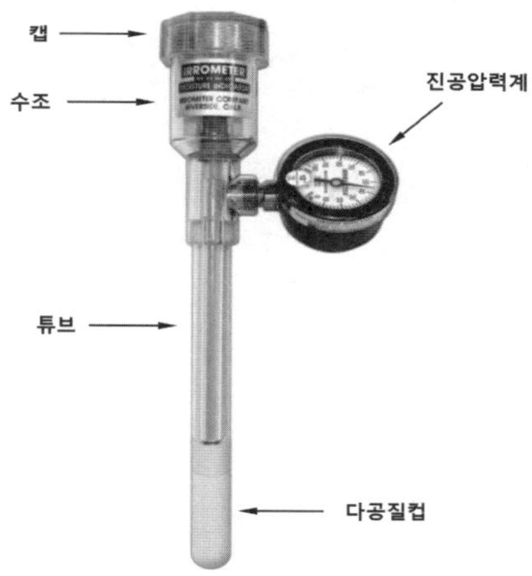

그림 8-11. 텐시오미터

③ 유전율법

유전율법은 계측기의 본체에서 신호를 발신하고 반향파의 특성을 분석해 토양의 유전율을 결정한 후 토양의 유전율과 수분함량의 상관관계를 이용하여 수분함량을 결정하는 방식이다. 토양의 수분함량이 증가함에 따라 토양의 유전율은 거의 비례적으로 증가한다. 반향파를 분석하는 방법에 따라 TDR(time domain reflectometry), FDR(frequency domain reflectometry) 및 ADR(amplitude domain reflectometry) 방식으로 구분된다.

TDR 방식의 센서는 탐침, 금속 전극 및 동축케이블 등으로 구성된다(그림 8-12). TDR 센서에 인가된 펄스파의 주행시간에 따라 토양의 수분함량이 결정된다. 1.0~3.0 GHz의 높은 주파수를 이용하는 TDR 방식은 주행시간과 탐침의 길이만으로 유전율을 결정할 수 있으므로 토양의 전기전도도, 온도 또는 다짐 정도 등의 영향을 적게 받는다. TDR 방식은 토양의 수분함량을 정확하게 측정할 수 있으나, 장비가 고가인 단점을 지닌다. 최근 들어 암면을 배지로 사용한 수경재배에서 배지의 수분함량을 결정할 때 TDR 방식이 적용되고 있다.

FDR 방식은 정전용량을 이용한 방법으로서 공명 진동수를 측정하여 토양의 수분함량을 결정한다. 한편, ADR 방식은 진폭의 변화에 기초하여 수분함량을 결정한다. 100 MHz 이하의 낮은 주파수를 이용하는 FDR 방식과 ADR 방식은 토양의 전기전도도, 온도 또는 다짐 정도 등의 영향을 많이 받기 때문에 이에 대한 보정이 필요하다.

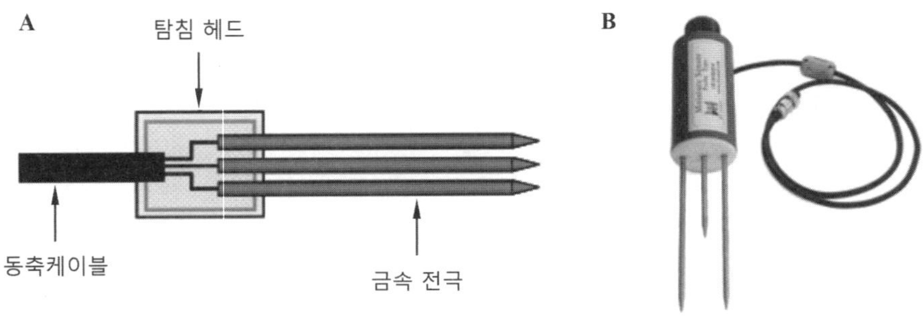

그림 8-12. 유전율식 토양 수분측정 센서 (A) TDR 센서, (B) FDR 센서

8.1.6 CO_2 농도

1) 정의와 작용

대기 중의 이산화탄소(CO_2)는 작물의 광합성속도와 과실의 저장성 등에 중요한 영향을 미친다. 또한, 토양 내의 산소와 이산화탄소는 작물 뿌리의 생육에 영향을 미친다.

2) 종류와 측정 원리

대기 중에 포함된 CO_2를 측정하는 방법으로 적외선 가스 분석법, 열전도식법, 가스크로마토그래프(gas chromatograph)법 등이 있다. 이 가운데 적외선 가스 분석법에 의한 CO_2 측정이 널리 사용되고 있다.

① 적외선 가스 분석계

현재 가장 많이 보급되어 있는 가스 분석계는 비분산적외선(non-dispersive infrared,

NDIR) 방식이다. 이 방식은 비대칭 구조를 갖거나 3원자 이상의 분자가 자신의 고유 진동 에너지 양자에 해당하는 에너지를 선택적으로 흡수하는 현상을 이용한다. CO_2의 경우 적외선 영역인 4.3μm에서 최대흡수가 이루어지며, 이 때 흡수되는 빛의 양은 CO_2 농도에 비례한다. 측정된 CO_2 농도는 Beer-Lambert 법칙에 의해 다음 식으로 표시되며, mol·L^{-1}의 단위를 갖는다.

$$A(\lambda) = \epsilon(\lambda) b\, C \tag{8.8}$$

여기서, $A(\lambda)$는 파장 λ에서의 흡광도, $\epsilon(\lambda)$는 파장 λ에서의 흡광계수(L·cm^{-1}·mol^{-1}), b는 빛의 투과 길이(=가스 셀의 길이, cm), C는 측정된 CO_2 농도(mol·L^{-1})이다.

상기 식에서 흡광도 $A(\lambda)$는 식 (10)와 같이 측정광과 기준광의 비에 대하여 대수적으로 반비례한다.

$$A(\lambda) = -\log\left[I(\lambda)/I_o(\lambda)\right] \tag{8.9}$$

따라서 CO_2의 흡수가 이루어지는 4.3μm의 적외선 파장에 대하여 기준광과 측정광의 강도를 각각 측정하고, 식(8)과 식(9)를 사용하면 CO_2 농도를 결정할 수 있다. 측정측 광원(S)과 기준측 광원(R)으로부터 발광된 적외선은 초퍼(chopper)에 부착된 4.3μm 간섭필터를 통과하면서 단색화되고, 측정용 가스셀과 기준용 가스셀을 동일한 시차로 통과한 후 거울에 반사되어 적외선 검출기로 입력된다.

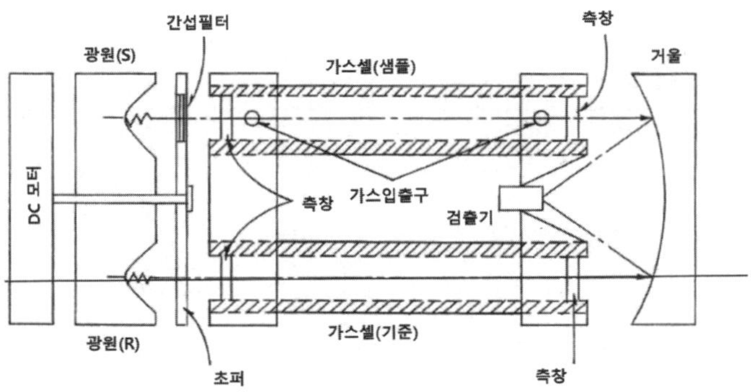

그림 8-13. 비분산 적외선 CO_2 농도 분석계의 구조

8.1.7 전기전도도

1) 정의와 작용

어떤 물체 내의 저항은 물체의 길이가 길수록, 단면적이 작을수록 커진다. 이를 수식으

로 표시하면 다음과 같다.

$$R = \rho \frac{L}{A} \tag{8.10}$$

여기서, R : 저항(Ω), L : 길이(cm), A : 단면적(cm^2), ρ : 비저항($\Omega \cdot cm$)이다. 전기전도도 K는 비저항의 역수로서,

$$K = \frac{1}{\rho} = \frac{L}{AR} \tag{8.11}$$

가 된다. 상기 식에서 $\frac{L}{A}$은 전기전도도 측정용 셀의 고유값으로서 셀정수라고 불리며, cm^{-1}의 단위를 갖는다.

전기전도도(electrical conductivity, EC)는 단면적 $1cm^2$인 전극이 1cm 떨어져 있을 때 평행전극 사이에 채워져 있는 용액의 전기저항의 역수를 의미한다. 물에 용해된 비료의 양이 많을수록 양이온과 음이온이 늘어나 전기가 잘 통하게 된다. 높은 전기전도도는 용액 중에 이온이 많다는 것이며, 결과적으로 양분의 농도가 높음을 의미한다.

수경재배에서는 배양액 내의 염류농도를 측정하는 지표로서 전기전도도를 사용한다. 배양액의 농도와 전기전도도가 비례 관계에 있으므로 전기전도도를 계측하면 배양액 농도를 추정할 수 있기 때문이다. 배양액의 전기전도도는 작물의 종류, 생육단계 또는 계절에 따라 차이가 있으나, 일반적으로 $1.0 \sim 3.0 mS \cdot cm^{-1}$가 적정 값으로 알려져 있다.

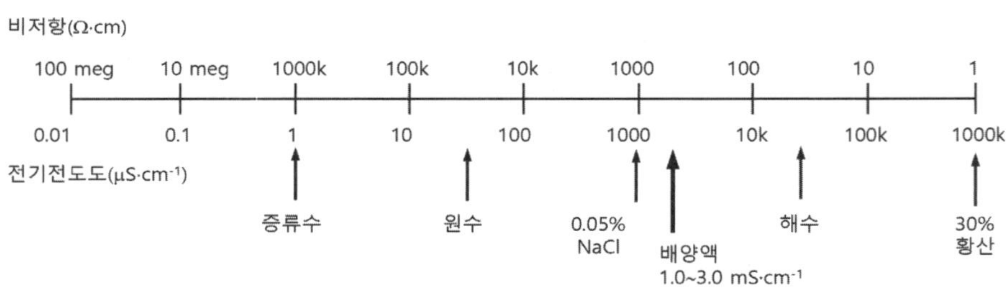

그림 8-14. 주요 물질의 전기전도도

2) 종류와 측정 원리

전기전도도의 측정에 전극을 이용한 전기전도도계가 널리 사용된다. 전기전도도의 측정 원리는 다음과 같다. 두 전극의 양단에 전위차가 있을 경우 전하입자의 이동에 의해서 전류가 흐른다. 이 때 전극 사이를 통하여 흐르는 전류는 배양액 중에 포함된 무기양분의 농도에 비례하므로 배양액의 조성 변화에 따라 두 전극 사이의 전기전도도가 변한다. 실제

전기전도도의 측정에는 백금 전극 사이의 임피던스를 측정하는 방법이 널리 사용된다.

① 전기전도도계

전기전도도의 측정 방법은 검출부인 전기전도도 셀이 측정액에 접촉(전극을 통해 전류가 흐름)되어 있는지의 여부에 따라 접촉법과 비접촉법으로 나누인다. 한편, 접촉법은 측정원리에 의해 2극법(3극법도 포함)과 4극법으로 구분된다.

비접촉법은 전자유도에 의해 전기전도도를 측정하는 것으로서 접촉법과 같이 측정액에 직접 전류를 흐르게 할 필요가 없다. 그러므로 접촉법에서 볼 수 있는 분극 및 전극오염에 따른 오차의 문제가 없다.

교정은 표준용액을 사용하여 실시하며, 온도보상과 전극 표면의 주기적인 청소가 필요하다.

8.1.8 pH

1) 정의와 작용

pH(potential hydrogen)는 용액 내에 유리 상태로 존재하는 수소이온농도의 역수의 대수값(-log[H^+])으로서 용액의 산도를 나타낸다. 토양 또는 배양액이 산성화되면 양분 흡수량이 저하되면서 생육이 불량해진다.

2) 종류와 측정 원리

pH를 측정하는 대표적인 방법으로 유리전극법이 있다.

① 유리전극법

유리전극법은 얇은 유리막을 사이에 두고 pH가 다른 두 종류의 용액에서 pH의 차이에 비례하는 기전력이 발생하는 성질을 이용한다.

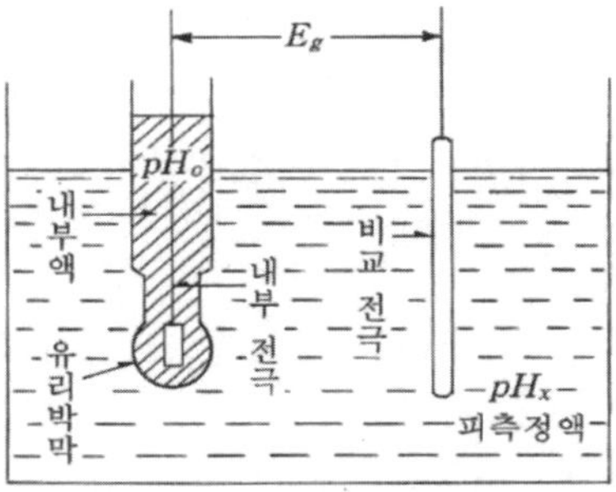

그림 8-15. 유리전극의 측정 원리

유리전극 내부에 pH를 알고 있는 내부액을 넣어 두고 이 내부전극과 비교전극을 측정액에 담갔을 때 용액의 pH 차이에 비례하여 기전력이 발생한다. 이 때 발생되는 기전력과 측정액의 pH 사이에는 다음과 같은 관계가 성립한다.

$$pH_x - pH_0 = \frac{nFE_g}{2.303RT} \tag{8.12}$$

여기서, pH_x : 측정액의 pH, pH_o : 내부액의 pH, F : Faraday 상수(= 96,485 C·mol^{-1}), R : 기체상수(= 8.314 J·K^{-1}·mol^{-1}), T : 절대온도(K), E_g : 기전력(V)이다.

pH의 보정에는 표준액이 사용된다(표 8-5). pH 보정은 표준액 중에서 두 종류를 이용하여 2점 보정을 행함으로써 영점(zero)과 감도(span)를 조정한다.

표 8-5. 표준액의 온도별 pH

온도 (℃)	표준액 pH					
	수산염	프탈산염	인산염	붕산염	탄산염	수산화칼슘
0	1.67	4.01	6.98	9.46	10.32	13.43
5	1.67	4.01	6.95	9.39	10.25	13.21
10	1.67	4.00	6.92	9.33	10.18	13.00
15	1.67	4.00	6.90	9.27	10.12	12.81
20	1.68	4.00	6.88	9.22	10.07	12.63
25	1.68	4.01	6.86	9.18	10.02	12.45
30	1.69	4.01	6.85	9.14	9.97	12.30
35	1.69	4.02	6.84	9.10	9.93	12.14
40	1.70	4.03	6.84	9.07	-	11.99

8.1.9 용존산소

1) 정의와 작용

용존산소(dissolved oxygen)는 토양 또는 배양액에 용해되어 있는 산소를 의미한다. 수온이 올라가면 용존산소 농도가 떨어지기 때문에 수경재배에서는 종종 산소가 부족하게 된다.

2) 종류와 측정 원리

용존산소의 측정에 격막전극법, Winkler법 등이 사용된다. 현재에는 취급이 간편하고 연속계측이 가능한 전기 화학적 반응을 이용한 격막전극법이 널리 보급되어 있다.

① 격막전극법

격막전극법은 산소분압과 전극의 기전력, 또는 전해전류와의 관계를 이용하여 전기 화학적으로 용존산소량을 측정하는 방법이다. 격막전극법은 폴라로그래프법과 갈바니전지법으로 분류되는데, 두 가지 방법의 차이는 외부 전압의 인가 유무에 있다. 수중의 용존산소량을 측정할 때, 산소의 격막투과율, 전해액 내의 확산속도는 온도의 영향을 받으므로 온도 보상을 해야 한다.

8.2 환경 제어 이론

8.2.1 환경제어의 개요

온실 또는 식물공장과 같은 시설 내에서 작물 주위의 온도, 광, 습도, 풍속 등과 같은 환경 요소는 노지재배의 환경 요소에 비해서 커다란 차이를 갖는다. 더구나 시설 내부가 폐쇄된 형태를 이루고 있기 때문에 시설을 이용한 식물재배 시스템의 환경제어가 노지재배에 비해서 용이하다.

식물재배 시스템에서 환경을 제어하는 목적은 식물재배에 적합한 적정 환경을 조성하여 식물의 생장 촉진, 생산량의 증대, 품질의 향상 및 균일화를 이루는 데 있다. 또한 시설 내의 관리 작업에 소요되는 에너지의 절감 및 생력화, 강우 또는 강풍 등 기상 재해로부터의 예방, 재배관리의 합리화에 필요한 각종 정보의 수집 및 해석 등을 위해서 환경제어가 시도된다.

식물재배 시스템의 환경을 제어하려면 환경 요소에 대한 계측이 선행되어야 한다. 즉 환경요소를 측정하여 측정치와 미리 설정해 놓은 목표치를 비교한다. 다음으로 측정치가 목표치로부터 어느 정도 벗어나면 제어 기구를 작동시켜 측정치가 목표치에 도달하도록 한다.

예를 들면 온실 내의 기온을 일정하게 유지시키기 위한 온도제어 시스템에서, 온실 외부의 기상 조건이 일정할 때 거기에 적합한 용량의 난방기를 설치하면 온실 내부기온의 설정치와 목표치가 일치할 것이다. 이러한 제어는 비교적 용이하므로, 정적제어로 불린다. 그런데 온실 외부의 기상조건은 일정하지 않고 변화가 심하기 때문에 온실의 피복재나 구조재를 통해서 기온 또는 습도와 같은 온실의 내부 환경에 영향을 미친다. 한편, 온실에서 재배되는 식물은 온실 내 환경 변화의 영향을 받게 되므로 식물 생육에 적합하도록 온실 내부 환경조건이 적정 수준으로 제어되어야 한다. 이와 같이 온실 외부 기상조건이 동적으로 변화하는 경우에는 난방기의 용량을 적절히 선정하는 것만으로 실내의 환경조건을 일정하게 유지하기가 곤란하다. 그러므로 목표치에 대한 편차를 검출하되, 최소의 편차가 나타나도록 난방기를 제어해야 한다.

8.2.2 환경제어 이론과 방법

1) 제어의 종류

제어(control)는 어느 목적에 부합하도록 대상에 소요의 조작을 가하거나 또는 어떤 시스템을 평형으로 유지하는 행위를 의미한다.

① 제어 시스템에 대한 인간의 조작 유무에 따른 분류

㉠ 수동 제어(manual control)

인간의 판단과 조작에 의해서 이루어지는 제어로서, 스위치의 ON-OFF 조작에 의해서 이루어진다.

㉡ 자동 제어(automatic control)

목표하고자 하는 동작이 기계 장치에 의해서 자동적으로 이루어지는 제어를 의미한다.

② 출력신호가 제어 시스템에 영향을 미치는 유무에 따른 분류

㉠ 개루프 제어(open-loop control)

출력신호가 시스템의 제어 동작에 영향을 미치지 않는 제어이다(그림 8-16). 미리 정해 놓은 시간 순서에 따라 작업이 순차적으로 진행되므로, 시퀀스 제어(sequential control)로도 불린다.

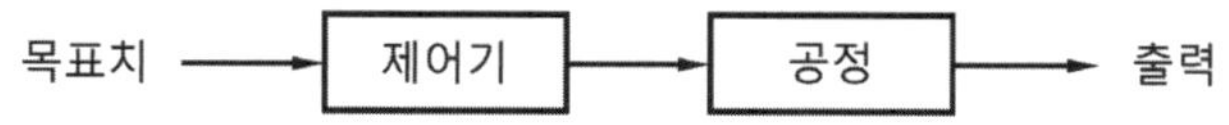

그림 8-16. 개루프 제어 시스템

㉡ 폐루프 제어(closed-loop control)

출력 신호가 시스템의 제어동작에 직접적인 영향을 미치는 제어이다. 출력신호를 입력측에 피드백(feedback)시켜 목표치가 일정하게 유지되도록 실행하는 제어로서, 피드백 제어(feedback control)로도 불린다.

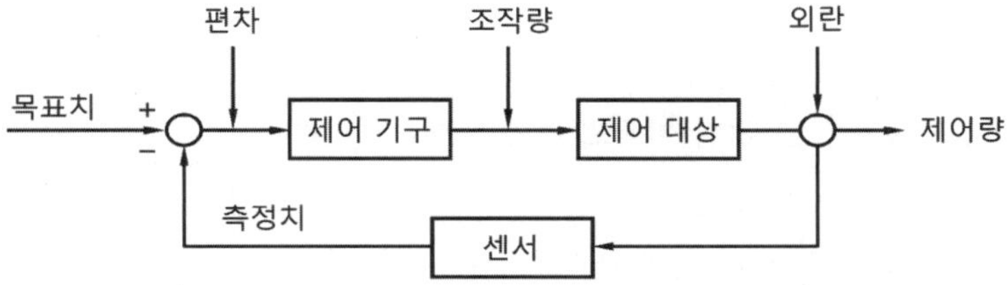

그림 8-17. 폐루프 제어 시스템

피드백 제어에서는 목표치가 우선 결정되어야 한다. 예를 들면, 온실 난방에서 내부 기온의 설정치가 목표치에 해당된다. 한편 목표치와 센서로 측정된 측정치의 차이, 즉 편차에 따라 제어 기구가 작동된다. 만일 편차가 0인 경우, 즉 측정치가 목표치와 동일할 때 제어 기구를 작동시킬 필요가 없다.

온실 난방에서는 보일러가 제어 기구에 해당하고, 제어 대상은 온실의 내부 공기이며, 온실의 내부기온은 제어량에 해당한다. 이와 같이 피드백제어에서는 측정치, 즉 온실의 내부기온이 목표치에 접근하도록 제어 기구를 작동하여 목표치와 측정치 사이의 편차가 0이 되도록 한다. 서모스탯(thermostat)을 이용한 ON-OFF 제어도 피드백 제어에 해당된다.

한편, 피드백제어를 변형시킨 피드포워드(feedforward) 제어도 환경제어에 활용되고 있다. 피드포워드 제어는 미리 설정해 놓은 논리나 모델에 따라 제어하는 방식으로서, 제어량으로부터 편차를 구하는 피드백 제어와는 차이가 있다.

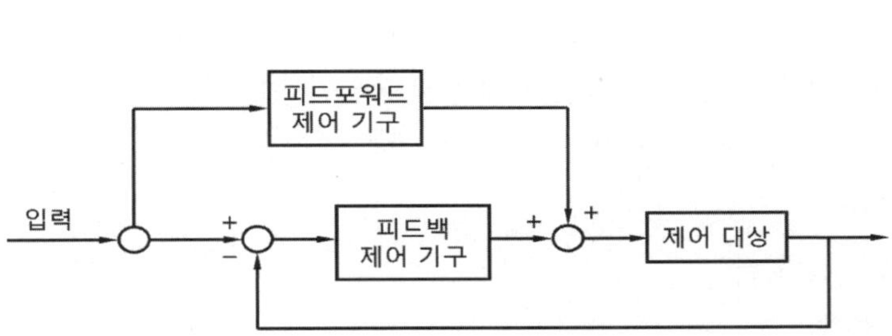

그림 8-18. 피드포워드 제어 시스템

피드포워드 제어는 제어 대상인 시스템을 사전에 충분히 해석하여 모델화한 경우에는 문제가 없으나 제어량을 피드백하지 않기 때문에 외부의 요인 등에 의해서 제어 오차가 발생하면 수정할 방법이 없게 된다. 따라서 이 방법을 단독으로 사용하는 경우는 거의 없으며, 피드백 제어 시스템과 조합해서 사용된다. 즉 사전에 예측할 수 있는 부분에 대해서는 피드포워드 제어를 행하나, 그것만으로 정밀도가 충분히 높은 제어가 불가능한 경우에는 제어량을 피드백시켜서 편차가 0이 되도록 피드백 제어를 실시한다.

③ 제어 신호에 따른 분류

㉠ **아날로그 제어**(analog control)

제어 신호로서 아날로그 량이 사용되는 제어를 의미한다.

㉡ **디지털 제어**(digital control)

제어 신호로서 디지털 량이 사용되는 제어를 의미한다.

종래의 제어는 제어량을 아날로그 양으로 처리해 왔으므로 아날로그 제어라고 말할 수 있으나, 최근에는 컴퓨터가 농가의 제어기기로 활용되고 있다. 이러한 컴퓨터는 디지털 기기로서, 제어량은 아날로그 방식으로 측정되나 즉시 디지털 양으로 변환되어 처리되므로 디지털 제어에 해당한다. 예를 들면, 온도와 같은 물리량은 1차적으로 온도 센서에 의해서 아날로그 양에 해당하는 전기적 신호로 나타나며, A/D 변환기를 거쳐 디지털 양으로 변환된 후 컴퓨터로 입력된다. 이와 같은 측정량은 온도 뿐 만 아니라 상대습도, CO_2 농도 등 여러 가지 물리량이 다수의 채널을 통해서 입력이 이루어진다. 그러므로 각 채널을 통한 신호는 일정 간격으로 샘플링이 이루어진다.

④ 목표치의 시간적 성질에 따른 분류

㉠ **정치 제어**

목표치가 시간에 따라 변화하지 않는 제어로서, 공정 제어(process control)가 이에 속한다.

㉡ **추치 제어**

출력의 변동을 조정하면서 목표치에 정확한 추종이 이루어지도록 제어하는 방법이다. 추종 제어, 프로그램 제어, 비율 제어 등이 이에 속한다.

⑤ 제어 동작에 따른 분류

㉠ **불연속 동작**

제어 동작이 단속적으로 이루어지는 제어로서, 측정치가 목표치에서 어느 정도 벗어나면 미리 정해진 일정한 조작량이 제어 대상에 가해진다. 불연속 동작에는 일정한 시간 간격을 두고 간헐적인 샘플값 신호에 의해서 제어 동작을 하는 샘플값 제어(sampled-data control), 편차가 시간적으로 연속일지라도 조작량이 단계적인 값으로 변화하는 ON-OFF 동작, 편차의 크기에 따라 조작량이 일정한 속도로 변환하는 속도 동작 등이 있다.

ON-OFF 제어에서는 제어량이 목표치를 중심으로 상하로 일정한 폭의 진동을 한다. 이러한 진동을 사이클링(cycling)이라 하며, 사이클링의 폭이 적을수록 정도가 높은 제어가 가능하다. 사이클링의 평균치와 목표치가 반드시 일치하지 않는 데, 여기에서 나타나는 차이가 ON-OFF 제어의 잔류편차(offset)에 해당한다.

㉡ 연속 동작

제어 동작이 연속으로 이루어지는 제어로서, 조작량이 동작 신호에 따라 연속적으로 변화한다. 편차와 조작량 사이의 관계에 따라 다음과 같이 분류된다.

i) **비례 동작**(proportional action)
편차에 비례하여 조작량이 조절된다.

ii) **미분 동작**(derivative action)
편차의 변화율에 비례하여 조작량의 가감이 이루어지며, 편차가 커지는 것을 미연에 방지한다.

iii) **적분 동작**(integral action)
편차의 적분값에 비례하여 조작부에 대한 제어가 이루어진다. 이 동작을 응용하면 잔류편차를 제거할 수 있다.

iv) **비례적분 동작**(proportional and integral action, PI action)
비례 동작에 의해 발생하는 잔류편차를 소멸시키기 위해 적분 동작을 부가시킨 제어동작으로서, 제어 결과가 진동으로 나타나기 쉬우나, 잔류편차가 적다.

v) **비례미분 동작**(proportional and derivative action, PD action)
제어 결과에 신속하게 이르도록 미분 동작을 부가한 동작으로서, 응답성의 개선에 사용된다.

vi) **비례미적분 동작**(proportional integral and derivative action, PID action)
비례적분 동작에 미분 동작을 추가한 동작이다. 미분 동작은 커다란 시정수(time constant)를 갖는 제어에서 오버슈트(overshoot)를 감소시키는 역할을 한다. 적분 동작에 의해 잔류편차를 제거하는 기능을 갖고 있어, 연속동작 중 가장 고급의 제어동작에 속한다.

vii) **비례미적분 제어**
위에서 언급된 비례미적분 동작을 온실내의 환경 제어에 이용한 제어 방법을 비례미적분 제어(PID controller)라 한다. PID란 위에서 언급한 각각의 제어 동작, 즉 편차에 비례한 비례 동작, 편차를 보상하기 위한 적분 동작, 추종성을 향상시키기 위한 미분 동작의 머리글자를 취한 것이다. PID 제어에는 편차에 비례한 양, 즉 편차의 크기에 따라 제어기기의 이득(gain)을 결정하여 제어하는 방법, 편차의 시간변화에 대응시켜 제어하는 방법, 편차를 시간에 따라 적산한 양에 대응시켜 제어하는 방법 등이 있으며, 이와 같은 방법을 단독으로 사용하는 경우도 있지만 PI, PD 또는 PID와 같이 조합해서 사용하는 경우가 많다.

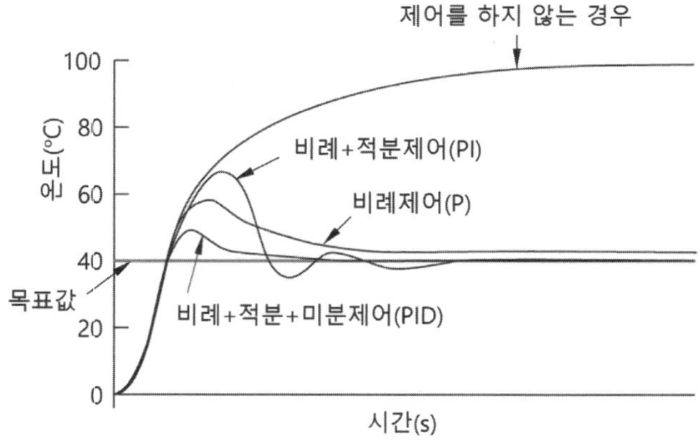

그림 8-19. 비례미적분 제어

목표치 $r(t)$와 제어량 $y(t)$의 편차를 $e(t)$, 제어변수를 $u(t)$라고 하면 PID 제어함수는 다음과 같다.

$$u(t) = K_P e(t) + K_I \int_0^t e(t)dt + T_D \frac{de(t)}{dt} \tag{8.13}$$

$$e(t) = r(t) - y(t) \tag{8.14}$$

여기서, K_P: 비례계수, K_I: 적분계수, T_D: 미분계수이다.

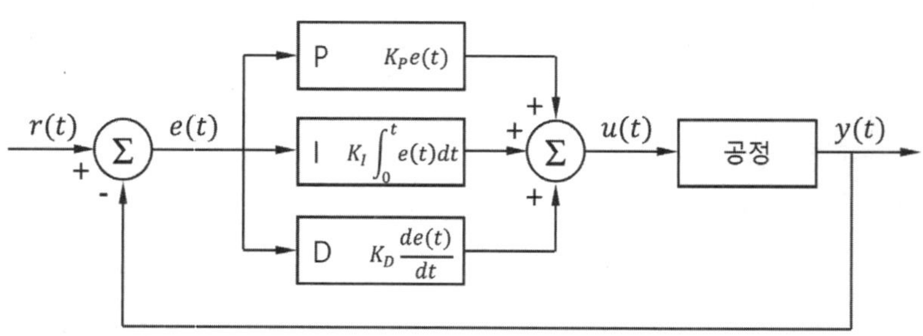

그림 8-20. 비례미적분 제어의 블록선도

디지털 컴퓨터를 이용할 경우 PID 제어에서의 제어변수는 다음 식으로 표현된다.

$$u_n = K_P e_n + K_I \sum_{i=1}^{n} e_i \Delta t + K_D \frac{e_n - e_{n-1}}{\Delta t} \tag{8.15}$$

여기서, u_n: 시점 n에서의 제어변수, K_P: 비례 파라미터, K_I: 적분 파라미터, K_D: 미분 파라미터, e_n: 동일한 시점에 있어서의 편차, Δt: 샘플링 간격이다.

비례, 미분 및 적분 파라미터를 구하는 방법은 다음과 같다. 제어 시스템에 스텝신호를 입력할 때 출력 결과는 그림 8-21과 같다. 출력 신호의 상승 곡선에 접선을 긋고, 접선이 x축과 만나는 교점까지의 소요시간을 낭비시간(L)이라 한다. 한편 정상값(K)의 63%에 해당하는 시간이 시상수(T)이다.

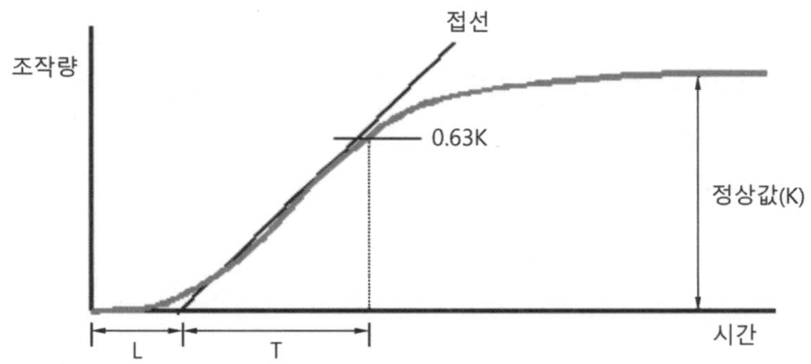

그림 8-21. 비례, 미분 및 적분 파라미터의 결정

일반적으로 제어 동작에 따른 비례, 적분 및 미분 파라미터의 관계는 표 8-6과 같다.

표 8-6. 제어 동작에 따른 비례, 적분 및 미분 파라미터의 관계

제어 동작	PID 파라미터		
	K_P	K_I	K_D
비례	0.3-0.7T/KL	0	0
비례적분	0.35-0.6T/KL	0.3-0.6T/KL	0
비례미적분	0.6-0.95T/KL	0.6-0.7T/KL	0.35-0.4T/KL

식(8-15)에서 비례, 적분 및 미분 파라미터를 결정하는 작업을 오토튜닝(auto tuning)이라 한다. PID 제어기는 오토튜닝의 과정을 통해서 제어 대상 시스템에 최적인 PID 파라미터를 자동으로 설정하는 기능을 지니고 있다.

8.3 환경 제어 방법

8.3.1 환기

환기(ventilation)는 온실 내의 기온, 습도, CO_2 농도, 풍속 등을 관리하는 데 있어서 효과적인 환경조절 수단에 해당한다. 때문에 환기의 목적은 실내·외의 공기 교환으로 시설 내의 급격한 기온 상승 억제, 과습 방지, 온실 내의 부족한 CO_2 보충, 환경요소(기온, 습도, CO_2 농도)의 균일한 분포, 공기 유동에 따른 CO_2 확산, 오염물질의 배출 등이다.

1) 환기와 관련된 용어

환기량(ventliration rate)은 환기구 면적에 풍속을 곱한 값으로서 $m^3 \cdot h^{-1}$의 단위를 갖는다. 환기회수는 환기량을 온실체적으로 나눈 값으로서, h^{-1}의 단위를 갖는다. 환기율은 환기량을 온실 바닥면적으로 나눈 값으로서, $m^3 \cdot m^{-2} \cdot h^{-1}$의 단위를 갖는다.

작물 생육에 적합하도록 온실 내 기온을 유지하는 데 필요한 적정 환기량은 지형, 일사량, 온실 구조, 피복재, 관수, 토양 성질 등에 따라 다르다. 적정 환기회수는 기온이 높을수록 커진다.

2) 환기 방식

환기 방식은 자연환기(natural ventilation)와 강제환기(forced ventilation)로 구분된다. 자연환기는 공기의 부력 또는 풍압을 이용한 환기 방식이다. 강제환기는 팬(fan)을 이용하여 공기를 강제적으로 유입 또는 배출하는 방식이다.

부력에 의한 환기는 온실 내의 기온차에 따른 밀도 변화가 크고, 풍속이 $1 m \cdot s^{-1}$ 이하로 낮은 경우에 나타난다. 부력 환기에서는 환기구가 높은 곳에 위치할수록 환기량이 늘어난다. 부력에 의한 풍압은 다음 식으로 표시된다.

$$P_g = (\rho_o - \rho_i) g h \tag{8.16}$$

여기서, P_g: 부력에 의한 풍압($N \cdot m^{-2}$), ρ_i: 실내 공기의 밀도($kg \cdot m^{-3}$), ρ_o: 실외 공기의 밀도($kg \cdot m^{-3}$), g: 중력가속도($m \cdot s^{-2}$), h: 환기구의 높이(m)이다.

풍압에 의한 환기는 공기의 운동에너지에 따른 효과로서, 실외 풍속이 $2 m \cdot s^{-1}$ 이상인 경우에 나타난다. 이 때 풍압은 다음 식으로 표시된다.

$$P_w = \frac{\rho C V^2}{2} \tag{8.17}$$

여기서, P_w: 풍압($N \cdot m^{-2}$), ρ: 공기의 밀도($kg \cdot m^{-3}$), C: 풍압계수, V: 풍속($m \cdot s^{-1}$)이다.

3) 환기창 개폐

온실 내로 투과되는 태양복사로 인해서 온실 내의 기온은 상승한다. 특히, 일사량이 충분한 시기에 온실 내의 기온은 작물 생장에 적합한 수준 이상으로 올라간다. 온실의 자연 환기는 측창, 천창 또는 곡부를 통해서 이루어진다.

플라스틱온실의 측창 또는 곡부 개폐에 권취식이 널리 쓰이고 있다. 권취식은 온실의 길이방향으로 설치된 철파이프가 회전하면서 플라스틱필름을 말아 올리거나 풀어 내리는 방식이다. 과거에는 수동 권취식이 사용되었으나, 측창 개폐용 모터의 보급으로 인해서 전동화가 이루어졌다(그림 8-22). 최근에는 측창 개폐용 모터를 일사센서의 출력 신호와 연계하여 작동시키거나, 스마트팜 온실에서는 스마트폰에 설치된 어플리케이션(application)을 이용하여 개폐용 모터를 구동하기도 한다.

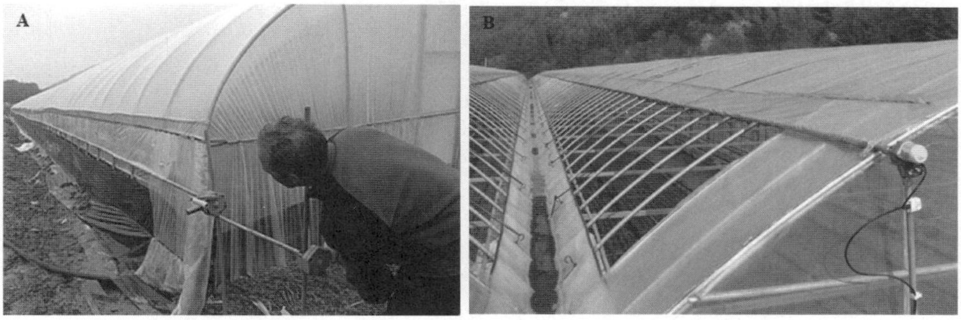

그림 8-22. 플라스틱온실의 환기창 개폐 방식 (A) 수동식, (B) 전동식

온실 천창을 통한 자연환기는 온실 내의 온도를 조절해주는 효과적인 수단에 해당된다(그림 8-23). 유리온실의 천창 개폐를 위해서 링크-암 방식, 랙과 피니언 방식이 사용되고 있다.

그림 8-23. 유리온실의 천창 환기

8.3.2 보온

온실 내로 투과되는 태양복사는 300~2,500nm의 단파복사에 해당한다. 이러한 단파복사가 온실 내의 작물 또는 지면 등에 의해서 반사되면 3,000nm 이상의 장파복사로 바뀐다(그림 8-24). 단파복사는 플라스틱필름 또는 유리와 같은 피복재를 잘 통과한다. 한편, 장파복사는 피복재의 종류에 따라 차이가 있으나 단파복사에 비해서 광투과율이 떨어진다. 결과적으로 낮 동안에 온실 내로 투과되는 단파복사에 비해서 외부로 빠져나가는 장파복사가 적기 때문에 온실 내 공기의 열에너지가 증가하면서 기온이 올라간다.

그림 8-24. 단파복사 및 장파복사

일반적으로 온실 내의 기온은 외기온에 비해서 높다. 때문에 온실 내에서 외부로의 열전달이 이루어진다. 이러한 열전달은 열손실에 해당하는 것으로서, 외기온이 낮은 겨울철에 크게 나타난다. 더구나 온실 내의 난방장치가 가동될 때 온실 벽면을 통한 열손실을 줄이지 않으면 난방에너지가 많이 소요된다.

보온은 온실 외부로 빠져나가는 열손실을 줄이기 위한 수단이다. 이를 위해서 온실 내에 소형 터널을 설치하거나, 폴리에틸렌 필름 또는 부직포 등을 사용한 보온커텐(thermal curtain or thermal screen)을 설치한다(그림 8-25). 보온커텐은 가볍고 보온성이 우수해야 한다. 또한 보온커텐을 열었을 때 보온커텐에 의한 그늘이 만들어지지 않도록 유의해야 한다.

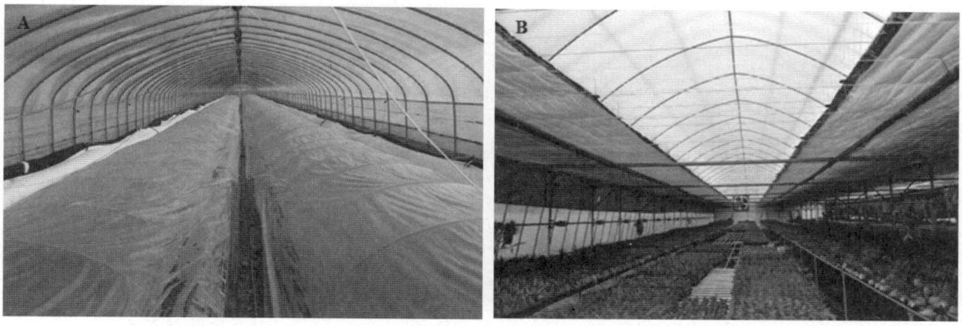

그림 8-25. 온실의 보온 (A) 소형 터널, (B) 보온커텐

8.3.3 차광 및 보광

1) 차광

차광(shading)은 햇빛을 가려주는 것이다. 온실 내로 투과되는 태양복사가 과다하면 작물 생육에 적합한 범위 이상으로 기온이 상승한다. 때문에 온실 내에 차광재를 설치하거나, 유리온실의 표면에 흰색 페인트를 칠하여 투과되는 광량을 억제한다.

차광재로는 부직포(non-woven fabric) 또는 한랭사 등이 사용된다. 부직포는 열과 수지를 이용하여 섬유가 서로 얽히도록 기계적인 처리를 하여 만든 것이다. 가볍고 통기성과 보온성이 우수한 특징을 지니고 있으므로 내부용으로 적합하다. 한랭사는 비닐론(vinylon)과 폴리에스테르 등을 재료로 사용하여 만든 섬유로서, 강도와 내구성이 양호하다.

2) 보광

보광(supplemental lighting)은 작물의 생육에 필요한 빛을 보충하는 것이다. 일장이 부족하거나, 흐린 날이 지속되면 온실 내의 광량이 떨어지면서 작물의 광합성이 제한을 받는다. 이 경우 인공광원을 사용하여 일장을 늘리거나 광합성에 필요한 광량을 확보한다. 일장을 조절하여 작물의 개화시기를 조절하는 재배를 전조재배라 한다. 한편 광량이 부족한 시기에 인공광원을 사용하여 작물의 광합성속도를 높이는 재배 방식을 보광재배라 부른다.

8.3.4 난방

난방은 외기온이 낮은 시기에도 작물 생육에 필요한 열 환경을 만들어주는 수단이다. 이를 위해서 난방시설이 온실에 설치된다. 난방시설을 설치할 때의 유의사항으로 ㉠ 작물 생육에 충분한 난방열량, 즉 설비용량의 확보, ㉡ 난방기 또는 난방시스템의 설치비 및 운영비 절감, ㉢ 난방기를 가동할 경우 실내온도의 균일한 분포, ㉣ 신속하고 안정적인 온도

조절 가능, ⓜ 난방설비에 의한 재배면적 및 재배관리 영향의 최소화 등을 들 수 있다.

난방 중 온실 외부로 방출되는 총 열량 가운데 난방설비로 공급해야 할 열량을 난방부하(heating load)라 한다. 난방부하는 최대난방부하와 기간난방부하로 구분된다.

난방 중 온실로부터의 열손실은 피복재, 환기 및 토양을 통해서 이루어진다(그림 8-26). 피복재를 통해서 나타나는 열손실을 피복재 방열 또는 관류열량이라 부른다. 피복재 방열은 온실에서 이루어지는 전체 열손실의 60% 이상을 차지한다. 환기가 이루어질 때 나타나는 열손실을 환기방열 또는 환기전열량이라 부르며, 전체 열손실의 10~20%를 차지한다. 토양전열 또는 지중전열량은 낮 동안에 내부 공기로부터 온실 내 바닥의 토양 중에 열이 전달되는 것을 의미한다. 토양전열은 전체 열손실의 0~30% 정도이다. 토양온도가 내부기온에 비해서 낮으면 온실 내 공기로부터 토양으로의 열전달이 이루어진다. 반대로 토양온도가 내부기온에 비해서 높으면 토양으로부터 온실 내 공기로의 열전달이 이루어진다.

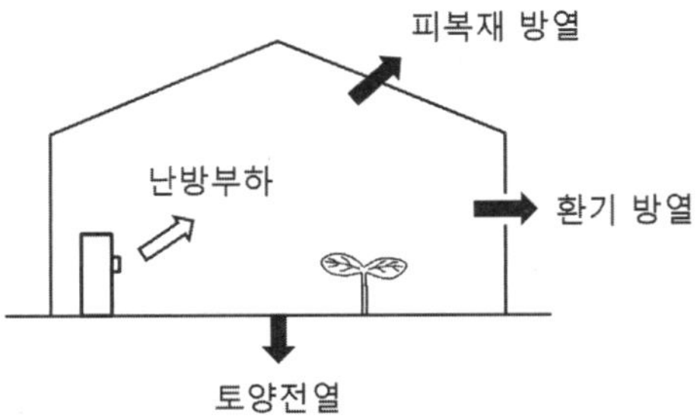

그림 8-26. 난방 중 온실로부터의 열손실

1) 최대난방부하

최대난방부하는 재배기간 동안 최저 외기온이 나타날 때 소비되는 열량으로서, 난방설비의 용량을 결정하는 데 사용된다. 최대난방부하는 다음 식으로 계산된다.

$$Q_g = A_g U(T_i - T_o)(1 - f_r) \quad (8.18)$$

여기서, Q_g: 최대난방부하(kcal·h^{-1}), A_g: 온실 표면적(m^2), U: 난방부하계수(kcal·m^{-2}·h^{-1}·℃$^{-1}$), T_i: 실내 설정기온(℃), T_o: 설계 외기온(℃), f_r: 보온피복의 열절감율이다.

유리온실의 난방부하계수는 5.3 kcal·m^{-2}·h^{-1}·℃$^{-1}$, 플라스틱온실의 경우 5.7 kcal·m^{-2}·h^{-1}·℃$^{-1}$의 값을 갖는다. 열절감율은 보온피복에 따라 소비되는 열량의 절감 효과로서, 사용되는 보온 방법 및 보온재의 종류에 따라 다르다.

표 8-7. 보온피복에 따른 열절감율

보온 방법	보온재	열절감율	
		유리온실	플라스틱온실
2중 피복	PE 필름	0.35	0.40
	PVC 필름	0.40	0.45
1겹 보온	PE 필름	0.30	0.35
	PVC 필름	0.35	0.40
	부직포	0.25	0.30
	알루미늄 분말혼입 필름	0.40	0.45
	알루미늄 증착 필름	0.50	0.55
2겹 보온	PE 필름 2겹	0.45	0.45
	PE 필름 + 알루미늄 증착 필름	0.65	0.65
외면 피복	짚으로 만든 섬피	0.60	0.65

|예제 8-1| 전주지역에서 상면적과 표면적이 각각 1,000m^2, 1,500m^{2}인 플라스틱 온실 내의 기온이 12℃ 이하로 떨어지지 않도록 조절하려고 한다. 이 경우 외기온이 -5℃일 때 최대난방부하를 구하라. 단, 보온재로서 1겹의 PE 필름이 사용된 것으로 가정하라.

|풀이| 표 8-7에서 열절감율 $f_r = 0.35$ 이다. 식 (8-18)을 이용한 최대난방부하,

$$Q_g = A_g U(T_i - T_o)(1 - f_r)$$

$$= (1,500)(5.7)(12-(-5))(1-0.35)$$

$$= 94,475.5 \text{ kcal}\cdot\text{h}^{-1}$$ 이다.

따라서 94,475.5 kcal·h^{-1} 이상의 최대난방부하가 필요하다.

2) 기간난방부하

기간난방부하는 작물 재배의 전체 기간 또는 일정 기간 동안 매일의 난방부하를 적산한 값이다. 연료소비량의 예측에 사용되는 기간난방부하는 다음 식으로 추정된다.

$$Q_n = A_g \overline{U}(1 - f_r)\sum_{i=1}^{n}[\int_{t_1}^{t_2}(T_i - T_o - \Delta T_m)dt]_i \quad (8.19)$$

여기서, Q_n: 기간난방부하(kcal), $\overline{U}$: 평균난방부하계수($=0.75U$), n; 기간 난방일수, t_1: 난방 개시시간, t_2: 난방 종료시간, $\triangle T_m$: 야간 토양전열에 의한 실내기온의 상승효과(℃), t: 시간이다.

식(8.18)에서 대괄호 안의 값은 일난방 디그리아워(degree hour)로서, $℃\cdot h\cdot d^{-1}$의 단위를 갖는다. 일난방 디그리아워는 지역별 기상 자료로부터 산출된다. 일난방 디그리아워를 난방일수에 해당하는 만큼 적분을 실시하면 기간난방 디그리아워가 구해진다. 식(8.18)로부터 기간 난방부하가 결정되면, 난방 기간 동안에 필요한 연료 소비량은 다음 식으로 추정된다.

$$V_f = \frac{Q_n}{H\eta} \tag{8.20}$$

여기서, V_f: 연료 소비량(L), H: 연료의 평균 발열량($kcal\cdot L^{-1}$), η; 난방 시스템의 열 이용효율이다.

연료의 평균 발열량은 연료의 종류에 따라 차이가 있다(표 8-8). 난방 시스템의 열 이용효율은 난방 방법에 따라 다르다. 온풍난방의 열 이용효율은 0.75~0.85, 온수난방은 0.65~0.80, 증기난방은 0.55~0.80이다.

표 8-8. 연료 발열량

연료	평균 발열량($kcal\cdot L^{-1}$)
등유	8,500~8,900
경유	8,500~9,000
A중유	8,700~9,300
B중유	8,900~9,600
C중유	9,000~9,900

|예제 8-2| 전주지역에서 표면적이 1,200m^{2}인 플라스틱온실 내에 1겹의 PE 필름이 보온재로 사용되고 있다. A중유를 연료로 사용하는 온풍난방기의 1월 연료소비량을 추정하라. 단, 온실 내의 설정기온과 전주지역의 일난방 디그리워를 각각 7℃, 170 $℃.h.d^{-1}$로 가정하라.

|풀이| 1월 동안의 기간난방 디그리아워,

$$\sum_{i=1}^{n}[\int_{t_1}^{t_2}(T_i - T_o - \triangle T_m)dt]_i = (170)(31)$$

= 5.270℃·h 이다.

식 (8-19)를 이용한 기간난방부하,

$$Q_n = A_g \overline{U}(1-f_r)\sum_{i=1}^{n}[\int_{t_1}^{t_2}(T_i - T_o - \triangle T_m)dt]_i$$

= (1,200)(0.75)(5.7)(1-0.35)(5,270)

= $1.76x10^7$ kcal 이다.

표 8-8에서 A중유의 평균 발열량 $H = 9,000$ kcal·L^{-1}이고, 온풍난방의 평균 열이용효율은 0.80으로 가정한다.

따라서 식(8.19)를 이용한 1월의 연료소비량,

$$V_f = \frac{Q_n}{H\eta} = \frac{1.76 \times 10^7}{(9000)(0.80)} = 2,444.4\text{L}$$ 이다.

3) 난방 방식

난방 열원으로는 화석연료, 전기, 신·재생에너지 등이 있다. 화석연료의 종류에는 천연가스, 석유, 석탄이 있다. 신·재생에너지는 신에너지와 재생에너지의 합성어로서, 기존의 화석연료를 변환시켜 이용하거나 햇빛·물·지열·생물유기체 등을 포함하여 재생 가능한 에너지를 변환시켜 이용하는 에너지를 일컫는다. 신에너지로는 연료전지, 수소에너지, 석탄액화 및 가스화 등이 포함된다. 재생에너지로는 태양열, 태양광, 지열, 풍력, 수력, 바이오매스, 해양에너지, 폐기물에너지 등이 있다.

난방 방식으로 온풍난방, 온수난방, 전기난방, 열펌프(heat pump) 등이 있다(그림 8-27). 온풍난방은 온풍기의 연소 과정에서 발생된 온풍을 이용하여 가온하는 방식으로서, 주로 플라스틱 온실의 난방에 적용된다. 연료로서 경유, 중유 등이 사용된다. 온풍난방은 예열시간이 짧고, 설치비가 저렴하며, 설정온도에 신속하게 도달하는 장점을 지닌다. 단점은 온실 내의 기온 변화가 크고, 불완전 연소로 인해서 유해가스가 발생할 수 있는바 환기가 필요하다. 또한 온풍기를 작동하지 않으면 실내온도가 쉽게 저하된다.

그림 8-27. 온실의 난방 방식 (A) 온풍난방, (B) 온수난방, (C) 전기난방, (D) 지열 열펌프

온수난방은 보일러에 의해서 가온된 60~80℃의 온수가 온실 내의 측벽 또는 바닥 등에 설치된 배관 내를 순환하며 난방이 이루어지는 방식으로서, 대규모 유리온실에 사용되고 있다. 온수난방의 장점은 난방부하에 적합하도록 온수의 온도조절이 가능하다. 또한, 보일러가 정지될지라도 여열에 의해서 실내온도의 급격한 변화를 방지할 수 있다. 단점으로는 설치비가 많이 들며, 예열시간이 길고, 설정온도에 도달하기까지 적지 않은 시간이 소요된다.

전기난방은 전기 온상선, 매트 또는 히터를 사용하는 방식으로서, 주로 소형 온실 또는 육묘용 온실에 사용된다. 장점은 설치가 쉽고, 설치비가 저렴하다. 단점은 전기가 공급되지 않으면 난방이 불가능하다. 최근 들어 유가 상승에 따라 전기히터의 사용이 늘어나고 있다. 전기히터는 전기에너지를 열에너지로 바꾸어주는 장치이다. 그런데 국내에서 전기에너지를 생산할 때 많은 화석연료가 사용되는바 전기난방은 온풍난방 또는 온수난방에 비해서 떨어지는 단점을 지니고 있다.

열펌프는 온도가 낮은 곳에서 높은 곳으로 열을 이동시키는 기계적 장치이다. 열펌프의 열원으로는 지열, 물, 공기 등이 사용된다. 온실 난방을 목적으로 사용되는 지열 열펌프 시스템은 지중에 설치된 열교환기를 통해서 토양, 지하수 또는 지표수가 지니고 있는 열을 흡수한다. 다음으로 열역학적 사이클을 이용하여 낮은 온도의 열원에서 높은 온도의 열원으로 열을 공급한다. 따라서 지열 열펌프는 이러한 사이클 과정을 수행하고자 압축기(compressor), 응축기(condenser), 팽창밸브(expansion valve), 증발기(evaporator), 지중열교환기 등으로 구성된다(그림 8-28).

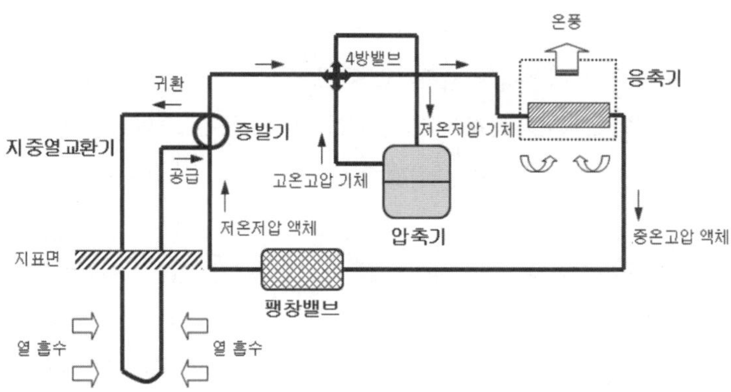

그림 8-28. 열펌프의 구성

압축기에서는 저온저압 상태의 기체(냉매)를 압축시키며 이에 따라 압력과 온도가 증가한다. 압축기의 동력은 일반적으로 전기를 사용한다. 응축기에서는 기체상태의 냉매가 열을 방출하면서 중온고압의 액체가 된다. 팽창밸브에서는 액체 상태의 냉매가 감압되면서 압력과 온도가 감소하고, 기체와 액체가 공존하는 상태가 된다. 저온 상태가 된 냉매는 증발기에서 열을 흡수하여, 저온저압의 기체가 된다. 증발기에서 나온 냉매는 다시 압축기로 들어가 위의 사이클을 반복한다.

열펌프는 난방과 냉방의 용도에 따라 사이클을 조정할 수 있으므로 1대로서 난방과 냉방이 모두 가능하며, 전환이 신속하게 이루어진다. 난방을 할 때는 응축기를 통해 열을 공급하고, 냉방을 할 때는 증발기를 통해 열을 회수한다.

열펌프의 성능은 아래 식으로 표시된 성능계수(coefficient of performance, COP)에 의해서 결정된다. 성능계수가 높을수록 열펌프의 효율은 우수하다.

$$\mathrm{COP} = \frac{\text{응축기 방출 열량}}{\text{압축기 일량}} \tag{8.21}$$

향후, 시설원예의 난방과 관련한 과제로서 ㉠ 난방비 절감을 위한 환경관리 기술의 개발, ㉡ 난방 과정에서의 CO_2 발생 저감, ㉢ 신.재생에너지를 이용한 난방 시스템의 개발을 들 수 있다. 특히, 열펌프의 경우 성능계수의 향상이 요구된다.

8.3.5 냉방

여름철에는 일사량이 많고, 기온과 상대습도가 높다. 때문에 온실 내부를 작물 재배에 적합한 환경으로 만들고자 환기 또는 차광 등의 방법이 시도되고 있으나, 이것만으로 온실 내의 기온을 적정 수준으로 관리하기가 쉽지 않다. 더구나 온실 내에 다양한 환경 조절 장치가 설치되고, 이에 따라 시설비가 증대하므로 온실의 주년이용의 필요성이 점차 커지고 있다. 때문에 온실 내의 기온을 작물 재배에 적합한 수준으로 낮추기 위한 냉방이 요구되고 있다. 널리 사용되는 냉방 방식은 증발냉각(evaporative cooling), 열펌프를 이용한 냉방이다.

증발냉각은 물의 기화 특성을 이용하기 때문에 기화냉각으로도 불린다. 물 1kg이 증발하여 수증기로 변화되는 과정에 2,256kJ의 열이 소요된다. 그러므로 온실 내에서 1kg의 물이 분사되면 물의 증발과 함께 온실 내 공기로부터 2,256kJ의 열을 빼앗아간다. 이 때 빼앗긴 열량만큼 온실 내의 기온이 내려간다.

대표적인 증발냉각 방법으로 포그앤팬(fog and fan) 또는 패드앤팬(pad and fan) 등이 사용된다. 포그앤팬 냉방은 온실 내에 설치된 노즐을 통해 물을 분사시켜 기화시킨 후 환기팬을 사용하여 기온의 하강 효과를 높이는 방식이다(그림 8-29).

최근에는 입경을 50μm 이하로 작게 만들어 기화효율을 높인 세무냉방 방식이 적용되고 있다. 패드앤팬 냉방은 온실의 한쪽 벽에 설치된 패드로 물을 흘러내리는 가운데 반대쪽에 설치된 팬이 외부공기를 실내로 흡입한다. 이 때 패드 사이를 통과하는 외부 공기가 물 입자와 함께 온실 내로 유입되고 기화되면서 실내 기온을 낮추게 된다.

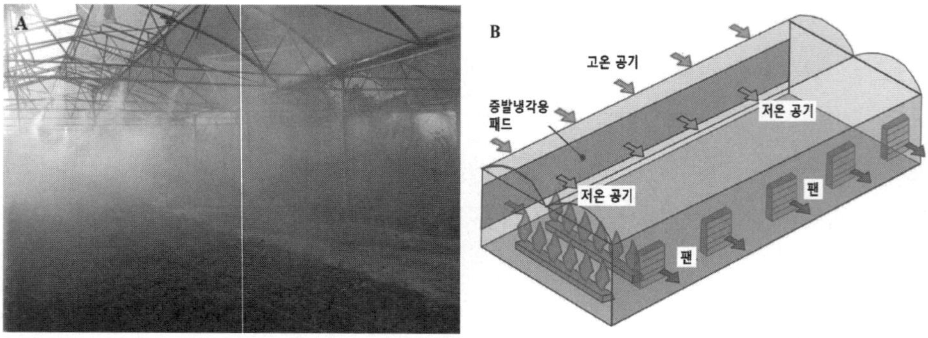

그림 8-29. 온실의 증발냉각 (A) 포그앤팬 냉방, (B) 패드앤팬 냉방

증발냉각은 물의 기화가 잘 이루어지는 조건, 즉 기온이 높고 상대습도가 낮을 때 적합

한 냉방방식이다. 우리나라의 여름철 기후는 기온이 높으나 상대습도가 높기 때문에 증발 냉각 효과가 크지 않은 편이다.

대규모 상업용 온실에 설치된 열펌프는 난방뿐만 아니라 냉방에도 이용할 수 있다. 냉방이 필요할 경우 냉매를 거꾸로 돌리면 된다. 즉, 방열이 이루어지는 응축기와 열을 흡수하는 증발기의 역할을 바꾸는 것이다. 이 때 팽창밸브와 열교환기는 출·입구가 구분되지 않아 문제가 되지 않지만, 압축기는 출·입구가 구분되므로 거꾸로 돌릴 수 없다. 이를 위해서 4-way 밸브를 이용해 냉매의 흐름을 바꾸면서 압축기에서의 흐름 방향을 같게 만든다.

8.3.6 CO_2 농도 제어

일출과 더불어 작물이 광합성을 시작하면 밀폐되어 있는 온실 내의 CO_2 농도가 급격하게 줄어든다. 이러한 현상은 외기온이 낮은 시기에 온실 내에서 자주 나타난다. 온실 내의 부족한 CO_2 농도를 보충하고자 CO_2 시용이 사용된다.

CO_2 시용은 인위적으로 CO_2를 공급하여 작물의 생육을 촉진하거나 품질을 향상시키는 CO_2 농도 제어기술이다. CO_2 공급 방식으로서 주입식 또는 연소식이 주로 사용된다. 주입식은 액화 CO_2가 저장된 탱크에 부착된 밸브를 열면 CO_2가 배출과 동시에 기화되면서 배관을 통해 온실 내로 공급되는 방식이다(그림 8-30). 이 방식은 파프리카, 토마토 등의 대규모 재배 온실에 사용된다. 주입식의 경우 CO_2가 온실 내에서 빠르게 확산되도록 공기 유동 팬을 사용하면 CO_2 시용 효과를 높일 수 있다. CO_2 농도를 제어할 때 적정 CO_2 농도는 작물의 종류, 생육 단계, 광도 및 토양의 수분함량 등에 따라 결정된다.

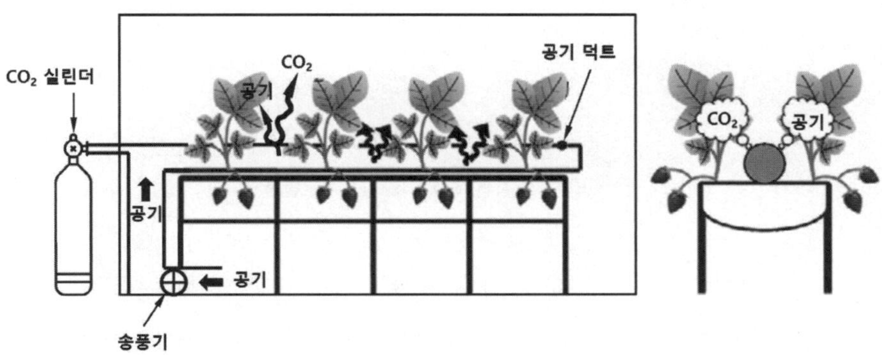

그림 8-30. 주입식 CO_2 농도 조절 장치(Miyoshi 등, 2017)

연소식은 온실 내에 설치된 CO_2 발생기에 연료가 공급되면 연소 과정에서 CO_2가 발생되는 방식이다. 주요 연료로는 천연가스, 프로판가스 또는 백등유가 사용된다. 한편, 연소 과정에서 일산화탄소(CO), 질소산화물(NOx) 또는 이산화황(SO_2) 등의 유해가스가 발생될 수 있으므로 이에 유의해야 한다.

8.3.7 배양액 제조 및 공급 시스템

수경재배가 이루어지는 온실에서는 기본적으로 작물 재배용 베드, 양액 제조 및 순환 시스템, 양액 관리 및 제어 장치가 필요하다.

수경재배는 배양액의 순환 여부에 따라 순환식과 비순환식으로 구분된다. 순환식은 탱크와 재배용 베드 사이에서 양액이 순환되는 방식이다(그림 8-31). 순환식에서는 재배용 베드, 원수탱크, 농축액 탱크, 양액혼합 탱크, 양액 농도 조절장치, 양액 공급 및 배액 장치, 여과 및 살균 장치 등이 구비되어야 한다.

재배용 베드는 작물이 재배되는 곳으로서 작물을 지지하고, 뿌리를 보호하며, 양분·물·산소를 공급하는 기능을 지니고 있다. 수경재배 방식에 따라 스티로폼, 경질 플라스틱, PE 필름 등이 재료로 사용된다. 베드의 구조와 크기는 수경재배 방식과 작물의 종류에 따라 다르다. 초장이 큰 과채류의 경우 베드를 낮게 설치하나, 엽채류 또는 딸기 재배에서는 작업성을 개선하고자 베드를 지면으로부터 70~90cm 떨어진 높이에 설치한다.

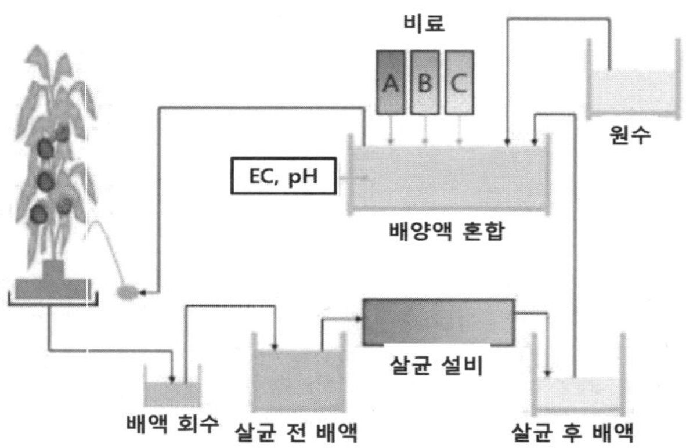

그림 8-31. 순환식 수경재배 시스템

원수탱크는 양액 조성에 필요한 원수를 보관하는 탱크이다. 원수로서는 하천수, 지하수, 빗물, 수돗물 등이 사용되고 있다. 원수의 조건은 전기전도도가 0.5 $dS \cdot m^{-1}$ 이하, pH는 6~8 정도, 무기이온 함량은 낮고, 철·망간 또는 중금속을 함유하지 않아야 한다.

농축액 탱크는 농도가 진한 양액을 보관하는 탱크이다. 양액을 조성할 때 질소, 칼슘, 칼륨 등의 다량원소와 붕소, 망간, 아연, 구리, 몰리브덴 등의 미량원소가 필요하다. 과채류 재배에 필요한 양액 1,000L를 조성할 경우 다량원소는 수십~수백 g이 요구되나, 미량원소의 경우 1g 이하의 아주 적은 양이 필요한 것도 있다. 그런데 소량을 정확하게 계량하기가 번거롭다. 이를 해결하고자 미리 농축액을 만들어 보관한 후 필요에 따라 농도를 조절하여 사용한다. 예를 들면, 필요한 비료 성분들을 100배씩 높인 농축액을 만들고 나서 농축액 1L와 물 99L를 혼합하여 희석하면 작물 재배에 적합한 농도의 배양액이 조성된다. 이러한 과정은 배양액 혼합 탱크에서 이루어진다.

배양액을 조성할 때 농축액 탱크를 2개(A, B)로 구분하고 비료를 녹인다. 그 이유는 용해된 이온이 고농도로 혼합될 경우 상호 결합에 의한 침전이 생기기 때문이다. 침전된 이온은 흡수가 불가능하므로 작물에서 이온 결핍증상이 나타난다. 칼슘 이온과 황산염(SO_4^{2-})이 들어있는 비료는 분리시키는 데 그 이유는 칼슘 이온과 황산염이 결합하여 흰색의 석고로 침전되기 때문이다. 또한 칼슘 이온과 인산염 이온($H_2PO_4^-$, HPO_4^{2-}, PO_4^{3-})이 결합하여 침전되므로 이들도 분리시켜야 한다. 이밖에 철 이온과 인산염 이온도 결합하여 침전되므로 분리시키는 것이 바람직하다.

그림 8-32. 배양액 탱크의 분리

배양액 농도 조절장치는 두 종류의 농축액 탱크로부터 유입된 농축액과 원수탱크로부터 유입된 물이 혼합될 때 배양액의 EC와 pH 조절에 쓰인다(그림 8-33). 이 경우 EC 센서, pH 센서 뿐만 아니라 배양액의 pH 조절을 위한 산과 알칼리 액이 준비되어야 한다.

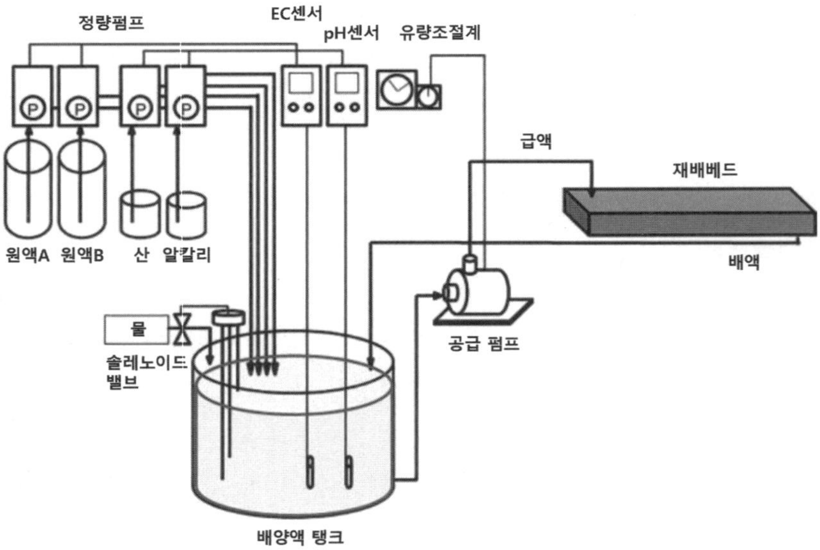

그림 8-33. 배양액 농도 조절 및 공급 시스템(Wada, 2019)

배양액의 적정 EC는 작물의 종류, 생육 단계 또는 환경 조건에 따라 다르다. 일반적으로 생육 초기에는 작물의 양·수분의 흡수량이 적고, 생육이 진전됨에 따라 많아진다. 그러므로 생육 초기의 저농도로부터 서서히 배양액의 농도를 높여간다. 특히 과채류에서 과실의 비대·수확기, 즉 생식생장기에 접어들면 양분 흡수량이 현저히 많아지므로 배양액 농도를 높게 관리한다. 작물로부터의 증산이 많이 이루어지는 고온기에는 적정 EC를 1.0~2.5 $dS \cdot m^{-1}$로 조절하고, 저온기의 경우 1.5~3.0 $dS \cdot m^{-1}$로서 고온기에 비해서 다소 높게 유지한다. 이것은 계절에 따른 수분 소비량의 차이 때문이다.

pH에 따른 양분의 유효도를 고려할 때 양분 흡수에 필요한 적정 pH는 5.5~6.5이다. 배양액의 pH가 5 이하로 낮으면 칼슘, 마그네슘 또는 칼륨 등의 흡수가 억제된다. 한편, 배양액의 pH가 7 이상일 경우 철 또는 망간의 유효도가 저하되어 식물이 이용할 수 없다. 배양액의 pH를 낮추려면 인산(H_3PO_5) 또는 질산(HNO_3)이 필요하다. 한편, pH를 높일 때 수산화칼륨(KOH), 수산화나트륨(NaOH) 또는 중탄산칼륨($KHCO_3$)이 사용된다.

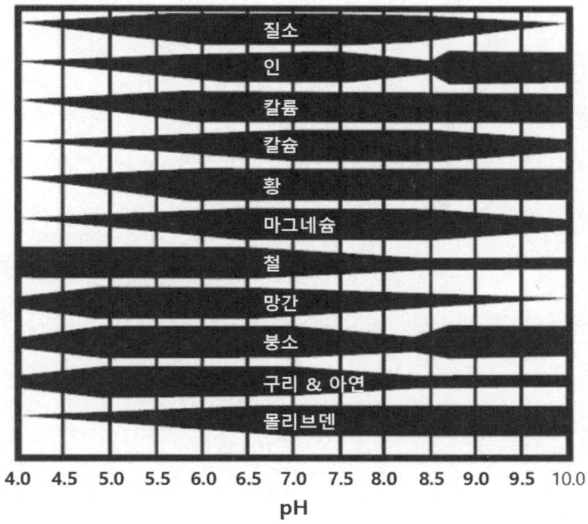

그림 8-34. pH에 따른 양분의 유효도

배양액 공급 및 배액 장치는 조성된 배양액을 재배용 베드로 공급하고, 사용된 배양액을 회수하는 장치이다. 이를 위해서 정량펌프, 파이프, 타이머, 전자밸브(solenoid valve) 등이 필요하다. 정량펌프는 원액, 산, 알칼리 액을 미리 설정된 양 또는 제어신호에 비례한 양으로 정확하게 공급하는 데 사용된다. 펌프의 종류는 수경재배 방식과 재배면적을 고려하여 결정한다. 파이프의 직경은 펌프로부터 멀어질수록 작게 하여 유량이 원활하도록 한다.

회수되는 배액 중에 뿌리의 잔류물이나 이물질 등이 섞여있을 수 있으므로 이들이 재순환되지 않도록 탱크와 펌프 사이에 여과기를 설치한다. 또한 배액에 병원균이 포함될 수 있으므로 이를 위해서 살균 장치가 필요하다. 특히 배액을 재활용할 경우 이에 유의해야 한다. 살균 방법으로서 열처리법, 자외선조사법, 오존처리법, 막여과법, 초음파처리법 등이 있다.

비순환식은 한번 사용한 배양액을 온실의 내·외부로 방류하는 방식으로서, 버림식 또는 관주식으로도 불린다. 비순환식은 양분의 관리가 용이하나, 비료와 물의 손실이 크다. 때문에 토양 또는 하천을 오염시킬 수 있다.

8.3.8 복합 환경 제어 시스템

온실 내로 투과되는 일사량이 늘어나면 온실 내 기온이 상승한다. 이 때 작물의 광합성에 적합하도록 온실 내 기온이 적정 수준을 유지해야 한다. 이를 위해서 환기창의 개도를 늘리거나, 차광 스크린을 사용한다. 작물로부터의 증산량이 과도하면 온실 내의 포차를 낮추거나, 환기창의 개도를 줄인다. 결과적으로 작물의 광합성, 증산 또는 생육은 온실 내 환경 요소의 영향을 크게 받는다.

온실 내·외부 환경 요소와 작물 생육과의 상호 연관성을 고려하여 작물 생육에 적합한 환경이 유지되도록 각종 조절 장치를 제어하는 작업을 복합 환경 제어라 한다. 일반적으로 상업용 연동 온실의 환경 조절에 복합 환경 제어 시스템이 적용되고 있다. 이러한 온실에는 광강도, 기온, 상대습도 등을 측정하는 여러 종류의 센서 뿐만 아니라 난방기, 환기창, 보온 또는 차광 스크린 개폐장치, 포그 시스템 등 각종 조절 장치가 사용된다.

한편 채소 재배용 온실의 대다수를 차지하고 있는 단동 플라스틱온실 내에서 환기, 보온, 난방 등의 환경 조절은 관리자의 필요에 따라 개별적으로 이루어지고 있다.

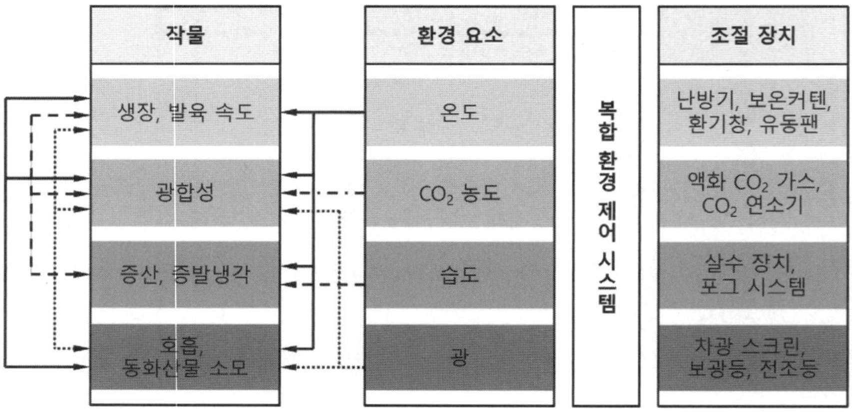

그림 8-35. 복합 환경 제어 시스템

연습문제

1. 광복사를 측정하는 데 사용되는 센서의 종류와 측정 원리에 대해서 설명하시오.

2. 온도를 측정하는 데 사용되는 센서의 종류와 측정 원리에 대해서 설명하시오.

3. 전자식 습도센서의 종류와 측정 원리에 대해서 설명하시오.

4. 열형 풍속계의 측정 원리를 설명하시오.

5. 텐시오미터의 구성과 측정 원리에 대해서 설명하시오.

6. 비분산적외선 방식의 CO_2 농도 측정 원리를 설명하시오.

7. 전기전도도의 측정 원리를 설명하시오.

8. 개루프 제어와 폐루프 제어를 비교 설명하시오.

9. 비례미적분 제어의 개념을 설명하시오.

10. 환기량, 환기회수 및 환기율에 대해서 설명하시오.

11. 자연환기와 강제환기를 비교 설명하시오.

12. 온풍난방과 온수난방을 비교 설명하시오.

13. 열펌프의 구성과 작동 원리에 대해서 설명하시오.

14. 열펌프의 성능계수를 설명하시오.

15. 증발냉각의 개념과 종류에 대해서 설명하시오.

16. CO_2 농도 제어 방법을 설명하시오.

17. 배양액 농도 조절 시스템의 구성을 설명하시오.

18. 복합 환경 제어의 개념을 설명하시오,

참고문헌

김용현. 1998. 인공광하의 풍동내에서 기류속도가 가지 플러그묘의 생장에 미치는 영향. 한국생물생산시설환경학회지 7:9-14.

김용현, 송대빈. 1999. 인공광하에서 CO_2 농도와 기류속도 제어가 플러그묘의 생육에 미치는 효과. 생물환경조절학회지 8:275-280.

김용현, 古在豊樹. 1996. 기류속도가 인공광하에서 공정육묘 개체군의 미기상에 미치는 영향. 한국생물생산시설환경학회지 5:160-166.

박종석, 뉴엔타이, 안태인, 손정익. 2009. TDR 센서를 이용한 암면 슬라브 수분 특성 분석 및 파프리카 재배의 적용 예. 생물환경조절학회지 18:238-243.

오성도, 김용현, 최동근. 2001. '거봉' 포도 2기작 재배시 근권 가온 및 CO_2 시용이 생장 및 과실 품질에 미치는 영향. 원예과학기술지 19:367-372.

오성도, 김용현, 최동근. 2002. 포도'거봉' 2기작 재배를 위한 하계 휴면타파에서 토양수분 조절과 휴면타파제 처리가 발아에 미치는 영향. 생물환경조절학회지 11:61-66.

이재한, 이중섭, 박경섭, 권준국, 김진현, 이동수, 여경환. 2018. 딸기재배 시 연소식 탄산가스 발생기 이용 효과 구명. 시설원예식물공장 27:111-116.

조용백, 고학균, 김문기, 김용현. 1989. 야간의 온실내 보온커텐의 보온효과 분석. 한국태양에너지학회지 9:22-29.

허승오, 하상건, 김정규. 2009. 사양토에서의 용적수분 함량 측정을 위한 TDR 및 FDR 센서의 검증. 한국토양비료학회지 42:110-116.

Chamoil, V., R. Prakash, and A. Vidyarthi. 2021. *Point measurement techniques and radar remote sensing technique using for soil moisture estimation: A literature review.* J. Graphic Era Univ. 9:157-182.

Kim, H.K., Y.S. Ryou, and Y.H. Kim, T.S. Lee, S.S. Oh, and Y.H. Kim. 2021. *Estimating the thermal properties of the cover and the floor in a plastic greenhouse.* Energies 14:1970.

Kim, H.K., S.Y. Lee, J.K. Kwon, and Y.H. Kim. 2022. *Evaluating the effect of cover materials on greenhouse microclimates and thermal performance.* Agron. 12:143.

Kim, Y.H. and Y.H. Choi. 2004. *Quality of potato transplants as affected by carbon dioxide enrichment and photosynthetic photon flux.* Acta Hortic. 659:261-265.

Miyoshi, Y., K. Hidaka, T. Okayasu, and D. Yasutake. 2017. *Effects of local CO_2 enrichment on strawberry cultivation during the winter season.* Environ. Control Biol. 55:165-170.

Wada, T. 2019. *Theory and technology to control the nutrient solution of hydroponics.* In *Plant Factory Using Artificial Light* pp.5-14. Elsevier Publishing Co., Amsterdam, Netherlands.

제9장
스마트팜

9.1 스마트팜 정의와 구성

스마트팜은 작물, 원예 등의 농업 생산 현장에 스마트 기술이 적용된 농장을 의미한다. 스마트 기술은 생산 현장을 편리하고 지능적으로 관리하는 데 필요한 기술로서 센서 네트워크, 사물인터넷, 빅데이터, 인공지능, 클라우드 등이 포함된다. 때문에 시설원예 스마트팜에서는 생산 현장에서 데이터를 실시간으로 수집하고, 수집된 데이터에 기초하여 환경 및 작물의 생육에 대한 원격 관리가 가능하다.

여기에서 데이터는 작물의 생장에 영향을 미치는 환경 요소, 작물의 생장량, 생리장해 또는 병충해 관련 정보 등이 포함된다. 생산 현장으로부터 필요한 데이터 수집 및 원격 관리를 위해서 환경 계측 및 제어 시스템, 센서 네트워크, 의사결정 지원 시스템 등의 관련 기술이 뒷받침되어야 한다. 따라서 시설원예 스마트팜의 도입은 환경 또는 작물의 생장 관리가 경험 중심에서 데이터 기반으로의 전환을 의미한다.

국내에서 스마트팜의 도입 배경으로 i) 농가인구의 감소와 시설농업(원예, 축산)의 보급 확대를 포함한 농업 여건의 변화, ii) 고품질 농산물의 수요 증대, iii) 농작업에서 편리성 추구, 생산성 증대 및 에너지 절감, iv) 관련 스마트 기술의 발전 등을 들 수 있다.

시설원예 스마트팜의 구성 요소로서 온실, 환경 계측 및 제어 시스템, 센서 네트워크, 의사결정 지원 시스템, 통신망 등을 들 수 있다.

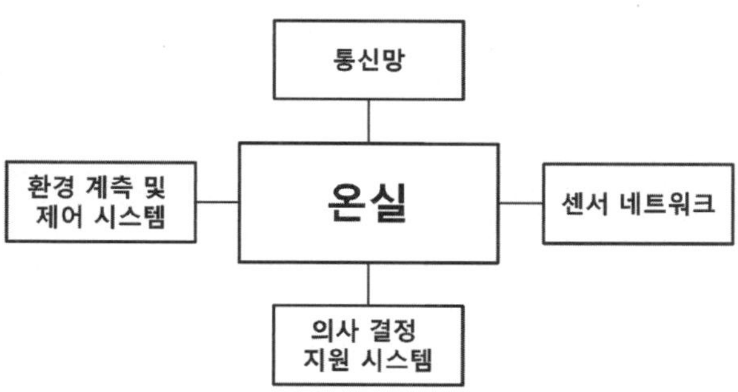

그림 9-1. 시설원예 스마트팜의 구성 요소

① 환경 계측과 제어 시스템

상업용 목적의 플라스틱 또는 유리온실은 기본적으로 온도, 광 등의 물리적 환경요소를 측정하는 환경 계측 시스템을 갖추고 있다. 때문에 온도, 광, 상대습도 또는 CO_2 농도 등을 측정하는 여러 종류의 센서 들이 사용된다. 더구나 수경재배 시설을 갖춘 온실에서는 배양액 조성 및 공급 시스템이 필요하다.

이러한 시스템을 이용하면 작물의 생육 단계 또는 온실 내의 환경 조건에 따라 배양액의 농도, 공급량 및 공급주기 등이 조절된다. 환경 제어시스템은 온실 내의 보온커텐 개폐, 환기창의 개폐 및 개도 조절, 난방기의 작동, 관수 제어 등에 쓰인다. 그러므로 환경 계측 및 제어 시스템은 온실의 기본 시설에 해당된다.

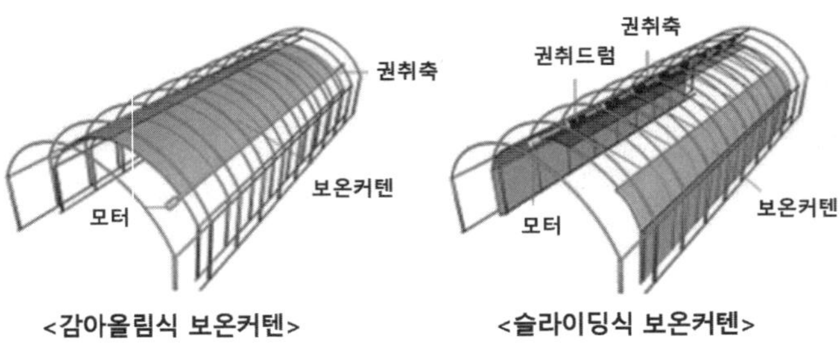

그림 9-2. 온실 내의 보온커텐 개폐 장치

② 센서 네트워크

네트워크로 연결된 일정 지역에서 센서 노드들이 설치되어 통신이 가능한 구조를 센서 네트워크(sensor network)라 한다. 센서는 측정 대상물의 상태나 주변 환경을 감지 또는 측정하고, 측정량을 전기적인 신호로 변환하는 요소를 일컫는다. 센서 네트워크는 센서 노드(sensor node), 싱크 노드(sink node), 게이트웨이(gateway) 등으로 구성된다.

센서부, 제어부, 무선 송수신부 및 전원부로 구성된 센서 노드는 수집된 데이터를 가까운 싱크 노드로 보낸다. 싱크 노드는 센서 네트워크 내의 센서 노드를 관리하면서, 센서 노드들이 감지한 데이터를 수집하여 게이트웨이를 통해서 외부 네트워크로 전송한다. 관리자에게 전달되는 데이터는 게이트웨이에서 위성 통신, 유무선 인터넷 등을 통해 전송이 가능하다. 센서 노드간의 무선 통신에는 주로 Zigbee가 사용된다. 싱크 노드는 특성에 따라 위성 통신, 무선 LAN, 블루투스(bluetooth), 유선 인터넷 등의 통신 방식이 적용된다.

여러 개의 센서 네트워크 영역이 게이트웨이를 통해 외부 네트워크에 연결된 구조는 무선 센서 네트워크(wireless sensor network, WSN) 또는 유비쿼터스 센서 네트워크(ubiquitous sensor network, USN)로도 불린다.

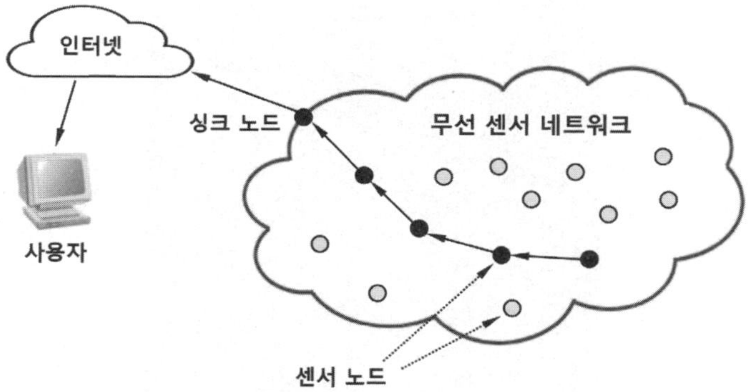

그림 9-3. 무선 센서 네트워크

③ 의사결정 지원 시스템

의사결정 지원 시스템(decision support system)은 사용자들이 의사결정을 쉽게 내릴 수 있도록 관련 자료를 분석해주는 역할을 하는 컴퓨터 응용 프로그램을 의미한다. 온실 내의 작물은 대부분 적정한 수준의 환경 조건에서 재배되나, 경우에 따라서는 적정 수준을 벗어난 환경에 노출될 수 있다. 이로 인하여 여러 가지 유형의 생리장해 또는 병해충에 의한 피해가 나타날 수 있다.

농가들은 작물의 잎 또는 열매에 나타난 증상을 살펴본 후 발생 원인을 진단한다. 즉 발생 원인이 생리장해로부터 비롯된 것인지 또는 병해충에 의한 피해인지 여부를 경험에 기초하여 결정하거나, 관련 연구기관에 샘플을 갖다 주고 분석을 의뢰하기도 한다.

스마트팜에서 의사결정 지원 시스템이 차지하는 비중은 매우 크다. 작물의 생리장해 및 각종 병해충의 조기 진단과 더불어 적절한 대응 방안을 제시해주기 때문이다. 그러므로 의사결정 지원 시스템이 제 기능을 다하려면 작물의 생리장해와 병해충 피해 유형 관련 정보가 데이터베이스 형태로 구축되어야 한다. 데이터베이스는 의사결정에 필요한 데이터를 저장 및 관리하고 이를 제공하는 것이다.

미국 펜실베니아 주립대학 연구팀은 국제농업연구협의그룹(Consultative Group for International Agricultural Research, CGIAR)과 협력하여 작물 재배 과정에서 발생되는 병해를 진단하고자 “PlantVillage Nuru”라는 인공지능 애플리케이션을 개발하였다. 이 애플리케이션은 농민과 관련 전문가들이 감염된 영상을 공유하면서 현장에서 발생된 농작물의 병해 진단 및 처방이 가능하도록 공개적으로 개발된 응용 프로그램이다. 구글의 텐서플로 기계 학습 도구와 전 세계 농작물 병해 전문가가 수집한 영상 데이터베이스를 사용하는 PlantVillage Nuru는 각종 병해 관련 영상 데이터를 지속적으로 추가할 수 있는 장점을 지니고 있다.

그림 9-4. 작물병해 진단용 인공지능 애플리케이션

④ 통신망

통신망(network)은 전자신호를 통해 통신하려는 모든 기기가 서로 통신 가능하도록 만든 하나의 시스템을 의미한다. 여기에는 광역 통신망(wide area network, WAN), 근거리 통신망(local area network, LAN), 개인 통신망(personal area network, PAN) 등이 있다.

이동통신 서비스가 가능한 통신망의 구축과 무선 전화기의 보급에 힘입어 작물 재배가 이루어지는 어느 곳에서든지 통신이 가능해졌다. 이동통신(mobile telecommunication)은 사용자가 단말기를 통해 음성이나 영상, 데이터 등을 장소에 구애받지 않고 통신할 수 있도록 이동성이 부여된 통신 체계를 말한다. 휴대전화의 보편적인 보급과 처리속도가 비약적으로 향상된 이동 통신망의 구축 등은 스마트팜의 확산에 기여할 것이다.

9.2 스마트팜 운영 사례

① 국내 사례

현재 보급되어 있는 시설원예 스마트팜은 주로 파프리카, 토마토, 참외, 딸기 등의 과채류 생산용 온실이다. 이러한 온실에서는 온도, 상대습도, 광, CO_2 농도, 수분함량 등을 측정하는 센서 노드와 계측 시스템에 의해서 온실 내의 환경 데이터가 수집된다. 또한 측정된 데이터에 기반을 두고 환경을 관리하거나, 관리 작업의 자동화를 시도하고 있다. 때문에 관리 노력이 크게 절감되고 있다.

예를 들면, 경북 성주군의 재배 농가들은 단동 플라스틱온실에서 참외를 생산하고 있다(그림 9-5). 이 지역에서 참외 묘의 정식은 주로 12월의 저온기에 이루어지기 때문에 재배 농가들은 2~3중의 보온커텐을 온실 내에 설치하고 보온 관리에 힘쓰고 있다. 즉 일출 후 온실 내로 일사가 투과되는 시점부터 보온커텐을 열어주고, 일몰 전에 보온커텐을 닫는 작업을 매일 반복적으로 실시하고 있다. 이를 위해서 보온커텐의 개폐 담당자가 온실 현장에 있어야 하며, 이 작업에 적지 않은 관리 노력이 요구된다.

최근에 모바일과 센서 노드 기술을 이용하여 원격으로 보온커텐의 개폐가 가능한 시스템이 보급되었기에 개폐 작업에 소요되는 노력이 크게 줄어들고 있다. 이러한 시스템에는 환경 측정용 센서 노드와 중계기가 설치되어 있으므로 재배 현장에서는 물론 원격으로도 온실 내의 환경 요소를 수집하고 있다. 이밖에 스마트팜을 도입한 일부 시설원예 농가에서 수량의 증가가 보고되고 있다.

그림 9-5. 모바일을 이용한 참외 재배용 플라스틱 온실에서의 보온커텐 개폐

② 국외 사례

네덜란드는 전체 온실의 99%가 유리온실로 되어 있으며 복합 환경 제어가 가능한 시스템을 갖추고 있다. 이 가운데 프리바(Priva), 홀티맥스(Hortimax) 등의 회사는 스마트팜 개발부터 상용화에 이르기까지 각종 센서와 제어 프로그램을 개발하고 있다. 이러한 복합 환경제어 시스템을 갖춘 유리온실이 국내에 수입되어 파프리카, 토마토, 장미 재배 등에 쓰이고 있다.

그림 9-6. 파프리카 재배온실의 복합환경제어 시스템

일본에서도 시설원예의 스마트팜 관련 복합 환경제어와 클라우드 시스템 개발에 힘쓰고 있다. 후지쯔(Fujitsu)는 스마트팜 관리 시스템인 아키사이(Akisai)를 개발하여 클라우드 기반의 재배 관리 기술을 현장에 보급하고 있다.

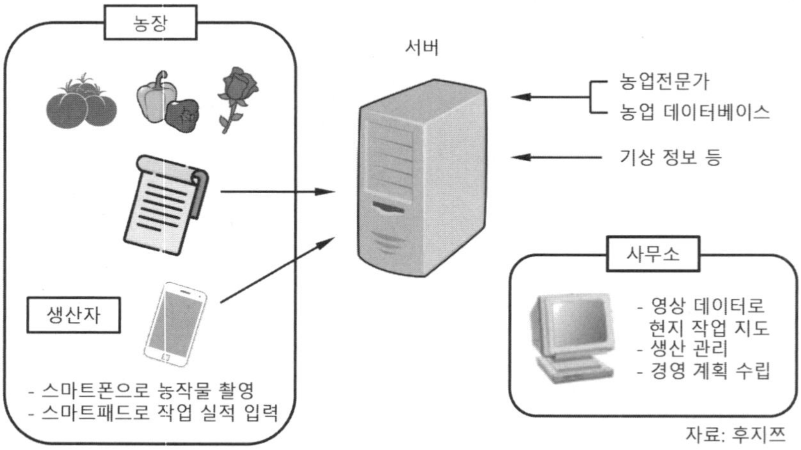

그림 9-7. 후지쯔 농업 클라우드 서비스

9.3 스마트팜 혁신밸리

농림축산식품부는 2021~2022년에 걸쳐 전국 4개소(전북 김제시, 경북 상주시, 경남 밀양시, 전남 고흥군)에 스마트팜 혁신밸리를 조성하였다. 스마트팜 혁신밸리의 시설 규모는

실증 온실 2~6ha, 실습 농장 2.3~8ha, 임대형 스마트팜 1.6~9.7ha이다.

스마트팜 혁신밸리는 농업 기술, 정보통신 기술 및 디지털 기술 등을 결합한 스마트팜 관련 기술 또는 장치의 실증, 실습 농장의 운영 등을 목표로 건설되었다. 이러한 목표를 달성하고자 스마트팜 혁신밸리의 조성 초기 단계에서는 데이터에 기반을 둔 스마트농업 기술의 개발이 강조되었다. 그런데 건설이 진행되는 과정에서 청년농업인 육성을 위한 보육과 스마트팜 농장의 임대가 혁신밸리의 주요 사업으로 등장하였다. 이와 같이 변경된 주요 원인으로서 스마트농업 기술 개발에 필요한 데이터의 축적이 미흡했기 때문이다.

그림 9-8. 스마트팜 혁밸리신(전북 김제시)

그림 9-9. 스마트팜 혁신밸리 주요 시설

(A) 중앙관제실, (B) 수경재배 시스템 실증 온실, (C) 실습 농장(파프리카), (D) 실습 농장(딸기)

한편 각 스마트팜 혁신밸리 내에 거점별 빅데이터 센터가 설치되었다. 빅데이터 센터는 빅데이터 플랫폼을 구축하는 데 필요한 체계적인 데이터 수집 및 활용 방안의 마련에 기여할 것으로 기대된다.

9.4 향후 기술개발 과제

시설원예 스마트팜의 향후 기술개발 과제는 다음과 같다.

① 스마트팜 구현을 위한 데이터의 축적과 활용 시스템의 구축

국내에 보급된 시설원예 스마트팜의 대부분은 연동 플라스틱온실 또는 유리온실이다. 이러한 온실에서는 환경 제어 및 양액 공급 시스템을 갖추고 있다. 또한 일부 단동형 플라스틱 온실에서는 모바일을 이용하여 보온커텐 또는 환기창이 개폐되거나, 재배 현장에 대한 원격감시가 이루어지고 있다. 결과적으로 국내의 시설원예 스마트팜은 관리 노력의 절감이나 편리성의 추구를 목표로 보급되기 시작하였다.

온실 내의 환경 제어 또는 관리 작업의 자동화에 머물러 있는 국내 시설원예에서 스마트팜이 제대로 구현되려면 환경 요소의 변화에 따른 각종 제어 기기의 최적 작동은 물론 데이터에 기반한 의사결정 지원 시스템이 뒷받침되어야 한다. 여기에서 의사결정 지원 시스템은 작물의 생장 특성, 생리장해 또는 병충해의 진단과 처방을 포함한다. 이를 위해서 작물의 생장 정보는 물론 각종 생리장해 또는 병충해 관련 정보를 포함한 데이터베이스가 마련되어야 한다. 데이터베이스에는 정형 데이터와 텍스트, 영상, 음성 등의 비정형 데이터가 포함된다.

예를 들면, 파프리카 또는 토마토와 같은 과채류의 수경재배에서 양분과 수분을 적정한 수준으로 공급해야 영양생장과 생식생장이 제대로 이루어진다. 과채류의 양분과 수분 공급을 제대로 관리하려면 이것들의 증산 관련 데이터가 필요하다. 한편 작물의 증산속도는 일사량, 기온, 상대습도, 풍속 등과 같은 물리적 환경 요소의 영향을 크게 받는다. 결과적으로 온실 내의 물리적 환경, 작물의 증산속도 관련 데이터가 축적되어야 과채류의 영양생장과 생식생장이 균형 있게 관리되는 스마트팜이 구현될 것이다.

최근에 초분광 영상 또는 엽록소 형광 영상 등의 특수한 영상을 이용하여 작물의 환경 스트레스 또는 병해충을 조기에 진단하려는 시도가 이루어지고 있다. 이러한 시도에는 기계학습 또는 딥러닝 등의 인공지능을 이용한 병충해의 분류와 진단 기술이 포함된다. 비정형의 빅데이터가 포함된 의사결정 지원 시스템을 구축하려면 빅데이터 분석, 처리 및 표현

기법의 개발이 필요하다. 재배 환경 또는 작물의 생장 관련 빅데이터를 활용하면 작물의 수량 예측이 가능할 것이다.

작물의 생장 또는 병해충 관련 데이터를 수집할 때 신뢰할만한 데이터의 수집이 중요하다. 신뢰성이 떨어진 데이터로는 재배 상황 또는 병충해 피해를 제대로 진단할 수 없을 뿐만 아니라 처방의 정확성마저 떨어진다.

신뢰할만한 데이터의 축적과 함께 생산자들이 의사결정 지원 시스템을 손쉽게 활용할 수 있는 클라우드 시스템이 구축되어야 한다. 클라우드는 인터넷과 연결된 원격 서버를 의미한다. 클라우드 서버는 생장 데이터의 저장 및 관리, 생리 장해 또는 병해충 진단 등의 응용 프로그램 실행 서비스를 제공한다.

그림 9-10. 스마트팜 클라우드 서비스

② 센서와 장치의 신뢰성 제고

스마트팜 온실에서는 환경 요소의 측정과 제어를 위해서 여러 종류의 센서류, 조절계 및 장치 등이 사용된다. 이러한 센서류, 조절계 및 장치 등이 태양광에 장기간 노출되면 성능이 저하되거나, 수명이 단축될 수 있다. 더구나 높은 습도 조건으로 인한 전기 및 전자회로의 부식은 환경제어 장치의 성능 저하와 오작동을 일으킬 수 있다. 그러므로 스마트팜 온실 내에서 사용되는 각종 센서류, 조절계 및 장치 등이 신뢰성을 유지하도록 이를 제도적으로 관리하는 방안이 마련되어야 한다. 이러한 방안에는 센서류 및 조절계의 성능 평가와 함께 주기적인 검정이 포함된다.

③ 장치와 통신 프로토콜의 표준화

스마트팜 온실에서 다양한 형태의 센서와 조절계가 필요하나, 시공업체에 따라 호환성이 떨어지는 센서와 조절계가 설치될 수 있다. 즉 연결 규격이 다르거나 호환성이 없는 통신 프로토콜이 사용되기도 한다.

표준화되지 않은 장치, 통신 프로토콜 또는 인터페이스를 사용할 경우 센서와 데이터 수집 장치 간의 상호 연동이 불가능하다. 센서류 및 정보통신(ICT) 기기들의 호환이 가능하려면 표준화가 필요하다. 표준화를 시도할 때는 단체 및 국가 표준화를 넘어서서 국제 표준화도 염두에 두어야 한다.

④ 스마트팜 관련 산업의 육성

시설원예 스마트팜은 종자에서부터 육묘, 수경재배 시스템, 온실 자재 및 시공, 환경 계측 및 제어 시스템, 통신망 등에 이르기까지 다양한 기술이 포함된다. 때문에 스마트팜 관련 산업을 균형 있게 발전시키려면 관련 기술의 개발, 보급 및 관련 산업의 육성 방안이 마련되어야 한다. 관련 산업의 육성 방안에는 개발된 제품 또는 관련 기술을 검증할 테스트베드(test bed)의 설치 및 운영이 포함되어야 한다.

스마트팜 혁신밸리 내에 스마트농업 관련 기술 또는 장치를 실증할 수 있는 시설이 조성되어 있으므로 이들을 체계적으로 운영할 수 있어야 한다. 이러한 실증을 통해서 제품의 신뢰도와 내구성을 향상시키며, 관련 스타트업(start-up)의 창업을 적극적으로 유도할 수 있다.

⑤ 스마트팜 관련 인력의 육성

국내 농업에 종사하는 인력의 감소와 고령화가 빠르게 진행되고 있다. 이러한 변화를 감안하여 후계 인력을 확보하지 않으면 고품질 원예산물의 수요에 제대로 대응할 수 없다. 스마트팜에서는 다양한 종류의 센서류와 장치를 포함한 ICT 관련 기기가 사용된다. 그러므로 스마트팜의 활성화를 위해서 관련 기술 개발을 담당할 전문 인력뿐만 아니라 스마트팜의 운영을 담당할 인력을 육성해야 한다. 특히, 스마트팜을 도입하려는 농가들은 사전에 이러한 센서류와 장치를 포함한 ICT 관련 기기의 기능, 특성 및 조작방법에 대한 이해가 필요하다.

연습문제

1. 스마트팜의 구성 요소를 설명하시오.

2. 센서 네트워크를 설명하시오.

3. 의사결정 지원 시스템을 설명하시오.

4. 스마트팜 혁신밸리의 주요 기능을 설명하시오.

5. 시설원예 스마트팜의 향후 기술개발 과제를 설명하시오.

참고문헌

김용현. 2018. 4차 산업혁명과 스마트팜. 스마트팜 토론회. 2018. 4. 23. 군산대학교.

윤용철, 김대현, 김용현, 김준용, 김현태, 박두산, 박주영, 손정익, 이현우, 전상곤. 2021. 시설원예 스마트팜 개론. 구미서관.

농림축산식품부. 2016. 유형별 스마트팜 선도 사례.

백정현, 허정욱, 김현환, 홍영신, 이재수. 2017. 클라우드 기반 한국형 스마트 온실 연구 플랫폼 설계 방안. 시설원예·식물공장 1:27-33.

연합뉴스. 2017. https://www.yna.co.kr/view/PYH20170124216600053

유비엔. http://www.ubncorp.kr/kor/sub0301.php

Cañadas, J., J.A. Sánchez-Molina, F. Rodríguez, and I.M. del Aguila. 2017. *Improving automatic climate control with decision support techniques to minimize disease effects in greenhouse tomatoes.* Inf. Process. Agric. 4:50-63.

http://glassalmanac.com/intelliscout-farming-app-google-glass/5895/

https://www.plantvillage.com/

http://www.fujitsu.com/global/about/resources/news/press-releases/2012/0718-01.html

O'Grady, M.J., M.P. and G.M.P. O'Hare. 2017. *Modelling the smart farm.* Inf. Process. Agric. 4:179-187.

제10장
식물공장

Horticultural Engineering

10.1 식물공장 정의와 구성

식물공장은 환경조절을 통해서 작물의 주년 생산(year-round production)과 계획 생산이 가능하며, 작물의 수량과 품질을 조절할 수 있는 공장형 생산 시스템으로 정의된다. 여기에서 환경조절은 작물의 정상적인 생육이 가능하도록 지상부와 지하부 환경의 균형을 맞추어주는 작업이다. 광, 기온, CO_2 농도, 풍속, 습도는 지상부 환경 요소에 해당하고, 지하부 환경 요소는 양분(pH, 전기전도도, 용존산소), 수분, 온도를 포함한다.

지상부 뿐만 아니라 지하부 환경의 조절을 위해서 수경재배가 필요하다. 또한 주년 생산과 계획 생산을 이루려면 조명과 환경제어가 요구된다. 그러므로 식물공장은 수경재배, 조명 및 환경제어 시스템으로 구성된다.

식물공장은 광원의 종류에 따라 태양광 병용형과 인공광 이용형으로 구분된다(그림 10-1). 태양광 병용형 식물공장은 온실에 보광용 조명 시설을 추가한 형태이다. 즉 일조가 부족한 경우를 대비하여 고압나트륨 램프 또는 메탈할라이드 램프가 온실 내에 보광용 광원으로 설치되어 있다.

그림 10-1. 식물공장의 형태 (A) 태양광 병용형, (B) 인공광 이용형

인공광 이용형 식물공장은 태양광을 전혀 사용하지 않고 오직 인공광원을 이용하여 작물을 생산하는 형태이다. 인공광원을 사용하여 작물의 광합성에 필요한 빛을 조사하고 기온, CO_2 농도, 상대습도 등의 환경요소를 적정 수준으로 조절하여 작물을 생산하므로 완전제어형 식물공장으로도 불린다.

과거에는 고압나트륨 램프, 메탈할라이드 램프 또는 형광등과 같은 방전램프가 인공광원으로 사용되었다. 인공광 이용형의 경우 운영비 가운데 전기료가 차지하는 비중이 크다. 최근에는 전력소모가 적고, 발열이 적으며, 수명이 긴 LED의 등장으로 LED가 식물공장의 인공광원으로 사용되고 있다.

인공광 이용형의 가장 큰 장점은 재배공간의 효율적인 활용이다. 태양광 병용형의 경우 작물재배용 베드가 동일한 높이로 배치되는 것과 다르게 인공광 이용형에서는 다단식 선반 형태의 재배 베드가 사용된다(그림 10-2). 베드의 각 단 상부에 인공광원을 설치하고 작물을 재배할 수 있기 때문에 생산성이 크게 증가한다. 이러한 생산 방식으로 인해서 인공광 이용형 식물공장은 수직농장(vertical farm)으로도 불린다.

그림 10-2. 다단식 선반 형태의 재배 베드

인공광 이용형의 벽체에 단열성이 우수한 자재를 사용하면 벽면을 통한 열손실이 적기 때문에 에너지 이용 효율이 우수하다. 이밖에 물이용효율도 우수하다.

한편 인공광 이용형에 사용되는 선반 각 단의 높이는 40~50cm 정도로서 초장이 큰 작물을 재배하기가 어렵다. 때문에 로메인, 상추, 치커리 등의 엽채류와 허브류가 주로 생산된다. 식물공장 내에 설치된 다단식 선반은 공기의 흐름에 대한 저항체로 작용하므로 기류의 순환이 원활하지 않다. 이로 인하여 식물공장 내의 수직 방향으로 기온, 상대습도 및 CO_2 농도의 불균일한 분포가 나타날 수 있다.

식물공장의 개발 배경으로 1) 수경재배, 조명, 센서 및 제어기, 품질 관리를 포함한 시설원예 관련 기술의 발달, 2) 안전성이 우수한 원예작물의 수요, 3) 환경변화에 대응한 작물생산 시스템의 개발 등을 들 수 있다.

10.2 광이용효율

식물공장의 경제성을 확보하려면 건설비와 운영비가 절감되어야 한다. 운영비 중에서 커다란 비중을 차지하는 것은 조명에 필요한 전력소모량이다. 때문에 전력소모량을 줄이면서, 작물의 광이용효율을 제고할 수 있는 방안이 필요하다.

광이용효율(light utilization efficiency)은 다음과 같이 정의된다.

$$\eta_E = \frac{\Delta C}{\sum E} \times 100 \tag{10.1}$$

$$\eta_{PAR} = \frac{\Delta C}{\sum PAR} \times 100 \tag{10.2}$$

여기서, η_E: 전기에너지 이용효율, η_{PAR}: 광합성유효복사 이용효율, ΔC: 화학에너지로 변환된 건물중의 증가(kJ·m^{-2}), $\sum E$: 적산 전력소모량(kJ·m^{-2}), $\sum PAR$: 적산 광합성유효복사(kJ·m^{-2})이다.

적치마 상추(*Lactuca sativa* L., cv. 'Jeokchima')의 재배에 필요한 인공광원으로서 적색LED, 청색LED 및 냉백색 형광등을 사용하였고 식물공장 내의 기온, 상대습도 및 광합성유효광양자속이 각각 20℃, 70%, 200μmol·m^{-2}·s^{-1}로 조절된 가운데 3수준(12/12, 16/8, 20/4 h)의 광주기에 따른 광이용효율은 표 10-1과 같다.

표 10-1. 인공광원의 종류 및 광주기에 따른 적치마 상추의 광이용효율

인공광원	광주기(h)	전기에너지 이용효율(%)	광합성유효광양자속 이용효율(%)
적색 LED	12/12	1.3	6.3
	16/8	2.0	9.8
	20/4	2.1	10.0
청색 LED	12/12	0.8	3.8
	16/8	0.9	4.2
	20/4	1.5	7.5
냉백색 형광등	12/12	0.3	2.8
	16/8	0.4	4.2
	20/4	0.4	4.6

광주기에 따른 전기에너지 이용효율은 적색LED 1.3~2.1%, 청색LED 0.8~1.5%으로서 냉백색 형광등에 비해서 각각 5.0~5.3배, 2.2~3.7배로 나타났다. 또한 광합성유효광양자속 이용효율은 적색LED 6.3~10.0%, 청색LED 3.8~7.5%로서 냉백색 형광등에 비해서 각각 2.1~2.3배, 1.0~1.6배로 나타났다. 작물의 연 평균 광합성유효광양자속 이용효율은

1.7%로 추정된다(Gates, 1980).

광이용효율, 즉 인공광하에서 생장되는 작물의 광합성 작용으로 인해서 탄수화물의 형태로 축적되는 화학에너지의 비율은 다음 식으로 표시할 수 있다.

$$\eta = \frac{C}{E} = \frac{P}{E}\frac{I}{P}\frac{A}{I}\frac{C}{A} \cdot e \qquad (10.3)$$

여기서, C: 탄수화물의 형태로 축적된 화학에너지, E: 인공광원의 전력소모량, P: 인공광원으로부터 조사된 광합성유효복사, I: 작물에 도달한 광합성유효복사, A: 작물의 잎에서 흡수된 광합성유효복사, C: 작물에 축적된 탄수화물의 화학에너지, e: 작물의 재배주수이다.

광이용효율은 식물공장 또는 온실에 설치된 조명 시스템의 성능을 평가하는 데 적합하다. 광이용효율을 제고하려면 인공광원의 광합성유효복사 또는 작물의 잎에서 흡수된 광합성유효복사를 높여야 한다. 인공광원의 광합성유효복사는 광원 자체의 고유 특성에 해당하므로 바꾸기가 쉽지 않다. 따라서 광이용효율을 높이려면 작물의 잎에 도달되어 흡수되는 광합성유효복사를 높여야 한다. 이를 위해서 광 확산판의 사용, 식물공장의 내벽 또는 재배용 선반에 반사율이 높은 재질의 사용, 작물의 잎이 더 많은 빛을 흡수할 수 있는 조명 시스템의 개선 등이 필요하다. 인공광을 이용할 때 광주기가 커질수록 광이용효율이 높게 나타난 바, 식물공장에서 광이용효율의 향상을 위한 명기의 연장을 검토한다.

10.3 식물공장 내의 열과 수분 평형

10.3.1 열평형

조명기구에 의해서 소비된 전력소모량은 다음과 같이 표시된다.

$$W_L = S + L + Q_{SL} \qquad (10.4)$$

여기서, W_L: 조명기구의 점등에 필요한 평균 전력소모량($MJ \cdot m^{-2}$), S: 조명기구로부터 식물체에 조사된 단파복사 에너지($MJ \cdot m^{-2}$), L: 조명기구로부터 식물체에 조사된 장파복사 에너지($MJ \cdot m^{-2}$), Q_{SL}: 조명기구와 주위 공기 사이의 현열 변화($MJ \cdot m^{-2}$)이다.

이때 조명기구에 의해서 조사된 에너지의 일부가 육묘베드에서 현열로 변환되나, 조명기구와 주변 공기 사이의 현열 변화에 포함된 것으로 가정하였다(김, 2003).

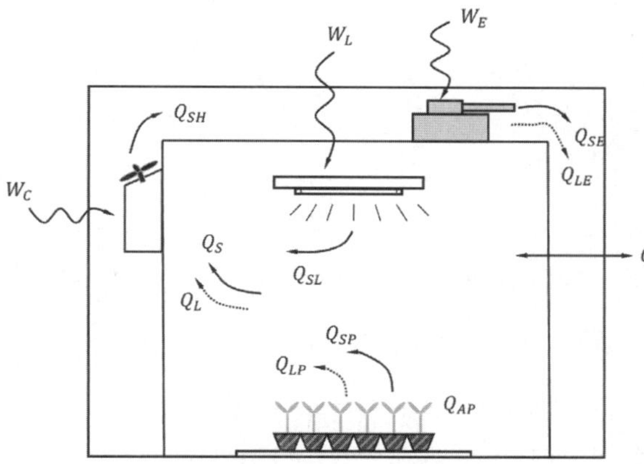

그림 10-3. 식물공장 내의 열 흐름

광원에 의한 반사 효과를 무시할 때 식물체에 조사된 복사 에너지는 식물체와 주변 공기 사이의 현열, 잠열 및 광합성에 의해 고정된 식물체의 화학에너지의 합과 같다.

$$S + L = Q_{SP} + Q_{LP} + Q_{AP} \tag{10.5}$$

여기서, Q_{SP}: 식물체와 주위 공기 사이의 현열 변화, Q_{LP}: 식물체와 주위 공기 사이의 잠열 변화, Q_{AP}: 광합성에 의해 고정된 식물체의 화학에너지이다.

송풍기와 가습기 등 실내 설비에 의한 평균 전력소모량이 주위 공기와의 현열 변화와 동일하며, 가습기에 의해 시스템 내에서 발생한 현열의 일부가 잠열로 바뀌는 것으로 가정할 때 1일에 발생된 평균 전체 현열은 다음과 같이 표시된다.

$$Q_S = Q_{SL} + Q_{SP} + Q_{SV} + Q_{SE} - \boldsymbol{Q_{LE}} + Q_{SH} \tag{10.6}$$

여기서, Q_S: 1일에 발생된 평균 전체 현열, Q_{SL}: 조명기구와 주위 공기와의 현열, Q_{SP}: 식물체와 주위 공기 사이의 현열, Q_{SV}: 환기에 의한 시스템 내부와 외부 사이의 현열, Q_{SE}: 실내 설비와 주위 공기와의 현열, $\boldsymbol{Q_{LE}}$: 가습기로부터 발생된 열량의 잠열 변화, Q_{SH}: 가열기로부터 공급된 열량이다.

한편, 1일에 발생하는 평균 전체 잠열은 다음 식으로 표시된다.

$$Q_L = Q_{LP} + Q_{LV} + \boldsymbol{Q_{LE}} \tag{10.7}$$

여기서, Q_L: 1일에 발생된 평균 전체 잠열, Q_{LP}: 식물체와 주위 공기와의 잠열, Q_{LV}: 환기에 의한 시스템 내부와 외부 사이의 잠열, $\boldsymbol{Q_{LE}}$: 가습기로부터 발생된 열량의 잠열 변화이다.

공조 시스템의 평균 성능계수는 다음과 같이 정의된다.

$$COP = \frac{|Q_S + Q_L|}{W_C} \tag{10.8}$$

여기서, COP: 공조 시스템의 평균 성능계수, W_C: 공조 시스템의 전력소모량, Q_S: 1일에 발생된 평균 전체 현열, Q_L: 1일에 발생된 평균 전체 잠열이다.

감자 플러그묘 생산용 식물공장 내의 기온과 광합성유효광양자속이 각각 20℃, 200μmol·m^{-2}·s^{-1}로 조절된 가운데 3수준(60, 70, 80%)의 상대습도와 3수준(8/16, 12/12, 16/8 h)의 광주기 처리에 따른 전체 현열, 잠열 및 공조 시스템의 성능계수는 다음과 같다.

상대습도의 변화에 따른 전체 현열 변화는 44.0~55.1MJ·m^{-2}로서, 상대습도가 낮을수록 높게 나타났다(표 10-2). 반대로 전체 잠열 변화는 21.4~31.4MJ·m^{-2}로서, 상대습도가 낮을수록 작게 나타났다. 공조 시스템의 성능계수는 1.24~1.29로서, 상대습도의 영향을 받지 않았다. 전체 현열 및 잠열 변화는 명기가 길수록 높게 나타났다(표 10-3). 공조 시스템의 성능계수는 0.88~1.29로서, 명기가 길수록 높게 나타났다.

표 10-2. 식물공장 내의 상대습도에 따라 발생된 전체 현열, 잠열 및 성능계수

상대습도(%)	현열(MJ·m^{-2})	잠열(MJ·m^{-2})	성능계수
60	55.1	21.4	1.25
70	50.5	27.0	1.29
80	44.0	31.4	1.24

표 10-3. 식물공장 내의 광주기에 따라 발생된 전체 현열, 잠열 및 성능계수

광주기(h)	현열(MJ·m^{-2})	잠열(MJ·m^{-2})	성능계수
8/16	47.4	16.2	0.88
12/12	47.4	23.7	1.06
16/8	50.5	27.0	1.29

식물공장에 설치된 기기들의 전력소모는 인공광원이 47.0%로서 가장 높게 나타났다(그림 10-4). 다음으로 컴프레서(36.4%), 가열기(15,4%) 및 기타(1.3%)의 순서로 나타났다. 인공광원의 조명이 차지하는 비중이 높기 때문에 전력소모가 적은 인공광원의 사용은 물론 광원으로부터 조사된 광을 작물이 최대한 이용할 수 있는 조명 시스템의 개발이 필요하다.

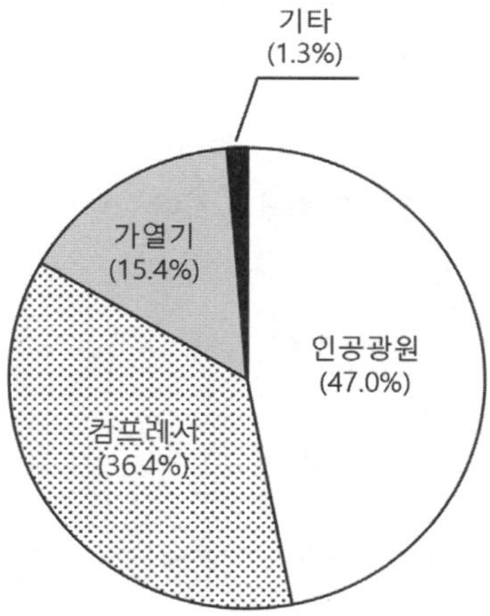

그림 10-4. 식물공장에 설치된 기기들의 전력소모 비율

10.3.2 수분 평형

공기 중의 수분 변화량을 무시하면 식물 공장 내의 수분 수지는 다음과 같다.

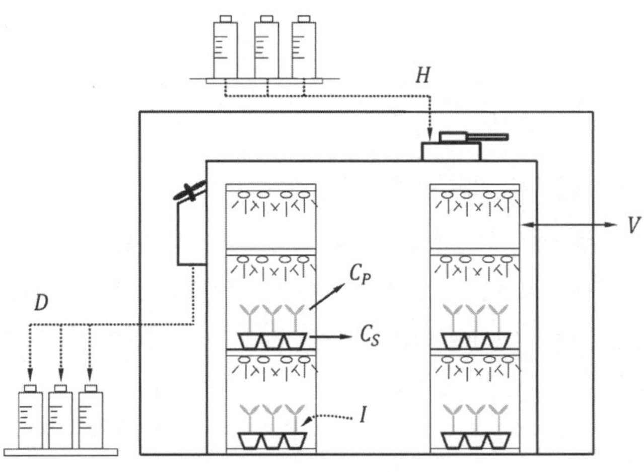

그림 10-5. 식물공장 내의 수분 흐름

$$T + H + V = D + B \tag{10.9}$$

여기서, T: 작물 개체군의 단위면적당 증발산량(kg·m^{-2}), H: 시스템 내부로 공급된 가습량(kg·m^{-2}), V: 환기에 의한 수분 유입 또는 유출량(kg·m^{-2}), D: 냉방기에 의한 제습량(kg·m^{-2}), B: 벽면에 흡착되어 방출된 수증기량(kg·m^{-2})이다.

작물에 대한 관수량은 작물의 증발산량, 식물체 및 배지의 수분함량에 의해서 결정된다.

$$I = T + C_P + C_S \tag{10.10}$$

여기서, I: 관수량(kg·m^{-2}), C_P: 식물체의 수분함량(kg·m^{-2}), C_S: 배지의 수분함량(kg·m^{-2})이다.

식(10.8)과 식(10.9)에 의해 다음과 같은 관계가 성립한다.

$$I + H + V = D + B + C_P + C_S \tag{10.11}$$

일반적으로 식물공장의 벽면에 흡착되어 방출된 수증기량은 작기 때문에 무시된다. 그러므로 제습된 물을 관수용 또는 가습용으로 재이용할 때 작물에 흡수된 물 사용량(U_{WR}, kg.m^{-2})은 다음 식으로 표시된다.

$$U_{WR} = I + H - D \tag{10.12}$$

식물공장의 물이용효율은 작물에 공급된 관수량, 가습량, 제습량, 작물과 배지의 수분함량에 의해서 결정된다.

$$E_{WR} = \frac{(D + C_P + C_S)}{I + H} \times 100 \tag{10.13}$$

여기서, E_{WR}은 식물공장의 물이용효율이다.

감자 플러그묘 생산용 식물공장 내의 기온과 광합성유효광양자속이 각각 20℃, 200±49μmol·m^{-2}·s^{-1}로 조절된 가운데 3수준(60, 70, 80%)의 상대습도와 3수준(8/16, 12/12, 16/8 h)의 광주기 처리에 따른 가습량, 제습량, 증발산량, 관수량, 작물 수분함량, 배지 수분함량 및 물이용효율은 표 10-4 및 표 10-5와 같다.

표 10-4. 식물공장 내의 상대습도에 따른 가습량, 제습량, 증발산량, 관수량, 작물 수분함량, 배지 수분함량 및 물이용효율

상대습도 (%)	가습량 (kg·m^{-2})	제습량 (kg·m^{-2})	증발산량 (kg·m^{-2})	관수량 (kg·m^{-2})	작물 수분함량 (kg·m^{-2})	배지 수분함량 (kg·m^{-2})	물이용효율 (%)
60	121.9	157.0	31.7	39.7	0.76	6.71	4.6
70	167.9	196.9	33.5	44.3	1.24	6.94	3.9
80	203.8	247.1	37.2	49.3	1.52	7.83	3.7

표 10-5. 식물공장 내의 광주기에 따른 가습량, 제습량, 증발산량, 관수량, 작물 수분함량, 배지 수분함량 및 물이용효율

광주기 (h)	가습량 (kg·m^{-2})	제습량 (kg·m^{-2})	증발산량 (kg·m^{-2})	관수량 (kg·m^{-2})	작물 수분함량 (kg·m^{-2})	배지 수분함량 (kg·m^{-2})	물이용효율 (%)
8/16	56.7	96.6	29.1	40.4	1.20	7.34	8.8
12/12	117.3	160.1	34.8	48.3	1.26	7.00	4.9
16/8	167.9	196.9	33.5	44.3	1.24	6.94	3.9

식물공장 내의 가습에 많은 양의 물이 사용되었다. 한편, 냉방기의 작동으로 인한 제습량이 가습량보다 높게 나타났다. 이러한 결과는 식물공장 내의 상대습도를 유지하고자 많은 양의 물이 필요하나, 냉방 시스템의 작동 원리로 인해서 제습량도 많음을 의미하는 것이다. 그러므로 제습된 물을 관수 또는 가습에 재이용한다면 식물공장의 물이용효율이 향상될 것이다.

상대습도에 따른 식물공장의 물이용효율은 3.7~4.6%, 광주기에 따른 물이용효율은 3.9~8.8%로 나타났다. 한편, 제습된 물을 재이용할 경우 식물공장의 물이용효율은 모든 처리구에서 100%에 근접하였다. 이러한 내용은 식물공장 내의 기온과 상대습도를 조절하는 과정에서 많은 양의 물이 제습으로 소모되나, 제습된 물을 재이용할 수 있는 시스템을 구축한다면 물을 추가적으로 사용하지 않고도 작물 재배가 가능함을 의미한다.

10.4 식물공장 내의 공기 유동 해석

엽채류 생산용 식물공장에서는 제한된 공간의 효과적인 활용이 필요하다. 때문에 다단식 선반 형태의 재배용 베드가 사용되고 있다. 이러한 선반들의 높이는 50cm 내외로서 제한된 공간에서 생산량을 늘리고자 설치 단수가 많아지면서 선반의 높이가 점차 늘어나고 있다(그림 10-6).

선반의 단수가 늘어남에 따라 대량의 엽채류 생산이 가능하나, 이로 인해서 소요 인공광원의 수가 증가하기 때문에 인공광원으로부터의 발열로 인해서 식물공장 내의 상·하부 기온차가 크게 나타난다(Kim과 Kozai, 1996; Park 등, 2011). 더구나 선반 프레임, 재배 작물 및 인공광원 등은 식물공장 내의 공기 유동에 대한 저항체로 작용하면서 기류가 불균일하게 이루어진다.

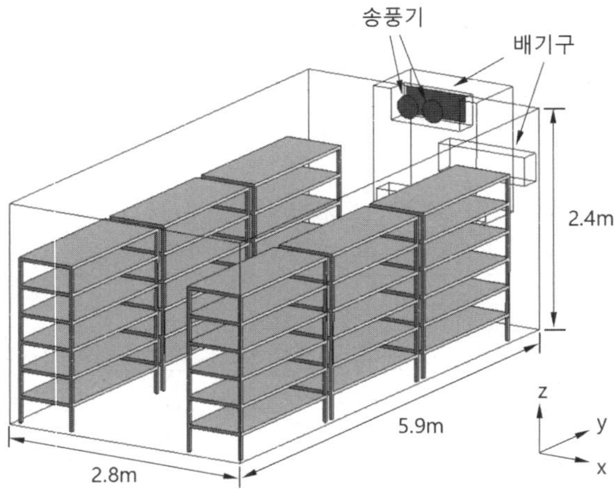

그림 10-6. 다단 선반식 재배 베드가 설치된 식물공장 모형(case Ⅰ)

폐쇄형 식물공장에서는 외부와의 공기 교환이 차단되므로 내부의 환경 조절이 공조 시스템에 의해서 이루어진다. 이 가운데 공조 시스템의 송풍기, 배기구의 위치 및 크기에 따라 식물공장 내의 기류속도, 기온 및 상대습도 분포가 커다란 영향을 받게 된다.

전산유체역학(computational fluid dynamics, CFD)은 유체의 운동을 기술하는 Navier-Stokes 방정식을 이산화하여 대수 방정식으로 변환하고 수치해석 알고리즘을 적용하여 유동 문제를 해석하는데 사용된다. CFD를 이용한 공기 유동 특성의 구명은 공조 시스템의 최적 설계를 위한 기초 자료로서 식물공장 내의 기류 분포, 기온 및 상대습도 등을 포함한 재배 환경을 개선하는 데 유용하다.

식물공장 내의 공기 흐름을 비압축성으로 가정할 때 지배방정식은 Navier-Stokes 방정식으로부터 다음과 같이 표시된다.

<u>연속방정식</u>

$$\nabla \cdot \overrightarrow{V} = 0 \tag{10.14}$$

<u>운동량방정식</u>

$$\rho \frac{\partial \overrightarrow{V}}{\partial t} = \rho g - \nabla p + \mu \nabla^2 \overrightarrow{V} \tag{10.15}$$

<u>에너지방정식</u>

$$\rho[\frac{\partial h}{\partial t} + \nabla \cdot (h\overrightarrow{V})] = -\frac{\partial p}{\partial t} + \nabla \cdot (k_{eff} \nabla T) + \phi \tag{10.16}$$

여기서, ρ: 밀도, t: 시간, ∇; 미분연산자(= $\frac{\partial}{\partial x}\vec{i}+\frac{\partial}{\partial y}\vec{j}+\frac{\partial}{\partial z}\vec{k}$), $\vec{V}$: 유속(= $\frac{\partial u}{\partial x}+\frac{\partial v}{\partial y}+\frac{\partial w}{\partial z}$), u: x-방향 유속, v: y-방향 유속, w: z-방향 유속, g: 중력가속도, p: 압력, μ: 점성계수, h: 엔탈피, k_{eff}: 유효열전도계수, T: 온도, ϕ: 에너지 소산이다.

유체의 유동 해석에 적용되는 난류 모델로서 표준(standard), RNG 및 realizable $k-\epsilon$ 모델 등이 있다. 표준 $k-\epsilon$ 모델은 난류 운동에너지(k)와 난류 소산율(ϵ)을 고려하여 이송 방정식을 표시한 경험적 모델이다. 이러한 표준 $k-\epsilon$ 모델의 단점을 보완하고자 k와 ϵ를 보정한 형태가 RNG 및 realizable $k-\epsilon$ 모델이다. 본 연구에 적용된 realizable $k-\epsilon$ 난류 모델은 다음과 같다.

$$\frac{\partial}{\partial t}(\rho k)+\frac{\partial}{\partial x_j}(\rho k u_j)=\frac{\partial}{\partial x_j}[\mu+(\frac{\mu_t}{\sigma_k})\frac{\partial k}{\partial x_j}]+G_k+G_b-\rho\epsilon-Y_M+S_k \qquad (10.17)$$

$$\frac{\partial}{\partial t}(\rho \epsilon)+\frac{\partial}{\partial x_j}(\rho \epsilon u_j)=\frac{\partial}{\partial x_j}[\mu+(\frac{\mu_t}{\sigma_\epsilon})\frac{\partial \epsilon}{\partial x_j}]+\rho C_1 S\epsilon-\rho C_2\frac{\epsilon^2}{k+\sqrt{\nu\epsilon}} \qquad (10.18)$$
$$+C_{1\epsilon}\frac{\epsilon}{k}C_{3\epsilon}G_b+S_\epsilon$$

여기서, t: 시간, ρ: 밀도, x_j: j종의 독립변수, u_j: j종의 유속, k: 난류운동에너지, ϵ: 난류운동에너지의 소산, μ: 점성계수, μ_t: 난류 점성계수, ν: 동점성계수, G_k: 속도구배에 의한 난류 운동에너지 생성, G_b: 부력에 의한 난류 운동에너지 생성, Y_M: 전체 소산에 대한 압축성 난류의 변화, S_k, S_ϵ: 체적힘, C_1, $C_{1\epsilon}$, C_2, $C_{3\epsilon}$: 상수, σ_k: 난류 운동에너지에 대한 프란틀수, σ_ϵ: 난류 소산율에 대한 프란틀수이다.

CFD(FLUENT 13, ANSYS, USA)를 적용하여 식물공장 내의 공기 유동 해석을 위한 시뮬레이션에서 기온과 입구에서의 평균 풍속은 각각 24℃, 5.1m.s^{-1}로 설정되었다(임과 김, 2014). 5단 선반이 좌우에 배치된 식물공장에 직경 250mm인 송풍기 2대와 2개의 배기구 설치 위치에 따른 공기 유동 패턴을 분석하고자 5개의 처리구를 설정하였다(그림 10-6, 10-7).

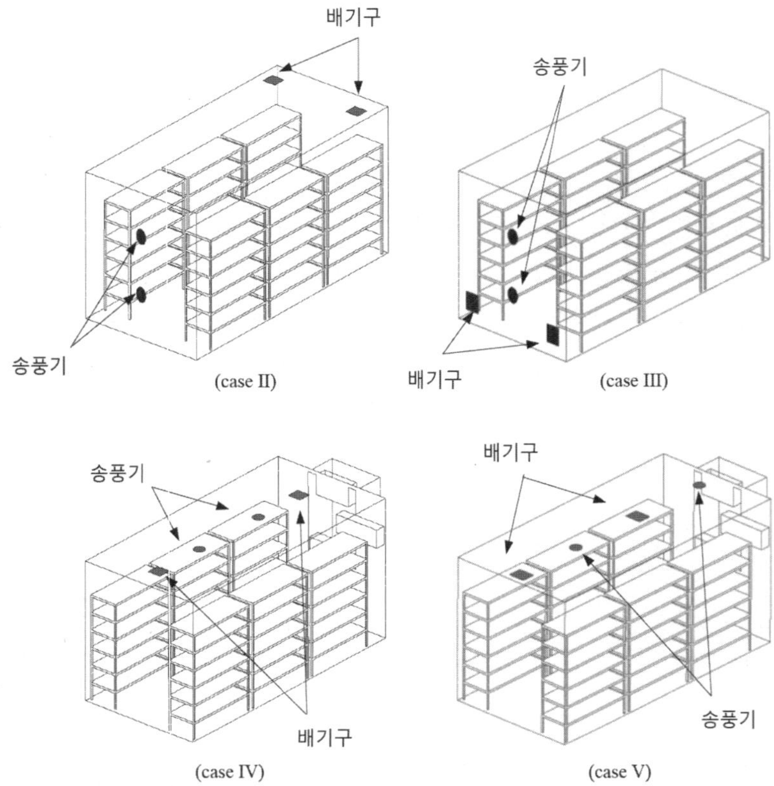

그림 10-7. 공기 유동 해석을 위한 시뮬레이션에서 송풍기와 배기구의 위치

식물공장 내에서 기류속도의 측정치와 예측치를 비교하여 시뮬레이션 모형을 검증하였다. 이 때 기류속도는 각 선반의 10cm 높이에서 측정되었다.

$$\mathrm{RMS} = \sqrt{\frac{1}{n}\sum_{i=1}^{n}(y_i - \hat{y_i})^2} \tag{10.19}$$

여기서, RMS: 제곱평균제곱근(root mean square), n: 샘플 수, y_i: 기류속도의 측정치, $\hat{y_i}$: 기류속도의 예측치이다.

본 연구에서 시도된 5개 처리구에 대한 기류속도의 RMS는 각각 0.13, 0.21, 0.25, 0.20, 0.20$m.s^{-1}$인 가운데 식물공장 내의 기류속도 분포가 송풍기와 배기구의 위치에 따라 다르게 나타났다(그림 10-8). Case Ⅰ과 같이 한쪽 벽면의 상부에서 유입된 공기는 식물공장 내의 벽면을 따라 이동한다. 그 결과 선반의 상단과 하단 쪽에서 기류속도가 높게 나타났으나, 선반의 중간부에서는 기류속도가 낮게 나타났다. 송풍기가 한쪽 벽면의 중간에 설치된 case II와 III에서는 선반 각 단에서의 기류속도가 비교적 균일하게 분포되었다.

식물공장의 상부에 송풍기와 배기구가 설치된 case IV와 V의 경우 선반 각 단에서의 기류속도가 크게 줄어들었다. 이러한 결과는 작물 재배용 선반이 공기 유동에 대한 저항체로 작용한 결과로 판단된다.

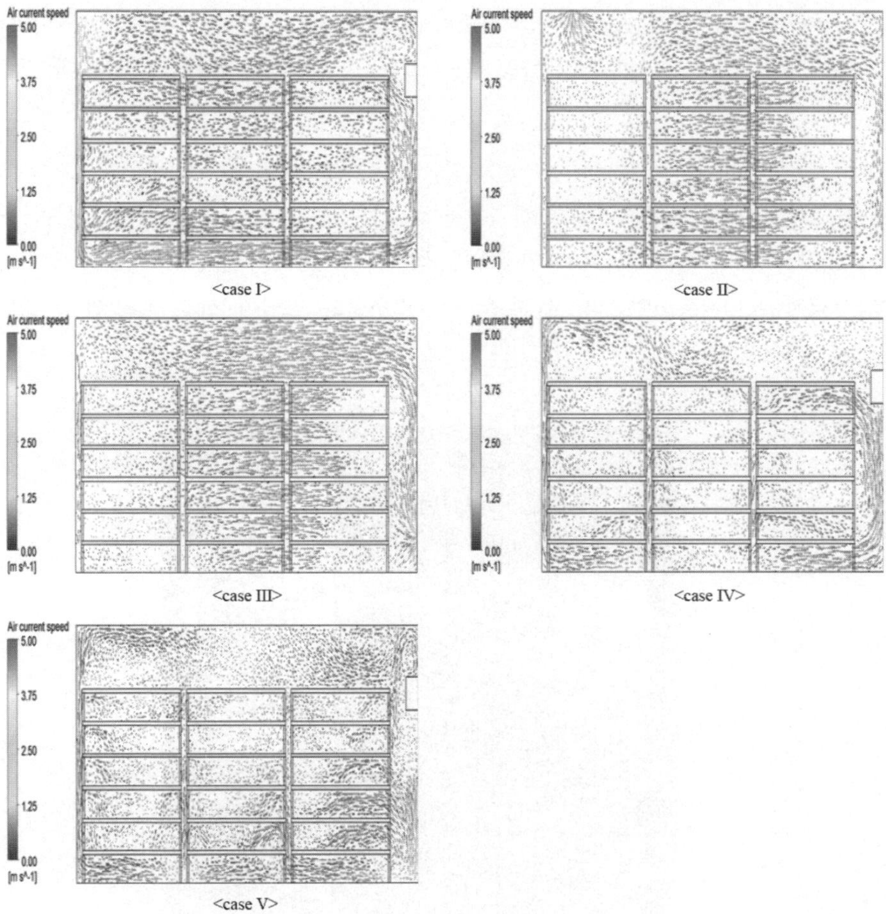

그림 10-8. CFD 시뮬레이션에 의한 식물공장 내의 기류속도 분포

식물공장 내에서 물리적 환경 요소, 즉 기온, 상대습도 또는 CO_2 농도의 분포는 기류의 영향을 크게 받는다. 더구나 물리적 환경 요소의 불균일한 분포로 인해서 작물의 생장이 불균일하게 나타날 수 있다. 그러므로 식물공장 내에서 기류속도가 균일하도록 송풍기와 배기구의 적정 위치 선정, 송풍기의 적정 풍량 확보, 재배용 선반의 공기 저항 최소화 등에 노력해야 한다.

10.5 식물공장 운영 사례

태양광 병용형 식물공장은 네덜란드를 비롯한 북유럽 국가에서 흔히 볼 수 있는 형태로서, 보광용 인공광원이 설치된 화훼류 또는 과채류 생산용 온실이 이에 해당한다.

인공광 이용형 식물공장은 한국을 비롯하여 일본, 중국, 미국 등의 여러 나라에서 개발되고 있다. 국내에서 상업화된 식물공장들은 2000년 이후 농업회사법인 형태로서 출범하였다.

최적 재배 시스템, 정밀한 환경 제어, 전문적인 작물 관리 기술을 갖추고 있는 식물공장에서는 고품질의 엽채류를 연중 안정적으로 생산할 수 있다. 이러한 식물공장들은 주로 양상추, 로메인 등의 엽채류와 어린잎채소를 생산하고 있다. 식물공장의 인공광원으로서 초기에는 형광등이 사용되었으나, 최근 들어 전력소모와 발열이 적고, 수명인 긴 LED 램프가 널리 사용되고 있다.

그림 10-9. 식물공장 재배 전경

농업회사법인 플랜티팜(주)가 운영하는 식물공장의 재배 공정은 그림 10-10과 같다. 먼저 스폰지 위에 파종된 종자는 2일 내외의 발아 과정을 거친다. 다음으로 배양액이 공급된 육묘용 트레이에서 10일 정도 육묘된다. 그 후 이식 단계로 옮겨져 12일 정도 생장된 후 정식 단계로 들어간다. 재식밀도가 18주/m^2인 정식 판에서 16일간 생장된 엽채류는 수확과 선별 과정을 거친다. 결과적으로 엽채류의 파종부터 수확에 이르기까지 약 40일이 소요된다.

그림 10-10. 플랜티팜(주)의 엽채류 재배 공정

수확할 때 주당 110~120g에 도달한 엽채류는 저온저장 상태를 유지하다 가공 공정을 거쳐 유통에 이른다. 식물공장에서 수확된 엽채류의 주요 가공 공정으로 원료 반입, 겉잎 제거, 절단, 선별, 소독, 헹굼, 탈수, 금속 검출 및 포장 등이 있다(그림 10-11). 때문에 절단기, 선별용 진동체, 소독기, 헹굼조, 탈수기, 계량기, 금속검출기, 포장기, 컨베이어 등이 주요 가공 공정에 사용된다.

대부분의 식물공장에서는 농산물우수관리(GAP) 인증과 식품안전관리(HACCP) 제도의 도입, 수확된 산물의 정선과 가공을 통해서 고품질의 샐러드를 공급하고 있다. 식물공장에서 생산 및 가공된 신선편이 채소들은 대형 유통매장 또는 온라인을 통해서 소비자들에게 공급된다.

이제까지 엽채류 또는 허브류가 식물공장에서 재배되었으나, 최근 들어 기능성 성분을 강화한 엽채류와 과채류가 생산되고 있다. 예를 들면, 신장질환을 겪고 있는 환자들은 칼륨을 많이 함유하고 있는 채소의 섭취를 억제해야 한다. 신장은 체내 수분과 칼륨을 포함한 전해질의 농도를 일정하게 조절하는 기능을 지닌다. 그런데 신장 질환으로 적정 농도 이상의 칼륨이 배출되지 않으면 이로 인하여 심장 박동에 무리가 생길 수 있다. 비타민 B군에 해당하는 엽산(folic acid)은 태아의 신경과 혈관 발달에 중요한 역할을 한다. 때문에 임산부에게 필요한 영양소로 주목받고 있다. 이러한 이유로서 저칼륨의 채소 또는 엽산을 다량으로 함유하고 있는 아이스플랜트(ice plant)의 생산이 식물공장에서 시도되고 있다. 또한, 의약품 또는 화장품의 원료를 식물로부터 추출하고자 약용식물을 재배하기 위한 식물공장이 들어서고 있다.

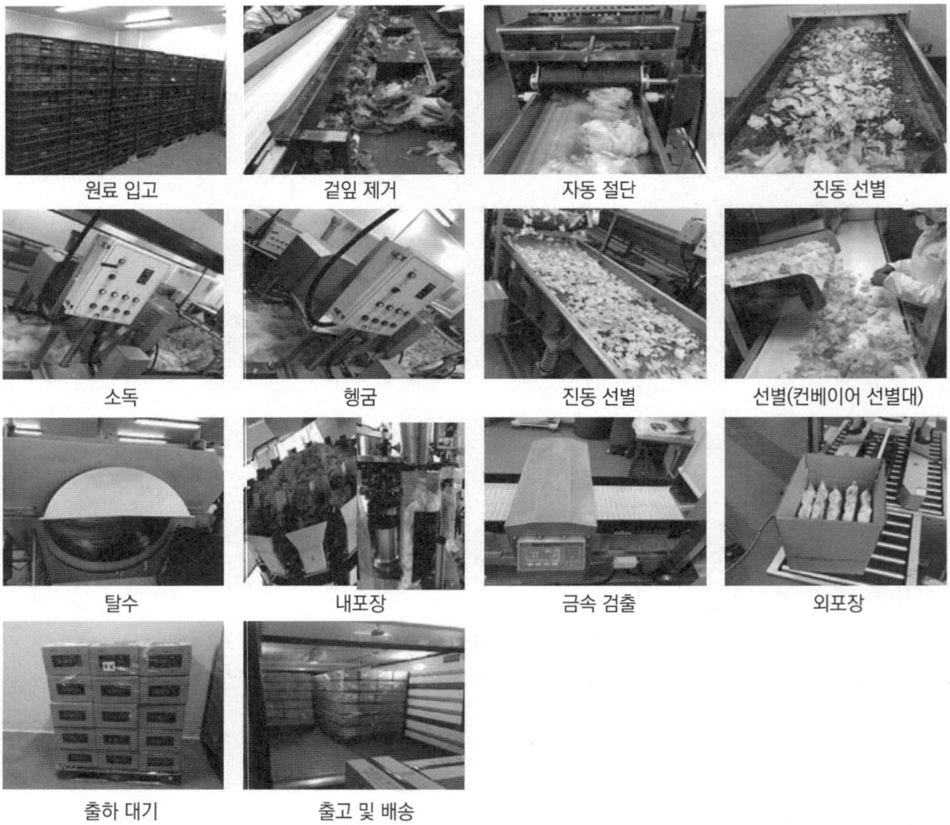

그림 10-11. 플랜티팜(주)의 엽채류 가공 공정

10.6 향후 기술개발 개발 과제

시장 규모가 점차 커지고 있는 국내 식물공장의 향후 개발 과제는 다음과 같다.

첫째, 식물공장의 상업화를 위해서 건설비를 낮추고, 운영비를 절감해야 한다. 단열 성능이 높고, 시공성이 우수한 벽체의 사용은 건설비와 운영비를 낮추는데 기여한다. 특히, 운영비 중에서 커다란 비중을 차지하는 전력소모량을 줄이기 위해서 인공광원의 선택, 조명시스템 및 운영 방안의 개선이 필요하다.

둘째, 식물공장 내에서 기온, 상대습도, CO_2 농도 등 물리적 환경 요소의 균일한 분포가 요구된다. 물리적 환경 요소의 균일한 분포는 작물의 균일한 생장을 가능케 한다. 이를 위해서 적정 풍량을 지닌 송풍기의 선정, 배기구의 적정 위치 등을 포함한 공조 시스템의 최적 설계가 필요하다.

셋째, 고품질 채소 및 기능성 작물의 생산이 필요하다. 이제까지 엽채류를 생산하기 위한 식물공장이 대부분을 차지하고 있다. 향후 식물공장의 발전과 상업화를 위해서 고품질의 채소 생산은 물론 기능성 물질을 다량으로 지니고 있는 식물의 공장적 생산이 요구된다.

넷째, 자원의 재이용 및 오염물질의 배출을 최소화하기 위한 식물공장을 구축한다. 물은 작물의 생장에 절대적으로 필요한 자원이다. 때문에 식물공장에서 자원의 회수 및 재이용이 가능한 시스템의 설치가 요구된다. 또한 식물공장으로부터 자원 및 폐열의 배출량을 제로(zero)화하기 위한 환경오염의 방지가 필요하다.

다섯째, 식물공장에서 생산된 산물에 대한 소비자의 인식 제고, 소비자들이 손쉽게 구할 수 있는 판매처의 확보가 필요하다.

연습문제

1. 식물공장 정의와 구성에 대해서 설명하시오.

2. 식물공장의 개발 배경을 설명하시오.

3. 작물의 광이용효율을 설명하시오.

4. 식물공장 내의 열평형을 설명하시오.

5. 식물공장 내에서 기류속도를 조절해야하는 이유를 설명하시오.

6. 국내 식물공장의 향후 개발 과제를 설명하시오.

참고문헌

김진국, 김용현, 최유화, 이명규. 2003. 폐쇄형 묘생산 시스템의 수분수지 분석. 한국생물환경조절학회지 12(3):153-159.

김진국, 김용현, 이명규, 최유화. 2003. 폐쇄형 묘생산 시스템의 에너지 수지 분석. 한국생물환경조절학회지 12(3):147-152.

Gates, D.M. 1980. *Biophysical ecology*. Springer-Verlag, New York. p.611.

Hanan, J.J. 1998. *Greenhouse: Advanced technology for protected horticulture*. CRC Press LLC. pp.116-122.

Lee. H.I. and Y.H. Kim. 2013. *Utilization efficiencies of electric energy and photosynthetically active radiation of lettuce grown under red LED, blue LED and fluorescent lamps with different photoperiods*. Korean J. Biosyst. Eng. 38(4):279-286.

Lim, T.G. and Y.H. Kim. 2014. *Analysis of airflow pattern in plant factory with different inlet and outlet locations using computational fluid dynamics*. Korean J. Biosyst. Eng. 39(4):310-317.

古在豊樹. 1999. 閉鎖型苗生産システムの開發と利用. 養賢堂.

제11장
우주농업

11.1 생명지원시스템

최근 들어 우주 탐사의 거점 기지로서 국제우주정거장(International Space Station, ISS)이 건설되고, 월면 또는 화성 등에 유인 기지의 건립 계획으로 말미암아 우주 공간에서 인간이 체류할 가능성이 점차 커지고 있다. 우주농업(space farming)이란 우주 공간에서 작물을 생산하는 것을 의미한다. 작물은 우주에서 장기간 체류하며 임무를 수행하는 우주비행사의 생명을 지원하는 데 있어서 절대적으로 필요할 뿐만 아니라 심리적으로 안정감을 줄 수 있다. 우주 기지에서 재배되는 작물은 기본적으로 식품 원료로서 이용되며, 우주비행사들의 생리 활동에 필요한 산소와 수분의 공급원에 해당한다.

생명지원시스템(life support system)은 장기간에 걸쳐 우주에서 임무를 수행하는 인간의 생명을 지원하기 위한 시스템으로서 우주 탐사와 더불어 개발의 필요성이 제기되었다.

11.1.1 폐쇄생태계 생명지원시스템

폐쇄생태계 생명지원시스템(closed ecological life support system 또는 controlled ecological life support system, CELSS)은 우주 기지에 밀폐 공간을 구축한 후 지구로부터 식품 또는 에너지의 재공급 없이 그곳에서 인간의 생명이 유지되도록 환경을 제어하면서 작물의 생산, 물과 공기의 정화 및 재생, 폐기물의 처리 등이 가능한 생명지원시스템을 의미한다(그림 11-1). 폐쇄생태계 생명지원시스템은 생물재생 생명지원시스템(bioregenerative life support system, BLSS) 또는 고급 생명지원시스템(advanced life support system, ALSS)으로도 불린다.

그림 11-1. 우주 기지에서의 생명지원시스템 개념도

생명지원시스템은 크게 작물 모듈과 거주 모듈로 구성된다(그림 11-2). 작물 모듈에서는 식량 작물이 재배되고, 거주 모듈은 인간을 비롯한 동물의 생존 공간에 해당한다. 작물 모듈에서 수확된 작물의 식용 부위는 식품의 원료로 사용되며, 비식용 부위는 폐기물로 처리된다. 폐기물은 재처리 과정을 거쳐 작물 생장에 필요한 영양분으로 바뀐다. 이밖에 인간이 사용한 물 또는 인간으로부터 배출된 땀과 소변은 회수되어 정화 과정을 거친 후 재활용될 수 있다.

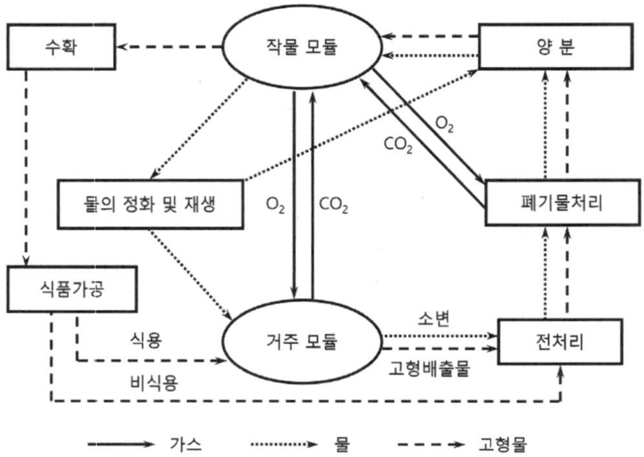

그림 11-2. 폐쇄생태계 생명지원시스템의 구성

우주농업은 우주와 유사한 환경 조건에서 식품 원료를 생산하는 것에 그치지 않고 우주 비행사의 생명을 유지하는 데 필요한 여러 가지 기술들을 포함한다. 때문에 폐쇄생태계 생명지원시스템의 개념이 제시되고, 이와 관련한 연구개발이 지금까지 이어져 올 수 있었다.

생명지원시스템 관련 연구개발은 우주 탐사를 주도했던 미국, 러시아 및 유럽 국가들이 주도하고 있다. 미국 NASA(National Aeronautics and Space Administration)는 1960년대에 조류(algae)를 이용한 산소 발생과 비행사가 만들어 낸 CO_2 제거를 목표로 설정한 연구에 착수하였으나, 재원의 부족으로 생명지원 관련 연구를 지속할 수 없었다.

러시아는 1972년에 BIOS-3를 시베리아 크라스노야르스크에 건설하였다. BIOS-3는 지하에 설치된 14x9x2.5m 규모의 폐쇄형 실험 생태계로서, 3개의 작물 재배 공간과 1개의 거주 공간으로 이루어졌다(그림 11-3). 6kW를 소비하는 원통형 제논램프 20개가 설치된 재배 공간에서 밀, 완두콩, 감자 등의 식량작물과 토마토, 오이, 당근, 무, 양파 등의 원예작물이 생산되었다.

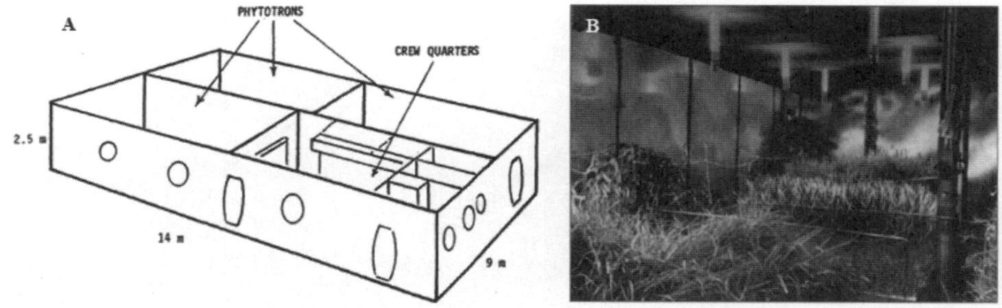

그림 11-3. Bios-3 (A) 내부 구조, (B) 작물 재배 공간

미국은 애리조나주 오러클에 Biosphere 2를 건설하고, 1991~1993년에 인공 폐쇄생태계 프로젝트를 수행하였다. Biosphere 2는 외부와 격리된 공간으로서 햇빛을 제외한 에너지와 물질의 상호작용이 차단되었다. 1.27ha 규모의 내부에 열대 우림, 사바나, 해양, 습지, 사막, 농경지 및 거주지가 인공적으로 조성되었다.

그림 11-4. Biosphere 2의 전경 (A) 열대 우림, (B) 사바나/해양/습지, (C) 사막, (D) 농경지, (E) 거주지

8명의 과학자들이 약 2년간 Biosphere 2 내의 주거 공간에 거주하면서 인공 생태계의 변화를 관찰하였다. 그런데, Biosphere 2 내의 산소 농도가 14%까지 떨어지고(그림 11-5), 이산화탄소 농도는 대기 중의 농도의 2~3배로 증가하여 과학자들이 더 이상 체류할 수 없게 되었다. 이로 인해서 인공 폐쇄생태계 프로젝트는 중단되었다.

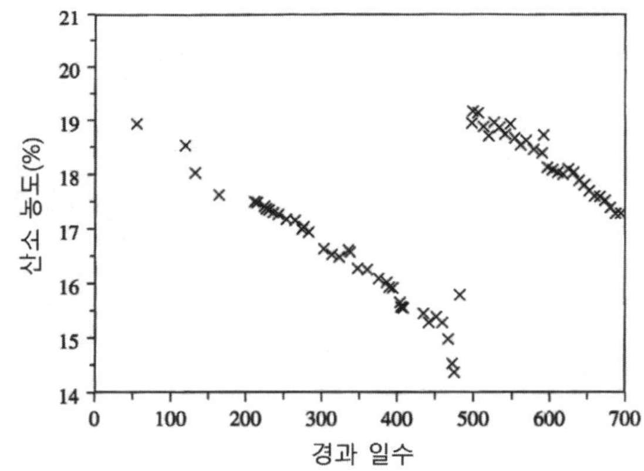

그림 11-5. Biosphere 2 내의 산소 농도 변화 (Dempster, 1999)

산소 부족의 원인으로 Biosphere 2의 콘크리트 구조물이 산소를 흡수하였고, 구조물 자체의 결함과 외부 날씨로 인해 태양광이 충분하게 유입되지 못하여 식물들이 산소를 만들 수 없었기 때문이다. 또한, 열대 우림지역에 조성된 토양에 포함된 미생물들이 토양 내의 탄소를 이산화탄소로 합성하면서 산소를 많이 소비했기 때문이다.

11.1.2 생명지원시스템에서 작물 생산

생명지원시스템에서 재배되는 작물은 식품의 원료를 쓰이거나, 공기와 물에 대한 정화 또는 재생의 기능을 갖는다. 작물 모듈에서 재배되는 작물은 광합성 작용에 의해서 이산화탄소를 흡수하고 산소를 방출한다. 이 때 방출된 산소는 거주모듈에서 기거하는 인간의 호흡에 사용된다. 한편 인간의 호흡 작용에 의해서 발생된 이산화탄소는 작물의 광합성에 쓰인다.

국제우주정거장에서 장기간에 걸쳐 임무를 수행하고 있는 우주비행사에게 1인당 1.8kg·d^{-1}의 식품이 필요하다(Cooper 등, 2011). 우주비행사에게 필요한 식품을 지구로부터 공급하는 것에 막대한 비용이 소요된다. 그러므로 우주비행사가 임무를 수행하고 있는 공간에서 식품 원료를 확보하는 것이 보다 현실적인 접근이다.

생명지원시스템 내의 산소 공급, 공기 정화, 폐수와 폐기물의 재이용뿐만 아니라, 시스템 내의 지속적인 환경 조성을 위해서 식물이 기본적으로 필요하다. $10m^2$의 작물 재배는 우주비행사 1인당 1일 식품 요구량의 25%를 공급하며, 180~210g의 산소를 제공한다.

생명지원시스템에서 재배되는 작물은 영양학적 또는 심리적으로 인간의 건강을 만족시켜야 한다. 또한 생명지원시스템에서 재배 가능한 작물은 높은 생산성, 식용성, 소화성, 조리성, 자동화 가능성, 짧은 줄기, 높은 증산속도 등을 지녀야 한다.

11.2 우주농업 개발을 위한 고려 사항

11.2.1 달과 화성의 환경

태양계 가운데 유인기지가 건립될 대상으로서 달(Moon) 또는 화성(Mars)을 들 수 있다. 달 또는 화성을 목표로 한 생명지원시스템에서 작물을 생산하려면 무엇보다 달 또는 화성 표면의 환경 조건을 살펴야 한다. 즉, 월면 또는 화성 표면에서 물의 존재 가능성을 비롯하여 중력, 압력, 기온, 대기 조성 등을 분석하여 작물 생산의 가능성과 극복 방안을 검토해야 한다.

지구의 위성에 해당하는 달은 지구로부터 약 3.8×10^5 km 떨어져 있다. 우주 탐사에 힘입어 달 표면에 생명지원시스템의 건설의 필요성이 제기되고 있으나, 긴 자전 주기와 주야간의 심한 온도차 때문에 실현 가능성은 낮은 편이다. 지구로부터 약 7.5×10^7 km 떨어진 화성의 자전 주기는 지구의 자전 주기와 거의 같으며(표 11-1), 계절의 변화 주기도 지구와 유사하다. 화성은 태양계의 행성 가운데 물과 생명체가 존재할 가능성이 높기 때문에 여러 국가들에 의해서 화성 탐사가 시도되고 있다.

표 11-1. 화성, 달, 지구의 크기, 주기 및 물리적 특성

구분	화성	달	지구
지름			
적도 지름	6,804.9 km	3,476.2 km	12,756.3 km
극 지름	6,754.8 km	3,472.0 km	12,713.5 km
공전 주기	687일	27.3일	365일
자전 주기	24.62시간	27.3일	23.93시간
중력	$3.69\ m{\cdot}s^{-2}$	$1.62\ m{\cdot}s^{-2}$	$9.78\ m{\cdot}s^{-2}$
표면에서의 압력	0.69~0.9 kPa	3×10^{-13} kPa	101.4 kPa
평균 밀도	$3{,}934\ kg{\cdot}m^{-3}$	$3{,}346\ kg{\cdot}m^{-3}$	$5{,}515\ kg{\cdot}m^{-3}$
표면 온도			
최고	293 K	396 K	331 K
최저	133 K	40 K	185 K
평균	210 K	250 K	288 K
태양상수	$589\ W{\cdot}m^{-2}$		$1{,}368\ W{\cdot}m^{-2}$

달과 화성의 표면 압력은 각각 3×10^{-13} kPa, 0.69~0.9 kPa으로서 지구의 대기압에 비해서 매우 낮다. 또한 달과 화성에서 표면 온도의 최저값은 40~133 K로 매우 낮다. 이러한 압력과 기온 조건하에서 물은 액체 상태로 존재할 수 없다. 한편 달과 화성에서의 중

력은 지구 중력의 16~38%에 불과하다. 그러므로 달 또는 화성에서의 생명지원시스템은 저온, 저압 및 저중력 조건에서 정상적으로 작동되어야 한다.

달과 화성의 대기 조성은 지구와 비교할 때 차이가 크다(그림 11-6). 달의 대기 조성은 헬륨 25%, 네온 25%, 수소 23%, 아르곤 20%로서 이들이 대부분을 차지하고 있다. 한편 메탄, 암모니아 및 이산화탄소 등은 기타 가스에 해당한다. 화성의 대기를 구성하고 있는 주요 성분은 이산화탄소로서 95.5%를 차지하고 있다. 이밖에 질소, 아르곤 및 산소는 각각 2.7%, 1.6%, 0.15% 정도이다.

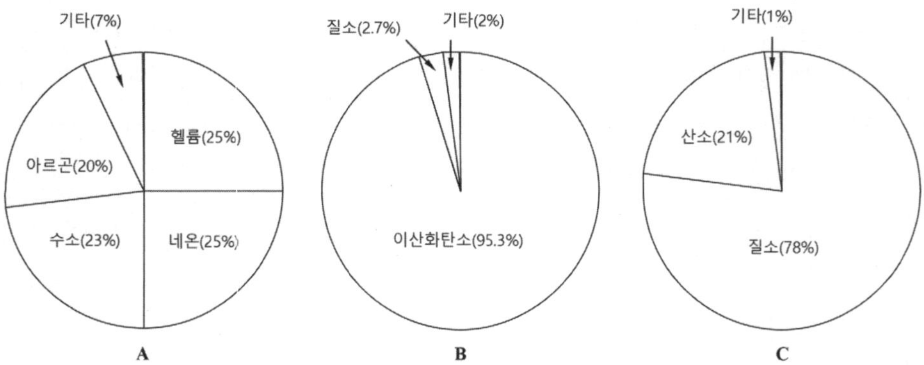

그림 11-6. 달, 화성 및 지구의 대기 조성 (A) 달, (B) 화성, (C) 지구

11.2.2 우주농업의 제한 요인과 극복 방안

1) 낮은 중력과 압력

달 또는 화성 표면의 중력은 지구에 비해서 작다. 더구나 달 또는 화성 표면에서의 압력은 지구 대기압의 1%에도 미치지 못한다. 그러므로 우주에서 작물을 생산하려면 낮은 중력 또는 저압 조건에서 구조적으로 견딜 수 있는 생산 시설이 필요하다. 또한 작물의 생육에 미치는 중력과 압력의 영향이 구명되어야 한다.

저압 환경에서 재배되는 작물은 증산량의 급격한 증가로 인하여 쉽게 위조에 이를 수 있다. 뿌리의 호흡 특성을 고려할 때 작물 재배에 필요한 산소 분압의 한계는 5 kPa 정도이다. 산소 분압을 5 kPa로 유지할 때 시설 내의 전체 압력을 21 kPa까지 낮출 수 있다(표 11-2).

표 11-2. 저압 조건을 이루기 위한 가스 조성(Wheeler, 2000).

구분	가스 조성과 분압
기본 가스	산소 5 kPa 수증기 2 kPa
압력 가스	이산화탄소 ≤ 1 kPa 질소/아르곤 13 kPa
전체 압력	21 kPa

저압 조건에 있는 작물 생산 시설에서 증기압의 변화가 시설 내의 전체 압력에 커다란 영향을 미친다. 작물의 증산 또는 수경재배 시설에서 이루어지는 수분의 증발로 인하여 시설 내의 증기압이 올라간다. 그러므로 증발에 의한 수분 손실을 줄이기 위해서 저압 조건의 수경재배 시설에 대한 밀폐성과 작물 생산 시설 내의 상대습도를 적정하게 유지할 수 있는 환경제어 기술이 요구된다.

A

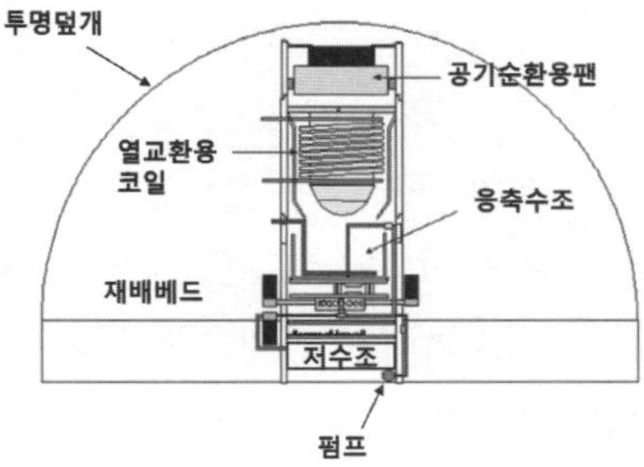

B

그림 11-7. 미국 항공우주국에서 제작한 (A) 돔형 저압 작물 생산 시설의 실례와 (B) 내부 구성

2) 물질 순환

생명지원시스템은 인간, 동물 및 식물이 공존하는 생태계로서 계 내에서 산소·이산화탄소·수분 등의 물질이 순환된다. 폐쇄형 공간에서 순환되는 물질이 평형 상태를 이루려면 물리적, 화학적 및 생물학적 방법을 적절하게 조합하여 생태계를 구성하여야 한다. 즉 고등식물, 조류 및 광합성 세균과 같이 광합성 능력을 지닌 생물과 인간, 동물 및 균류 등과 같이 광합성 능력을 가지 못한 생물 사이에 이산화탄소와 산소의 교환이 제대로 이루어져야 한다.

3) 물의 재생

물은 우주에서 귀중한 자원에 해당한다. 생명 유지 시스템에 필요한 물질을 지구로부터 다시 공급받는 것이 불가능한 상황에서 음료, 위생, 세정 등에 요구되는 물이 시스템 내에서 재생되어야 한다. 물의 재생을 목적으로 반투막에 의한 여과, 흡수, 이온 교환에 의한 여과, 증류와 같은 물리적 또는 화학적 방법이 이용되고 있다. 작물은 산소의 공급은 물론 물을 재생하여 순환시키는 바이오필터로서의 기능을 갖는다.

4) 폐기물의 처리

우주와 같은 한정된 공간 또는 미소중력 하에서 발생된 폐기물의 처리를 위해서 습식산화법, 초임계산화법, 열분해, 플라즈마 처리 등이 시도되고 있다. 이 가운데 습식산화법 또는 초임계산화법은 생명지원시스템 내의 인간 또는 동·식물로부터 배출된 유기폐기물을 산화시켜 무기물로 바꾼다. 즉 고온·고압 하에서 산화 및 분해된 유기물의 탄소는 이산화탄소로 바뀌어 공기 중으로 방출되고 질소는 암모니아로서 추출된다. 이러한 방법에 의해서 비료성분으로 적합한 인산, 칼리 및 기타 금속원소의 분리 및 추출이 가능하다.

5) 미량 유해가스의 제거와 병원성 미생물의 살균

생명지원시스템 내의 동물, 식물 또는 자재로부터 미량의 유해가스가 발생하여 시스템 내에 축적될 수 있다. 유해가스가 한계 농도 이상으로 증가하면 생물에 해를 끼치게 된다. 그러므로 환경오염에 대한 저항성을 고려하여 시스템 내에 도입되는 작물을 선택한다. 또한 생명지원시스템에 사용되는 모든 자재를 대상으로 유해 가스의 발생 가능성을 검토하고, 유해 휘발성 가스 성분을 제거하기 위해 여과 시스템을 설치한다.

병원성 미생물은 배양액을 재활용하는 데 있어서 매우 위협적인 요소이다. 미생물의 생존은 압력, 복사, 온도 등의 환경 조건에 따라 변한다. 살균을 위해 자외선 조사, 여과, 살충제 처리 등의 방법을 적용할 수 있으나, 효과를 극대화하기 위해서 위생과 살균을 병행한 조합 기술이 필요하다.

6) 조명

월면 또는 화성 표면에서의 태양복사는 지구상에서의 그 값에 비해서 작다. 더구나 화성 표면에서의 광합성유효복사와 스펙트럼 분포에 대한 구체적인 자료가 제시되어 있지 않다. 우주전리방사선(ionizing space radiation)을 차폐하기 위한 특수 피복재를 작물 생산 시설에 설치할 경우 피복재의 광투과율이 낮아져 보광이 요구될 수 있다. 또한 지나치게 크거나 작은 광주기는 작물 생장에 적합하지 않다. 예를 들면, 달 표면에서의 광주기는 약 28일로서 명기와 암기는 각각 14일이다. 이러한 암조건 하에서 대부분의 작물은 정상적인 생육이 불가능하다. 그러므로 작물의 생육에 부적합한 광강도 또는 광주기 조건에서는 인공광을 이용한 보광이 필요하다.

7) 배양액의 공급

낮은 중력 조건에서는 배양액이 원활하게 공급되지 않고 중력차로 인하여 생장속도가 다르게 나타날 수 있다. 또한 무중력 상태에 있는 배양액에서는 공기가 떠오르지 않으므로 기포의 발생이 불가능하다. 그러므로 저중력 또는 저압 조건에서 양액과 산소를 제대로 공급할 수 있는 방식이 개발되어야 한다.

11.3 우주농업 연구개발 사례

우주농업 관련 실험에는 무중력 또는 저압 조건을 만들 수 있는 식물 생장용 챔버와 이것들을 이용한 무중력 또는 저압 조건에서 작물의 생장 반응이 포함된다.

NASA는 생명지원시스템 관련 연구를 광범위하게 수행하였다. 이 가운데 우주비행사에게 필요한 영양 섭취, 수확 지수, 식품 가공의 편이성 등을 고려하여 밀, 콩, 감자, 벼, 고구마, 상추, 땅콩 등을 우주농업에 적합한 작물로서 제시하였다.

또한 NASA 연구자들은 CO_2 시용, 온도, 상대습도, 무기질 영양, 광합성유효복사, 광주기 및 광질 등이 생명지원시스템 내에서 재배되는 작물의 생장과 생리에 미치는 효과를 광범위하게 검토하였다. 그 결과 생명지원시스템 관련 연구를 수행하는 데 필요한 테스트 베드로서 면적과 체적이 각각 $20m^2$, $113m^3$인 바이오매스 생산 챔버(Biomass production chamber, BPC)가 개발되었다. 이러한 BPC에서 밀, 콩, 상추, 감자를 재배한 결과 건물 바이오매스 481kg, 식용 바이오매스 196kg, 산소 540kg, 물 94,700kg이 생산되었고, 739kg의 이산화탄소가 고정되었다.

그림 11-8. 바이오매스 생산 챔버에서의 밀 재배 모습

BPC 프로젝트 이후 NASA는 농무부와 공동으로 원예작물의 생장에 미치는 미생물의 효과를 검토하고자 환경 테스트 챔버(Environment test chamber, ETC)를 제작하였다(그림 11-9). ETC를 사용한 실험 결과, 검정가루곰팡이(powdery black fungus)가 작물의 생장 촉진과 함께 바이오매스를 증가시키는 데 기여함을 발견하였다.

그림 11-9. 미국 항공우주국이 개발한 환경 테스트 챔버

유럽우주국(European Space Agency, ESA)은 국제우주정거장에서 생명과학 관련 실험을 수행하는 데 필요한 연구시설로서 유럽형 모듈 재배 시스템(European Modular Cultivation System, EMCS)을 개발하였다. EMCS 내에 설치된 주요 시설은 0.001~2.0g 범위에서 중력 조절이 가능한 2개의 원심분리기, 8개의 재배용 기, 생명지원 및 수분 공급 시스템, 적색광 및 백색광 LED로 구성된 조명 시스템, 가스 공급 시스템, 온도 조절 시스템, 비디오카메라 등이다. 재배용기는 모형 식물을 키울 수 있는 공간(6x6x16cm), 공기 내의 미립자를 포집하는 멤브레인 필터, 기온과 압력 측정용 센서 및 배양액 공급 시스템을 갖추고 있다.

Kittang 등(2014)은 재배용기에서 실험 식물로 사용된 애기장대(Arabidopsis)의 광주기 반응, 뿌리의 중력 감지, 휘어짐(circumnutation), 세포벽 역학 및 중력 저항, 신호 전달매체의 단백질 동정, InsP3(inositol 1,4,5-trisphosphate) 신호 메커니즘 등을 구명하였다(그림 11-10). 또한 무중력 상태에서 식물묘의 세포 증식 및 생육에 미치는 빛의 영향을 분석하면서, 미소중력 하에서 유도되는 신호의 전달 경로와 식물 발육에 미치는 중력의 영향을 구명하기 위한 체계적인 연구의 필요성을 제기하였다.

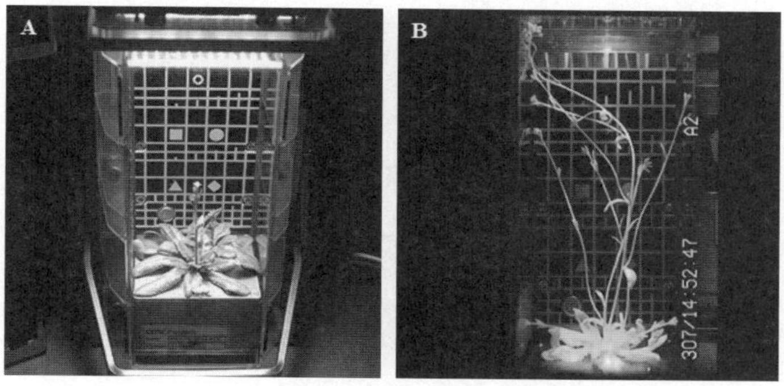

그림 11-10. 유럽형 모듈 재배 시스템에서의 작물 재배 실험 (A) 재배용기, (B) 애기장대의 생장

캐나다 궬프대학교의 Chamberlain 등(2003)은 면적이 1.5m^{2}인 식물생장용 저압 챔버를 제작하였다. 이 챔버에서는 1~2kPa의 낮은 압력을 비롯하여 광, 온도, 습도 및 CO_2 농도의 조절이 가능하였다. 저압 챔버를 이용하여 식물의 유전자 표현, 광화학 반응 및 식물의 생육에 미치는 압력의 효과가 보고되었다(Paul 등, 2004; Levine 등, 2008; Wehkamp 등, 2012). 전체 압력 4수준(98, 66, 33 10kPa)과 산소 분압 4수준(20, 14, 7, 2kPa)에서 21일간 재배된 무의 생장 특성을 분석한 결과, 산소 분압이 2kPa 이하로 떨어지면 전체 압력과 무관하게 생장에 대한 유의성이 인정되었다(그림 11-12). 따라서 산소 분압이 7kPa 이상을 유지할 경우 무의 생산성에 미치는 전체 압력의 영향은 거의 없는 것으로 판단된다. 이러한 챔버는 저압뿐만 아니라 압력을 낮추는데 소요되는 시간, 즉 압력 저감 속도가 작물의 생육에 미치는 영향을 구명하는 데 유용할 것이다.

그림 11-11. 캐나다 궬프대학교의 식물생장용 저압 챔버

그림 11-12. 상이한 전체 압력과 산소 분압에서 생장된 무의 생장(Wehkamp 등, 2012)

연습문제

1. 우주농업의 개념을 설명하시오.
2. 폐쇄생태계 생명지원시스템의 구성에 대해서 설명하시오.
3. 생명지원시스템에서 작물의 역할을 설명하시오.
4. 저압 조건에서 작물을 생산할 때 고려해야 할 사항을 설명하시오.

참고문헌

김용현. 2005. 우주에서 식물생산을 위한 공학적 접근. 생물환경조절학회지 14:218-231.

박종현, 김용현. 2009a. 식물생장용 저압챔버 내의 기온, 상대습도 및 압력의 변화. 생물환경조절학회지 18:200-207.

박종현, 김용현. 2009b. 저압챔버에서 상추의 생육 특성. 생물환경조절학회지 18:303-308.

Bucklin, R.A., J.D. Leary, V. Rygalov, Y. Mu, and P.A. Fowler. 2001. *Design parameters for Mars deployable greenhouse*. Paper 01ICES-307. International Conference on Environmental Systems, July 2001, Orlando, FL. Society of Automotive Engineers.

Chamberlain, C.P., M.A. Stasiak, and M.A. Dixon. 2003. *Response of plant water status to reduced atmospheric pressure*. SAE Technical Paper Series, 2003-01-2607.

Cooper, M., G. Douglas, and M. Perchonok. 2011. *Developing the NASA food system for long-duration missions*. J. Food Sci. 76:R40-R48.

Corey, K.A., D.J. Barta, and D.L. Henninger. 1997. *Photosynthesis and respiration of a wheat stand at reduced atmospheric pressure and reduced oxygen*. Adv. Space Res. 20:1869-1877.

Dempster, W.F. 1999. *Biosphere 2 engineering design*. Ecol. Eng. 13:31-42.

Dreschel, T.W., C.S. Brown, W.C. Piastuch, C.R. Hinkle, and W.M. Knott. 1994. *Porous tube plant nutrient delivery system development: A device for nutrient delivery in microgravity*. Adv. Space Res. 14:47-52.

Fowler, P.A., R.M. Wheeler, R.A. Bucklin, and K.A. Corey. 2000. *Low pressure greenhouse concepts for Mars*. NASA Tech. Memo. 2000-208577. p.116-123.

He, C.J., F.T. Davies Jr., R.E. Lacey, and Que Ngo. 2004. *Hypobaria affects gas exchange, ethylene evolution and growth of lettuce in NASA Advanced Life Support Systems*. HortScience 39:794.

https://science.nasa.gov/science-news/biological-physical/nasa-plant-science-is-rooted-in-earth-and-shoots-for-the-stars

Kittang, A.I., T.H. Iverson, K.R. Fossum, C. Mazars. E. Carnero-Diaz, E. Boucheron-Dubuisson, I. Le Disquet, V. Legue, R. Herranz, V. Pereda-Loth, and F.J. Medina. 2014. *Exploration of plant growth and development using the European modular cultivation system facility on the International Space Station*. Plant Biol. 16:528-538.

Lacey, R., M. Drew, and R. Spanarkel. 2000. *Low pressure systems for plant growth chamber*. NASA Tech. Memo. 2000-208577. p.39-47.

Levine, L.H., P.A. Bisbee, T.A. Richards, M.N. Birmele, R.L. Prior, M. Perchonok, M.

Dixon, N.C. Yorio, G.W. Stutte, and R.M. Wheeler. 2008. *Quality characteristics of radish grown under reduced atmospheric pressure.* Adv. Space Res. 41:754-762.

Morrow, R.C., R.J. Bula, and T.W. Tibbitts. 1987. *Orbital light/dark cycle effects on plant growth.* Space Life Sciences Symposium Proceedings, Washington, DC.

Oguchi, M., K. Nitta, Y. Mochizuki, K. Tsuji, K. Fujimori, and K. Masuda. 1991. *Organic waste processing using wet oxidation in CELSS.* CELSS J. 3:17-24.

Paul, A.L., A.C. Schuerger, M.P. Popp, J.T. Richards, M.S. Manak, and R.J. Ferl. 2004. *Hypobaric biology: Arabidopsis gene expression at low atmospheric pressure.* Plant Physiol., 134:215-222.

Salisbury, F.B., J.I. Gitelson, and G.M. Lisovsky. 1997. *Bios-3: Siberian experiments in bioregenerative life support.* BioScience 47:575-585.

Sirko, R.J., G.C. Smith, L.A. Hamlin, R. Tazawa, T. Uchida, and S. Suzuki. 1994. *Lunar base CELSS design and analysis.* Adv. Space Res. 14:105-112.

Spanarkel, R. and M.C. Drew. 2002. *Germination and growth of lettuce(Lacutca sativa) at low atmospheric pressure.* Physiol. Plant. 116:468-477.

Tibbits, T.W. and R.M. Wheeler. 1987. *Utilization of potatoes in bioregenerative life support systems.* Adv. Spce Res. 7:115-122.

Wehkamp, C.A., M. Stasiak, J. Lawson, N. Yorio, G. Stutte, J. Richards, R. Wheeler, and M. Dixon. 2012. *Radish (Raphanus sativa L. cv. Cherry Bomb II) growth, net carbon exchange rated, and transpiration at decreased atmospheric pressure and / or oxygen.* Gravitational and Space Biol. 26:3-16.

Wheeler, R.M. 2000. *Can CO_2 be used as a pressurizing gas for Mars greenhouse?* NASA Tech. Memo. 2000-208577. p.58-63.

제12장 원예산물의 수확 후 관리

Horticultural Engineering

12.1 원예산물의 수확 후 특성

원예 작물은 일정 기간의 생육과 성숙(maturation) 과정을 거쳐 수확 시기에 이른다. 여기에서 성숙은 작물이 수확 가능한 상태에 도달함을 의미한다. 수확된 원예산물은 곡물과 다르게 수분함량이 높고, 호흡속도가 크며, 선도 유지기간이 짧은 편이다(표 12-1). 선도 유지기간이 짧은 원예산물일수록 손상당하기 쉽고, 손실 정도가 크다. 딸기, 복숭아, 시금치 등은 이에 해당한다.

표 12-1. 원예산물과 곡물의 수확 후 특성

원예산물	곡물
• 높은 수분함량(70~90%) • 크고 무겁다(5~10,000g) • 호흡속도와 호흡열 발생이 크다. • 부드러운 조직 • 선도 유지기간이 짧다(수일~1개월) • 부패, 물리적 손상, 노화에 의한 손실	• 낮은 수분함량(10~20%) • 작고 가볍다(≤ 1g) • 호흡속도와 호흡열 발생이 작다. • 단단한 조직 • 선도유지기간이 길다(1년 이상) • 곰팡이, 곤충, 설치류에 의한 손실

12.2 수확 후 손실

수확된 원예산물의 대부분은 상온 조건에서 유통되는데 이 과정에서 적지 않은 손실이 발생된다. 수확 후 손실의 원인으로 품질 변화에 따른 자연 손실과 생육을 들 수 있다.

원예산물은 대사작용에 의해서 숙성과 노화 과정을 겪게 된다. 이 과정에서 품질이 변화되며 자연적인 손실에 이른다. 즉 크기, 모양, 색, 맛, 조직감 등의 변화가 생기면서 손실이 나타난다. 숙성에 따른 자연 손실의 방지 대책으로서 1) 유통기간의 단축, 2) 출하 전 예냉 처리, 3) 저온유통(cold chain) 체계의 확립 등이 있다. 수확 후에도 생장과 발육을 지속하는 원예산물의 상품성 저하는 또 다른 손실에 해당한다(그림 12-1). 마늘과 양파의 맹아 또는 발근, 아스파라거스의 줄기 신장과 휘어짐은 수확 후 생장의 대표적인 결과이다.

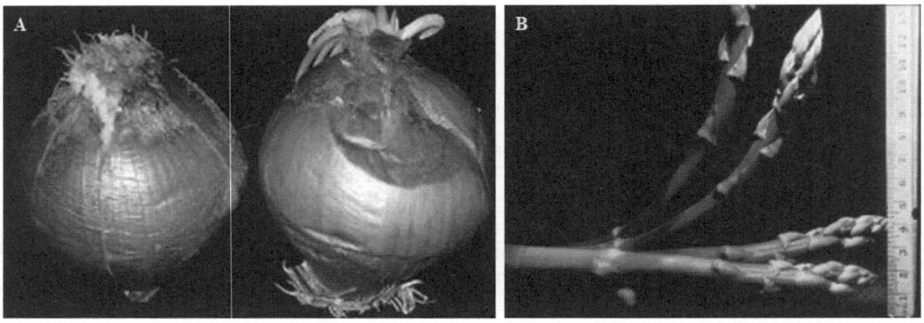

그림 12-1. 원예산물의 수확 후 생장 (A) 양파, (B) 아스파라거스

수확 후 손실 유형은 기계적 장해(mechanical injury), 생리적 장해(physiological injury) 및 병리적 장해(pathological injury)로 구분된다.

기계적 장해는 물리적 힘에 의해서 원예산물의 표면에 생기는 압상 또는 갈변 현상을 의미한다(그림 12-2(A)). 압상 또는 갈변 현상이 나타난 상처 부위는 부패균의 침입이 쉽고, 이로 인해서 손실이 커진다. 포장 상자 내에서 과도한 원예산물의 하중, 포장재의 특성 또는 운반 과정 중의 진동 등은 물리적 힘에 해당한다.

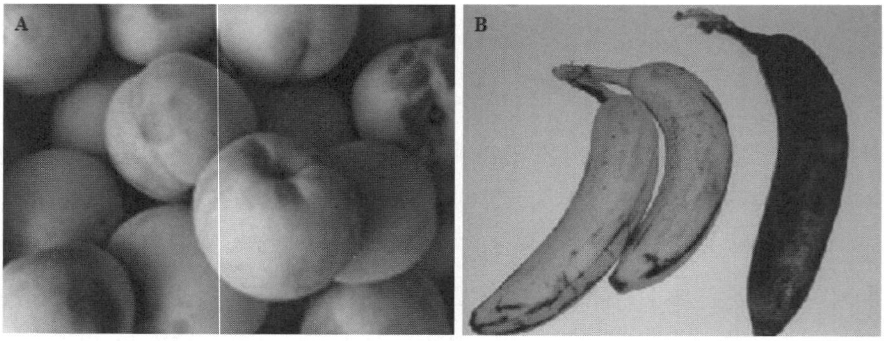

그림 12-2. 원예산물의 장해 (A) 복숭아 압상, (B) 바나나 저온장해

생리적 장해는 공기 조성, 온도, 영양 등의 부적합한 환경조건으로 말미암아 원예산물의 생리이상에 따른 장해이다. 저장 중인 사과 또는 배에 생기는 동해, 저온장해, 가스 장해, 내부 갈변 등은 대표적인 생리적 장해이다(그림 12-2(B)). 주요 원예산물의 저온저장 조건은 표 12-2와 같다.

표 12-2. 주요 원예산물의 저온저장 조건

작물	기온(℃)	상대습도(%)	저장기간	빙점(℃)	비고
배추	0	95-100	2-3개월	-0.6	
무	0	90-95	4-5개월	-1.1	
당근	0	98-100	7-9개월	-1.4	
마늘	0	65-70	6-7개월	-0.8	예건
양파	0	65-70	6-8개월	-0.8	예건
시금치	0	90-95	10-14일	-0.3	
감자	4-10	90-95	5-10개월	-0.6	
수박	2.2-4.4	85-90	2-3주	-0.4	
토마토(완숙)	7-10	85-90	2-3주	-0.5	
딸기	0	90-95	7-10일	-0.8	
오이	10-12	85-90	10-14일	-0.5	
풋고추	5-10	85-95	2-3주	-0.7	

병리적 장해는 곰팡이나 세균 등의 침입에 의해서 원예산물에 생기는 손실이다. 이러한 손실은 일반적으로 저장 조건이 적절하지 않은 경우에 나타난다. 주요 병해로는 잿빛곰팡이병과 탄저병이 있다(그림 12-3). 이 가운데 잿빛곰팡이병은 저온·다습 조건에서 발생한다. 잿빛곰팡이의 균사 생육온도는 5~30°C, 생육 적정온도는 22~24°C이다.

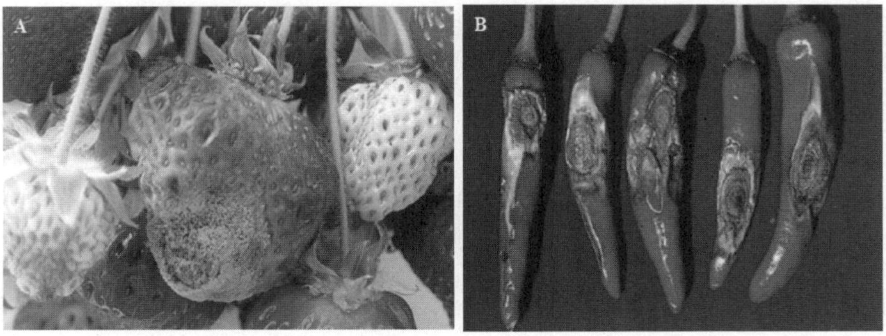

그림 12-3. 원예산물의 병리적 장해 (A) 딸기 잿빛곰팡이병, (B) 고추 탄저병

12.3 수확 후 생리

채소, 과수 및 화훼작물의 중요한 특징은 산소를 흡수하고, 이산화탄소와 열을 방출하는

호흡작용을 지속한다는 점이다. 또한 이들은 증산을 한다. 원예산물이 모식물체에 부착되어 있는 경우 호흡과 증산으로 인한 손실은 수분, 광합성산물 및 무기염류 등의 이동에 의해서 보충된다. 원예산물은 수확 후에도 살아있는 상태를 유지한다. 때문에 수확된 원예산물은 모식물체에 붙어있을 때와 같이 대사과정을 겪게 된다. 수분, 광합성산물과 무기염류의 정상적인 공급원으로부터 원예산물이 분리된 이후에는 자체가 지니고 있는 저장양분과 수분함량에 전적으로 의존한다. 그러므로 소실된 호흡기질과 수분이 보충되지 않으면 품질의 변화가 시작된다.

12.3.1 발육 생리

분화 또는 발아된 원예작물의 일생은 3개의 주요 생리적 단계로 구분된다. 즉 생장, 성숙 및 노화이다(그림 12-4). 생장은 세포 분열과 세포 수의 증가를 포함한 것으로서, 원예산물의 크기를 결정하는 데 기여한다.

성숙(maturation)은 보통 생장이 멈추기 전에 이루어진다. 노화는 동화(합성)적이고 생화학적 과정이 이화(분해)적인 과정으로 전환됨을 의미한다. 노화가 지속될 경우 조직은 궁극적으로 고사에 이르게 된다. 숙성(ripening)은 과실에 적용되는 용어로서, 성숙기 후반부에서 시작하여 노화의 초기단계에 걸쳐 이루어진다. 수확의 관점에서 성숙은 수확 가능한 상태에 도달함을 의미하고, 숙성은 먹기에 알맞은 상태로 성숙된 것이나 노화의 시작에도 해당한다.

과실에서 생장과 성숙은 모식물체에 붙어있을 때에만 이루어지나, 숙성과 노화는 모식물체로부터 떨어져 있을 때에도 진행된다. 과실과 다르게 채소 또는 화훼작물에게서 숙성은 생기지 않는다.

숙성은 여러 변화의 복합적인 결과로서 많은 경우 각각의 변화는 서로 독립적으로 발생한다. 과실의 숙성 단계에서 일어나는 주요 변화로서 호흡의 증가, 에틸렌 합성 및 작용, 세포벽 붕괴에 의한 조직 연화, 색소의 파괴 및 합성, 당과 유기산의 함량 변화, 방향물질의 생성, 종자의 성숙 등이 있다. 이러한 것들은 원예작물에서 나타나는 생리적 및 생화학적 변화로서 원예산물의 수확 후에도 나타난다.

수확된 원예산물에서 일어나는 주요 대사과정에 해당하는 호흡은 전분과 같이 세포 내에 존재하는 복합적인 물질들을 이산화탄소와 물과 같은 단순한 물질로 분해시키는 과정이다. 이 과정에서 에너지와 세포가 합성 반응에 사용하는 다른 분자들을 동시에 생산한다. 호흡은 산소가 있는 가운데 이루어지는 유기호흡과 산소가 없는 조건에서 이루어지는 무기호흡으로 구분된다. 원예산물의 호흡속도는 조직의 대사 활성을 결정하며, 원예산물의 잠재적 저장 기간을 결정하는데 유용한 지표로도 사용된다. 생장, 성숙, 숙성 및 노화 단계에서 산소 소모량 또는 이산화탄소 방출량에 기초하여 과실 또는 채소의 호흡속도가 결정된다. 원예산물의 단위질량당 호흡속도는 미성숙 과실이나 채소에서 가장 높고, 이후 노화되면서 점차 감소한다.

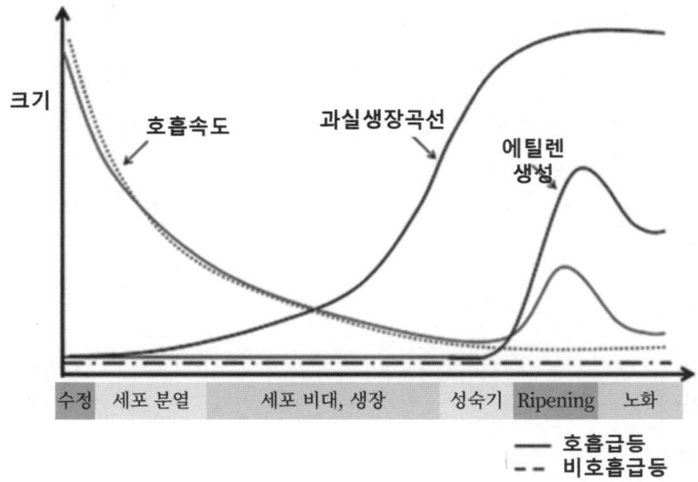

그림 12-4. 원예작물의 생장, 호흡 및 에틸렌 생성 양상

12.3.2 호흡 생리

수확 후 원예산물의 품질과 풍미 변화는 호흡 특성에 따라 다르다. 원예산물의 호흡은 호흡급등(climacteric)과 비호흡급등(non-climacteric)으로 구분된다.

호흡급등은 숙성기에 호흡속도가 일시적으로 급격하게 증가하는 형태이다. 호흡속도의 급격한 증가는 이산화탄소의 생성이 증가하거나 내부의 산소농도가 감소할 때 나타난다. 토마토, 사과, 바나나, 망고 등은 완숙과 더불어 호흡속도가 급격하게 증가하는 호흡급등형 과실이다. 일반적으로 호흡급등은 과실의 크기가 최대에 이를 때 시작된다. 그러므로 호흡급등형 과실은 성숙 단계에서 수확하고, 유통 단계에서 숙성되도록 관리하는 저장 및 유통 기술의 적용이 필요하다.

비호흡급등은 숙성 기간에 호흡속도의 변화가 낮은 형태이다. 포도, 감귤, 딸기, 파인애플 등은 비호흡급등 과실에 해당한다. 비호흡급등 과실은 풍미가 제대로 발현될 때 수확한 후 저장하는 것이 바람직하다.

13.3.3 에틸렌의 효과

호흡급등과 비호흡급등 과실은 에틸렌 첨가에 대한 반응과 성숙기간 중 에틸렌의 생성 양상이 비교된다. 모든 원예산물은 발육기에 에틸렌의 생성이 적다. 그러나 숙성기간에 호흡급등 과실은 비호흡급등에 비해서 에틸렌을 훨씬 많이 생성한다.

에틸렌(ethylene, C_2H_4)은 가장 간단한 구조를 지닌 에틸렌계 탄화수소로서 기체 형태로 생성되는 식물 호르몬의 한 종류이다. 에틸렌은 과실의 숙성, 잎이나 꽃의 노화를 촉진시키는 대사과정을 주도하므로 숙성호르몬 또는 노화호르몬으로 불린다. 이러한 에틸렌의 발생 속도는 과실의 종류 및 품종에 따라 다르다.

일반적으로 에틸렌 발생량이 높은 작물 또는 품종은 저장성이 낮다. 즉 조생종 품종은 만생종에 비해서 에틸렌 발생량이 비교적 많고, 저장성이 낮은 편이다. 그러므로 조생종과 만생종을 동일한 저장실에 보관하면 에틸렌 생성이 적은 만생종이 피해를 입을 가능성이 크다. 따라서 조생종과 만생종의 혼합저장을 피하는 것이 바람직하다. 이밖에 물리적인 충격이나 상처, 스트레스 하에서도 에틸렌의 발생으로 원예산물의 품질이 저하될 수 있다.

한편 에틸렌은 원예산물의 품질 관리에 이용되기도 한다. 이제까지 에테폰(ethephone)과 같은 화학약품이 바나나, 감귤 또는 키위 등의 후숙에 사용되었으나, 최근 들어 천연재료인 숯을 이용한 에틸렌발생제가 사용되고 있다(그림 12-5). 에틸렌발생제는 숯의 가스 흡착 원리를 역이용해 만든 것으로서, 숯에 에틸렌가스를 인위적으로 포화시켜 밀봉한 후 필요에 따라 개봉하면 에틸렌 가스가 서서히 배출된다. 여기에서 후숙은 수확된 과실이 서서히 숙성되는 과정이다(그림 12-6).

그림 12-5. 에틸렌발생제를 이용한 과실의 후숙 (A) 에틸렌발생제, (B) 떫은 감의 후숙

그림 12-6. 후숙 단계에 따른 바나나의 색깔 변화

12.4 수확 후 관리 작업

수확된 원예산물은 선별, 포장, 저장, 가공 등의 공정을 거쳐 소비에 이른다. 이러한 과정에서 원예산물은 수확 방법, 노출된 환경 조건, 운반 과정의 진동 또는 물리적 충격 등에 따라 품질의 변화가 생기거나, 양적인 손실이 나타날 수 있다. 수확 후 관리기술(post-harvest technology)은 원예산물의 생리대사 작용, 수분 함량의 변화, 장해 현상을 감소시키기 위한 기술 등을 응용하여 양적 손실을 방지하고 품질을 보전하는 관리 기술을 의미한다.

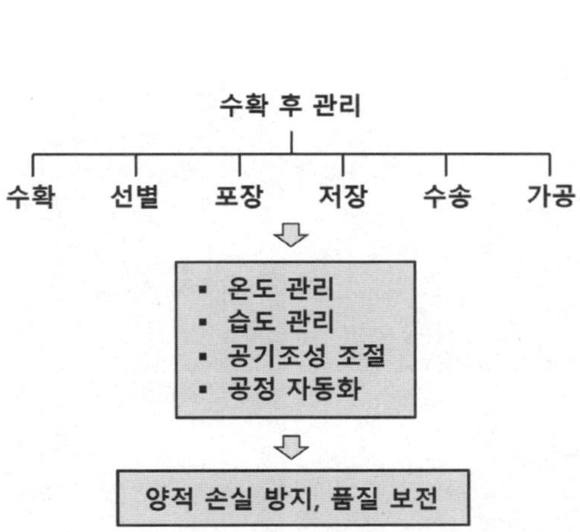

그림 12-7. 수확 후 관리 기술의 범위와 목표

원예산물은 수확 후에도 호흡을 지속한다. 그러므로 수확에서부터 소비에 이르기까지 수확 후 관리가 체계적으로 이루어지지 않으면 적지 않은 질적 또는 양적 손실이 생길 수 있다. 수확 후 관리 기술은 1) 신선도 유지 기술, 2) 상품화 기술, 3) 시스템화 기술을

포함한다.

신선도 유지 기술로서 저장 전처리, 저온유통 및 저장 기술 등이 있다. 저장 전처리 기술에는 예냉, 큐어링(curing), 훈증 등이 포함된다. 예냉은 수확된 원예산물이 지니고 있는 품질을 일정 기간 유지하고자 자체 온도를 낮추는 작업을 말한다. 예냉 방법으로 강제통풍식, 차압통풍식, 진공식, 냉수식 등이 있다. 큐어링은 고구마, 감자, 양파 등을 저장하기 전에 일정한 기온과 습도 조건에서 보관하여 수확 시에 생긴 표면의 상처를 치유하고 수분손실이나 부패에 의한 손실을 최소화하는 작업이다. 훈증은 일정 온도와 압력 조건에서 해충을 사멸시키고자 가스 상태로 개발된 약제를 처리하는 방법이다.

저온유통 기술은 산지 저온저장과 저온수송을 포함한다. 저장 방법으로서 상온저장, 저온저장, CA저장, MA저장 등이 포함된다. (상세한 내용은 13장 5절에서 소개함)

상품화 기술은 출하 전처리, 선별 및 포장 기술을 포함한다. 세척, 다듬기, 박피, 탈삽, 후숙 등은 출하 전처리에 해당한다. 선별은 무게, 색깔, 당도, 산도, 숙도, 병해충 피해 유무 등에 따라 정상적인 것과 비정상적인 것을 구분하는 작업이다.

시스템화 기술에는 포장 기술과 유통 기능이 포함된다. 전국의 농산물 주산지에 설치되어 있는 농산물산지유통센터(agricultural products processing center, APC)는 선별, 포장, 저장 및 출하 등 농산물의 상품성 제고를 위한 복합적인 기능을 수행하는 거점 시설로서 시스템화 기술이 적용된 대표적인 사례이다.

그림 12-8. 농산물 산지 유통 센터

12.5 원예산물의 저장 방식

수확된 원예산물의 신선도를 보존하기 위한 기본적인 원칙은 다음과 같다. 첫째, 저장실의 기온을 낮추되 동해 피해가 생기지 않아야 한다. 둘째, 건조한 조건에서는 과도한 증산으로 원예산물이 수축되거나 시들기 때문에 적정 습도를 유지한다. 셋째, 원예산물의 호흡 속도를 줄여 호흡에 의한 손실을 억제한다. 원예산물의 저장 방식으로는 상온저장, 저온저장, MA저장, CA저장 등이 있다.

1) 상온저장

상온저장(ambient temperature storage)은 상온 상태에서 원예산물을 보관하는 방식이다. 이 방식은 농가 단위에서 마늘, 양파, 감자 등의 보관에 쓰인다(그림 12-9). 원예산물 주변의 기온과 상대습도가 지속적으로 변하면서 맹아, 2차 생장 또는 병충해로 인한 부패로 인해서 품질 저하가 생길 수 있으므로 장기적인 저장 방식으로는 적합하지 않다. 지하실 또는 동굴을 이용하는 경우도 있는데, 이것은 동굴 내의 기온과 상대습도의 변화가 외부에 비해서 작기 때문이다.

그림 12-9. 원예산물의 상온저장 (A) 마늘, (B) 감자의 맹아

2) 저온저장

저온저장(low temperature storage)은 저장고에 냉동기를 설치하여 기온을 -5~5°C의 일정온도로 낮추어 저장하는 방식이다.

저온저장고의 냉동 사이클은 4개의 기본 과정, 즉 압축, 응축, 팽창 및 증발 과정으로 구성된다(그림 12-10). 압축 과정은 저온저압의 가스 상태로 흡입된 냉매가 압축기(compressor)에 의해서 고온고압 가스로 변하는 과정이다. 응축 과정은 고온고압의 냉매 가스가 응축기(condenser)에서 중온고압의 액체로 변하는 과정이다. 팽창 과정은 팽창밸브(expansion valve)에서 냉매를 저온저압의 액체로 만들어 증발하기 쉽도록 만드는 과정이다. 증발 과정은 증발기(evaporator)에서 저온저압의 냉매가 증발하면서 열을 흡수하여 저온저압 가스로 변하는 과정이다.

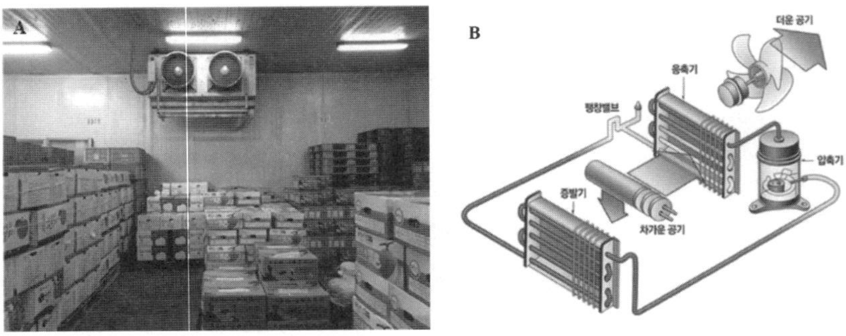

그림 12-10. 저온저장고 (A) 내부 모습, (B) 냉동기 구성 요소

저온저장고의 벽체는 단열 성능이 우수한 폴리스티렌 폼(polystyrene foam)이나 폴리우레탄(polyurethane)을 채운 샌드위치 패널 구조로 이루어진다. 패널의 외부는 아연도금 철판이 사용된다. 저장고의 실내에는 증발기, 팽창밸브, 팬, 팬 모터, 제상장치 등으로 구성된 유닛쿨러(unit cooler)가 설치되고, 실외에는 압축기, 응축기, 팬으로 구성된 실외기가 설치된다.

원예산물의 저온저장고는 저온을 유지하되 기온 편차가 적어야 하고, 상대습도는 90% 이상을 유지해야 한다. 사과, 배 등 과실류의 저온저장 조건은 기온 0~3°C, 상대습도 90~95%이며, 양파는 기온 0~1°C, 상대습도 70~75%이다.

3) MA저장

원예산물은 수확 후에도 대기 중의 산소를 흡수하고 이산화탄소를 방출하는 호흡작용을 계속한다. 따라서 공기의 흐름을 제어하는 PE필름 등으로 원예산물을 포장하면 포장 내부의 산소농도는 감소하고 이산화탄소 농도는 증가하여 작물의 호흡작용을 억제한다. 그 뿐만 아니라 포장 내부의 상대습도가 높게 유지되어 증산작용을 억제시켜준다. 이러한 저장 방법을 MA(modified atmosphere)저장이라 한다.

MA저장은 원예산물의 호흡 특성과 밀봉 재료에 따라 포장 내부의 가스 농도가 변하는 원리를 이용한 저장 방식이다. 가스 농도가 정밀하게 조절되지 않으므로 MA저장은 간이가스저장으로도 불린다. MA저장은 원예산물을 일정 기간 동안 저장하는 저온저장과 다르게 PE필름을 이용한 간단한 포장 처리로서 원예산물의 신선도를 유지하므로 간이가스포장

(modified atmosphere packaging, MAP)으로도 불린다(그림 12-11). MAP는 원예산물 뿐만 아니라 육류, 생선 등의 보관에도 널리 사용된다.

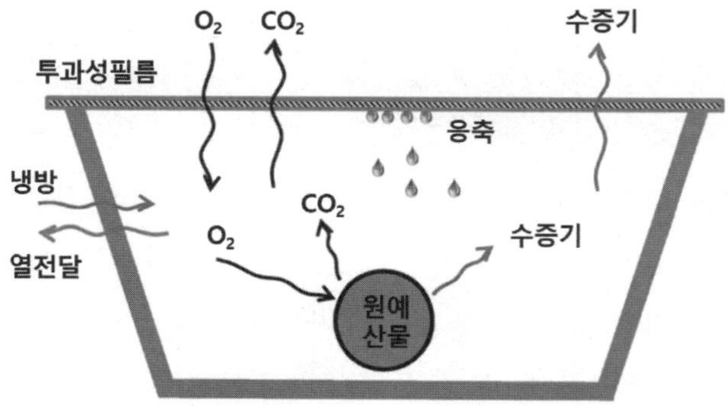

그림 12-11. 원예산물의 간이 가스포장에서의 변화

4) CA저장

원예산물의 호흡에 의해 발생된 공기조성을 이용하는 MA 저장과는 다르게 보다 적극적인 방법으로 저장고 내 공기조성을 인위적으로 조절해주는 저장 방식을 CA(controlled atmosphere)저장이라 한다.

대기의 조성은 질소 78%, 산소 21%, 이산화탄소 0.03% 이나, CA저장의 경우 질소 90~96%, 산소 1~5%, 이산화탄소 3~4%를 유지한다. 결과적으로 CA저장에서는 산소 농도를 낮추고, 반대로 질소와 이산화탄소 농도를 높이는 방식으로 원예산물의 신선도를 유지한다.

CA저장은 공기조성 뿐만 아니라 저온저장에 의해서 원예산물의 저장수명을 연장한다. 그러므로 CA저장고에서는 기온과 상대습도 조절을 위한 냉동기뿐만 아니라 공기조성을 위한 질소발생기(nitrogen generator), 이산화탄소제거기(CO_2 scrubber), 에틸렌제거기(ethylene scrubber), 가스농도 조절기 등이 사용된다(그림 12-12).

CA저장은 공기 조성에 의한 저온저장이 가능하므로 원예산물의 호흡 억제, 에틸렌 생성 및 작용 억제, 유기산의 감소·과육의 연화·엽록소의 분해 등과 같은 과실의 숙성과 노화 지연, 미생물의 생장과 번식 억제 등의 장점을 지닌다. 단점으로는 초기 시설비가 많이 들며, 가스 농도가 적절하지 않을 경우 원예산물의 불규칙한 숙성 또는 생리 장해가 나타날 수 있다. 또한 CA저장 관련 전문가가 필요하다.

CA저장고에서는 산소, 이산화탄소 및 질소 등의 가스 농도가 조절되어야하므로 저장고가 완전한 밀폐 상태를 이루어야 한다. 더구나 저장고 내의 산소 농도가 대기 조건에 비해서 매우 낮기 때문에 작업자의 안전에 유의해야 한다.

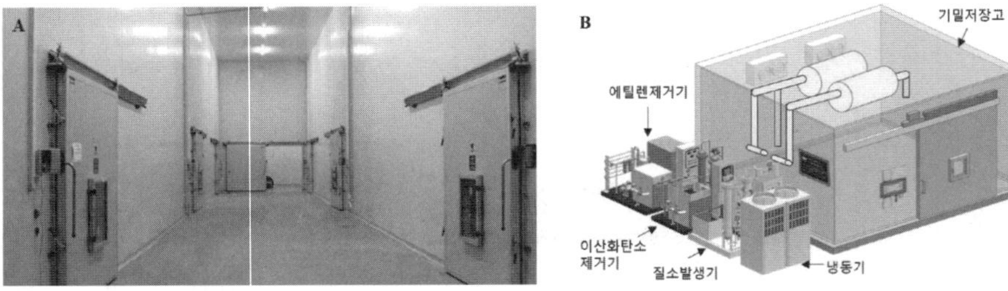

그림 12-12. CA저장고 (A) 외관, (B) 환경조절과 공기조성 구성 요소

CO_2 4%, O_2 3%, 기온 2°C로 조절된 CA저장고에서 8개월간 저장된 사과 '후지(Fuji)'의 감모율은 3.6%로서 상온저장고와 저온저장고의 감모율 67.8%, 34.3%에 비해서 현저하게 줄어들었다. 한편 적정 가스 농도는 원예산물의 품목과 품종은 물론 재배 조건, 수확시기 및 수확 후 처리 조건 등에 따라서 다를 수 있다.

표 12-3. 원예산물의 CA저장 조건과 저장 가능기간

구분		온·습도		가스농도(%)		저장가능기간 (개월)
품목	품종	온도(℃)	습도(%)	CO_2	O_2	
사과	후지	0-2	85-90	3	4	10
배	신고	0-2	85-90	3	3	7
감	단감	0-2	85-90	9	2	5
복숭아	유명	0-2	85-90	1	3	2
참다래	Hayward	0-2	85-90	5	2	6
대추	무등	0-2	85-90	1	10	2
자두	솔담	0-2	85-90	0	1	3
마늘	서산재래	0-2	90-95	8	3	8
미니토마토	루비	5-7	90-95	0	2	1
풋고추	금탑	5-7	90-95	0	3	1
수박	대감	7-10	90-95	0	3	2

CA저장에서 저장성 향상을 위한 주의 사항은 다음과 같다. 1) CA저장 대상이 되는 원예산물의 호흡급등이 일어나기 전에 저장고에 입고해야 한다. 즉 성숙 초기단계에 수확해야 함을 의미한다. 2) CA저장고가 완전하게 밀폐되고, 충분히 단열되어야 한다. 3) 저장고 내 가스 조절 후 자체 호흡에 의해 발생된 CO_2와 에틸렌 제거를 위한 제거장치가 필요하다. 4) CO_2가 축적될 경우 CO_2 과잉에 따른 무기호흡, 즉 알코올 발효에 따른 알코올 생성, 내부 갈변 등에 의한 생리장해 발생에 유의해야 한다.

12.6 원예산물의 품질 기준

원예산물의 품질은 상품성과 관련된 개념으로서, 우수성의 정도(degree of excellence)를 의미한다. 소비자의 구매 행태는 원예산물의 품질에 대한 소비자의 인식을 반영한 결과로 판단된다. 소비자가 원예산물을 구매할 때 영향을 미치는 인자가 2000년도의 조사에서는 풍미(맛, 향), 신선도, 외관이 상위를 차지하였고, 영양, 가격, 유통기간, 안전성, 편리성 등이 다음으로 나타났다. 한편 2011년에는 신선도, 맛, 안전성, 원산지, 가격 등의 순서로 구매에 영향을 미치는 것으로 조사되었다. 상기의 조사 결과에서 원예산물의 신선도와 맛이 소비자들이 중요하게 여기는 구매 인자로 나타났다. 한편 농산물의 안전성과 원산지에 대한 소비자의 관심이 늘어난 가운데 가격보다 우선순위에 위치하였다.

원예산물의 품질과 관련된 주요 인자는 표 12-4와 같다. 대표적인 주요 인자는 외관으로서 크기, 모양, 색, 광택, 결함 유무 등이 이에 해당된다. 이제까지 외관에 대한 평가는 주로 육안으로 이루어졌다. 그런데 평가자 또는 조명 상태에 따라서 평가 기준이 다를 수 있다. 이러한 이유로 인해서 최근에는 조명 시스템을 갖춘 카메라가 원예산물의 외관 평가에 사용되고 있다.

풍미는 원예산물의 단맛, 신맛 또는 향을 나타낸다. 맛 또는 향은 원예산물을 평가하는 중요한 감각이나, 주관적인 요소로서 평가자에 따라 다를 수 있다. 최근에는 맛 또는 향을 객관적으로 측정하고 정량화하고자 화학적 센서를 이용한 전자 혀(electronic tongue) 또는 전자 코(electronic nose)가 개발되었다.

영양 관련 요소로서 탄수화물, 단백질, 지질, 비타민 등이 있다. 원예산물은 곡물과 다르게 수분 또는 비타민을 많이 지니고 있다. 원예산물에 함유되어 있는 파이토케미컬이나 색소가 항산화 효과를 지니고 있는 바, 이러한 성분을 강화하기 위한 처리 기술이 재배 및 가공 과정에 적용되고 있다.

원예산물의 안전성은 소비자들의 주요 관심사항으로서 아무리 강조해도 지나침이 없다. 병충해 방제 또는 생육 촉진을 목적으로 재배 과정에 합성농약 또는 화학비료가 쓰인다. 또한 산업 폐기물, 농약, 중금속 등의 유해 물질이 축적된 토양 오염으로 인해서 원예작물의 생육이 저해될 수 있다. 자유무역협정(Free Trade Agreement, FTA)으로 인해서 오렌지, 포도 등의 농산물 수입량이 늘어나고 있다.

표 12-4. 원예산물의 품질과 관련된 주요 인자

주요 인자	요소
외관	크기 모양 색 광택 결함 유무: 형태, 기계적, 생리적, 병리적
풍미	단맛(당), 신맛(유기산), 향
영양	탄수화물, 단백질, 지질, 비타민, 무기성분
안전성	오염물질(잔류농약, 중금속, 미생물), 원산지, 천연 독성물질
조직감	Firmness, softness, juiciness, chewiness, fibrousness, crispness, oiliness, stickiness

이에 따라 소비자들은 수입된 농산물의 품질 뿐만 아니라 원산지에 대해서도 많은 관심을 지니고 있다. 그 만큼 농산물의 안전성에 대한 소비자들의 관심이 커지고 있는 바, 이를 효과적으로 판별할 수 있는 장치 또는 시스템의 개발이 필요하다.

원예산물의 품질에 영향을 미치는 요인으로는 품종, 기상 조건, 재배 기술, 적기 수확, 수확 후 관리기술 등을 들 수 있다. 기온·강우·일사량·서리 등의 기상 조건, 시비·관수·환경요소 등을 적정 수준으로 관리하는 재배 기술은 원예산물의 품질을 높이는 데 절대적으로 필요하다. 이것뿐만 아니라 적정 수확시기의 결정도 과실의 품질에 큰 영향을 미친다. 과실이 성숙기에 들어서면 생산자는 적정 수확시기를 결정해야 한다. 일정한 기상 조건에서 재배된 원예산물의 품질은 수확과 함께 결정된다. 그러므로 수확 후에는 품질을 향상시키기보다 신선도를 유지하면서 품질을 보전하는 수확 후 관리기술의 적용이 필요하다.

12.7 농산물의 품질 인증

국립농산물품질관리원은 농산물의 안전성 조사, 친환경 농산물 인증, 농산물 우수관리 인증 및 규격출하 등 품질 관리 등의 사무를 관장한다. 농산물 및 가공식품의 인증 분야로는 친환경 농산물, 우수관리 농산물, 우수 식품 및 지리적 표시 농산물이 있다.

친환경 농산물은 생물의 다양성을 증진하고, 토양에서의 생물적 순환과 활동을 촉진하며, 농업 생태계를 건강하게 보전하기 위하여 합성농약, 화학비료, 항생제 및 항균제 등 화학자재를 사용하지 아니하거나 사용을 최소화한 건강한 환경에서 생산한 농축산물을 일컫는다. 현재 친환경 농산물은 생산 방법과 사용 자재 등에 따라 유기농산물, 유기축산물, 무

농약농산물로 분류된다(그림 12-13). 과거에는 저농약농산물이 친환경 농산물에 포함되었으나, 2010년부터 인증 항목에서 폐지되었다.

그림 12-13. 친환경 농산물의 인증 로고

농산물 우수관리(good agricultural practices, GAP) 인증은 생산에서 판매 단계까지 안전관리 체계를 구축하고자 2006년부터 시행되었다. 특히, 농산물의 안전성에 문제가 발생할 경우 해당 농산물을 추적하여 원인을 규명하고 필요한 조치를 할 수 있도록 농산물의 생산부터 판매 단계까지 각 단계별로 정보를 기록·관리하는 농산물 이력추적 관리 제도가 도입되었다.

그림 12-14. 농산물 우수관리 인증과 이력추적 관리 로고

우수 식품 인증은 가공식품 산업표준 KS 인증, 전통식품 품질 인증, 원산지 인증이 포함된다. 가공식품 산업표준 KS 인증은 합리적인 식품 및 관련 서비스의 표준을 제정·보급함으로써 가공식품의 품질고도화 및 관련 서비스의 향상, 생산기술 혁신을 기하여 거래의 단순·공정화 및 소비의 합리화를 통하여 식품산업 경쟁력을 향상시키고자 도입되었다. 전통식품 품질 인증은 국내산 농수산물을 주원료로 사용하여 제조·가공·조리되며 우리 고유의 맛·향·색을 내는 우수한 전통식품에 대하여 정부가 품질을 보증하는 제도이다. 원산지 인증은 농산물을 원료로 가공하고 조리한 식품의 원산지에 대한 신뢰 강화를 목적으로 시행되고 있다.

지리적 표시 농산물은 농·수산물 또는 농·수산 가공품의 명성, 품질 또는 특징이 본질적으로 특정 지역의 지리적 특성에 기인하는 경우 그 특정 지역에서 생산된 특산품임을 표시하는 제도이다.

연습문제

1. 원예산물의 수확 후 손실 유형에 대해서 설명하시오.
2. 원예산물의 호흡급등과 비호흡급등에 대해서 설명하시오.
3. 원예산물의 에틸렌 반응과 효과에 대해서 설명하시오.
4. 수확 후 관리기술의 중요성을 설명하시오.
5. 농산물산지유통센터의 기능을 설명하시오.
6. 원예산물의 저장 방식을 설명하시오.
7. 원예산물의 품질에 영향을 미치는 주요 인자에 대해서 설명하시오.
8. 농산물의 품질 인증 제도에 대해서 설명하시오.

참고문헌

국립농산물품질관리원 https://www.naqs.go.kr/main/main.do

이승구. 1997. 원예작물의 수확 후 생리. 도서출판 성균사.

Belay, Z.A., Caleb, O.J., and Opara, U.L. 2016. *Modelling approaches for designing and evaluating the performance of modified atmosphere packaging (MAP) systems for fresh produce: A review.* Food Packaging and Shelf Life 10:1-15.

Bodbodak, S. and M. Moshfeghifar. 2016. *Advances in controlled atmosphere storage of fruits and vegetables.* Eco-Friendly Technology for Postharvest Produce p.39-76. Academic Press.

Kader, A.A. 1992. *Postharvest technology of horticultural crops.* University of California.

제13장
원예 작업기계

13.1 작업 체계

원예 작물의 작업 체계는 수확 작업을 기준으로 수확전(Pre-harvest) 작업과 수확후(Post-harvest) 작업으로 구분된다.

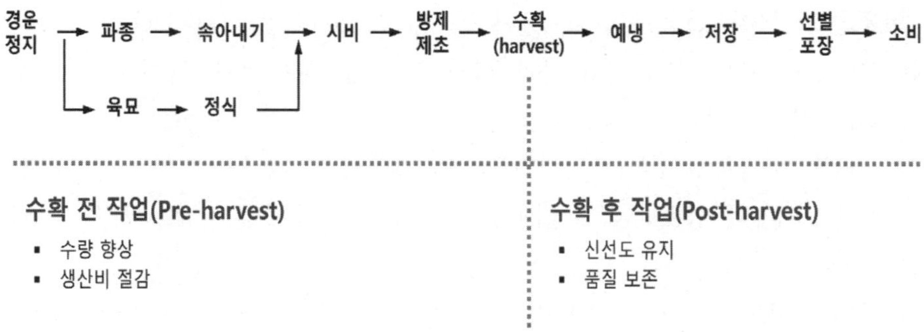

그림 13-1. 원예작물의 작업 체계

수확전 작업에는 경운·정지, 파종, 육묘, 시비, 방제, 제초 작업 등이 포함된다. 수확전 작업의 목적은 작물을 제대로 키워서 수량과 품질을 높이는 데 있다. 또한 작물의 재배 단계별로 필요한 관리 노력과 생산비를 절감하는 데 있다. 수확후 작업으로는 수확을 비롯해서, 예냉, 저장, 선별·포장, 유통 등이 포함된다. 일정한 환경 조건에 노출되면서 재배된 원예작물의 품질은 수확 시기에 거의 결정된 상태이다. 때문에 수확후 작업에서는 이러한 품질을 보존하면서 신선도를 유지하는 것이 중요하다.

경운·정지는 작물 재배에 앞서서 경지를 준비하는 기본적인 작업이다. 이 작업은 토양을 부수어 입자를 작게 만들고, 토양 표면을 고르게 하여 파종 또는 이식이 제대로 이루어지도록 한다. 다음으로 경운·정지된 경지에 파종하거나, 육묘된 묘를 옮겨 심는 이식(transplanting) 작업이 이루어진다. 과거에는 파종 후 발아가 이루어진 상태에서 건전한 작물을 1주만 남겨놓고 나머지를 솎아내었다. 그런데 솎아내기 작업에 많은 노동력이 필요한 데다 비싼 종자 값으로 인해서 솎아내기 대신에 묘를 옮겨 심는 이식 작업이 보편화되었다.

육묘는 파종 후 발아된 어린 묘를 일정 기간 동안 길러 이식에 적합한 묘로 만드는 작업으로서 자가 육묘와 위탁 육묘로 나누인다. 자가 육묘는 이식에 필요한 묘를 농가가 직접 파종하여 묘를 키우는 것이다. 육묘 단계에서 수분, 양분 및 환경 관리에 많은 노력이 소요되므로 자가 육묘는 점차 줄어들고 있다. 대신에 채소 실생묘와 접목묘를 전문적으로 생산하는 육묘장(nursery)에 의한 타가 육묘가 늘어나고 있다.

이식은 육묘 과정을 거쳐 완성된 묘를 노지 또는 온실 내에 옮겨 심는 작업이다. 고추, 배추 등의 이식을 위한 채소 이식기가 일부 보급되고 있으나, 대부분의 이식 작업이 인력으로 이루어지고 있다.

시비는 작물의 생장에 필요한 양분을 공급하고자 비료를 주는 작업이다. 적정 시비량은 먼저 작물이 요구하는 양분의 양을 알아내고, 시비한 비료가 실제로 작물에 흡수 및 이용되는 비율을 고려하여 결정한다. 노지에서 질소는 흡수율이 40~60%, 인산은 15~20%, 칼리는 70~100% 정도이다. 시설 재배지에서 양분 흡수율은 질소 50%, 인산 20%, 칼리 60~80% 정도로 알려져 있다. 온실에서는 강우에 의한 양분 용탈이 거의 없기 때문에 작물 재배 후 경지에 양분이 남아있을 가능성이 높다. 따라서 토양 중 양분 함량을 고려한 시비량 계산이 필요하다. 시설재배에서 비료 과다에 따른 농도 장해가 나타날 수 있으므로 이에 유의해야 한다.

방제는 작물 재배 중 발생하는 병해충으로부터 농작물을 보호하고, 농작물의 생육을 촉진 또는 억제하여 수량과 품질을 높이며, 저장 시 병해충에 의한 손실을 방지하는 작업이다. 제초는 작물의 영양분을 빼앗아 정상적인 생장을 방해하는 잡초를 제거하는 작업이다. 과거에는 수작업으로 잡초를 제거하였으나, 최근에는 제초제를 사용하거나 로봇을 이용한 제초가 시도되고 있다.

수확은 재배한 원예작물의 잎, 꽃, 뿌리, 열매 등을 얻는 작업이다. 수확의 시기는 농작물의 종류에 따라 다르다. 수확 시기에 결정적으로 영향을 주는 것은 작물의 발육 정도, 재배 조건, 시장 및 기상 조건 등이다. 작물의 수확 적기를 판정하는 핵심 기준은 수량과 품질이다. 원예작물의 수확이 반드시 완숙기에 이루어지는 것은 아니다. 예를 들면, 과일은 완전히 익은 것이 가장 맛이 좋으나 곧 소비하지 않으면 썩기 쉽고 저장 또는 운송·판매에 취약하다. 이러한 경우에는 수확 시기를 조금 앞당겨 대비하는 것이 유리하다.

예냉은 수확기에 원예산물이 지니고 있는 품온을 낮추는 작업이다. 품온이 높으면 호흡량이 증가하면서 품질이 저하된다. 때문에 채소, 과실, 화훼류의 본격적인 저장에 앞서서 신선도를 유지하려면 이들에 대한 예냉이 필요하다.

수확된 원예산물을 한꺼번에 소비할 수 없고, 다음 수확이 이루어지기까지 소비를 분산시켜야하는 데 이를 위해서 저장이 필요하다. 품목에 따라 수일부터 수주에 걸쳐 이루어지는 단기 저장과 수개월 동안 저장되는 장기 저장으로 나누인다.

원예작물의 품질은 채소·과실·화훼류의 맛, 시각적 특징(모양, 형태 등), 향기 등이 얼마나 우수한지를 나타내는 지표이다. 원예산물의 선별은 품질을 균일하게 함과 동시에 등급을 매기기 위한 작업이며, 선별된 원예산물은 적당한 개수 또는 무게를 기준으로 포장된다.

원예작물의 작업 체계에서 노동력이 가장 많이 소요되는 작업은 이식과 수확 작업이다. 농가 인구의 감소와 고령화에 직면한 국내 농업 여건에서 이식 또는 수확 작업의 기계화가 크게 요구되고 있다.

13.2 수확 전 작업기계

13.2.1 경운·정지용 기계

경운·정지는 토양의 물리성을 개선해주는 작업이다. 즉, 작물의 뿌리가 발달하고 잘 자라도록 단단해진 토양을 부드러운 구조로 만들어 주는 작업이다.

경운·정지 작업에 쟁기 또는 로터베이터가 쓰인다. 쟁기(plow)는 흙을 갈아엎는 기능을 한다. 로터베이터(rotavator)는 정지 작업, 즉 날의 회전 운동으로 토양 입자를 잘게 부수고 표면을 고르게 하는 데 필요한 작업기이다(그림 13-2). 쟁기 또는 로터베이터는 주로 트랙터에 부착되어 사용된다(그림 13-3). 작업기의 부착 방법은 견인식, 반장착식, 장착식으로 구분된다.

그림 13-2. 경운·정지용 작업기 (A) 쟁기 (B) 로터베이터

그림 13-3. 트랙터를 이용한 농작업 (A) 경운 작업, (B) 정지 작업

13.2.2 파종기

파종기는 직파용 파종기와 육묘용 파종기로 구분할 수 있다. 직파용 파종기는 주행하면서 일정 깊이로 골을 내고, 골에 종자를 뿌린 후 흙으로 덮고 다지는 작업을 수행한다. 당근·마늘 등의 파종에 쓰이는 직파용 파종기는 주로 트랙터 부착형으로 사용된다.

그림 13-4. 트랙터 부착형 파종기 (A) 당근 파종 (B) 마늘 파종

육묘용 파종기는 플러그트레이에 종자를 파종하는 작업기계로서, 채소류와 화훼류의 파종에 쓰인다. 동력원에 따라 수동식, 반자동식 및 자동식 파종기로 구분된다(그림 13-5). 종자를 1립씩 파종하고자 평판, 드럼, 노즐 등이 사용되고 있다. 이 가운데 육묘장에서는 진공노즐을 이용한 파종기가 널리 쓰이고 있다.

파종기의 파종 효율을 높이기 위해서 종자에 대한 가공처리가 적용되고 있다. 주요 가공처리 기술은 필름코팅(film costing), 펠렛코팅(pellet coating), 프라이밍(priming)이다. 필름코팅은 종자의 품질을 향상시키고 식별하기 쉽도록 표면에 친수성 막을 입히는 기술이고, 펠렛코팅은 종자의 활성을 증가시키면서 파종하기 쉽도록 크기를 키우는 기술이다. 프라이밍은 종자의 발아 속도와 균일성을 높이기 위한 처리 기술이다.

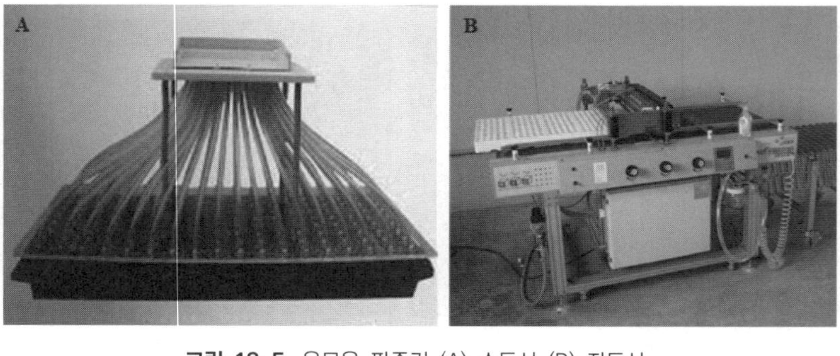

그림 13-5. 육묘용 파종기 (A) 수동식 (B) 자동식

13.2.3 육묘 관련 기계

육묘는 파종, 발아, 접목 및 활착, 생장 조절, 병충해 관리, 저장, 수송 등의 여러 과정이 포함된 작업이다. 육묘 관리에 많은 노력과 경험이 요구되므로 재배 농가는 재배에만 전념하고, 육묘를 전문가들에게 의뢰하는 방식으로 바뀌어가고 있다. 즉 채소의 재배와 육묘가 분업화되면서 육묘장에서의 묘 생산이 늘어나고 있다.

전국의 주요 육묘장에서는 재배 농가로부터 주문받은 채소 실생묘 또는 접목묘를 전문적으로 생산한다. 실생묘는 종자가 발아하여 생장된 묘이다. 배추, 양파 등의 채소류와 화훼류 묘가 이에 해당한다.

접목은 수박, 오이 등의 박과 채소와 토마토, 가지, 고추 등의 가지과 채소에서 접수와 대목을 접합시키는 작업이다. 접목묘는 접수와 대목용 종자를 각각 파종하여 발아시킨 후 접목 과정을 거쳐 정식용으로 완성된다. 과채류 접목 방법으로는 호접, 합접, 삽접 등이 사용된다(그림 13-6). 접목묘는 병충해 저항성, 저온 또는 토양염류와 같은 환경 스트레스에 대한 내성, 양분과 수분의 흡수 능력이 크기 때문에 접목묘의 수요가 꾸준하게 늘어나고 있다.

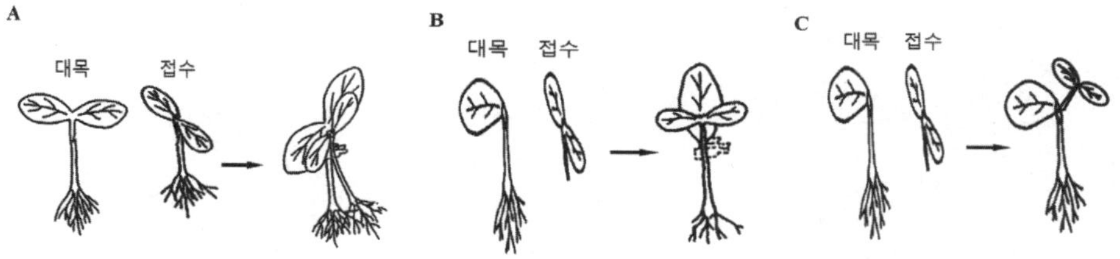

그림 13-6. 과채류 접목 방법 (A) 호접 (B) 합접 (C) 삽접

실생묘 또는 접목묘를 육묘할 때 플러그트레이(plug tray)가 널리 쓰인다. 플러그트레이는 얇은 플라스틱으로 이루어진 육묘용 판에 상토를 채울 수 있는 구멍(孔, cell)이 만들어져 있다(그림 13-7). 크기는 가로 540~590mm, 세로 280~300mm로서 트레이에 만들어진 구멍 수에 따라 32공부터 512공까지 다양하다(표 13-1). 구멍은 단면의 형상을 기준으로 사각형과 원형의 두 가지가 있다. 규격화된 플러그트레이에서 육묘가 완성되므로 이와 같이 생산된 묘를 플러그묘(plug seedlings) 또는 공정묘라 부른다.

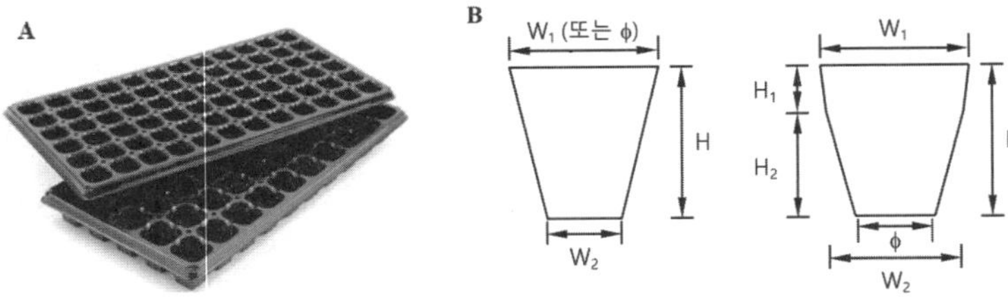

그림 13-7. 육묘용 플러그트레이 (A) 외관, (B) 구멍 크기

표 13-1. 채소 육묘용 플러그트레이의 종류와 특징

구멍 수	구멍 형상	구멍 크기 ($W_1 \times H \times W_2$ 또는 $W_1 \times H_1 \times H_2 \times W_2$)	구멍 체적 (mL)
32	사각형	58×63×42	150
32	원형	57×48×45	100
40	사각형	45×51×31	68
50	사각형	50×46×30	73
50	원형	48×46×29	53
72	사각형	36×45×22	34
72	원형	38×45×25	37
80	사각형	23×45×14	16
105	사각형	31×48×20	30
128	사각형	28×41×17	17.5
162	사각형	25×45×15	15
200	사각형	22×42×11	10
288	사각형	19×43×9	8
406	사각형	15×26×11	3.5
420	사각형	15×4×22×13	3.5
512	사각형	13×4×22×10	2.5

육묘장에서 많이 사용되는 기계 및 시설로는 파종 시스템, 발아실, 접목묘 활착실, 관수 장치, 재배용 베드 등이 있다. 파종 시스템에서는 플러그트레이 공급, 상토 충전, 파종, 복토, 관수 및 트레이 반송 등의 작업이 순차적으로 이루어진다.

그림 13-8. 육묘용 파종 시스템

육묘장에서 소질이 균일한 묘를 대량으로 생산하려면 발아실과 활착실이 필요하다(그림 13-9). 발아실은 종자의 균일한 발아를 위해서 발아실 내의 기온과 상대습도의 조절이 가능하다. 파종된 플러그트레이는 대차에 실린 상태로서 발아실에 입고된다. 실내에는 작업 등 이외의 광원이 설치되어 있지 않다.

한편 활착실은 접목묘의 원활한 활착, 즉 접수와 대목의 제대로 된 결합을 위해서 기온, 상대습도 및 광강도를 조절할 수 있어야 한다. 활착실에는 LED가 인공광원으로 사용된다. 과채류 접목묘의 적정 활착 조건은 기온 25~27℃, 상대습도 90% 이상, 광합성유효광량자속 $50\mu mol \cdot m^{-2} \cdot s^{-1}$ 정도이다. 활착실에서 3~4일간 활착된 접목묘는 온실 내로 옮겨져 정식용 묘로서 완성된다. 이 때 활착실 내부와 온실 내의 광강도, 상대습도, 기온 등의 물리적 환경이 크게 다르므로 접목묘가 스트레스를 받지 않도록 환경관리에 유의해야 한다.

그림 13-9. 발아 및 활착 과정 (A) 발아실, (B) 활착실

필요한 수량의 과채류 접목묘를 생산하려면 접수와 대목의 확보, 절단, 접목 등의 여러 작업이 필요하므로 많은 노력이 소요된다. 이를 해결하고자 과채류 접목 로봇이 개발되고

있다(그림 13-10).

접목 로봇은 대목과 접수의 공급부, 공급된 대목과 접수를 절단하고 접합부로 이송하는 절단 및 이송부, 집게를 자동으로 공급하는 집게 공급부, 대목과 접수의 절단면을 맞추면서 집게로 고정하는 접합부, 접목된 묘를 배출하는 배출부, 접목 로봇의 구성 부위를 유기적으로 구동하는 제어부 등으로 구성된다. 접수와 대목의 공급 방식에 따라 접목 로봇은 반자동식과 자동식으로 구분된다. 접목 로봇의 처리 능력은 시간당 600~1,200주 정도이다.

그림 13-10. 과채류 접목 (A) 수작업에 의한 접목 (B) 접목 로봇

관수 장치는 파종 또는 육묘 단계에서 사용된다. 파종 단계에서 관수 장치는 파종 시스템의 구성 요소이다. 육묘 단계에서는 붐 관수기가 쓰인다. 붐 관수기는 1개의 붐(boom) 대에 다수의 노즐이 설치되고, 관수용 호스가 연결된 형태로서 두상식의 관수가 가능하다(그림 13-11). 재배용 베드의 상부에 설치된 붐대는 베드 위에 설치된 레일을 따라 수평으로 이동된다.

그림 13-11. 붐대를 이용한 관수 장치

13.2.4 이식기

이식(transplanting)은 육묘가 완료된 묘를 노지 또는 온실 내에 옮겨 심는 작업으로서, 정식으로도 불린다. 과채류를 포함한 대부분의 원예작물은 이식 작업을 거친다. 이제까지 원예작물의 이식은 주로 인력에 의해서 이루어졌다. 때문에 재배 단계에서 노동력이 많이 요구되는 작업이다.

최근 들어 배추, 양배추, 고추, 양파 등의 이식이 가능한 이식기가 개발되고 있다. 이식기는 모판에서 묘를 뽑아내는 추출 장치, 묘의 공급 및 식부장치, 식부 깊이 조절 장치, 묘의 전후 간격을 조절하는 주간조절장치, 수평제어장치 등으로 구성된다.

이식기는 묘의 공급 방식에 따라 반자동식과 자동식으로 구분된다. 반자동식은 묘의 공급이 인력으로 이루어지는 방식으로서, 기계 구조 및 작동이 단순하다. 여러 종류의 채소를 이식할 수 있는 장점은 있으나, 이식의 조수가 늘어나면 보조 작업자가 필요하고 작업 속도가 느린 단점이 있다. 자동식은 묘의 추출, 이송 및 공급, 식부 등이 자동으로 이루어지는 방식이다. 자동식은 운전자의 작업 형태에 따라 보행형과 승용형으로 구분된다.

그림 13-12. 채소 이식기 (A) 보행형, (B) 승용형

13.2.5 방제기

농업용 방제기는 농약을 방제 목적에 맞도록 살포하는 농업기계로서 분무기, 살분기, 동력 살분무기, 주행형 동력분무기, 원거리용 방제기, 스피드스프레이어, 붐스프레이어, 토양소독기, 항공방제기, 드론방제기 등이 있다(그림 13-13). 이러한 방제기들은 주로 노지에서의 방제 작업에 쓰인다. 한편 온실 내에서는 시설용 분무기 또는 방제용 로봇이 사용되고 있다. 방제기는 약제의 종류(액제, 분제), 방제 대상 및 목적, 살포 방법 등을 고려하여 선택한다.

분무기는 액제 농약을 펌프로 가압하여 노즐로 보내 미립화해서 분사하는 방제기이다. 액제의 가압 방식에 따라 인력분무기와 동력분무기로 구분된다. 사람의 힘으로 약액을 분무하는 인력분무기는 펌프, 약액탱크, 공기실, 호스 노즐 등으로 구성되며, 휴대형과 지렛대형이 있다. 엔진 동력으로 액제 농약을 펌프로 가압하여 노즐에서 분사·살포하는 동력분무기는 엔진, 펌프, 압력조절장치, 공기실, 호스, 노즐 등으로 구성된다.

살분기는 분제 농약을 송풍에 의해 살포하는 것으로서 인력살분기와 동력살분기가 있다. 동력살분무기는 송풍기에서 나오는 고속 기류를 이용하여 미립화된 액제와 비산된 분제 농약을 공중에 분산시켜 살포하는 겸용 농약 살포기로서 엔진, 송액펌프, 약제탱크, 송풍관, 미스트 발생 장치 등으로 구성된다. 미스트 살포로서 살포 입자가 작아 부착률이 높다.

주행형 동력분무기는 주행하면서 농약을 살포하는 고성능 방제기로서 자주형, 견인형, 탑재형이 있다. 약액탱크 용량은 600~2,000L이다. 현재는 농용트랙터 견인 및 탑재형이 많이 공급되고 있다.

원거리용 방제기는 송풍기의 고속 바람과 노즐을 이용하여 20m 이상 떨어진 원거리에서 약액을 살포하는 대형 고성능 방제기이다. 자주형, 견인형, 탑재형, 정치형이 있다. 원거리용 방제기는 방제작업 능률이 커서 광역방제기라고도 한다.

스피드스프레이어(speed sprayer)는 과수원의 병충해 방제기로서 승용 자주형과 보행용 자주형, 트랙터 견인 및 탑재형 등이 있다. 스피드스프레이어의 분두는 많은 노즐을 환상으로 1열 또는 2열로 배치하여 노즐에서 미립화된 농약을 송풍기에 의해 형성된 강력한 공기로 불어 내 과수나무에 부착시키는 것으로서, 약액 토출량이 많아 방제작업 능률이 높다.

붐스프레이어는 붐 대에 여러 개의 노즐이 일정 간격으로 설치된 방제기이다. 붐 대의 길이를 연장할 수 있으므로 넓은 면적을 살포할 수 있다. 국내에서는 승용관리기 부착형으로 사용되나, 유럽에서는 트랙터 부착형이 널리 쓰인다.

그림 13-13. 농업용 방제기

(A) 동력분무기 (B) 동력살분무기 (C) 원거리용 방제기 (D) 스피 드스프레이어 (E) 드론방제기 (F) 방제용 로봇

13.3 수확 후 작업기계

13.3.1 수확기

수확(harvest)은 농작업 중에서 노동력이 많이 투입되는 작업이다. 때문에 수확 작업의 기계화에 대한 요구가 매우 크다.

엽채류, 과채류, 화훼류 및 과수의 수확은 인력에 의해서 이루어지고 있다(그림 13-14). 원예 작물의 기계화가 부진한 이유로서 작물의 종류가 많고, 농가의 재배 규모가 크지 않으며, 개체마다 수확 시기가 다르기 때문에 여러 차례에 걸쳐 수확해야 하고, 기계로 수확할 때 생기는 손실이나 손상 등을 들 수 있다.

그림 13-14. 원예 작물의 수확 작업 (A) 배추 (B) 고추

곡물의 수확 작업은 예취기, 콤바인 등이 개발·보급되어 기계화율이 높은 편이다. 그러나 채소, 과수 및 화훼류는 수확 작업 중에 물리적 충격을 받으면 품질이나 상품성이 저하될 수 있다. 더구나 원예 작물의 수분함량이 높기 때문에 수확에 세심한 주의가 요구된다. 이러한 이유로서 원예작물의 수확용 기계 개발이 미흡하고, 기계화율도 낮다.

마늘, 양파, 감자 등의 땅속 작물을 노지에서 재배하려면 폴리에틸렌 필름이 멀칭 재료로 사용된다. 때문에 이러한 작물은 수확하기 전에 멀칭을 제거해야 한다. 땅속 작물의 수확 작업은 작물의 줄기와 잎의 절단, 멀칭용 필름의 제거, 작물의 굴취 및 수집 등의 순서로 이루어진다.

땅속 작물의 수확 작업은 트랙터 또는 동력경운기에 굴취 기능을 지니고 있는 작업기를 부착하여 캐낸 후 인력으로 수집되고 있다. 수집과 운반에 많은 노동력이 소요되므로 향후 땅속 작물의 수확·수집·운반 등의 일관 작업이 가능한 기계 개발이 필요하다.

그림 13-15. 수확 작업의 기계화 (A) 감자 (B) 양파

배추, 양배추, 시금치 등의 엽채류는 수분함량이 90% 이상으로 높고, 조직이 연약하기 때문에 수확 작업의 기계화에 어려움이 많다. 더구나 배추나 양배추는 무겁기 때문에 수확 후의 수집과 반송에 많은 노동력이 요구된다.

최근 들어 딸기, 토마토와 같은 과채류 또는 사과의 수확을 위한 수확용 로봇이 개발되고 있다(그림 13-16). 수확 작업의 기계화를 촉진하기 위해서는 과채류의 성숙 여부를 판정하는 센서 개발, 일시 수확형 품종 개발, 수확뿐만 아니라 수집·반송·선별 등 관련 작업의 일관화 등이 필요하다.

그림 13-16. 사과 수확용 로봇

13.3.2 선별기

수확된 원예산물의 크기, 형상, 무게, 색깔 등은 상품 가치에 커다란 영향을 끼치는 인자들이다. 원예산물의 선별에 사용되는 기계 또는 장치는 이러한 인자들을 측정하여 등급을 설정할 수 있다.

1) 중량 선별기

과수 또는 과채류의 무게를 측정하는 데 쓰이는 중량 선별기는 자동 공급 장치, 중량 감지부, 선별대, 배출 장치 등으로 구성된다. 공급 접시가 부착된 자동 공급 장치에 과일이 공급되면 접시에 담겨진 과일의 무게가 측정되면서 선별이 이루어진다. 중량 선별기는 무게의 측정 원리에 따라 기계식과 전자식으로 구분된다.

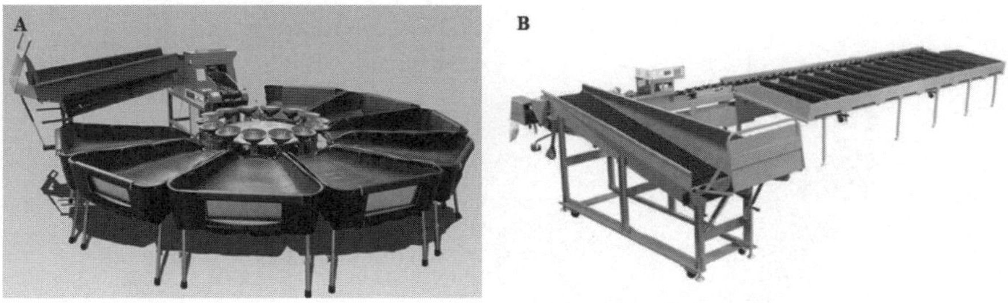

그림 13-17. 중량 선별기 (A) 기계식 (B) 전자식

기계식은 스프링 저울 또는 지렛대 추를 사용하여 무게를 측정한다. 기계식을 이용한 선별은 6~10단계이며, 처리능력은 시간당 5,000개 정도로서 인력에 비해서 2~3배 높다. 기계식은 구조가 간단하고, 설정 변경이 쉽기 때문에 농가 단위에서 많이 사용된다.

전자식은 무게 측정에 로드셀(load cell)을 사용한다. 전자식의 선별 접시에 과일이 공급되면 로드셀이 과일의 무게에 해당하는 전기적인 신호를 만든다. 다음으로 전기적 신호가 A/D변환 과정을 거쳐 디지털 신호로 변환되면서 무게가 표시된다. 중량 감지 제어장치가 각 선별 접시에 놓인 과일의 무게를 감지하면 전자밸브가 작동하면서 선별 접시를 기울어지게 한다. 이 때 설정된 무게 등급에 따라 사과, 배, 참외, 단감, 토마토, 파프리카 등이 선별된다. 전자식은 정밀도가 높고, 선별 처리능력이 크기 때문에 공동선별장에서 많이 쓰인다. 선별 범위는 10~1000g 정도이고, 시간당 처리능력은 약 10,000개 정도이다.

2) 형상 선별기

형상 선별기는 원예산물의 형상이나 크기 선별에 사용되는 기계이다. 형상 선별기에는 드럼식과 롤러식이 있다(그림 13-18). 형상식 선별기는 구조가 간단하고, 고장이 적고, 조작이나 유지·보수가 용이하다. 시간당 처리능력은 8,000~16,000개 정도이다. 형상 선별기는 외피가 두껍고 과육이 단단한 감귤, 방울토마토, 매실, 감자, 양파, 마늘 등의 선별에 이용되고 있다.

드럼식은 회전형 원통에 직경이 서로 다른 구멍을 만든 방식이다. 구멍이 작은 것부터 큰 순서로 배치된 드럼 선별부로 원예산물이 공급되면 구멍을 통과한 산물이 아래쪽으로 배출된다. 원예산물의 크기에 따라 원통형 드럼의 교환이 가능하다.

롤러식은 선별부에 설치된 롤러의 간격에 따라 원예산물이 선별되는 방식이다. 롤러의 회전으로 원예산물이 이송되면서 롤러 간격에 비해서 작은 크기의 산물부터 선별된다.

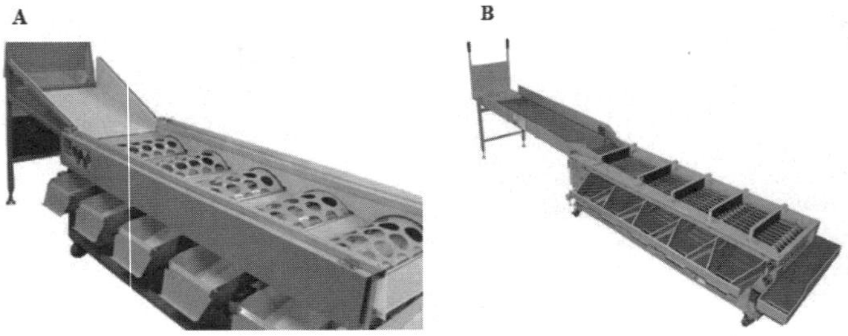

그림 13-18. 형상 선별기 (A) 드럼식 (B) 롤러식

3) 광학적 선별기

광학적 선별기는 광을 이용하여 원예산물의 크기, 표면 색깔, 내부품질 등을 판별하는 선별기로서 광속 차단식, 반사광식, 투과광식, 영상 처리식 등이 있다.

광속 차단식은 투광 및 수광 소자를 이용하여 과일의 크기를 판정하고, 크기에 따라 일정한 장소에서 배출이 이루어지는 방식이다. 여기에는 2소자동시차광식, 펄스카운트(pulse count)식, 커튼빔(curtain beam)식, 복합식 등이 있다.

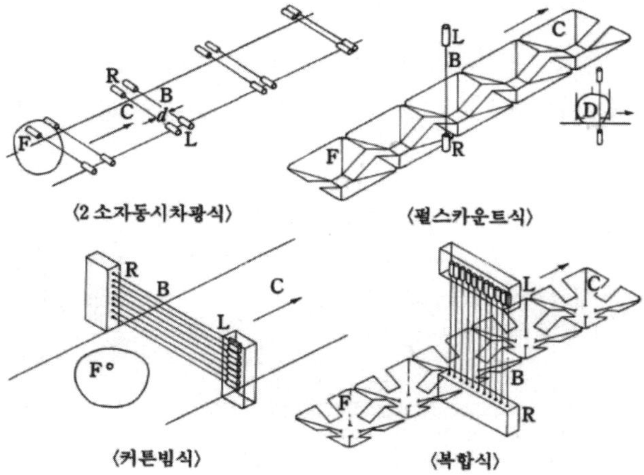

그림 13-19. 광속 차단식 선별기
B: 광속, C: 컨베이어, F: 과실, L: 투광기, R: 수광기

2소자동시차광식은 한 쌍의 투광 및 수광 소자의 간격 d를 벨트의 하단부 쪽으로 향할수록 좁게 설치하고, 과일에 의하여 한 쌍의 광속이 동시에 차단되는 위치에서 과일을 배출시키는 방식이다. 이러한 방식의 선과장치는 과일의 크기를 지름에 따라 분류하는 데 사용된다.

펄스카운트식은 과일이 투광 및 수광 소자 사이를 지나가는 동안 발생되는 펄스의 수를 측정하여 과일의 지름을 판정하는 방식이다. 이 때 펄스의 수는 광속이 차단되는 시간에 비례한다.

커튼빔식은 여러 개의 투광 및 수광소자를 수직방향으로 설치하고, 과일에 의하여 차단되는 광속의 수로부터 과일의 높이 또는 크기를 결정하는 방식이다.

복합식은 펄스카운트식과 커튼빔식을 동시에 이용하는 방식이다. 커튼빔의 중앙에 펄스카운트를 위한 투광 및 수광 소자가 설치되어 있다. 과일이 광속 사이를 통과하는 동안 벨트의 진행 방향으로 과일의 지름은 펄스의 수로, 그와 직각을 이루는 방향의 지름은 차단되는 광속의 수로 결정된다.

반사광식은 개체의 표면 색깔에 따른 반사 특성을 이용하여 개체를 분류하는 방식이다. 투과광식은 개체에 조사된 복사에너지 가운데 개체를 투과한 복사에너지의 크기로서 원예산물의 내부 품질을 측정하는 방식이다. 원예산물의 숙도, 당도, 함수율 등은 개체를 투과하는 복사에너지에 영향을 끼친다.

영상 처리식은 카메라로 획득한 원예산물의 영상을 컴퓨터로 입력 및 분석하여 물체의 길이, 폭, 단면적, 표면 색깔, 손상 또는 결점 유무 등을 판정하는 방식이다. 이 방식은 조명 장치, 영상 획득 장치, 영상 처리 및 저장 장치, 반송 장치, 컴퓨터 및 제어기 등으로 구성된다. 영상 획득 장치는 인간의 눈에 해당되는 것으로서 흑백 또는 컬러 CCD 카메라가 사용된다. 영상 처리식은 카메라에 의해서 획득된 대상 물체의 영상 정보에 기초하여 형상과 색깔의 구분이 가능하므로 각종 과채류 또는 화훼류의 형상 선별에 사용된다.

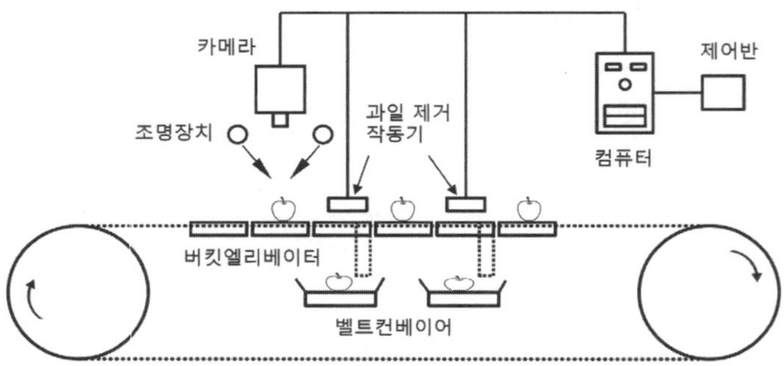

그림 13-20. 영상 처리식 선별기의 구성

최근에는 수박, 포도 등의 표면에서 반사된 광 가운데 700~2,500nm 영역의 근적외선(near infra red, NIR)을 이용하여 과일의 당도를 결정하는 비파괴 당도 측정 시스템이 개발되었다(그림 13-21).

비파괴 당도 측정은 다음과 같은 방법으로 이루어진다. 첫째, 과일의 당도와 NIR 영역의 분광 데이터를 측정한다. 둘째, 과일의 당도와 NIR 영역의 분광 데이터에 통계적인 방법을 적용하여 당도 결정에 유효한 파장을 선택한다. 셋째, 선택된 유효 파장을 이용해서 과일의 당도를 결정한다. 비파괴 당도 측정 시스템은 과일을 파괴시키지 않고 신속·정확하게 과일의 당도를 측정할 수 있으므로 대규모 선별장에서 활용되고 있다. 선별 처리능력은 시간당 25,000~30,000개, 당도 판정 오차는 ±0.5~1.0°Bx이다.

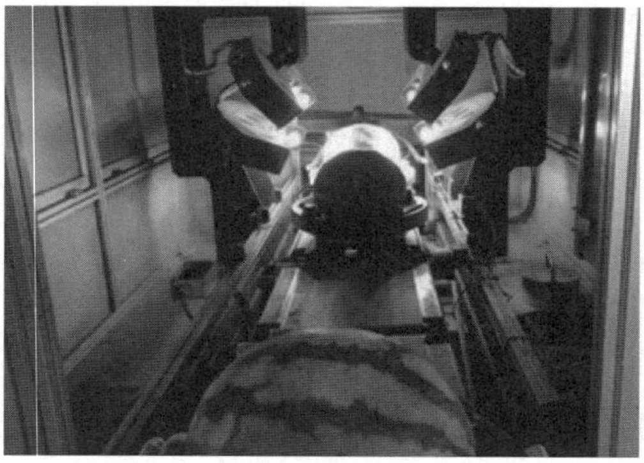

그림 13-21. 수박의 비파괴 당도 측정 시스템

더구나 비파괴 당도 측정 시스템의 앞부분에 전자식 중량 측정 시스템을 설치하면 과일의 무게와 당도가 함께 측정되므로, 과일의 당도와 무게에 기초한 비파괴 품질 평가 시스템이 구축된다.

그림 13-22. 비파괴 품질 평가 시스템을 이용한 수박 선별

연습문제

1. 원예작물의 작업 체계를 설명하시오.

2. 경운·정지용 기계를 설명하시오.

3. 파종기의 파종 효율을 높이고자 종자에 적용되는 주요 가공처리 기술에 대해서 설명하시오.

4. 육묘에 사용되는 플러그트레이의 종류 및 특징에 대해서 설명하시오.

5. 접목 활착실의 기능을 설명하시오.

6. 접목로봇의 구성에 대해서 설명하시오.

7. 방제기의 종류 및 특징에 대해서 설명하시오.

8. 원예작물의 수확기 개발이 부진한 이유를 설명하시오.

9. 선별기의 종류 및 특징에 대해서 설명하시오.

10. 비파괴 당도 측정 시스템을 설명하시오.

참고문헌

김동억, 이공인, 강동현, 김유호, 이혜진, 김현환, 김종구, 김용현. 2011. 소립종자용 평면배열 진공 노즐식 반자동 파종기 개발에 관한 연구. 바이오시스템공학 36:434-443

김용현. 1994. 분광반사 특성과 삼자극치를 이용한 복숭아의 품질 평가. 한국농업기계학회지 19:33-41.

김용현. 2000. 인공광을 이용한 접목묘 활착촉진 시스템의 시작품 설계 - 활착촉진 시스템 내의 기온과 상대습도 분포에 미치는 기류속도의 효과 -. 한국농업기계학회지 25:213-220.

김용현, 김철수, 이지원, 이상규. 2001. 인공광하에서 접목묘 개체군의 증발산속도와 활착에 미치는 포차의 영향. 한국생물환경조절학회지 10:232-236.

김용현, 박현수. 2001. 인공광하에서 접목묘의 증발산속도에 미치는 상대습도와 광합성유효광량자속의 효과. 한국농업기계학회지 26:379-384.

김용현, 박현수. 2003. 수박 접목묘의 활착 특성에 미치는 청색, 적색 및 원적색 발광다이오드의 영향. 한국농업기계학회지 28:151-156.

김용현, 이상헌. 2006. 상이한 광질하에서 활착된 수박 접목묘 결합부위의 식물체온 변화. 바이오시스템공학 31:449-453.

이상희, 강태경, 최용, 강연구, 김용현. 2020. 수집형 감자 수확기 성능 분석. 농업생명과학연구 54:99-105.

이종호, 박승제, 김철수, 이중용, 김용현. 1993. 고추 수확기 개발을 위한 기초 연구. 한국농업기계학회지 18:110-121.

이종호, 박승제, 김철수, 이중용, 김명호, 김용현. 1995. 고추 수확기의 개발 방향 설정. 한국농업기계학회지 20:22-35.

| 부표 1 | t 분포표

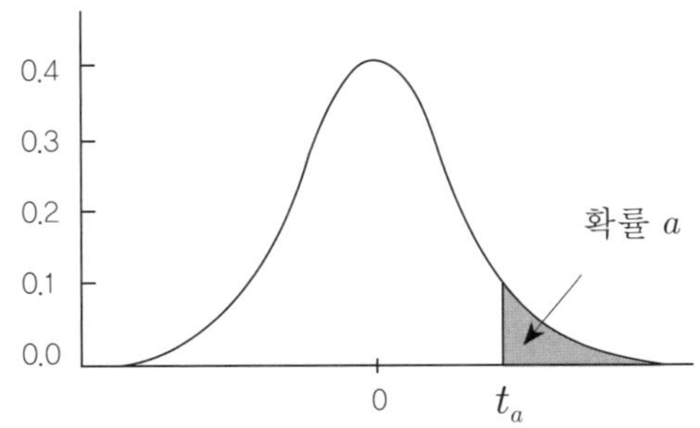

표의 숫자는 유의수준 α 값에 대한 t 값을 나타낸다.

	α											
df	.25	.20	.15	.10	.05	.025	.02	.01	.005	.0025	.001	.0005
1	1.000	1.376	1.963	3.078	6.314	12.71	15.89	31.82	63.66	127.3	318.3	636.6
2	.816	1.061	1.386	1.886	2.920	4.303	4.849	6.965	9.925	14.09	22.33	31.60
3	.765	.978	1.250	1.638	2.353	3.182	3.482	4.541	5.841	7.453	10.21	12.92
4	.741	.941	1.190	1.533	2.132	2.776	2.999	3.747	4.604	5.598	7.173	8.610
5	.727	.920	1.156	1.476	2.015	2.571	2.757	3.365	4.032	4.773	5.893	6.869
6	.718	.906	1.134	1.440	1.943	2.447	2.612	3.143	3.707	4.317	5.208	5.959
7	.711	.896	1.119	1.415	1.895	2.365	2.517	2.998	3.499	4.029	4.785	5.408
8	.706	.889	1.108	1.397	1.860	2.306	2.449	2.896	3.355	3.833	4.501	5.041
9	.703	.883	1.100	1.383	1.833	2.262	2.398	2.821	3.250	3.690	4.297	4.781
10	.700	.879	1.093	1.372	1.812	2.228	2.359	2.764	3.169	3.581	4.144	4.587
11	.697	.876	1.088	1.363	1.796	2.201	2.328	2.718	3.106	3.497	4.025	4.437
12	.695	.873	1.083	1.356	1.782	2.179	2.303	2.681	3.055	3.428	3.930	4.318
13	.694	.870	1.079	1.350	1.771	2.160	2.282	2.650	3.012	3.372	3.852	4.221
14	.692	.868	1.076	1.345	1.761	2.145	2.264	2.624	2.977	3.326	3.787	4.140
15	.691	.866	1.074	1.341	1.753	2.131	2.249	2.602	2.947	3.286	3.733	4.073
16	.690	.865	1.071	1.337	1.746	2.120	2.235	2.583	2.921	3.252	3.686	4.015
17	.689	.863	1.069	1.333	1.740	2.110	2.224	2.567	2.898	3.222	3.646	3.965
18	.688	.862	1.067	1.330	1.734	2.101	2.214	2.552	2.878	3.197	3.611	3.922
19	.688	.861	1.066	1.328	1.729	2.093	2.205	2.539	2.861	3.174	3.579	3.883
20	.687	.860	1.064	1.325	1.725	2.086	2.197	2.528	2.845	3.153	3.552	3.850
21	.686	.859	1.063	1.323	1.721	2.080	2.189	2.518	2.831	3.135	3.527	3.819
22	.686	.858	1.061	1.321	1.717	2.074	2.183	2.508	2.819	3.119	3.505	3.792
23	.685	.858	1.060	1.319	1.714	2.069	2.177	2.500	2.807	3.104	3.485	3.768
24	.685	.857	1.059	1.318	1.711	2.064	2.172	2.492	2.797	3.091	3.467	3.745
25	.684	.856	1.058	1.316	1.708	2.060	2.167	2.485	2.787	3.078	3.450	3.725
26	.684	.856	1.058	1.315	1.706	2.056	2.162	2.479	2.779	3.067	3.435	3.707
27	.684	.855	1.057	1.314	1.703	2.052	2.158	2.473	2.771	3.057	3.421	3.690
28	.683	.855	1.056	1.313	1.701	2.048	2.154	2.467	2.763	3.047	3.408	3.674
29	.683	.854	1.055	1.311	1.699	2.045	2.150	2.462	2.756	3.038	3.396	3.659
30	.683	.854	1.055	1.310	1.697	2.042	2.147	2.457	2.750	3.030	3.385	3.646
40	.681	.851	1.050	1.303	1.684	2.021	2.123	2.423	2.704	2.971	3.307	3.551
50	.679	.849	1.047	1.299	1.676	2.009	2.109	2.403	2.678	2.937	3.261	3.496
60	.679	.848	1.045	1.296	1.671	2.000	2.099	2.390	2.660	2.915	3.232	3.460
80	.678	.846	1.043	1.292	1.664	1.990	2.088	2.374	2.639	2.887	3.195	3.416
100	.677	.845	1.042	1.290	1.660	1.984	2.081	2.364	2.626	2.871	3.174	3.390
1000	.675	.842	1.037	1.282	1.646	1.962	2.056	2.330	2.581	2.813	3.098	3.300
∞	.674	.841	1.036	1.282	1.645	1.960	2.054	2.326	2.576	2.807	3.091	3.291

| 부표 2 | F 분포표

구분 (분모 자유도)	α	분자 자유도 1	2	3	4	5	6	7	8	9	10	11	12	15	20	24	30	40	60	120	∞
1	0.05	161	199	216	225	230	234	237	239	241	241	243	244	246	248	249	250	251	252	253	254
	0.025	648	800	864	900	922	937	948	957	963	969	973	977	985	993	997	1,000	1,010	1,010	1,010	1,020
	0.01	4,050	5,000	5,400	5,620	5,760	5,860	5,930	5,980	6,020	6,060	6,080	6,110	6,160	6,210	6,230	6,260	6,290	6,310	6,340	6,370
2	0.05	18.5	19.0	19.2	19.2	19.3	19.3	19.4	19.4	19.4	19.4	19.4	19.4	19.4	19.4	19.5	19.5	19.5	19.5	19.5	19.5
	0.025	38.5	39.0	39.2	39.2	39.3	39.3	39.4	39.4	39.4	39.4	39.4	39.4	39.4	39.4	39.5	39.5	39.5	39.5	39.5	39.5
	0.01	98.5	99.0	99.2	99.2	99.3	99.3	99.4	99.4	99.4	99.4	99.4	99.4	99.4	99.4	99.5	99.5	99.5	99.5	99.5	99.5
3	0.05	10.1	9.55	9.28	9.12	9.01	8.94	8.89	8.85	8.81	8.79	8.76	8.74	8.70	8.66	8.64	8.62	8.59	8.57	8.55	8.53
	0.025	17.4	16.0	15.4	15.1	14.9	14.7	14.6	14.5	14.5	14.4	14.3	14.3	14.3	14.2	14.1	14.1	14.0	14.0	13.9	13.9
	0.01	34.1	30.8	29.5	28.7	28.2	27.9	27.7	27.5	27.3	27.2	27.1	27.1	26.9	26.7	26.6	26.5	26.4	26.3	26.2	26.1
4	0.05	7.71	6.94	6.59	6.39	6.26	6.16	6.09	6.04	6.00	5.96	5.93	5.91	5.86	5.80	5.77	5.75	5.72	5.69	5.66	5.63
	0.025	12.2	10.6	9.98	9.60	9.36	9.20	9.07	8.98	8.90	8.84	8.79	8.75	8.66	8.56	8.51	8.46	8.41	8.36	8.31	8.26
	0.01	21.2	18.0	16.7	16.0	15.5	15.2	15.0	14.8	14.7	14.5	14.4	14.4	14.2	14.0	13.9	13.8	13.7	13.7	13.6	13.5
5	0.05	6.61	5.79	5.41	5.19	5.05	4.95	4.88	4.82	4.77	4.74	4.71	4.68	4.62	4.56	4.53	4.50	4.46	4.43	4.40	4.36
	0.025	10.0	8.43	7.76	7.39	7.15	6.98	6.85	6.76	6.68	6.62	6.57	6.52	6.43	6.33	6.28	6.23	6.18	6.12	6.07	6.02
	0.01	15.3	13.3	12.1	11.4	11.0	10.7	10.5	10.3	10.2	10.1	9.99	9.89	9.72	9.55	9.47	9.38	9.29	9.20	9.11	9.02
6	0.05	5.99	5.14	4.76	4.53	4.39	4.28	4.21	4.15	4.10	4.06	4.03	4.00	3.94	3.87	3.84	3.81	3.77	3.74	3.70	3.67
	0.025	8.81	7.26	6.60	6.23	5.99	5.82	5.70	5.60	5.52	5.46	5.41	5.37	5.27	5.17	5.12	5.07	5.01	4.96	4.90	4.85
	0.01	13.7	10.9	9.78	9.15	8.75	8.47	8.26	8.10	7.98	7.87	7.79	7.72	7.56	7.40	7.31	7.23	7.14	7.06	6.97	6.88
7	0.05	5.59	4.74	4.35	4.12	3.97	3.87	3.77	3.73	3.68	3.64	3.60	3.57	3.51	3.44	3.41	3.38	3.34	3.30	3.27	3.23
	0.025	8.07	6.54	5.89	5.52	5.29	5.12	4.99	4.89	4.82	4.76	4.71	4.67	4.57	4.47	4.42	4.36	4.31	4.25	4.20	4.14
	0.01	12.2	9.55	8.45	7.85	7.46	7.19	6.99	6.84	6.72	6.62	6.54	6.47	6.31	6.16	6.07	5.99	5.91	5.82	5.74	5.65
8	0.05	5.32	4.46	4.07	3.84	3.69	3.58	3.50	3.44	3.39	3.35	3.31	3.28	3.22	3.15	3.12	3.08	3.04	3.01	2.97	2.93
	0.025	7.57	6.06	5.42	5.05	4.82	4.65	4.53	4.43	4.36	4.30	4.25	4.20	4.10	4.00	3.96	3.89	3.84	3.78	3.73	3.67
	0.01	11.3	8.65	7.59	7.01	6.63	6.37	6.18	6.03	5.91	5.81	5.73	5.67	5.52	5.36	5.28	5.20	5.12	5.03	4.95	4.86
9	0.05	5.12	4.26	3.86	3.63	3.48	3.37	3.29	3.23	3.18	3.14	3.10	3.07	3.01	2.94	2.90	2.86	2.83	2.79	2.75	2.71
	0.025	7.21	5.71	5.08	4.72	4.48	4.32	4.20	4.10	4.03	3.96	3.91	3.87	3.77	3.67	3.61	3.56	3.51	3.45	3.39	3.33
	0.01	10.6	8.02	6.99	6.42	6.06	5.80	5.61	5.47	5.35	5.26	5.18	5.11	4.96	4.81	4.73	4.65	4.57	4.48	4.40	4.31
10	0.05	4.96	4.10	3.71	3.48	3.33	3.22	3.14	3.07	3.02	2.98	2.94	2.91	2.85	2.77	2.74	2.70	2.56	2.62	2.58	2.54
	0.025	6.94	5.46	4.83	4.47	4.24	4.07	3.95	3.85	3.78	3.72	3.67	3.62	3.52	3.42	3.37	3.31	3.26	3.20	3.14	3.08
	0.01	10.0	7.56	6.55	5.99	5.64	5.39	5.20	5.06	4.94	4.85	4.77	4.71	4.56	4.41	4.33	4.25	4.17	4.08	4.00	3.91
11	0.05	4.84	3.98	3.59	3.36	3.20	3.09	3.01	2.95	2.90	2.85	2.82	2.79	2.72	2.65	2.61	2.57	2.53	2.49	2.45	2.40
	0.025	6.72	5.26	4.63	4.28	4.04	3.88	3.76	3.66	3.59	3.53	3.48	3.43	3.33	3.23	3.17	3.12	3.06	3.00	2.94	2.88
	0.01	9.65	7.21	6.22	5.67	5.32	5.07	4.89	4.74	4.63	4.54	4.46	4.40	4.25	4.10	4.02	3.94	3.86	3.78	3.69	3.60
12	0.05	4.75	3.89	3.49	3.26	3.11	3.00	2.91	2.85	2.80	2.75	2.72	2.69	2.62	2.54	2.51	2.47	2.43	2.38	2.34	2.30
	0.025	6.55	5.10	4.47	4.12	3.89	3.73	3.61	3.51	3.44	3.37	3.32	3.28	3.18	3.07	3.02	2.96	2.91	2.85	2.79	2.72
	0.01	9.33	6.93	5.95	5.41	5.06	4.82	4.64	4.50	4.39	4.30	4.22	4.16	4.01	3.86	3.78	3.70	3.62	3.54	3.45	3.36
13	0.05	4.54	3.68	3.29	3.06	2.90	2.79	2.71	2.64	2.59	2.54	2.51	2.48	2.40	2.33	2.29	2.25	2.20	2.16	2.11	2.07
	0.025	6.20	4.77	4.15	3.80	3.58	3.41	3.29	3.20	3.12	3.06	3.01	2.96	2.86	2.76	2.70	2.64	2.59	2.52	2.46	2.40
	0.01	8.68	6.36	5.42	4.89	4.56	4.32	4.14	4.00	3.89	3.80	3.73	3.67	3.52	3.37	3.29	3.21	3.13	3.05	2.96	2.87
20	0.05	4.35	3.49	3.10	2.87	2.71	2.60	2.51	2.45	2.39	2.35	2.31	2.28	2.20	2.12	2.08	2.04	1.99	1.95	1.90	1.84
	0.025	5.87	4.46	3.86	3.51	3.29	3.13	3.01	2.91	2.84	2.77	2.72	2.68	2.57	2.46	2.41	2.35	2.29	2.22	2.16	2.09
	0.01	8.10	5.85	4.94	4.43	4.10	3.87	3.70	3.56	3.46	3.37	3.29	3.23	3.09	2.94	2.86	2.78	2.69	2.61	2.52	2.42
24	0.05	4.26	3.40	3.01	2.78	2.62	2.51	2.42	2.36	2.30	2.25	2.22	2.18	2.11	2.03	1.98	1.94	1.89	1.84	1.79	1.73
	0.025	5.72	4.32	3.72	3.38	3.15	2.99	2.87	2.78	2.70	2.64	2.59	2.54	2.44	2.23	2.27	2.21	2.15	2.08	2.01	1.94
	0.01	7.82	5.61	4.72	4.22	3.90	3.67	3.50	3.36	3.26	3.17	3.09	3.03	2.89	2.74	2.66	2.58	2.49	2.40	2.31	2.21
30	0.05	4.17	3.32	2.92	2.69	2.53	2.42	2.33	2.27	2.21	2.16	2.13	2.09	2.01	1.93	1.89	1.84	1.79	1.74	1.68	1.62
	0.025	5.57	4.18	3.59	3.25	3.03	2.87	2.75	2.65	2.57	2.51	2.46	2.41	2.31	2.20	2.14	2.07	2.01	1.94	1.87	1.79
	0.01	7.56	5.39	4.51	4.02	3.70	3.47	3.30	3.17	3.07	2.98	2.90	2.84	2.70	2.55	2.47	2.39	2.30	2.21	2.11	2.01
40	0.05	4.08	3.23	2.84	2.61	2.45	2.34	2.25	2.18	2.12	2.08	2.04	2.04	1.92	1.84	1.79	1.74	1.69	1.64	1.58	1.51
	0.025	5.42	4.05	3.46	3.13	2.90	2.74	2.62	2.53	2.45	2.39	2.33	2.29	2.18	2.07	2.01	1.94	1.88	1.80	1.72	1.64
	0.01	7.31	5.18	4.31	3.83	3.51	3.29	3.12	2.99	2.89	2.80	2.73	2.66	2.52	2.37	2.29	2.20	2.11	2.02	1.92	1.80
60	0.05	4.00	3.15	2.76	2.53	2.37	2.25	2.17	2.10	2.04	1.99	1.95	1.92	1.84	1.75	1.70	1.65	1.59	1.53	1.47	1.39
	0.025	5.29	3.93	3.34	3.01	2.79	2.63	2.51	2.41	2.33	2.27	2.22	2.17	2.06	1.94	1.88	1.82	1.74	1.67	1.58	1.48
	0.01	7.08	4.98	4.13	3.65	3.34	3.12	2.95	2.82	2.72	2.63	2.56	2.50	2.35	2.20	2.12	2.03	1.94	1.84	1.73	1.60
120	0.05	3.92	3.07	2.68	2.45	2.29	2.17	2.09	2.02	1.96	1.91	1.87	1.83	1.75	1.66	1.61	1.55	1.50	1.43	1.35	1.25
	0.025	5.15	3.80	3.23	2.89	2.67	2.52	2.39	2.30	2.22	2.16	2.10	2.05	1.95	1.82	1.76	1.69	1.61	1.53	1.43	1.31
	0.01	6.85	4.79	3.95	3.48	3.17	2.96	2.79	2.66	2.56	2.47	2.40	2.34	2.19	2.03	1.95	1.86	1.76	1.66	1.53	1.38
∞	0.05	3.84	3.00	2.60	2.37	2.21	2.10	2.01	1.94	1.88	1.83	1.79	1.75	1.67	1.57	1.52	1.46	1.39	1.32	1.22	1.00
	0.025	5.02	3.69	3.11	2.79	2.57	2.41	2.29	2.19	2.11	2.05	1.99	1.94	1.83	1.71	1.64	1.57	1.48	1.39	1.27	1.00
	0.01	6.63	4.61	3.78	3.32	3.02	2.80	2.64	2.51	2.41	2.32	2.25	2.18	2.04	1.88	1.79	1.70	1.59	1.47	1.32	1.00

찾아보기

ㄱ

가시광 • 39, 204
강제대류 • 30
강제환기 • 274
강화학습 • 90
개루프 제어 • 268
건구온도 • 47
건습구 온도계 • 257
검정통계량 • 135
게이트웨이 • 296
격막전극법 • 267
결정계수 • 150
결정트리 • 81, 90
경사 하강법 • 87
계단 함수 • 82
고압나트륨램프 • 55
고정하중 • 240
골조율 • 233
과대적합 • 85
과소적합 • 85
관류열량 • 36, 278
관류 열전달 • 36
광계 • 178
광밀도 • 201
광보상점 • 179
광분해 • 178
광이용효율 • 177, 311
광인산화 • 178
광주기성 • 174
광포화점 • 179
광학적 선별기 • 382
광합성 • 177
광합성유효광양자속 • 58, 250
광합성유효복사 • 39, 58, 250
광형태형성 • 39
교차엔트로피 • 86
교차검증 • 92
권취식 • 275
귀무가설 • 125
균등화 • 67
Grashof 수 • 32
근거리 통신망 • 73
근적외광 • 206
기각역 • 137
기간난방 디그리아워 • 280
기간난방부하 • 279
기계시각 • 203
기계 학습 • 81
기공저항 • 186
기본 단위 • 26
기하 평균 • 121
기화냉각 • 284

ㄴ

Navier-Stokes 방정식 • 318
난류 모델 • 319
난류확산저항 • 186
난방부하 • 278
낭비시간 • 273
냉백색 • 54
네트 • 228
노점온도 • 47
노지재배 • 13
노화 • 352
농산물산지유통센터 • 356
Newton 냉각 법칙 • 30
Nusselt 수 • 31

ㄷ

다량원소 • 286
다분광영상 • 204
다중공선성 • 155
다층 퍼셉트론 • 83

다항 회귀 • 146
단계 선택 • 156
단동 • 222
단색광 • 56
단순 회귀 • 146
단위 • 26
단일식물 • 174
단측 검정 • 136
단파복사 • 38, 276
단파 적외광 • 45, 206
대류 • 30
대류열전달계수 • 31
대립가설 • 125
Duncan 검정 • 164
데이터셋 • 90
데이터프레임 • 133
동화상법 • 195
동화작용 • 177
듀티비 • 57
드롭아웃 • 109
디지털 영상 • 62
딥러닝 • 81

ㄹ

라디안 • 26
라이브러리 • 94
라플라시언 마스크 • 70
Rayleigh 수 • 32
Reynolds 수 • 31
레이블 • 90
ReLU 함수 • 82
로지스틱 회귀 • 90
로터베이터 • 371
리스트 • 133

ㅁ

마스크 • 68
멀칭 • 219, 229
메탈할라이드램프 • 55
메틸메타크릴레이트 • 228
명반응 • 178
모수 • 124
목적 함수 • 86
무기호흡 • 352
무생물적 스트레스 • 203
무선 센서 네트워크 • 296
무선 통신 • 73
무의의 • 126
문턱 값 • 71
물리량 • 26
물이용효율 • 316
물질대사 • 176
미들웨어 • 74
미량원소 • 286

ㅂ

Biosphere 2 • 333
반복 • 91
반사필름 • 228
반응변수 • 146
반응중심 • 178
발광 • 54
발광다이오드 • 55
발육 • 173
방사율 • 34
방제기 • 377
배열 • 133
배치 • 91
백색혁명 • 219
벤로형 온실 • 224
변동형광 • 209
변온관리 • 187
변이계수 • 122
보광 • 58, 277
보광재배 • 175, 277
보온 • 276
보온커텐 • 276
보정항 • 159
보조 단위 • 26

복사 • 34
복합 환경 제어 • 290
부직포 • 228
부호화 • 61
분류기 • 92
분산 • 122
분산분석 • 157
분해능 • 61
분화 • 173
붐스프레이어 • 378
블루투스 • 73
비가림 시설 • 224
비광화학적 소광 • 210
비례미적분 제어 • 271
비선형 회귀 • 147
비순환식 • 289
Beer-Lambert 법칙 • 263
비용 함수 • 86
비지도학습 • 90
비호흡급등 • 353

ㅅ

사이클링 • 270
사이킷런 • 95, 104
사후 검정 • 163
산란일사 • 43
산술 평균 • 121
산점도 • 105
살분기 • 378
상관 • 143
상관계수 • 143
상대습도 • 256
상온저장 • 357
색온도 • 54
색인 영상 • 64
샘플링 • 61
생명지원시스템 • 331
생물적 스트레스 • 203
생식생장 • 174
생육 • 174
생장 • 173
생활환 • 173
서미스터 • 253
서포트벡터머신 • 81, 90
선형 회귀 • 81, 146
설계 하중 • 238
설명변수 • 146
설비하중 • 240
성능계수 • 283, 314
세무냉방 • 284
센서 네트워크 • 296
센서노드 • 74, 296
소수성 • 229
소스 • 187
소프트맥스 • 102
손실 함수 • 86
수분부족 • 183
수분스트레스 • 183
수분포텐셜 • 188
수증기분압 • 46
수직농장 • 310
수확 후 관리 • 355
수확 후 생리 • 351
수확 후 손실 • 349
숙성 • 352
순광합성 • 179
순전파 • 84
순환 신경망 • 89
순환식 • 286
Scheffe 검정 • 164
스마트팜 • 24, 295
스칼라 • 133
스테라디안 • 26
Stefan-Boltzmann 법칙 • 34
스튜던트 t 분포 • 134
스트라이드 • 89
스파이더 • 95
스피드스프레이어 • 378
습공기 • 46
습공기선도 • 47

습구온도 • 47
시간각 • 42
시그모이드 함수 • 82
시상수 • 179, 273
시설원예 • 14, 23
시설재배 • 13, 23
시퀀스 제어 • 268
식물공장 • 24, 309
식생지수 • 207
신경망 • 81
신뢰도 • 126
신에너지 • 281
싱크 • 187
싱크노드 • 74, 296
CA저장 • 359
CFD • 318
CO_2 시용 • 182

ㅇ

아나콘다 • 95
IC 온도센서 • 255
RFID • 73
RGB 영상 • 64, 204
암반응 • 178
암호흡 • 179
양자화 • 61
양측 검정 • 135
A/D변환 • 61
HSD-검정 • 165
에지 • 69
F 검정 • 141
FDR 방식 • 262
F 분포 • 141
NDVI • 207
LED • 55
에틸렌 • 354
에틸렌아세트산비닐 • 227
에폭 • 85
MA저장 • 358
여과 • 60
역전파 • 84
연동 • 222
연쇄법칙 • 85
열관류계수 • 37
열기전력 • 251
열복사 • 54
열선 풍속계 • 259
열전대 • 60, 198, 251
열전도계수 • 29
열전퇴 • 249
열절감율 • 278
열펌프 • 282
엽록소 형광 감소율 • 210
엽면경계층 • 185
엽면경계층저항 • 185
영상 개선 • 66
영상 분할 • 70
영상 특징 • 72
영양생장 • 174
예냉 • 356, 370
오류역전파 • 84
오차 제곱합 • 159
오차 함수 • 86
오츠 알고리즘 • 71
오토튜닝 • 273
와이파이 • 73
온백색 • 54
온실효과 • 40
ON-OFF 제어 • 270
요인 • 133
용존산소 • 266
우주농업 • 332
원적색광 • 39
Wien 변위법칙 • 40
유기호흡 • 352
유도 단위 • 26
유비쿼터스 센서 네트워크 • 74, 296
유의성 • 125
유의성 검정 • 125

유의수준 • 126
유의의 • 126
유의확률 • 126
유적성 • 229
유클리디언 거리 • 105
유효파장 • 208
의사결정 지원 시스템 • 297
은닉층 • 83
이득 • 60
이식기 • 377
이진 영상 • 64
이화작용 • 177
인공광 • 54
인공광 이용형 • 309
인공 지능 • 81
일난방 디그리아워 • 280
일사 • 39
일사계 • 249
일장 • 42
입력층 • 83
잉여 태양에너지 • 40

ㅈ

자연대류 • 30
자연환기 • 274
자외선 • 39
작물하중 • 240
잔류편차 • 271
잔차 • 147
잠열 • 28
장일식물 • 174
장파복사 • 40, 276
재생에너지 • 281
재현율 • 93
쟁기 • 371
저온저장 • 357
적색 가장자리 • 207
적설심 • 240
적설하중 • 240
적외선 • 39
적외선 가스 분석계 • 262
전기전도도 • 264
전도 • 29
전류 • 187
전산유체역학 • 318
전조재배 • 175, 277
전진 선택 • 155
전천일사 • 43
전천일사계 • 249
전체 변동 • 151
전체 제곱합 • 151, 158
절대습도 • 256
접목 • 373
정규방정식 • 148
정규화 • 206
정밀도 • 93
정확도 • 92
제곱평균제곱근 • 122, 320
제1종 오류 • 125
제2종 오류 • 125
제벡효과 • 251
조도 • 59
조명효율 • 54
조화 평균 • 122
주광색 • 54
주피터 노트북 • 95
중상관분석 • 143
중성식물 • 174
중회귀 • 146
중기압 • 47
증발냉각 • 52, 284
증산 • 188
증산속도 • 188
증산저항 • 189
증폭 • 60
지그비 • 73
지붕경사각 • 236
지도학습 • 90
직달일사 • 43

ㅊ

차광 • 277
차단주파수 • 60
채널 • 64
처리간 제곱합 • 159
천공일사 • 43
첨예화 • 69
초분광 영상 • 204
초장 • 173
총광합성 • 179
최대난방부하 • 278
최대양자수율 • 210
최대형광 • 209
최소유의범위 • 164
최소유의차 • 163
최소형광 • 210
춘화처리 • 174
출력층 • 83
측온저항체 • 252
측정오차 • 123

ㅋ

Kautsuky 효과 • 209
캐니 에지 • 70
캘빈 회로 • 178
커널 • 107
컨볼루션 • 68
컬러 맵 • 64
케라스 • 95
k겹 교차검증 • 92
$k-\epsilon$모델 • 319
k-최근접 이웃 • 81, 105

ㅌ

탄소대사 • 179
태양고도 • 41
태양광 병용형 • 309
태양방위 • 42
태양복사 • 38
태양상수 • 39
태양적위 • 42
텐서플로 • 95
텐시오미터 • 261
토양수분장력 • 260
토양-식물-대기계 • 188
토양전열 • 278
통계량 • 124
통계적 가설 • 125
통계적 추정 • 124
통신망 • 298
Tukey 검정 • 165
특성 맵 • 88
특이도 • 93
특징 추출 • 72
t 검정 • 134
TDR 방식 • 261
t 분포 • 134

ㅍ

파이썬 • 94
파이토케미컬 • 180
파종기 • 372
패드앤팬 • 284
패딩 • 89
패키지 • 94, 129
퍼셉트론 • 82
펄스폭 변조 • 57
편상관분석 • 143
편향 • 83, 124
펼치기 • 67
평균 제곱합 • 159
평균난방부하계수 • 280
평균절대오차 • 86
평균제곱근오차 • 86
평균제곱오차 • 86
평방 평균 • 122
평활화 • 69, 206
폐루프 제어 • 268
폐쇄도 • 23

폐쇄생태계 생명지원시스템 • 24, 331
포그앤팬 • 284
포차 • 46, 256
포화증기압 • 46
폴리에틸렌 • 225~226
폴리염화비닐 • 225~226
폴리올레핀 • 225, 227
폴리카보네이트 • 225, 227
표본오차 • 124
표준편차 • 122
표피저항 • 185
Fourier 법칙 • 29
풀링 • 88
풍압계수 • 239
풍하중 • 239
Prandtl 수 • 32
프로토콜 • 73
플라스틱온실 • 222
플라스틱 필름 • 225
플래튼 • 108
플러그묘 • 373
피드백 제어 • 268
피드포워드 제어 • 269
피복재 • 219, 225
피복재 방열 • 278
pip • 96
pH • 265
pF • 261
PID 제어 • 271
피어슨 상관계수 • 143
필터 • 68

ㅎ

하배축 • 173
학습 • 84
학습률 • 87
한랭사 • 228
합성곱 • 68, 88
합성곱 신경망 • 87, 107
행렬 • 133
현열 • 28
형광 • 209
형광유도 • 209
형상계수 • 35
형태형성 • 173
호흡 • 178
호흡급등 • 353
혼동행렬 • 92
화소 • 63
확산저항 • 185
환기 • 274
환기량 • 274
환기율 • 274
환기회수 • 274
환기방열 • 278
환기전열량 • 278
활성화 함수 • 82
회귀계수 • 149
회귀 분석 • 146
회색조 영상 • 64
회체 • 34
후진 제거 • 156
휴면타파 • 174
흑체 • 34
히스토그램 • 66

원예공학

지은이 김용현
펴낸이 양오봉
펴낸곳 전북대학교출판문화원

초판 1쇄 인쇄 2023. 08. 20.
초판 1쇄 발행 2023. 08. 25.

전북대학교출판문화원 전라북도 전주시 완산구 어진길 32 (풍남동2가)
전화 (063) 219-5319~22
FAX (063) 219-5323
출판등록 2012년 8월 20일 제465-2012-000021호

값 30,000원

ISBN 979-11-6372-207-6 (93520)